Elektro-Aufgaben

Band II: Wechselstrom

von Helmut Lindner †
Studiendirektor, Mittweida

21. Auflage

Mit 306 Bildern

Fachbuchverlag Leipzig
im Carl Hanser Verlag

Band I: Gleichstrom ISBN 3-446-00837-3
Band II: Wechselstrom ISBN 3-446-00838-1
Band III: Leitungen – Vierpole – Fourier-Analyse – Laplace-Transformation ISBN 3-446-00762-8

Die Deutsche Bibliothek – CIP-Einheitsaufnahme

Elektro-Aufgaben : Übungsaufgaben zu den Grundlagen der Elektrotechnik (mit Lösungen) / Helmut Lindner. – Leipzig : Fachbuchverl.
Bd. 3 verf. von Helmut Lindner und Edgar Balcke
ISBN 3-343-00762-5
NE: Lindner, Helmut; Balcke, Edgar

Bd. 2. Wechselstrom. – 21. Aufl. – 1992
ISBN 3-343-00838-9

ISBN 3-446-00838-1

Unveränderter Nachdruck 1996
Fachbuchverlag Leipzig im Carl Hanser Verlag

Gesamtherstellung: Druckhaus “Thomas Müntzer” GmbH, Bad Langensalza
Printed in Germany

Vorwort

Dieser zweite Band der erfolgreichen dreiteiligen Sammlung „Elektro-Aufgaben“ behandelt das Gebiet des Wechselstromes. Seiner Bestimmung als Übungsbuch gemäß wurde auch hier jedem der systematisch aufeinander aufbauenden Teilgebiete eine reichhaltige Auswahl von Aufgaben beigegeben, die teilweise einander ähneln.
Ihre Bestimmung als Hilfsmittel für Unterricht und Selbststudium entspricht auch die Reihenfolge der Aufgaben. Sie sind grundsätzlich so gestellt, daß sie der Studierende ohne zusätzliche Hilfe lösen kann. Auf eingehendere theoretische Begründung der jedem Abschnitt vorangestellten Formeln und Gesetze wurde bewußt verzichtet, da dies Aufgabe der Lehrbücher ist. Wir verweisen in diesem Zusammenhang auch auf das vom gleichen Autor verfaßte Lehrbuch „Physik für Ingenieure“. Die kurzgefaßten Erläuterungen und Anleitungen sollen lediglich dazu dienen, deren Bedeutung und Handhabung ins Gedächtnis zurückzurufen.
Gelegentliche Hinweise beziehen sich auf den Band I (Gleichstrom) dieser Sammlung, wo auch die in einigen Fällen benötigten Magnetisierungskurven wiedergegeben sind. Die Lösungen zeigen meist nur einen Weg, den man gehen kann. Vielfach führen auch andere Methoden zum gleichen Ziel. Insbesondere lassen sich viele Aufgaben mit Hilfe von Zeigerdiagrammen grafisch lösen. Ebenso läßt sich die Mehrzahl der im ersten Teil elementar zu lösenden Aufgaben auch unter Benutzung komplexer Ausdrücke berechnen.
Alle Lösungen wurden als Größengleichungen, d. h. unter konsequenter Mitführung der jeweiligen Einheiten, geschrieben, wobei ausschließlich SI-Einheiten Verwendung fanden. Die angegebenen numerischen Ergebnisse wurden mit einem 8stelligen elektronischen Rechner ermittelt, auch in solchen Fällen, wo der Kürze halber $\pi = 3{,}14$ angegeben ist. An den Stellen jedoch, wo Zwischenergebnisse angegeben sind, wurde mit diesen meist gerundeten Werten weitergerechnet.
Seit der 10. Auflage enthält der Band auch einige Abschnitte, die zahlreiche Aufgaben zur Inversion und über Ortskurven zum Gegenstand haben. Diese folgen in systematischer Weise so aufeinander, daß sie dem Anfänger ein schrittweises Erfassen der Probleme und damit sicheres Erlernen ermöglichen. Besonderer Wert wurde dabei auf das für das praktische selbständige Arbeiten unerläßliche Errechnen und Ablesen der angewandten Maßstäbe gelegt.
An dieser Stelle sei ganz besonders Herrn Dr.-Ing. *Grunewald*, Mittweida, gedankt, der eine ganze Anzahl von Aufgaben über Ortskurven beisteuerte.
Diese gut eingeführte Aufgabensammlung liegt nun bereits in der 21. Auflage vor.

Verfasser und Verlag

Inhaltsverzeichnis

ELEMENTARE BERECHNUNGEN

1. Sinusförmige Wechselgrößen

1.1. Augenblickswerte sinusförmiger Wechselgrößen

Formeln:

$i = \hat{I} \sin \omega t$ bzw.

$= \hat{I} \sin (\omega t + \varphi)$

$u = \hat{U} \sin \omega t$ bzw.

$= \hat{U} \sin (\omega t + \varphi)$

$\omega = 2\pi f$

$T = \frac{1}{f}; \quad f = \frac{1}{T}$

$1° = 0{,}01745$ rad

$\varphi° = \frac{\varphi(\text{rad}) \cdot 180°}{\pi}$

$\varphi(\text{rad}) = \frac{\varphi° \cdot \pi}{180°}$

Größe	Zeichen	Einheit
Momentanwert von Strom und Spannung	i, u	A, V
Zeit	t	s
Kreisfrequenz	ω	$1/\text{s} = \text{s}^{-1}$
Frequenz	f	$1/\text{s} = \text{s}^{-1} = \text{Hz}$
Scheitelwert von Strom und Spannung	$\hat{I}, \hat{U}$	A, V
Periodendauer	T	s
Winkel der Phasenverschiebung	φ	Grad oder rad (Bogenmaß)

Hinweis: Das Produkt ωt aus der Kreisfrequenz $\omega = 2\pi f$ und der Zeit t ist zunächst ein Winkel im *Bogenmaß* (arc φ), häufig mit der Zähleinheit rad (Radiant) versehen. Da die meisten Sinustafeln den Winkel φ im *Gradmaß* angeben, muß das Bogenmaß in Gradmaß umgerechnet werden. Hierzu dienen besondere Tafeln oder die angegebenen Umrechnungsformeln.

1. Welche Kreisfrequenz haben folgende Wechselströme?
a) $f = 16^2/_3$ Hz b) 25 Hz c) 48 Hz d) 50 Hz e) 51,4 Hz f) 100 Hz g) 1000 Hz h) 3 kHz und i) 295,4 kHz

2. Welche Periodendauer haben die in Aufgabe 1 genannten Wechselströme?

3. Wieviel Sekunden nach dem Nulldurchgang erreichen Wechselspannungen folgender Frequenzen zum ersten Mal ihre Höchstwerte?
a) $f = 16^2/_3$ Hz b) 20 Hz c) 35 Hz d) 49 Hz e) 50 Hz f) 52 Hz g) 100 Hz

4. Wieviel Sekunden nach dem Nulldurchgang erreicht eine sinusförmige Wechselspannung von 50 Hz
a) 1/10 b) 1/5 c) 1/4 d) 1/3 e) 1/2 und f) 9/10 ihres Höchstwertes?

5. Bei welcher Frequenz erreicht eine sinusförmige Spannung
a) 0,001 s b) 0,0015 s c) 0,000 28 s d) 0,000 44 s und e) 0,000 26 s
nach dem Nulldurchgang die Hälfte ihres Scheitelwertes?

6. Welchen Betrag hat eine sinusförmige Spannung von $U_{max} = 65$ V und 50 Hz
a) 0,3 s b) 0,03 s c) 3 ms d) 1,55 ms e) 1,963 ms und f) 2,074 ms nach dem Nulldurchgang?

7. Wieviel Sekunden nach Beginn einer Periode hat ein Wechselstrom von $\hat{I} = 15$ A und 100 Hz einen Momentanwert von
a) 0,5 A b) 1,5 A c) 6,5 A d) 10 A und e) 14,5 A?

8. Welchen Scheitelwert haben die Wechselspannungen

Frequenz	a) 50 Hz	b) 100 Hz
	c) 120 Hz	d) 200 Hz
Momentanwert	a) 209,24 V	0,004 s
	b) 103,63 V	0,0035 s
	c) 87,02 V	0,0014 s
	d) 214 V	0,001 s

nach Beginn einer Periode?

9. Welchen Momentanwert hat eine sinusförmige Spannung von $\hat{U} = 220$ V 0,02 s nach dem Nulldurchgang bei einer Frequenz von a) 25 Hz b) 47 Hz c) 50 Hz d) 54 Hz e) 498 Hz?

10. In welchen Zeitabständen erreicht eine sinusförmige Wechselspannung jeweils die Hälfte ihres Scheitelwertes bei einer Frequenz von a) $16^2/_3$ Hz b) 50 Hz c) 100 Hz und d) 800 Hz?

11. Eine sinusförmige Wechselspannung erreicht nach dem Nulldurchgang
a) 10 % b) 20 % c) 30 % d) 50 % e) 70 % f) 80 und g) 90 %
ihres Höchstwertes. Welchen Verschiebungswinkeln entsprechen diese Momentanwerte?

12. Wie groß ist die Frequenz eines sinusförmigen Wechselstromes, wenn 0,001 s vor Erreichen des Scheitelwertes der
Momentanwert a) 75 % b) 85 % c) 95 %
d) 98 % und e) 99 %
vom Scheitelwert beträgt?

13. Der Momentanwert einer sinusförmigen Wechselspannung benötigt innerhalb der ersten Viertelperiode 0,002 s, um von
a) 10 auf 20 % b) 20 auf 30 % c) 30 auf 50 %
d) 10 auf 50 % e) 10 auf 80 %
des Scheitelwertes anzusteigen. Bei welchen Frequenzen ist dies der Fall?

14. In welchen Zeitabständen erreichen Strom und Spannung ihre positiven Höchstwerte bei einer Frequenz von
a) 50 Hz b) 50 Hz c) 50 Hz d) 100 Hz e) 100 Hz f) 1000 Hz
und einem Winkel der gegenseitigen Phasenverschiebung von
a) 12° b) 45° c) 85° d) 30° e) 60° und f) 90°?

15. Durch zwei parallelgeschaltete Leiter fließen zwei sinusförmige Ströme gleicher Frequenz und erreichen ihre Höchstwerte zeitlich nacheinander, d. h. zu den Zeitpunkten

	a)	b)	c)	d)
	0,015 s	0,018 s	0,00056 s	0,00047 s
bzw.	0,005 s	0,002 s	0,00004 s	0,00033 s

Wie groß ist die Frequenz, und welcher Verschiebungswinkel besteht zwischen beiden Strömen?

16. Von zwei frequenzgleichen Strömen, die zwei parallelgeschaltete Leiter durchfließen, beträgt der Momentanwert des einen 4/10, während zu gleicher Zeit der des anderen 1/3 des Scheitelwertes beträgt. Berechne den Verschiebungswinkel.

17. Zwischen zwei frequenzgleichen Strömen von je $\hat{I} = 6$ A besteht eine Verschiebung von 25°. Welchen Momentanwert hat der eine Strom, wenn der des anderen 1,5 A beträgt?

18. Um welchen Winkel ist der Nulldurchgang gegenüber dem Beginn der Messung verschoben, wenn der Scheitelwert
a) 0,001 s b) 0,0015 s und c) 0,032 s
nach Beginn der Messung erreicht wird?
($f = 50$ Hz)

1.2. Zeitliche Mittelwerte sinusförmiger Wechselgößen

Formeln:

$$I = \frac{\hat{I}}{\sqrt{2}} = 0{,}707\,\hat{I}$$

$$\overline{|i|} = \frac{2\,\hat{I}}{\pi} = 0{,}637\,\hat{I}$$

$$k_f = \frac{I}{\overline{|i|}} = \frac{U}{\overline{|u|}}; \quad k_s = \frac{\hat{I}}{I} = \frac{\hat{U}}{U}$$

Größe	Zeichen	Einheit
Scheitelwert (Höchstwert)	$\hat{I}$, $\hat{U}$	A, V
Effektivwert	I, U	A, V
Gleichrichtwert	$\overline{|i|}$, $\overline{|u|}$	A, V
Formfaktor	k_f	dimensionslos
Scheitelfaktor	k_s	dimensionslos

19. Es werden mittels gewöhnlicher Meßinstrumente folgende Effektivwerte festgestellt:

a) 220 V b) 227 V c) 218 V d) 1,5 A und e) 0,2 A

Welche Scheitelwerte ergeben sich hieraus?

Anmerkung zu den Aufgaben 20 bis 22: Kondensatoren dürfen höchstens mit dem Scheitelwert der Wechselspannung belastet werden.

20. Welche effektive Wechselspannung kann an Kondensatoren angelegt werden, deren Nennspannung (höchste Betriebsspannung für Gleichstrom)

a) 125 V b) 160 V c) 250 V d) 350 V e) 500 V f) 700 V und g) 1000 V beträgt?

21. Welche effektive Wechselspannung kann an einen Papierkondensator angelegt werden, wenn die Betriebsspannung ein Drittel der Prüfspannung betragen darf und diese für Gleichspannungsbetrieb angegeb ist?

Prüfspannung a) 250 V b) 500 V c) 1200 V und d) 2000 V.

22. Mit welcher effektiven Wechselspannung dürfen MP-Kondensatoren beansprucht werden, deren Nenngleichspannungen mit

a) 160 V b) 250 V und c) 350 V

angegeben ist? Die Prüfspannung beträgt das 1,5fache hiervon, die Betriebsspannung davon wieder ein Drittel.

23. Welchen Scheitelwert hat der Strom durch eine Glühlampe für 220 V, deren Leistung

a) 25 W b) 40 W c) 60 W d) 75 W und e) 100 W beträgt?

24. Welchen höchsten Augenblickswert haben die Leistungen der in Aufgabe 23 genannten Lampen?

25. Berechne den Gleichrichtwert eines Stromes von

	a)	b)	c)
$\hat{I} =$	1,2 A	2,8 A	6,5 A

bei Doppelweggleichrichtung.

26. Welchem Gleichrichtwert entsprechen folgende Effektivwerte?

a) 1,8 A b) 2,5 A c) 3,7 A und d) 24 A

27. Zur Elektrolyse einer Salzlösung wird eine Badspannung von

a) 3,8 V b) 4,2 V und c) 5,3 V benötigt.

Welche Scheitelspannung muß der dazu verwendete Doppelweggleichrichter liefern?

28. Ein Halbweggleichrichter liefert eine sinusförmige Spannung, deren Höchstwert

a) 6.5 V b) 8.5 V und c) 16,5 V beträgt.

Welches ist der Gleichrichtwert?

29. Mit einem Drehspulspannungsmesser wird über einen Halbweggleichrichter eine Spannung von

a) 12 V b) 20 V und c) 37 V

gemessen. Welchen Scheitelwert hat die gleichgerichtete sinusförmige Wechselspannung?

30. Die oszillografische Aufzeichnung zweier verzerrter Wechselströme (a und b) ergibt die in den Bildern 1 und 2 angegebenen Kurven einer Halbwelle. Ermittle aus den in Abständen von je 15° ablesbaren Momentanwerten durch Mittelwertsbildung
die arithmetischen Mittelwerte, Effektivwerte, die Scheitel- und Formfaktoren.

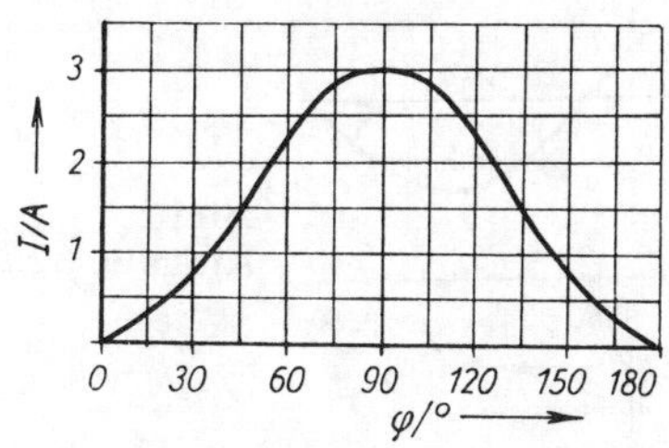

Bild 1. Aufgabe 30a

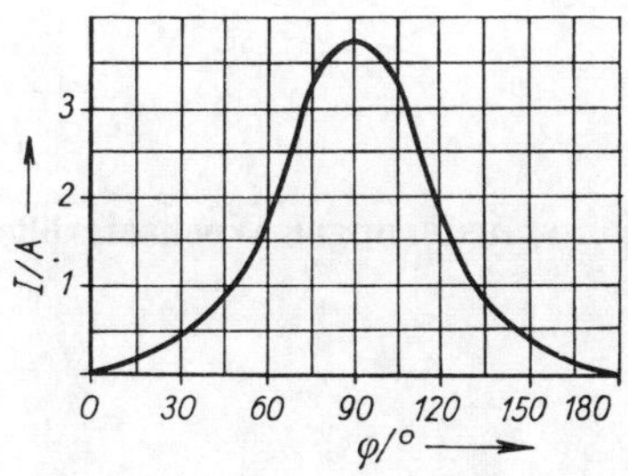

Bild 2. Aufgabe 30b

31. Ermittle nach dem gleichen Näherungsverfahren den Gleichrichtwert, den Effektivwert, den Form- und Scheitelfaktor bei

a) sinusförmigem und b) dreieckförmigem Spannungsverlauf (Bilder 3 und 4).

32. Ermittle den Effektivwert für die in den Bildern 5 bis 7 angegebenen, mit sinusförmigem Wechselstrom überlagerten Gleichströme.

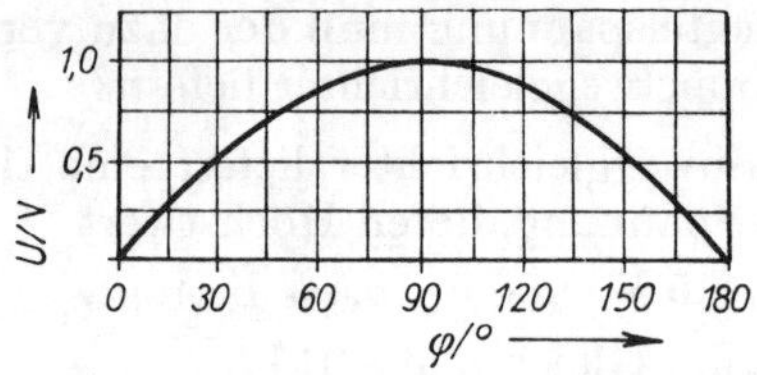

Bild 3. Aufgabe 31a

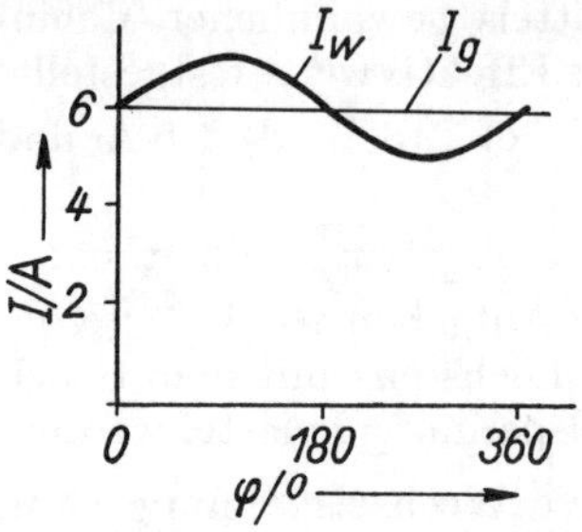

Bild 6. Aufgabe 32b

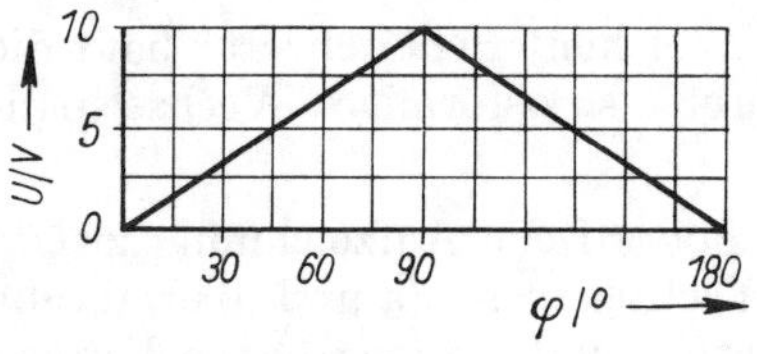

Bild 4. Aufgabe 31b

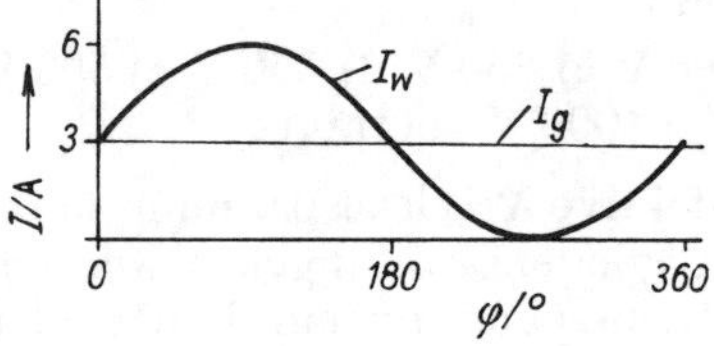

Bild 7. Aufgabe 32c

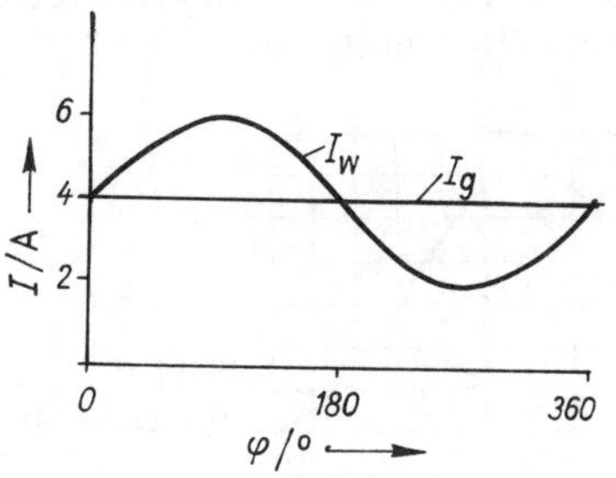

Bild 5. Aufgabe 32a

33. Welchen Form- und Scheitelfaktor hat ein sinusförmiger Wechselstrom?

34. Welche Effektivwerte ergeben sich aus folgenden Werten?

Höchstwert	Scheitelfaktor
a) 175 V	1,52
b) 27,8 A	1,73
c) 1,2350 Vs/m²	1,65
d) $3 \cdot 10^{-3}$ Wb	1,41
e) 2680 A/m	1,95

1.3. Addition sinusförmiger Wechselgrößen gleicher Frequenz

Formeln:

$$I = \sqrt{I_1^2 + I_2^2 + 2 I_1 I_2 \cos\varphi}$$

$$\tan\varphi_g = \frac{I_2 \sin\varphi}{I_1 + I_2 \cos\varphi}$$

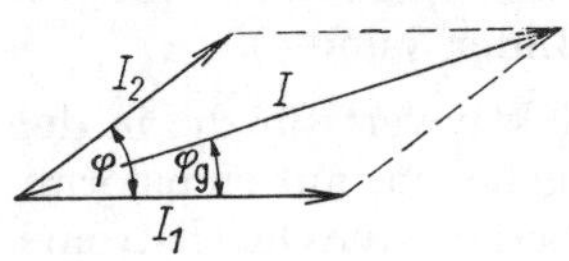

Bild 8. Addition zweier phasenverschobener Ströme

Größe	Zeichen	Einheit
Teilströme	I_1, I_2	A
Gesamtstrom	I	A
Voreilung von I_2 gegenüber I_1	φ	Grad
Voreilung des Gesamtstromes gegenüber I_1	φ_g	Grad

Hinweis: Phasenverschobene Spannungen bzw. Ströme dürfen nur *geometrisch,* d. h. durch Zeichnen des aus den Zeigern gebildeten Parallelogramms, addiert werden. Rechnerisch ergibt sich die resultierende Größe aus dem Cosinussatz.

35. Welchen Gesamtwert ergeben die nachstehenden Teilspannungen unter Berücksichtigung der angegebenen Verschiebungswinkel, und unter welchem Winkel eilt die Gesamtspannung der Spannung U_1 voraus?

	a)	b)	c)	d)	e)
$U_1 =$	100 V	60 V	128 V	220 V	40 V
$U_2 =$	150 V	65 V	128 V	110 V	33 V
$\varphi =$	60°	30°	45°	75°	90°

36. Um welchen Winkel eilt der Strom I_2 dem Strom I_1 voraus, wenn der Gesamtstrom I gegeben ist?

	a)	b)	c)	d)
$I_1 =$	5 A	1,5 A	0,8 A	1,1 A
$I_2 =$	3,5 A	1,5 A	0,4 A	2,1 A
$I =$	6 A	2,5 A	1,0 A	2,8 A

37. Zwei in Reihe geschaltete Generatoren erzeugen 120 V bzw. 100 V, haben aber bei gleicher Frequenz eine gegenseitige Phasenverschiebung von 25°. Welche Gesamtspannung resultiert daraus?

38. Die Antriebswellen zweier Generatoren mit gleicher Frequenz und 75 V bzw. 125 V sind unter einem Winkel von
a) 0° b) 30° c) 60° d) 90° e) 120° und f) 180°
miteinander gekuppelt. Welchen Betrag hat die Gesamtspannung?

39. Die von den in der Schaltung (Bild 9) angegebenen Generatoren erzeugten EMKs sind um 90° gegeneinander verschoben. Es fließen die beiden Ströme

	a)	b)	c)	d)
$I_1 =$	18 A	25 A	47 A	65 A
$I_2 =$	27 A	25 A	18 A	120 A

Welcher Strom fließt in der gemeinsamen Zuleitung? (Es sind nur Wirkwiderstände vorhanden.)

40. Zwei in Reihe geschaltete Generatoren von gleicher EMK ergeben eine Gesamtspannung von 125 V. Die Teilspannungen sind um a) 90°, b) 60° und c) 30° gegeneinander verschoben. Wie groß sind die Teilspannungen?

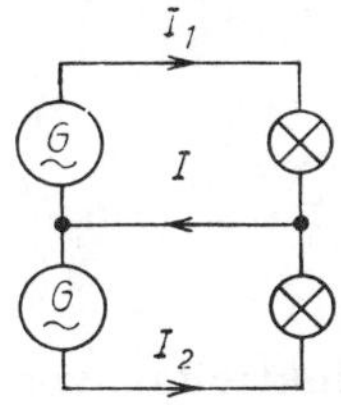

Bild 9. Aufgabe 39

41. In einem Leiter überlagern sich drei Ströme I_1, I_2, I_3 von je 10 A. Es bestehen die Phasenwinkel $\varphi_{1,2} = 60°$ und $\varphi_{2,3} = 60°$. Wie groß ist der resultierende Strom?

42. Die von den 3 Generatoren erzeugten gleich großen EMKs (Bild 10) sind um je 120° zueinander verschoben, E_1 und E_2 sind jedoch gegeneinander geschaltet. Berechne die an den beiden Gruppen parallelgeschalteter Lampen liegende Spannung sowie den Gesamtstrom I.

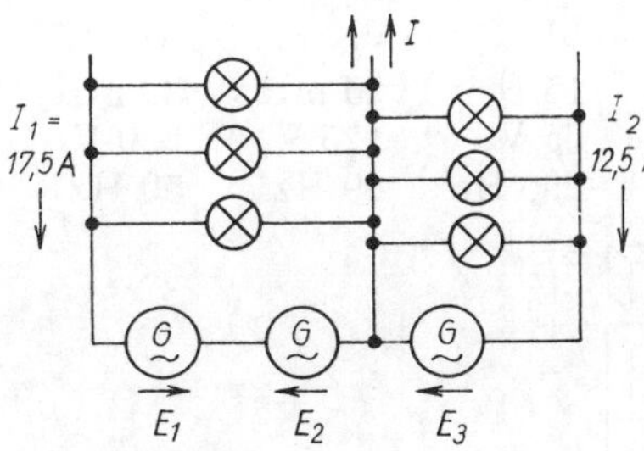

Bild 10. Aufgabe 42

43. Zwei Generatoren erzeugen die Spannungen 60 V bzw. 80 V mit einer Verschiebung von a) 40°, b) 50° und c) 60°. Welche Spannungen ergeben sich bei Reihen- und Gegenreihenschaltung?

2. Widerstände im Wechselstromkreis

2.1. Der verlustlose induktive Widerstand

Formeln:

$X_L = \omega L$

$I = \frac{U}{X_L} = \frac{U}{\omega L}$

$\omega = 2\pi f$

Größe	Zeichen	Einheit
induktiver Widerstand	X_L	Ω
Induktivität	L	H = Vs/A
Strom	I	A
Spannung	U	V
Kreisfrequenz	ω	1/s
Frequenz	f	1/s = Hz

44. Zur Bestimmung der Induktivität von Spulen werden Stromstärke und Klemmenspannung gemessen. Berechne die Induktivität bei Vernachlässigung des Wirkwiderstandes.

	a)	b)	c)	d)	e)
$U =$	18 V	30 V	125 V	125 V	220 V
$I =$	2 A	1,5 A	10 A	8 A	11,5 A
$f =$	50 Hz	50 Hz	40 Hz	100 Hz	52 Hz

45. Eine Spule hat bei $f = 50$ Hz einen induktiven Widerstand von 12 Ω. Welchen induktiven Widerstand hat sie bei den Frequenzen a) 48 Hz, b) 60 Hz, c) 100 Hz und d) 800 Hz?

46. Welcher Strom fließt bei Vernachlässigung des Wirkwiderstandes durch folgende Spulen?

	a)	b)	c)	d)
$L =$	2,45 H	15 H	25 mH	32 mH
$U =$	110 V	65 V	125 V	220 V
$f =$	50 Hz	200 Hz	49 Hz	50 Hz

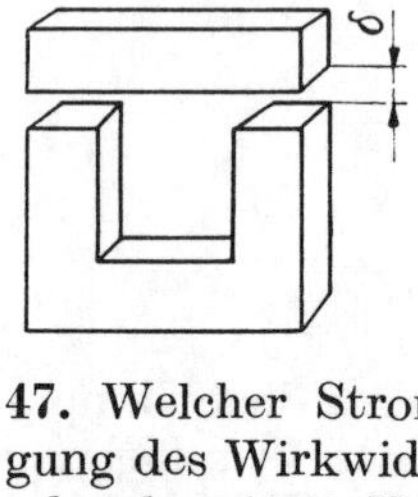

Bild 11. Aufgabe 47

47. Welcher Strom fließt bei Vernachlässigung des Wirkwiderstandes durch eine Drosselspule mit a) $N = 500$, b) 800 und c) 1500 Windungen bei einer Klemmenspannung von 125 V (50 Hz)? Der Kern hat nach Bild 11 zwei Luftspalte von je $\delta = 1{,}5$ mm und Polflächen von je $A = 4{,}5 \text{ cm} \times 4{,}5$ cm. Die Berechnung erfolge näherungsweise nach Band I, 7.2.2.

48. Eine Spule hat bei 500 Hz einen induktiven Widerstand von 78 Ω. Bei welchen Frequenzen beträgt dieser a) 85 Ω, b) 120 Ω und c) 50 Ω?

49. Wieviel Windungen muß der in Aufgabe 47 verwendete Kern tragen, wenn an der Drossel bei einem Strom von 0,6 A und 50 Hz ein Spannungsabfall von 70 V bestehen soll?

50. Wieviel Windungen muß der in Aufgabe 47 verwendete Kern tragen, wenn der induktive Widerstand a) 80 Ω, b) 60 Ω und c) 50 Ω betragen soll? ($f = 50$ Hz)

51. Eine Ringspule (Stahlguß) nach Bild 12 trägt 300 Windungen dicken Drahtes, durch die ein Strom von 0,4 A fließt. Welcher induktive Spannungsabfall entsteht an den Spulenklemmen? ($f = 50$ Hz)

52. Eine frei verlegte Doppelleitung von 25 km Einfachlänge besteht aus zwei Leitern von je 35 mm² Querschnitt im Abstand von 20 cm. Welcher induktive Spannungsabfall entsteht bei der Übertragung von 45 A bei 50 Hz?

53. Wie ändert sich dieser Wert, wenn der Leiterabstand auf a) 30 cm und b) 50 cm vergrößert wird?

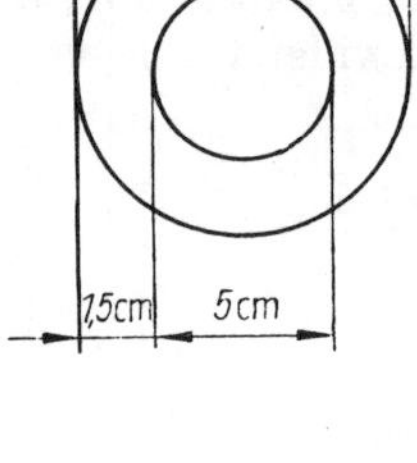

Bild 12. Aufgabe 51

2.2. Der verlustlose kapazitive Widerstand

Formeln:

$$X_C = \frac{1}{\omega C}$$

$$I = \frac{U}{X_C} = U\omega C$$

$$\omega = 2\pi f$$

Größe	Zeichen	Einheit
kapazitiver Widerstand	X_C	Ω
Kapazität	C	F = As/V
Strom	I	A
Spannung	U	V
Kreisfrequenz	ω	$^1/_s$ = Hz

54. Berechne den kapazitiven Widerstand folgender Kondensatoren:

C =	a) 0,5 μF	b) 0,8 μF	c) 1,2 μF
	d) 250 pF	e) 600 pF	f) 2000 pF
f =	a) 50 Hz	b) 50 Hz	c) 500 Hz
	d) 100 kHz	e) 350 kHz	f) 500 kHz

55. Welche Ströme fließen durch folgende Kondensatoren:

	C	U	f
a)	2 μF	220 V	50 Hz
b)	4,5 μF	220 V	50 Hz
c)	0,3 μF	125 V	50 Hz
d)	40 nF	120 V	100 kHz
e)	1500 pF	40 V	500 kHz
f)	350 pF	100 V	600 kHz

56. Bei welchen Frequenzen weisen folgende Kondensatoren einen kapazitiven Widerstand von 10 Ω auf? a) 1 μF b) 0,3 μF c) 50 nF und d) 500 pF

57. An einem Kondensator von 5 μF liegt eine Spannung von 218 V. Es werden folgende Ströme gemessen: a) 0,6 A, b) 0,8 A, c) 0,342 A. Um welche Frequenzen handelt es sich?

58. An einer Anzahl von Kondensatoren liegen Spannungen von 125 V bei 50 Hz. Es fließen Ströme von a) 5,89 mA, b) 17,67 mA, c) 24 mA, d) 0,05 A, e) 0,2 A.
Um welche Kapazitäten handelt es sich?

59. Durch einen Kondensator von 1,2 μF mit einer Toleranzangabe von ± 20 % soll bei 50 Hz ein Effektivstrom von 0,1 A fließen. Mit welchem maximal möglichen Scheitelwert der Spannung muß gerechnet werden?

60. Zwischen welchen Werten kann die Stromstärke liegen, wenn ein Kondensator von 2,5 μF ± 10 % an eine Spannung von 380 V und 50 Hz angeschlossen wird?

61. Um wieviel % weicht die wahre Kapazität eines Kondensators von seiner Nennkapazität 1,5 μF ab, wenn bei 225 V und 50 Hz ein Strom von a) 0,1 A, b) 0,109 A und c) 0,115 A fließt?

3. Berechnung von Schaltungen

3.1. *R* und *L* in Reihe

Formeln:

$$Z = \sqrt{R^2 + X_L^2}\,; \quad R = Z\cos\varphi$$

$$U = \sqrt{U_R^2 + U_L^2}\,; \quad X_L = Z\sin\varphi$$

$$U_R = U\cos\varphi\,; \quad U_L = U\sin\varphi$$

$$I = \frac{U}{Z}$$

$$\tan\varphi = \frac{X_L}{R} = \frac{\omega L}{R}$$

Größe	Zeichen	Einheit
Wirkwiderstand	R	Ω
induktiver Widerstand	X_L	Ω
Scheinwiderstand	Z	Ω
Kreisfrequenz	$\omega = 2\pi f$	$^1/_s$
Frequenz	f	$^1/_s$ = Hz
Phasenwinkel	φ	Grad
Teilspannungen am		
Wirk- bzw.	U_R	V
induktiven Widerstand	U_L	V

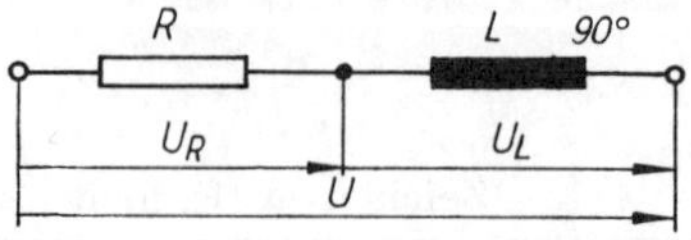

Bild 13. Reihenschaltung eines Wirk- und eines rein induktiven Widerstandes

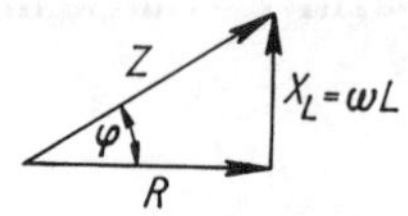

Bild 14a. Widerstandsdiagramm

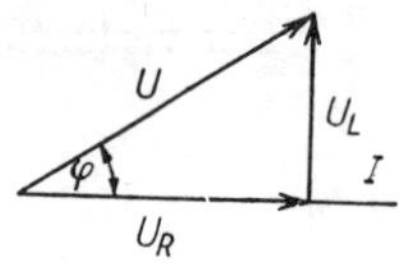

Bild 14b. Spannungsdiagramm

Hinweis: Bei der *Reihenschaltung* von Wechselstromwiderständen dient als Bezugsrichtung stets die des *Stromes*. Mit ihm in gleicher Phase liegt der Spannungsabfall am Wirkwiderstand U_R. Der Zeiger des *induktiven* Spannungsabfalles ist hierzu rechtwinklig *nach oben* gerichtet.

62. Berechne den Scheinwiderstand und den Phasenwinkel, wenn folgende Größen angegeben sind:

	R	L	f
a)	1 Ω	2 mH	50 Hz
b)	15 Ω	0,05 H	50 Hz
c)	1500 Ω	0,6 H	2500 Hz
d)	450 kΩ	1 H	60 kHz
e)	2,4 MΩ	12 H	50 kHz
f)	40 kΩ	35 mH	350 kHz

63. Wie groß muß der Widerstand R sein, wenn der Phasenwinkel 45° betragen soll?

	a)	b)	c)
$L =$	2,5 H	180 mH	4,6 H
$f =$	50 Hz	250 kHz	100 Hz

64. Wie groß muß die Induktivität L sein, wenn der Phasenwinkel 30° betragen soll?

	a)	b)	c)
$R =$	3,5 Ω	0,2 Ω	18,5 Ω
$f =$	50 Hz	420 Hz	65 Hz

65. Berechne die Frequenz f, wenn der Phasenwinkel 8° beträgt.

	a)	b)	c)
$R =$	1,5 Ω	75 Ω	3 MΩ
$L =$	6 mH	2,5 mH	5 mH

66. Berechne den Scheinwiderstand und die Induktivität, wenn folgende Daten gegeben sind:

	a)	b)	c)	d)
$\varphi =$	87°	60°	25°	2°
$f =$	500 kHz	40 Hz	150 Hz	200 Hz
$R =$	1,8 Ω	7,6 Ω	140 Ω	0,01 Ω

67. Ein Fernhörer hat einen Gleichstromwiderstand von 4000 Ω. Bei Erregung mit einem Summer von 1000 Hz ergibt sich eine Impedanz von 5822 Ω. Welche Induktivität haben die Hörerspulen?

68. Berechne für eine Frequenz von 50 Hz den Wirkwiderstand R und die Induktivität L, wenn gegeben sind

	a)	b)	c)	d)
$Z =$	2800 Ω	350 Ω	72 Ω	2,7 Ω
$\varphi =$	60°	47°	22°	19°

69. An einer Drosselspule ($R = 1000\ \Omega$, $L = 10$ H) liegt eine Spannung von 60 V. Welche Ströme fließen bei folgenden Frequenzen (die Induktivität sei als konstant angenommen)?

	a)	b)	c)	d)
$f =$	25 Hz	50 Hz	120 Hz	1000 Hz

70. Um die Induktivität einer Spule zu messen, wurde zunächst ihr Gleichstromwiderstand zu 8,5 Ω bestimmt. Beim Anlegen einer Wechselspannung von 50 Hz und 6 V floß ein Strom von 0,45 A. Wie groß ist die Induktivität?

71. Durch eine Spule fließt beim Anlegen von 12 V Gleichspannung ein Strom von 1,3 A, dagegen nur 0,7 A, wenn eine Wechselspannung von 50 Hz und 12 V angelegt wird. Wie groß ist die Induktivität?

72. Der Spannungsabfall am Wirkwiderstand R beträgt 3,8 V. Die an der Schaltung liegende Gesamtspannung beträgt 5,7 V. Es fließt ein Strom von 0,6 A (50 Hz). Wie groß sind U_L, R und L?

73. Berechne den Phasenwinkel φ, den Wirkwiderstand R und die Induktivität L bei einer Frequenz von 50 Hz, wenn folgende Daten gegeben sind:

	a)	b)	c)	d)
$U_R = 10$ V		2 V	120 V	1,6 V
$U = 12$ V		20 V	240 V	2,2 V
$I = 2$ A		0,1 A	1,75 A	3,2 A

74. Berechne den Phasenwinkel φ, wenn folgende Daten gegeben sind:

	a)	b)	c)	d)
U	$= 15$ V	3 V	185 V	23,5 V
R	$= 85\ \Omega$	1500 Ω	2400 Ω	380 Ω
I	$= 0,1$ A	1,5 mA	0,05 A	0,04 A

75. Durch Zuschalten eines Widerstandes R_x nach Bild 15 soll der Phasenwinkel von 30° auf 80° vergrößert werden. Welchen Wert muß R_x haben, wenn $R = 18\ \Omega$ ist? (L bleibe konstant).

76. Welchen Wert muß der nach Bild 15 zuzuschaltende Widerstand R_x haben, wenn der Scheinwiderstand dadurch um 10 % abnehmen soll? ($R = 18\ \Omega$, $f = 50$ Hz, $L = 0,1$ H)

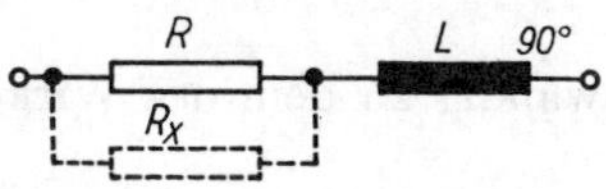

Bild 15. Aufgaben 75 bis 79

77. Wie groß muß der nach Bild 15 zuzuschaltende Widerstand R_x sein, wenn dadurch der Phasenwinkel um 20 % größer werden soll? ($R = 16\ \Omega$, L konstant $= 0,1$ H, $f = 50$ Hz)

78. (Bild 15) Durch Zuschalten des Widerstandes R_x soll der Scheinwiderstand Z um 30 % kleiner werden. Wie groß muß R_x bei unverändertem Phasenwinkel werden, wenn $R = 7\ \Omega$ ist?

79. Der Phasenwinkel soll durch Zuschalten von R_x auf 85° gebracht werden, wobei jedoch die Stromstärke konstant bleiben soll. Wie groß müssen R_x und die Induktivität L' gewählt werden, wenn $R = 12\ \Omega$, $f = 50$ Hz und L anfänglich gleich 0,05 H ist?

80. Von einem Wechselstromgenerator (50 Hz) mit der Induktivität $L_g = 0,035$ H und dem Wirkwiderstand $R_g = 3,2\ \Omega$ (Bild 16) führt eine Überlandleitung zum Verbraucher, dessen Wirkwiderstand $R_v = 28\ \Omega$ und Induktivität $L_v = 0,22$ H beträgt. Die Leitung hat $l = 18$ km Einfachlänge, einen Leiterabstand von 80 cm und einem Drahtdurchmesser von 0,8 cm ($\varrho = 0,02\ \Omega\text{mm}^2/\text{m}$). Am Verbraucher sollen 10 kV zur Verfügung stehen. Berechne a) den die Anlage durchfließenden Strom, b) die Klemmenspannung U_g am Generator, c) die vom Generator zu erzeugende EMK sowie d) die Voreilung φ_v der Spannung im Verbraucher und e) φ_g im Generator.

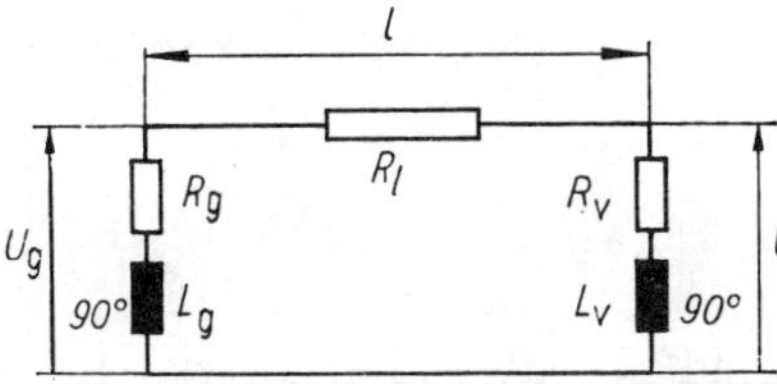

Bild 16. Aufgabe 80

81. Eine Drosselspule hat den Wirkwiderstand 4 Ω und nimmt bei 110 V (50 Hz) den Strom 4,5 A auf. Welchen Wert R_v muß ein Vorschaltwiderstand haben, der den Strom auf 1,5 A verringert? (Die Induktivität werde als konstant vorausgesetzt.)

82. Eine Drossel hat bei einer Kreisfrequenz von $\omega = 4000$ 1/s einen Scheinwiderstand von 200 Ω sowie einen Phasenwinkel von 30°. Wie groß sind R und L?

83. Eine Spule hat bei $f = 100$ Hz einen Scheinwiderstand von 1250 Ω sowie einen Wirkwiderstand von 950 Ω. Wie groß sind Blindwiderstand und Induktivität?

84. Die EMK einer Wechselstrommaschine ($f = 50$ Hz) beträgt 80 V, der Ankerwiderstand $R_a = 1,5\ \Omega$. Um die Induktivität zu messen, wurde in den äußeren Stromkreis ein induktionsfreier Widerstand R geschaltet, durch den ein Strom von 8 A floß. Die Klemmenspannung betrug dabei 52 V. Welche Induktivität hat die Maschine?

3.2. *R* und *C* in Reihe

Formeln:

$$Z = \sqrt{R^2 + X_C^2}$$

$$U = \sqrt{U_R^2 + U_C^2}$$

$$\tan \varphi = \frac{X_C}{R} = \frac{1}{R\omega C}$$

$$I = \frac{U}{Z}$$

$$R = Z \cos \varphi$$

$$X_C = Z \sin \varphi$$

Größe	Zeichen	Einheit
Scheinwiderstand	Z	Ω
Wirkwiderstand	R	Ω
kapazitiver Widerstand	X_C	Ω
Teilspannungen	U_R, U_C	V
gesamte Klemmenspannung	U	V
Nacheilung der Spannung gegenüber dem Strom	φ	Grad

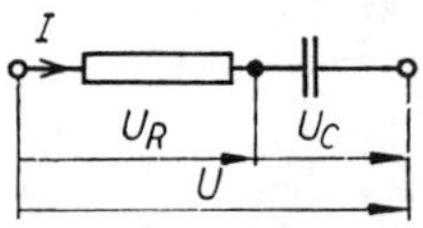

Bild 17. Reihenschaltung eines Wirk- und eines rein kapazitiven Widerstandes

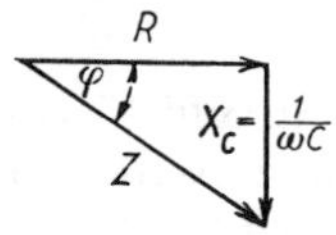

Bild 18a. Widerstandsdiagramm

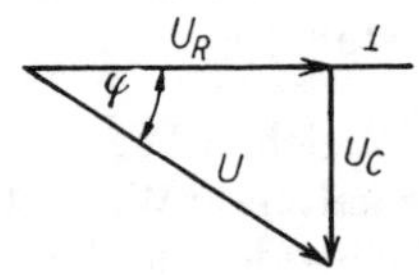

Bild 18b. Spannungsdiagramm

Hinweis: Der Zeiger des *kapazitiven* Widerstandes ist stets rechtwinklig zu dem des Wirkwiderstandes *nach unten* gerichtet.

85. Zu berechnen sind der Scheinwiderstand und der Gesamtphasenwinkel folgender in Reihe geschalteter Widerstände:

	C	R	f
a)	50 pF	30 kΩ	300 kHz
b)	350 pF	2 kΩ	400 kHz
c)	12 nF	120 Ω	20 kHz
d)	140 nF	15 Ω	18 kHz
e)	0,2 μF	30 kΩ	120 Hz
f)	1,3 μF	650 Ω	50 Hz

86. Eine Glühlampe von 125 V/15 W soll unter Zwischenschaltung eines Kondensators an eine Spannung von 220 V (50 Hz) angeschlossen werden und dabei normal brennen. Welche Kapazität muß der Kondensator haben?

87. a) Welcher Strom fließt durch einen Kondensator von 0,5 μF mit einem in Reihe geschalteten Widerstand von 5 kΩ bei einer Klemmenspannung von 80 V (50 Hz)? b) Welche Kapazität muß der Kondensator haben, wenn sich die Stromstärke um 50 % erhöhen soll?

88. Bei welcher Frequenz fließt durch einen Kondensator von 0,5 μF mit einem Reihenwiderstand von 5 kΩ ein Strom von 15 mA? Die Klemmenspannung betrage a) 80 V, b) 160 V und c) 240 V.

89. An einem Kondensator liegt die gleiche Spannung wie an dem in Reihe geschalteten Widerstand von 1 kΩ ($f = 50$ Hz). Welche Kapazität hat der Kondensator?

90. Ein Kondensator liegt bei 100 Hz in Reihe mit einem Wirkwiderstand von 800 Ω. Bei Verdoppelung der Frequenz wächst der Strom auf den 1,5fachen Wert. Welche Kapazität hat der Kondensator?

91. Ein Kondensator liegt bei 100 Hz mit einem Widerstand von 350 Ω in Reihe. Infolge Durchschlages wird der Kondensator kurzgeschlossen, wodurch der Strom den 10fachen Wert annimmt. Welche Kapazität hat der Kondensator?

92. Ein Kondensator liegt bei 50 Hz in Reihe mit einem Widerstand von 200 Ω. Durch Zuschalten eines weiteren Widerstandes von 200 Ω nimmt der Scheinwiderstand um 20 % zu. Welche Kapazität hat der Kondensator?

93. Der Klangregler eines Rundfunkgerätes besteht aus einem Kondensator von 0,1 μF mit einem Wirkwiderstand von 20 kΩ in Reihe. Berechne den Scheinwiderstand und den Phasenwinkel bei einer Tonfrequenz von 100 Hz.

94. Eine Glühlampe von 40 W (220 V) liegt mit einem Kondensator von 2 μF in Reihe. An dieser Reihenschaltung liegt eine Spannung von 220 V und 50 Hz. Berechne a) den Scheinwiderstand, b) die Stromstärke, c) die Spannungsabfälle an der Lampe und am Kondensator und d) den Phasenwinkel. (Der Einfachheit halber sei die in Wirklichkeit nicht zutreffende Annahme gemacht, daß der Lampenwiderstand von der Brennspannung unabhängig ist.)

95. Ein verlustloser Kondensator von 3000 pF ist mit einem Wirkwiderstand in Reihe geschaltet. a) Wie groß muß der letztere sein, wenn der Scheinwiderstand der Schaltung bei einer Tonfrequenz von 800 Hz gleich 100 kΩ sein soll? b) Bei welcher Klemmenspannung fließt ein Strom von 0,3 mA? c) Welche Teilspannungen liegen am Widerstand und am Kondensator?

96. In welchem Verhältnis stehen die beiden Spannungen U_1 und U_2 der Siebschaltung (Bild 19) zueinander, und welchen Wert hat U_2, wenn $U_1 = 12$ V, $R = 18$ kΩ und $C = 6$ μF (50 Hz) betragen?

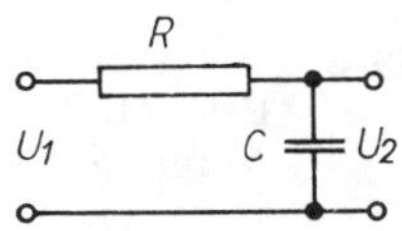

Bild 19. Aufgabe 96

3.3. *L* und *C* in Reihe

Formeln:

$$X_L = \omega L - \frac{1}{\omega C}, \text{ wenn } \omega L > \frac{1}{\omega C}$$

$$X_C = \frac{1}{\omega C} - \omega L, \text{ wenn } \frac{1}{\omega C} > \omega L$$

$\varphi = \pm 90°$ je nach Überwiegen des induktiven oder des kapazitiven Widerstandes

$$I = \frac{U}{X_L}$$

Größe	Zeichen	Einheit
Blindwiderstand	X_L, X_C	Ω
Voreilung der Spannung gegenüber dem Strom	φ	Grad

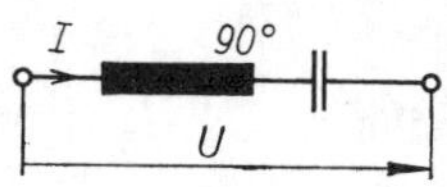

Bild 20. Reihenschaltung aus rein induktivem und kapazitivem Widerstand

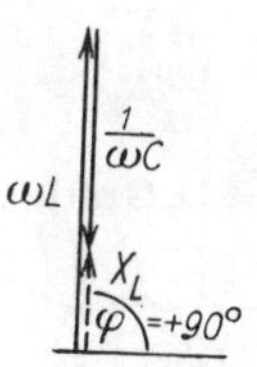

Bild 21a. Widerstandsdiagramm bei überwiegend induktivem Widerstand

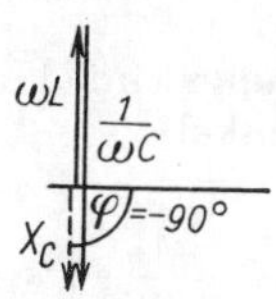

Bild 21b. Widerstandsdiagramm bei überwiegend kapazitivem Widerstand

97. Wie groß sind der Blindwiderstand und der Gesamtphasenwinkel folgender in Reihe geschalteter Widerstände?

	L	*C*	*f*
a)	2 H	1 μF	50 Hz
b)	15 H	3,5 μF	50 Hz
c)	30 mH	2,5 pF	500 kHz
d)	2,5 H	15 pF	12 kHz
e)	25 H	0,1 μF	100 Hz

98. Durch welche Ersatzinduktivität bzw. -kapazität können folgende Reihenschaltungen vereinfacht werden?

	L	*C*	*f*
a)	3 H	3 μF	50 Hz
b)	1 H	1 μF	50 Hz
c)	1,5 H	3,5 μF	50 Hz
d)	1,82 H	7,21 μF	50 Hz

99. bis **102.** Wie groß ist der Blindwiderstand der Schaltungen (Bilder 22 bis 25) und durch welche einfache Induktivität bzw. Kapazität kann die Schaltung ersetzt werden?

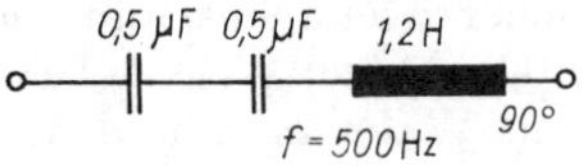

Bild 22. Aufgabe 99

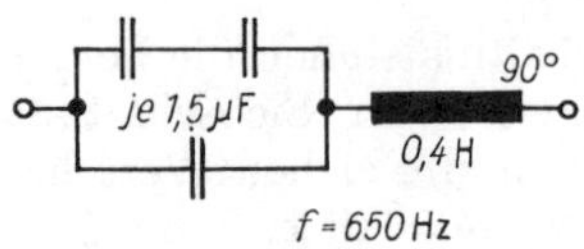

Bild 23. Aufgabe 100

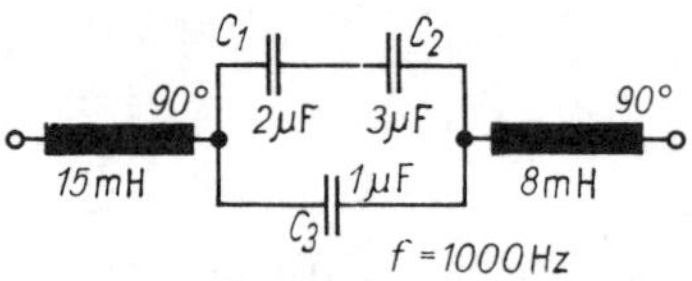

Bild 24. Aufgabe 101

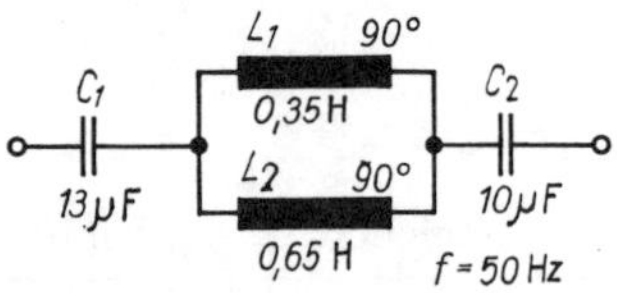

Bild 25. Aufgabe 102

103. Bei welcher Frequenz hat eine Reihenschaltung von 5 H und 1,0 μF einen a) induktiven und b) kapazitativen Blindwiderstand von 1000 Ω?

104. Welche Kapazität muß zu einer Induktivität von 2,5 H in Reihe geschaltet werden, damit die Schaltung bei $f = 800$ Hz einen induktiven Gesamtwiderstand von a) 10000 Ω, b) 5000 Ω und c) 12550 Ω erhält?

105. Um wieviel % weicht die Stromstärke einer Reihenschaltung aus 25 H und 0,8 μF vom normalen Wert ab, wenn die Netzfrequenz von 50 Hz um 10 % nach oben und unten schwankt? ($U = 220$ V)

106. Durch die in Aufgabe 105 erwähnte Schaltung fließt bei 220 V ein Strom von 75 mA. Bei welchen Frequenzen ist dies der Fall?

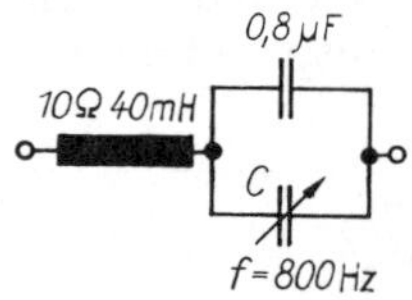

Bild 26. Aufgabe 107

107. Die in Bild 26 angegebene Schaltung soll durch Regelung des Kondensators C eine Veränderung des Phasenwinkels zwischen + 45° und − 45° ermöglichen. Berechne Anfangs- und Endkapazität des Kondensators C.

3.4. *R*, *L* und *C* in Reihe

Formeln:

$$Z = \sqrt{R^2 + \left(\omega L - \frac{1}{\omega C}\right)^2}$$

$$U = \sqrt{U_R^2 + (U_L - U_C)^2}$$

$$\tan \varphi = \frac{\omega L - \frac{1}{\omega C}}{R}$$

$$U_R = IR\,; \quad U_C = IX_C$$

$$U_L = IX_L\,; \quad U = IZ$$

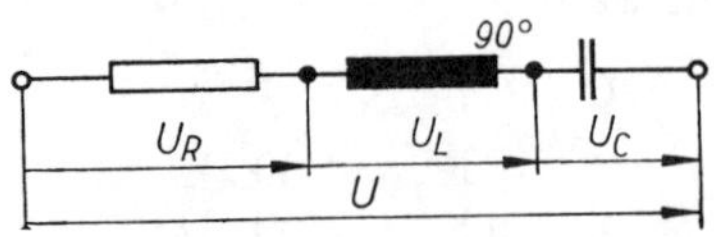

Bild 27. Reihenschaltung aus Wirk-, induktivem und kapazitivem Widerstand

Größe	Zeichen	Einheit
Scheinwiderstand	Z	Ω
Spannung	U	V
Strom	I	A
Verschiebungswinkel (Phasenwinkel)	φ	Grad

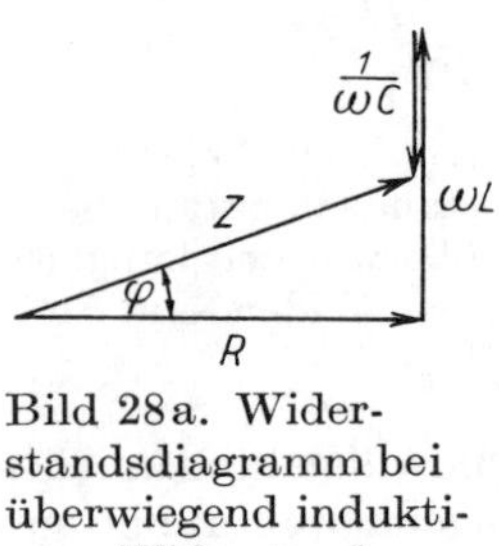

Bild 28a. Widerstandsdiagramm bei überwiegend induktivem Widerstand

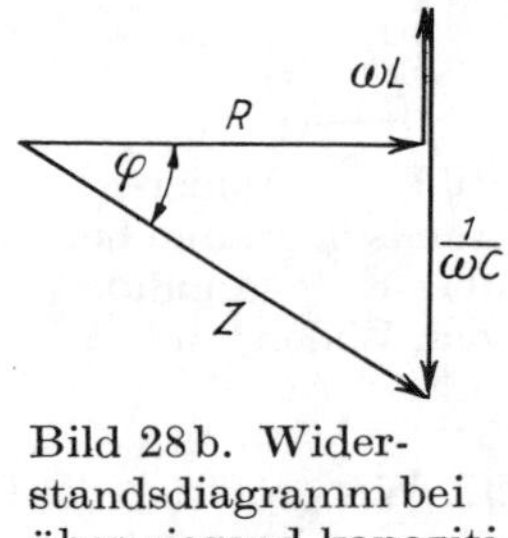

Bild 28b. Widerstandsdiagramm bei überwiegend kapazitivem Widerstand

108. (Bild 27) Folgende Widerstände sind in Reihe geschaltet:

	R	L	C	f	U
	in Ω	in mH	in μF	in Hz	in V
a)	500	1200	8	100	125
b)	340	800	2,5	50	220
c)	580	500	4,8	50	220
d)	6	0,01	0,8	80000	6
e)	75	15	1,5	1000	10
f)	3	8	4,5	1000	12

Berechne die Teilspannungen U_R, U_L und U_C an den einzelnen Widerständen, die Verschiebung φ der Spannung gegenüber dem Strom sowie die Stromstärke I.

109. Welche Kapazität muß zu einer Spule von 500 Ω und 2 H in Reihe geschaltet werden, damit der Phasenwinkel a) 70°, b) 45° und c) 20° beträgt? (f = 500 Hz)

110. Der durch eine Reihenschaltung von R, L und C fließende Strom sowie die Klemmenspannung der gesamten Anordnung sind gemessen worden. Berechne die in der folgenden Tabelle noch fehlenden Daten:

	R	L	C	I	U	f
	in Ω	in H	in μF	in A	in V	in Hz
a)	50	2		1,5	100	50
b)	50	2		1,2	100	50
c)	100	0,2		0,1	80	1000
d)	150		2	0,1	80	1000
e)	10		1,4	1	60	100

111. Eine Spule ist mit einem Kondensator in Reihe geschaltet. Während ein Strom von 0,5 A gemessen wird, liegt an der Spule eine Spannung von 10 V und am Kondensator von 215 V. Berechne den Wirk- und induktiven Widerstand der Spule, wenn die Gesamtspannung 210 V beträgt (f = 50 Hz).

112. Der Scheinwiderstand einer Spule beträgt 25 Ω. Wenn ein Kondensator von 1,3 μF davorgeschaltet wird, erhöht sich der Scheinwiderstand auf 2430 Ω. Berechne den Wirkwiderstand und die Induktivität der Spule. (f = 50 Hz)

113. Eine Spule ruft eine Phasenverschiebung von 30° hervor. Durch Zuschalten eines Kondensators von 20 μF wird der Phasenwinkel auf 5° verkleinert. Berechne R und L bei 50 Hz.

114. Durch eine Drosselspule fließt bei 125 V ein Strom von 3,5 A. Ihr Gleichstromwiderstand beträgt 6 Ω. Nach Zuschalten eines Kondensators sinkt der Strom auf 0,3 A. Welche Kapazität hat der Kondensator und welche Induktivität die Spule? (f = 50 Hz, Induktivität als konstant angenommen.)

115. Eine Drosselspule und ein Kondensator von C_1 = 2 μF sind in Reihe geschaltet und ergeben einen Scheinwiderstand von 500 Ω. Ein Kondensator doppelter Kapazität C_2 ergibt mit derselben Spule einen Scheinwiderstand von 300 Ω. Welche Daten hat die Spule? (f = 50 Hz)

116. Bei welcher Frequenz liefert eine Spule von 50 Ω und 2 H in Reihe mit einem Kondensator von 1 μF einen Scheinwiderstand von 80 Ω?

117. In einem Klangentzerrer ist eine Kapazität von 4000 pF mit einem Wirkwiderstand und einer Induktivität von 5 H in Reihe geschaltet. Welchen Wert muß der Wirkwiderstand haben, damit der Scheinwiderstand bei 1 kHz einen Wert von 20 kΩ annimmt?

118. Die in Bild 29 angegebene Siebschaltung dient zur Beseitigung der Welligkeit einer gleichgerichteten Wechselspannung. Der „Siebfaktor“ S ist gleich dem Verhältnis der „Brummspannungen“ $\frac{U_1}{U_2}$ vor und hinter der Schaltung. Welche Formel ergibt sich für S?

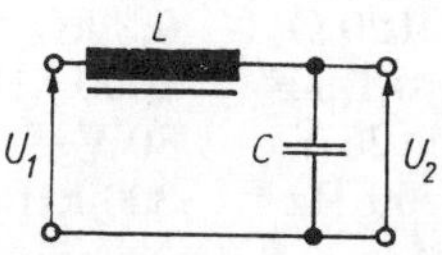

Bild 29.
Aufgaben 118 und 119

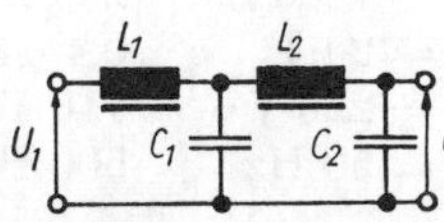

Bild 30.
Aufgabe 120

119. Welcher Siebfaktor ergibt sich, wenn in der vorstehenden Schaltung L = 35 H und C = 15 μF sind, und auf welchen Wert wird eine Brummspannung von 24 V (50 Hz) herabgesetzt?

120. Wie berechnet sich der Siebfaktor der zweigliedrigen Siebschaltung nach Bild 30?

121. Eine zweigliedrige Siebschaltung aus zwei gleichen Drosseln und zwei Kondensatoren von je 8 μF soll die Brummspannung auf den tausendsten Teil herabsetzen. Welche Induktivität muß jede der beiden Drosseln haben? (50 Hz)

3.5. *R* und *C* parallel

Formeln:

$$I = \sqrt{I_R^2 + I_C^2}$$

$$\tan \varphi = \frac{I_C}{I_R} = \frac{R}{X_C} = R\omega C$$

$$Z = \frac{R}{\sqrt{1 + (R\omega C)^2}}$$

$$I_C = \frac{U}{X_C} = U\omega C$$

$$I_R = \frac{U}{R}$$

$$R = \frac{Z}{\cos \varphi}; \quad X_C = \frac{Z}{\sin \varphi}$$

Größe	Zeichen	Einheit
Spannung	U	V
Gesamtstrom	I	A
Teilströme	I_R, I_C	A
Voreilung des Stromes gegenüber der Spannung	φ	Grad
Scheinwiderstand	Z	Ω

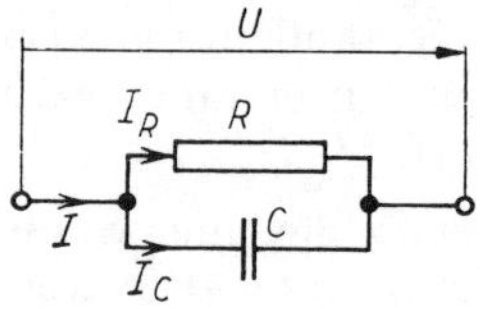

Bild 31. Parallelschaltung aus Wirk- und kapazitivem Widerstand

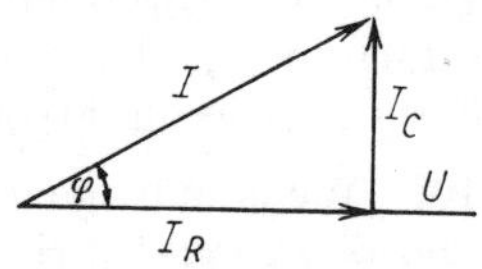

Bild 32. Stromdiagramm zu Bild 31

Hinweis: Bei der *Parallelschaltung* einfacher Wechselstromwiderstände dient als Bezugsrichtung stets die *Spannung*. Mit ihr in gleicher Phase liegt der Strom durch den Wirkwiderstand, während der Strom durch den *kapazitiven* Widerstand hierzu rechtwinklig *nach oben* gezeichnet wird.

122. (Bild 31) Berechne die Teilströme, den Gesamtstrom, den Phasenwinkel und den Scheinwiderstand der Schaltung, wenn folgende Werte gegeben sind:

	a)	b)	c)	d)
R =	1000 Ω	200 Ω	120 Ω	0,3 kΩ
C =	2 μF	0,4 μF	0,1 μF	2000 pF
U =	220 V	110 V	125 V	80 V
f =	50 Hz	500 Hz	50 Hz	300 kH

123. Welcher Widerstand R muß bei $f = 16^2/_3$ Hz mit einem Kondensator von 0,6 μF parallelgeschaltet werden, wenn sich ein Phasenwinkel von a) 5°, b) 15°, c) 25°, d) 35° und e) 45° ergeben soll?

124. Welcher Widerstand muß mit einem Kondensator von 0,5 μF parallelgeschaltet werden, damit bei einer Spannung von 220 V und 50 Hz ein Gesamtstrom von a) 35 mA, b) 40 mA, c) 60 mA und d) 80 mA fließt?

125. Bei welchen Frequenzen beträgt der Scheinwiderstand eines Kondensators von 2000 pF mit parallelgeschaltetem Widerstand von 2000 Ω a) 1000 Ω; b) 1200 Ω und c) 1500 Ω?

126. Berechne den Scheinwiderstand und den Phasenwinkel, wenn folgende Werte gegeben sind (Bild 33):

	R in Ω	C_1 in μF	C_2 in μF	f in Hz
a)	800	2	3	50
b)	1200	1,5	0,5	500
c)	1500	3	1	1000

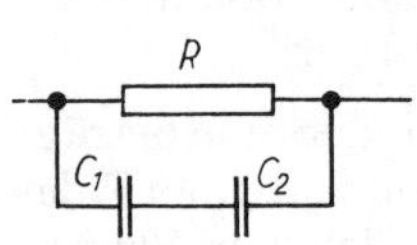

Bild 33. Aufgabe 126

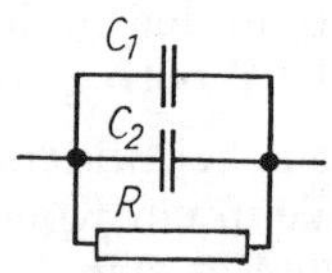

Bild 34. Aufgabe 127

127. Wie groß muß C_1 (Bild 34) gemacht werden, damit $\varphi = 45°$ wird?

	C_2 in μF	R in Ω	f in Hz
a)	2	1000	50
b)	1	1500	50
c)	3	500	50

128. Um die Kapazität eines Kondensators zu messen, wird mittels eines Hitzdrahtinstrumentes von 800 Ω eine Spannung von 160 V festgestellt, während durch die Anordnung ein Strom von 65 Hz und 1,1 A fließt (Bild 35). Wie groß ist die Kapazität?

129. Welchen Strom würde der Strommesser bei sonst gleichen Verhältnissen der Aufgabe 128 anzeigen, wenn der Kondensator eine Kapazität von a) 10 µF, b) 15 µF und c) 2 µF aufweist?

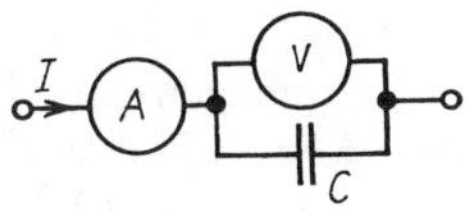

Bild 35. Aufgaben 128 und 129

3.6. Parallelschaltung zusammengesetzter Widerstände

Formeln:

$$Z_1 = \sqrt{R_1^2 + X_{L_1}^2}$$

$$Z_2 = \sqrt{R_2^2 + X_{L_2}^2}$$

$$I = \frac{U}{Z}$$

$$I_1 = \frac{U}{Z_1}\,; \quad I_2 = \frac{U}{Z_2}$$

$$Z = \frac{Z_1 Z_2}{\sqrt{(R_1 + R_2)^2 + (X_{L_1} + X_{L_2})^2}}\,;$$

$$\cos\varphi_1 = \frac{R_1}{Z_1}\,; \quad \sin\varphi_1 = \frac{X_{L_1}}{Z_1}$$

$$I_{w_1} = I_1 \cos\varphi_1\,; \quad I_{b_1} = I_1 \sin\varphi_1$$

$$I_w = I_{w_1} + I_{w_2}\,; \quad I_b = I_{b_1} + I_{b_2}$$

$$I = \sqrt{(I_{w_1} + I_{w_2})^2 + (I_{b_1} + I_{b_2})^2}\,;$$

$$\tan\varphi = \frac{I_b}{I_w}$$

Berechnung mit Hilfe der Leitwerte:

$$G_1 = \frac{R_1}{Z_1^2}\,; \quad B_1 = \frac{X_{L_1}}{Z_1^2}\,; \quad Y_1 = \sqrt{G_1^2 + B_1^2}\,;$$

$$Y = \sqrt{G^2 + B^2}$$

$$I = UY\,; \quad \tan\varphi = \frac{B}{G}\,; \quad G = G_1 + G_2\,;$$

$$B = B_1 + B_2$$

Größe	Zeichen	Einheit
Scheinwiderstand eines Stromzweiges	Z_1, Z_2	Ω
Gesamter Scheinwiderstand der Schaltung	Z	Ω
Wirkleitwert eines Stromzweiges	G_1, G_2	S
Blindleitwert eines Stromzweiges	B_1, B_2	S
Scheinleitwert der gesamten Schaltung	Y	S
Wirk- und Blindstrom	I_w, I_b	A
Strom	I	A

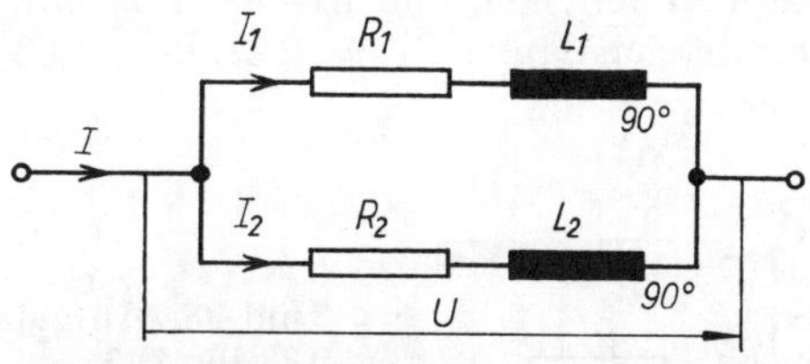

Bild 36. Parallelschaltung zusammengesetzter Widerstände

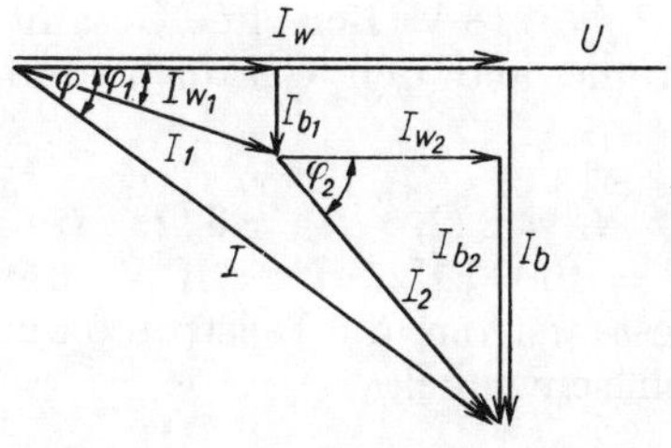

Bild 37a. Stromdiagramm zu Bild 36

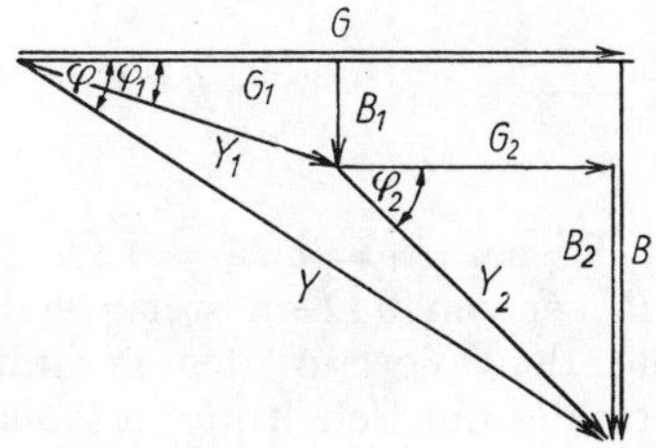

Bild 37b. Diagramm der Leitwerte zu Bild 36

Hinweis: Bei der *Parallel*schaltung dürfen nur reine *Wirkströme* bzw. *Wirkleitwerte* bzw. nur reine *Blindströme* bzw. *Blindleitwerte* algebraisch addiert werden, niemals aber die entsprechenden Widerstände oder Spannungen.

130. (Bilder 36/37) Berechne Gesamtwiderstand, Gesamtstrom, Teilströme, die beiden Phasenwinkel und den Gesamtphasenwinkel einer Parallelschaltung aus $R_1 = 15\,\Omega$ und $L_1 = 0{,}05$ H bzw. $R_2 = 10\,\Omega$ und $L_2 = 0{,}1$ H für $f = 50$ Hz und $U = 60$ V.

131. (Bild 36) In derselben Schaltung sind $R_1 = 50\,\Omega$, $R_2 = 25\,\Omega$, $L_1 = 5$ mH, $L_2 = 3$ mH, $f = 1000$ Hz und $U = 80$ V. Berechne die Teilströme, den Gesamtstrom und den Phasenwinkel der Schaltung.

132. (Bild 36) Bei welcher Frequenz beträgt der Scheinwiderstand der Schaltung $5\,\Omega$, wenn $R_1 = 9\,\Omega$, $L_1 = 0{,}02$ H, $R_2 = 3\,\Omega$ und $L_2 = 0{,}01$ H ist?

133. (Bild 38) $R_1 = 8\,\Omega$, $L = 0{,}04$ H, $R_2 = 20\,\Omega$, $f = 50$ Hz, $U = 110$ V. Berechne den Gesamtstrom I, die Teilströme und den Gesamtphasenwinkel φ.

134. (Bild 38) Berechne dieselben Größen, wenn $R_1 = 1{,}5\,\Omega$, $L = 0{,}02$ H, $R_2 = 0{,}5\,\Omega$, $U = 8$ V und $f = 50$ Hz betragen.

135. (Bild 38) Wie groß muß R_2 gewählt werden, wenn in beiden Zweigen dieselbe Stromstärke bestehen soll, und welcher Phasenwinkel ergibt sich dann? $R_1 = 12\,\Omega$, $L_1 = 0{,}03$ H, $f = 50$ Hz.

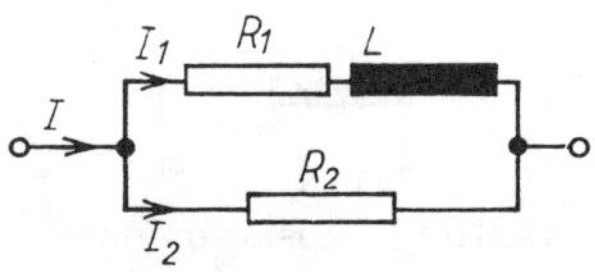

Bild 38. Aufgaben 133 bis 135

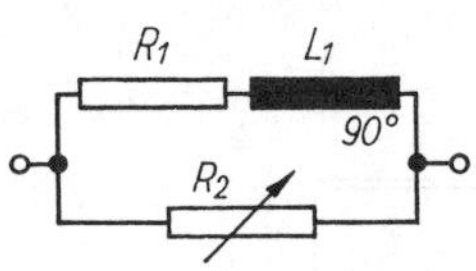

Bild 39. Aufgabe 136

136. (Bild 39) Es sei $R_1 = \omega L_1 = 1\,\Omega$. Der Widerstand R_2 sei von $0\,\Omega$ an stetig veränderbar. Stelle den Verlauf des gesamten Scheinwiderstandes der Schaltung in Abhängigkeit von R_2 grafisch dar. Welchem Grenzwert strebt Z zu?

137. (Bild 40) Der Widerstand R_1 sei von $0\,\Omega$ an stetig veränderlich, $R_2 = \omega L_1 = 1\,\Omega$. Stelle den Verlauf des Scheinwiderstandes der Schaltung in Abhängigkeit von R_1 grafisch dar. Welchem Grenzwert strebt Z zu, und für welchen Wert von R_1 hat der Scheinwiderstand ein Minimum?

138. (Bild 41) Berechne Gesamtstrom, Teilströme und den Gesamtphasenwinkel, wenn $R = 6\,\Omega$, $L_1 = 0{,}015$ H, $L_2 = 0{,}15$ H, $f = 50$ Hz und $U = 24$ V ist.

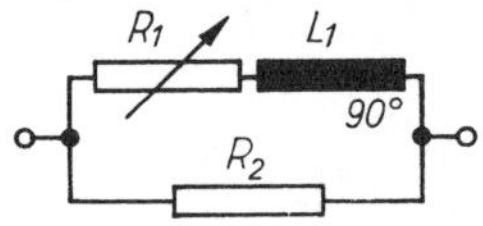

Bild 40. Aufgabe 137

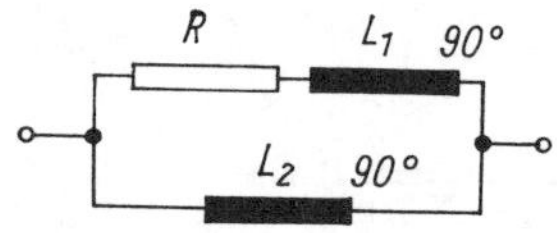

Bild 41. Aufgaben 138 und 139

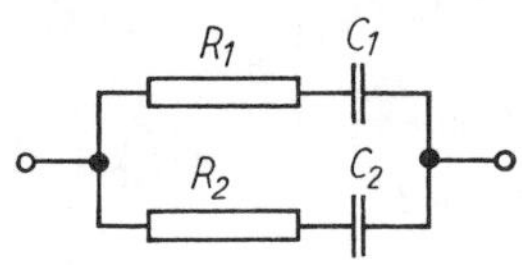

Bild 42. Aufgaben 140 und 141

139. (Bild 41) $L_1 = 10$ mH, $L_2 = 100$ mH. Welche Werte kann R haben, wenn der Gesamtphasenwinkel bei $f = 50$ Hz gleich 45° sein soll?

140. (Bild 42) Gegeben sind $R_1 = 50\,\Omega$, $C_1 = 3\,\mu$F, $R_2 = 20\,\Omega$, $C_2 = 5\,\mu$F, $f = 500$ Hz und $U = 225$ V. Berechne Gesamtstrom, Teilströme und Gesamtphasenwinkel.

141. (Bild 42) Gegeben sind $R_1 = 350\,\Omega$, $R_2 = 750\,\Omega$, $C_1 = 4\,\mu$F, $C_2 = 6{,}5\,\mu$F, $f = 50$ Hz und $U = 218$ V. Berechne Gesamtstrom, Teilströme und den Gesamtphasenwinkel.

142. (Bild 43) $R_1 = 8\,\Omega$, $R_2 = 6\,\Omega$, $C = 3000$ pF, $f = 1000$ kHz, $U = 10$ V. Berechne den Gesamtstrom, die Teilströme und den Gesamtphasenwinkel.

143. (Bild 43) In derselben Schaltung sind $R_1 = 1500\ \Omega$, $C = 0{,}02\ \mu F$, $R_2 = 150\ \Omega$, $f = 5000$ Hz und $U = 60$ V. Berechne den Gesamtstrom, die Teilströme und den Gesamtphasenwinkel.

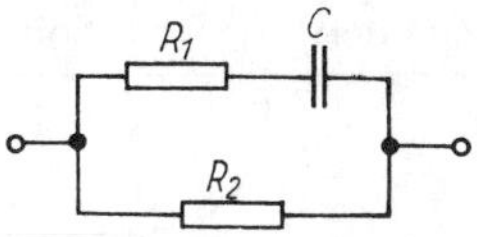

Bild 43. Aufgaben 142 und 143

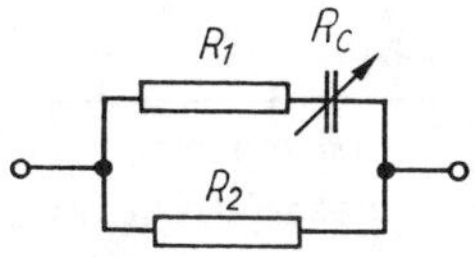

Bild 44. Aufgaben 144 und 145

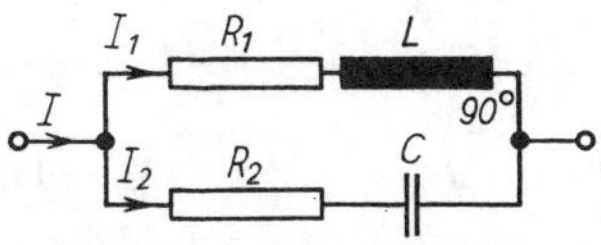

Bild 45. Aufgaben 146 bis 148

144. (Bild 44) Es sei $R_1 = R_2 = 1\ \Omega$. Der kapazitive Widerstand X_C sei stetig veränderbar. Stelle den Verlauf des Scheinwiderstandes der Schaltung in Abhängigkeit von X_C grafisch dar. Welchem Grenzwert strebt Z zu?

145. (Bild 44) $R_1 = 250\ \Omega$, $R_2 = 1000\ \Omega$, $C = 2\ \mu F$, $U = 50$ V. Bei welcher Frequenz fließt durch die Schaltung ein Strom von 100 mA?

146. (Bild 45) Gegeben sind $R_1 = 30\ \Omega$, $L = 0{,}15$ H, $f = 50$ Hz, $I_2 = 1$ A, $I = 2{,}5$ A. Der Strom I_2 soll gegenüber I um 90° voreilen. Berechne U, R_2 und C.

147. In der gleichen Schaltung (Bild 45) sind gegeben $R_1 = 20\ \Omega$, $L = 0{,}1$ H, $f = 50$ Hz, $I_1 = 2$ A, $I_2 = 1$ A. I_2 soll gegenüber I um 90° voreilen. Berechne U, R_2 und C.

148. (Bild 45) Gegeben sind $R_1 = 40\ \Omega$, $L = 0{,}2$ H. Die Zweigströme I_1 und I_2 sollen gleich groß und um 90° gegeneinander phasenverschoben sein. $f = 50$ Hz. Berechne R_2 und C.

149. (Bild 46) Innerhalb welcher Grenzen läßt sich der Phasenwinkel regeln, wenn bei $f = 50$ Hz folgende Werte gegeben sind:

	a)	b)	c)
$L =$	0,1 H	1 H	0,2 H
$C =$	1 μF	1 μF	10 μF
$R =$	10 ··· 100 Ω	10 ··· 100 Ω	5 ··· 50 Ω?

150. (Bild 46) Stelle den Verlauf des Phasenwinkels und der Stromstärke grafisch dar, wenn R von 10 bis 100 Ω stetig geändert wird und $L = 0{,}1$ H, $C = 20\ \mu F$, $f = 50$ Hz und $U = 100$ V betragen.

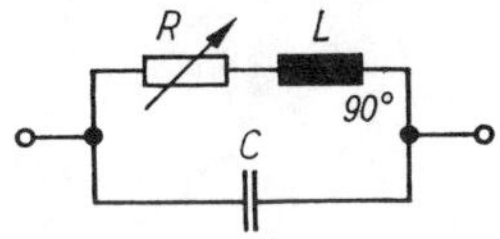

Bild 46. Aufgaben 149 bis 151

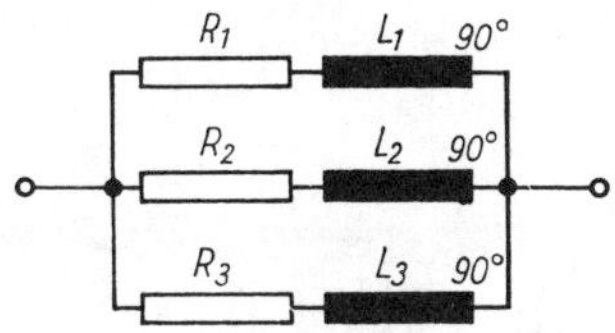

Bild 47. Aufgaben 152 und 153

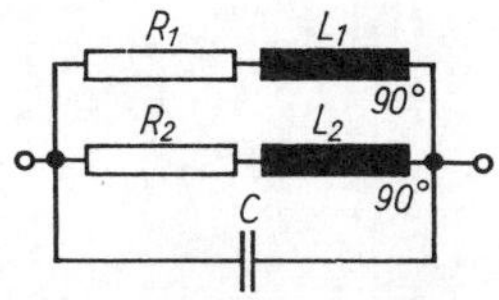

Bild 48. Aufgaben 154 und 155

151. (Bild 46) Innerhalb welcher Grenzen muß R veränderlich sein, wenn der Phasenwinkel von + 80° bis − 80° stetig geregelt werden soll und $L = 0{,}1$ H, $C = 10\ \mu F$ und $f = 100$ Hz betragen?

152. (Bild 47) Gegeben sind $R_1 = 30\ \Omega$, $R_2 = 60\ \Omega$, $R_3 = 80\ \Omega$, $L_1 = 200$ mH, $L_2 = 300$ mH, $L_3 = 400$ mH, $f = 200$ Hz, $U = 120$ V. Berechne den Gesamtstrom, die Teilströme und den Gesamtphasenwinkel.

153. In derselben Schaltung wie Aufgabe 152 sind $R_1 = 20\ \Omega$, $R_2 = 40\ \Omega$, $L_1 = 0{,}2$ H, $L_2 = 0{,}3$ H, $f = 50$ Hz und $U = 80$ V. Welche Widerstände R_3 und L_3 müssen zugeschaltet werden, damit ein Strom von 3 A fließt und der Phasenwinkel des dritten Zweiges gegenüber der Spannung $\varphi_3 = 45°$ beträgt?

154. (Bild 48) Gegeben sind $R_1 = 5\ \Omega$, $R_2 = 7\ \Omega$, $L_1 = 0{,}1$ H, $L_2 = 0{,}15$ H und $f = 50$ Hz. Die von beiden Spulen bewirkte Phasenverschiebung soll durch den zugeschalteten Kondensator wieder aufgehoben werden. Welche Kapazität muß dieser haben?

155. (Bild 48) Welche Kapazität muß der Kondensator in Aufgabe 154 haben, wenn die Frequenz 500 Hz beträgt?

4. Resonanz im Wechselstromkreis

4.1. Spannungs- oder Reihenresonanz

Formeln:

$$f_0 = \frac{1}{2\pi}\sqrt{\frac{1}{LC}}$$

$$I_0 = \frac{U}{R}$$

$$U_0 = I_0\omega_0 L = I_0\frac{1}{\omega_0 C}$$

$$\varrho = \frac{\omega_0 L}{R} = \frac{1}{R}\sqrt{\frac{L}{C}} = \frac{U_{C0}}{U} = \frac{U_{L0}}{U}$$

$$d = \frac{1}{\varrho}$$

$$B = df_0$$

Größe	Zeichen	Einheit
Resonanzfrequenz	f_0	$^1/_s$ = Hz
Resonanzkreisfrequenz	ω_0	$^1/_s$
Resonanzstrom bzw. -spannung	I_0, U_0	A, V
Kreisgüte (Resonanzüberhöhung)	ϱ	1
Verlustfaktor	d	1
absolute Bandbreite (Halbwertsbreite)	B	$^1/_s$ = Hz

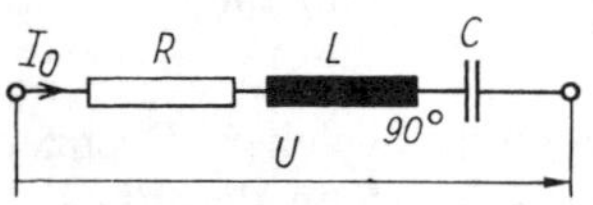

Bild 49. Reihenresonanzkreis

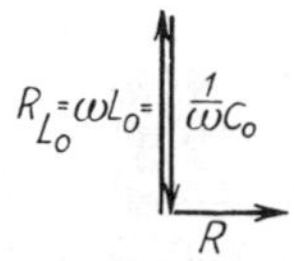

Bild 50a. Widerstandsdiagramm des Reihenresonanzkreises

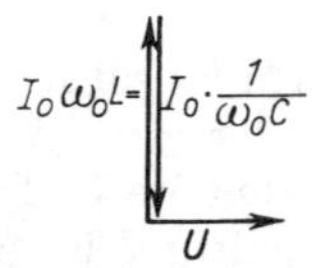

Bild 50b. Spannungsdiagramm des Reihenresonanzkreises

Hinweis: Bei einer Reihenschaltung aus R, L und C liegt *Resonanz* vor, wenn für eine bestimmte Frequenz f_0 induktiver und kapazitiver Widerstand gleich groß sind. Spannung und Strom sind dann in gleicher Phase, und der Strom berechnet sich allein aus der Klemmenspannung und dem Wirkwiderstand R. Die Spannung an den beiden Blindwiderständen nimmt extrem hohe Werte an, der *Strom* erreicht sein *Maximum.*

156. Berechne für folgende Schaltungen (Bild 49) a) die Resonanzfrequenz, b) den Strom im Resonanzfall und c) die Resonanzspannung:

	R in Ω	L in H	C in μF	U in V
1.	12	0,25	25	125
2.	18	0,3	20	120
3.	10	0,5	15	220
4.	6	1,1	4,5	60
5.	120	0,8	1,4	220

157. Gegeben sind die folgenden Daten von Reihenresonanzkreisen. Berechne die fehlenden Werte:

	R in Ω	L in H	C in μF	U in V	f_0 in Hz	I_0 in A	U_0 in V
1.			2	250	180	20	
2.				220	50	5	1000
3.		0,2		220		4,5	500
4.	65		0,3		100		2000
5.	2,5	$3 \cdot 10^{-3}$		0,6			150

158. In einer Reihenschaltung von $R = 30\ \Omega$, L und C tritt nach Anlegen einer Spannung von 125 V (50 Hz) eine Resonanzspannung von 800 V auf. Welche Größe muß C bei unveränderten Werten R und L mindestens haben, wenn bei gleicher Stromstärke am Kondensator höchstens 250 V liegen dürfen? Auf welchen Wert muß die Klemmenspannung dann erhöht werden?

159. Wie groß müssen in einer Reihenschaltung von R, L und C der Widerstand R und die Induktivität L sein, wenn die Resonanzspannung den doppelten Betrag der Klemmenspannung haben soll? ($C = 10\ \mu F$, $f = 50$ Hz)

160. Welchen Wert muß die Induktivität einer Spule haben, wenn sie die von einem Kondensator bewirkte Phasenverschiebung gerade aufheben soll?

	a)	b)	c)	d)	e)
$C =$	$1\ \mu F$	$0{,}2\ \mu F$	250 pF	650 pF	$4{,}5\ \mu F$
$f =$	50 Hz	55 Hz	320 kHz	105 kHz	48 Hz

161. Welchen Wert muß die Kapazität eines Kondensators haben, wenn er die von einer Spule bewirkte Phasenverschiebung gerade aufheben soll?

$L =$ a) 5 H b) 1,4 H c) 25 mH d) 12,5 mH e) 20 mH

$f =$ a) 50 Hz b) 52 Hz c) 100 Hz d) 800 Hz e) 400 kHz

162. Bei welcher Frequenz befinden sich folgende Induktivitäten mit den betreffenden Kapazitäten in Resonanz?

$L =$ a) 3 H b) 4,2 H c) 12,5 H d) 25 mH e) 65 mH

$C =$ a) $2\ \mu F$ b) $1{,}1\ \mu F$ c) $2{,}2\ \mu F$ d) 380 pF e) 470 pF

163. Gegeben ist eine Reihenschaltung aus $R = 50\ \Omega$, $L = 3$ H und $C = 2\ \mu F$, an der eine Klemmenspannung von 100 V liegt. Stelle den Verlauf der Stromstärke und des Scheinwiderstandes von 63,4 bis 66,6 Hz in Form einer Kurve dar.

164. Gegeben ist eine Reihenschaltung aus $R = 20\ \Omega$, $L = 5$ H und $C = 1\ \mu F$ mit einer Klemmenspannung von 60 V. Stelle den Verlauf der Stromstärke und des Scheinwiderstandes von $\omega = 443$ 1/s bis $\omega = 451$ 1/s in Form einer Kurve dar.

165. (Bild 51) Ermittle aus der Resonanzkurve einer Reihenschaltung die Werte für R, L und C. Vorschlag für die Berechnung: Es werden die 3 Kurvenpunkte, die den Stromstärken 8 A und 4 A entsprechen, zugrunde gelegt.

166. Gegeben ist eine Reihenschaltung aus $R = 200\ \Omega$, $L = 5$ H und $C = 1\ \mu F$. Stelle den Verlauf der Stromstärke bei einer Spannung von 60 V in Form einer Kurve dar. Berechne ferner die beiden an der Induktivität und an der Kapazität liegenden Teilspannungen U_L und U_C und stelle deren Verlauf zwischen $\omega = 443$ 1/s und $\omega = 451$ 1/s als Kurve dar.

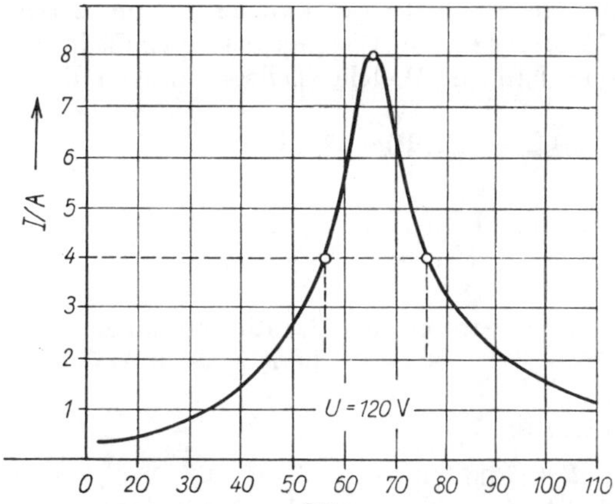

Bild 51. Aufgabe 165

167. Speist man einen Reihenresonanzkreis mit einer Frequenz, die um 10% über der Resonanzfrequenz liegt, so sinkt bei unveränderter Klemmenspannung die Stromstärke um 20% unter ihren Höchstwert. Welchen Betrag hat die Kreisgüte ϱ?

168. Durch einen Reihenschwingkreis mit $L = 100\ \mu H$ und $C = 400$ pF fließt der Resonanzstrom $I_0 = 0{,}8$ A; infolge einer Kapazitätsänderung um $\Delta C = +8$ pF sinkt die Stromstärke bei konstant bleibender Frequenz und Klemmenspannung auf den Wert $I' = 0{,}5$ A. Zu berechnen sind der Verlustwiderstand, die Kreisgüte und die Bandbreite.

169. Den wievielfachen Wert der Klemmenspannung hat die im Resonanzfall an der Induktivität liegende Spannung folgender Reihenschaltungen? Bei welcher Frequenz tritt diese Spannungsüberhöhung ein?

	a)	b)	c)	d)
$R =$	$50\ \Omega$	$50\ \Omega$	$3\ \Omega$	$15\ \Omega$
$L =$	15 H	35 H	2 mH	$200\ \mu H$
$C =$	$10\ \mu F$	$12\ \mu F$	3000 pF	400 pF

170. Ein unterirdisch verlegtes, an dem einen Ende offenes Kabel hat eine Kapazität gegen Erde von $2\ \mu F$, einschließlich Maschine eine Induktivität von 0,5 H und einen Wirkwiderstand von $6\ \Omega$. Es steht unter einer Scheitelspannung $U_{max} = 4000$ V. a) Welcher Strom fließt bei einer Frequenz von 50 Hz zur Erde? (Ersatzschaltung nach Bild 52, wobei die Kapazität in der Leitungsmitte zu denken ist, so daß $R = 3\ \Omega$) b) Bei welcher Frequenz tritt Resonanz ein? c) Welcher Strom fließt in diesem Fall? d) Welche Teilspannungen liegen dann an der Induktivität bzw. an der Kapazität?

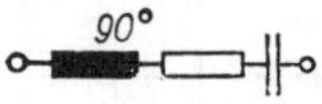

Bild 52. Aufgabe 170

171. a) Welche Eigenfrequenz hat eine Rundfunkantenne mit einer wirksamen Induktivität von 18 μH und einer Kapazität von 200 pF? b) Welche Induktivität muß mit der Antenne in Reihe geschaltet werden, damit die Antenne auf eine Frequenz $f_0 = 841$ kHz abgestimmt wird?

4.2. Strom- oder Parallelresonanz

Formeln:

Fall 1 (Bild 53)
(bei Vernachlässigung aller Verluste):

$$f_0 = \frac{1}{2\pi}\sqrt{\frac{1}{LC}}$$

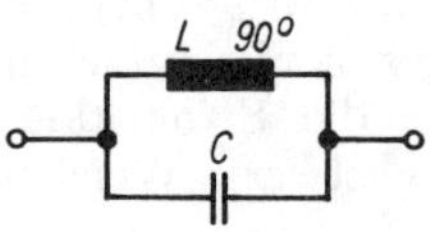

Bild 53. Parallelresonanzkreis ohne Verluste (Fall 1)

Größe	Zeichen	Einheit
Resonanzfrequenz	f_0	$^1/_s$ = Hz
Resonanzstrom	I_0	A
Resonanzspannung	U_0	V
Verlustwiderstand der Spule (mit L in Reihe)	R	Ω
Kreiswiderstand (Resonanzwiderstand)	R_p	Ω
Kreisgüte	ϱ	1
Verlustfaktor	d	1
absolute Bandbreite	B	$^1/_s$ = Hz

Fall 2 (Bild 54)
(bei Vernachlässigung der Verluste des Kondensators):

$$f_0 = \frac{1}{2\pi}\frac{1}{L}\sqrt{\frac{L}{C} - R^2}\ ; \quad I_0 = U\frac{R}{R^2 + (\omega_0 L)^2}$$

$$d = \frac{1}{\varrho} = \frac{R}{\omega_0 L} = R\sqrt{\frac{C}{L}}$$

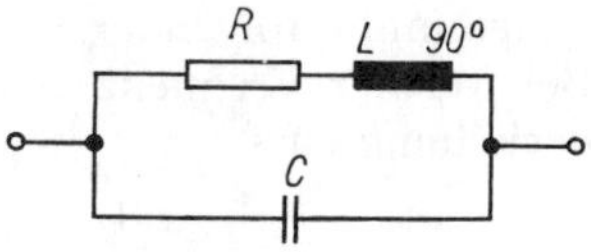

Bild 54. Parallelresonanzkreis (Fall 2)

Fall 3 (Bild 55)
(Umrechnung des Spulenwiderstandes R in einen Parallelwiderstand R_p unter Zusammenfassung mit dem Verlustwiderstand des Kondensators):

$$R_p = \frac{L}{RC}\ ;$$

$$f_0 = \frac{1}{2\pi}\sqrt{\frac{1}{LC}}\ ; \quad \varrho = \frac{1}{d} = \frac{R_p}{\omega_0 L} = R_p\omega_0 C =$$

$$= R_p\sqrt{\frac{C}{L}}\ ; \quad B = f_0 d\ ;$$

$$U_0 = IR_p\ ; \quad I_{C0} = I_{L0} = \omega_0 C U_0 = \omega_0 C R_p I =$$

$$= \frac{R_p I}{\omega_0 L}$$

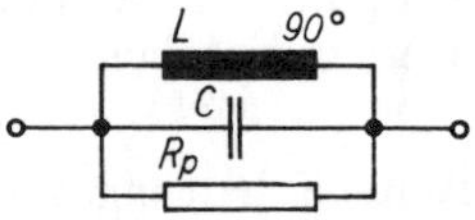

Bild 55. Parallelresonanzkreis: Ersatzschaltung mit Resonanzwiderstand R_p (Fall 3)

Hinweis: Bei einer Parallelschaltung aus R, L und C liegt *Resonanz* vor, wenn für eine bestimmte Frequenz f_0 induktiver und kapazitiver Widerstand gleich groß sind. Induktiver und kapazitiver Blindstrom heben sich dabei gegenseitig auf, der Gesamtstrom erreicht ein Minimum.

172. Welche Eigenfrequenzen haben folgende verlustlose Schwingkreise?

$C =$ a) 400 pF b) 250 pF c) 150 pF d) 127 pF e) 18 pF

$L =$ a) 90 μH b) 120 μH c) 80 μH d) 62 μH e) 65 μH

173. Zur einfachen Berechnung von Schwingkreisen mit kleinem Verlustfaktor werden folgende Formeln angegeben:

a) $f_0/\mathrm{kHz} = \dfrac{159200}{\sqrt{(L/\mu\mathrm{H})\,(C/\mathrm{pF})}}$

b) $f_0/\mathrm{kHz} = \dfrac{5030}{\sqrt{(L/\mathrm{mH})\,(C/\mathrm{pF})}}$

c) $L/\mu\mathrm{H} = \dfrac{253 \cdot 10^8}{(f_0^2/\mathrm{kHz}^2)(C/\mathrm{pF})}$

d) $C/\mathrm{pF} = \dfrac{253 \cdot 10^5}{(f_0^2/\mathrm{kHz}^2)\,(L/\mathrm{mH})}$

Bestätige die Richtigkeit der darin vorkommenden Zahlenwerte.

174. Zu einem Fernhörer von 4000 Ω und 0,6 H soll zwecks Erzielung von Resonanz bei 1000 Hz ein Kondensator parallelgeschaltet werden. Welche Kapazität muß dieser haben, und wie groß ist der Resonanzwiderstand? (Fall 2)

175. Ein Schwingkreis enthält einen Kondensator von $C = 50$ pF, hat einen Verlustfaktor von 1,2 % und schwingt mit einer Frequenz von 750 kHz. Berechne a) die Induktivität und b) den Verlustwiderstand R der Spule, c) den Kreiswiderstand R_p, d) den induktiven Blindwiderstand und e) die absolute Bandbreite (Fall *3*).

176. Dem Schwingkreis der Aufgabe 175 wird von der Stromquelle eine Wirkleistung von 6 mW zugeführt. Berechne a) den Höchstwert des Stromes und b) den Höchstwert der am Kondensator liegenden Spannung.

177. Berechne für folgende Parallelschwingkreise a) die Resonanzfrequenz, b) den Kreiswiderstand, c) den Verlustfaktor, d) den Resonanzstrom und e) die absolute Bandbreite bei einer Spannung von 100 V, wenn C, L und R folgende Werte haben (Fall *2*):

	C	L	R
1.	150 pF	0,1 mH	5 Ω
2.	200 pF	0,2 mH	8 Ω
3.	300 pF	0,3 mH	10 Ω
4.	400 pF	0,25 mH	9 Ω
5.	500 pF	0,6 mH	12 Ω

178. Ein Schwingkreis nach Bild 55 besteht aus einer Spule mit der Induktivität $L = 15$ mH und einem Kondensator mit der Kapazität $C = 300$ pF. Die Kreisgüte beträgt 180. Durch Parallelschalten eines weiteren Widerstandes R' wird die Güte auf den Wert 50 herabgesetzt. a) Wie groß muß dieser Widerstand sein, und b) wie groß ist die Bandbreite vor und nach der zusätzlichen Bedämpfung?

179. Ein Parallelschwingkreis von 800 kHz soll den Kreiswiderstand 500 kΩ und die Kreisgüte 300 haben. Wie groß müssen Induktivität und Kapazität gewählt werden? (Fall *3*)

180. Eine HF-Eisenkernspule von 0,25 mH soll die absolute Bandbreite 5 kHz ergeben. Wie groß muß der Verlustwiderstand der Spule sein?

181. Die Kreisgüte eines Schwingkreises aus $L = 0{,}3$ mH und $C = 120$ pF soll $\varrho = 180$ betragen. a) Welcher Wirkwiderstand ist parallelzuschalten, b) wie groß ist die Resonanzfrequenz, und c) wie groß ist der Scheinwiderstand im Resonanzfall? (Fall *3*)

182. Ein Parallelschwingkreis besteht aus einer Spule von $L = 0{,}1$ mH mit dem Verlustwiderstand $R_v = 2$ Ω und einem Kondensator $C = 200$ pF mit dem Verlustfaktor $d_C = 0{,}002$. Der Kreis wird mit 2,4 mA gespeist. Wie groß sind a) die maximale an den Schaltgliedern liegende Spannung und b) der Resonanzstrom?

183. Berechne die Induktivität eines verlustlosen Schwingkreises, wenn ein Wellenband von 200 m bis 600 m bestrichen werden soll und der Drehkondensator eine Anfangskapazität $C_a = 25$ pF hat. Welche Endkapazität C_e muß der Kondensator haben?

184. Es soll ein Schwingkreis für das Wellenband von 2000 m bis 6000 m zusammengesetzt werden, wobei ein Drehkondensator mit $C_a = 30$ pF und $C_e = 650$ pF zu benutzen ist. Zur Korrektur werde ein Trimmer C_p parallelgeschaltet. a) Welche Kapazität muß dieser haben und welche Induktivität muß die Spule besitzen? b) Zwischen welchen beiden Grenzwerten bewegen sich dabei der Verlustfaktor d und der Kreiswiderstand R_p, wenn die Spule den Verlustwiderstand 15 Ω hat?

5. Die Leistung des Wechselstroms

5.1. Berechnung der Leistung in verschiedenen Schaltungen

Formeln:

$S = UI$

$P = UI \cos \varphi$

$Q = UI \sin \varphi$

$S = \sqrt{P^2 + Q^2}$

$I = \sqrt{I_w^2 + I_b^2}$

$I_w = I \cos \varphi$

$I_b = I \sin \varphi$

$\cos \varphi = \frac{R}{Z}$; $\sin \varphi = \sqrt{1 - \cos^2 \varphi}$

Größe	Zeichen	Einheit
Scheinleistung	S	VA
Wirkleistung	P	W
Blindleistung	Q	var = W
Blindstrom	I_b	A
Wirkstrom	I_w	A
Phasenwinkel	φ	Grad
Leistungsfaktor	$\cos \varphi$	1
Wirkwiderstand	R	Ω
Scheinwiderstand	Z	Ω

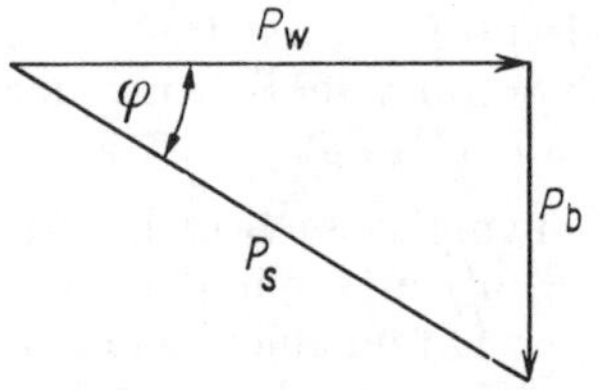

Bild 56. Leistungsdiagramm

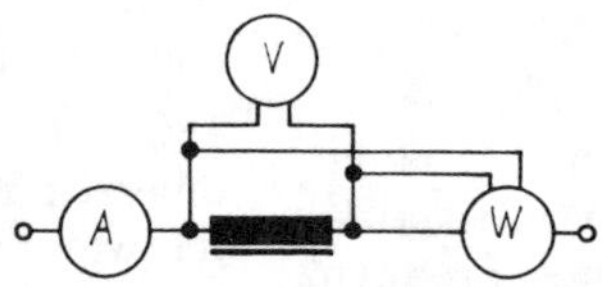

Bild 57. Aufgabe 188

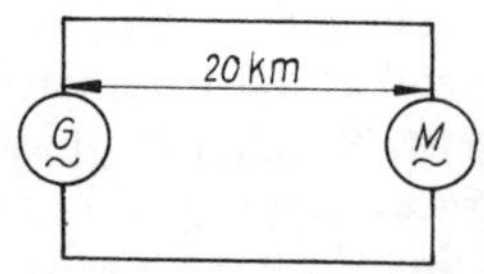

Bild 58. Aufgabe 189

Hinweis: Die *Scheinleistung* S ist das Produkt aus der Klemmenspannung U und dem Strom I. Die *Wirkleistung* P ist der in *nicht*elektrische Form (Wärme, mechanische Arbeit usw.) umgewandelte Anteil. Die *Blindleistung* Q dient nur zum Auf- und Abbau elektrischer und magnetischer Felder und pendelt zwischen Verbraucher und Generator hin und her.

185. Welche Wirk- und Blindleistungen ergeben sich aus einer Scheinleistung von 18 kVA bei einem Phasenwinkel von a) 35°; b) 40°; c) 55° und d) 75°?

186. Der Leistungsfaktor eines Einphasenmotors von 1,5 kW Wirkleistung beträgt bei verschiedenen Drehzahlen a) 0,89, b) 0,87, c) 0,85, d) 0,82 und e) 0,75. Welcher Strom fließt bei einer Spannung von 220 V?

187. An verschiedenen Drosseln wurden Klemmenspannung, Strom und Wirkleistung gemessen. Welche Leistungsfaktoren ergeben sich?

U = a) 35 V b) 48 V c) 19 V d) 65 V e) 52 V

I = a) 1,1 A b) 2,2 A c) 0,45 A d) 2,4 A e) 0,35 A

P = a) 25 W b) 79,2 W c) 6,67 W d) 90,5 W e) 10,9 W

188. Welchen Leistungsfaktor hat die nach Bild 57 untersuchte Drossel, wenn ein Strom von 1,9 A, eine Spannung von 40 V und eine Wirkleistung von 50 W gemessen werden? Es sollen die durch die inneren Widerstände des Hitzdrahtspannungsmessers (200 Ω) und der Spannungsspule des Leistungsmessers (2500 Ω) verbrauchten Leistungen berücksichtigt werden (I_S: Spulenstrom, I_M: Meßgerätestrom).

189. (Bild 58) Der von einem Generator erzeugte Strom wird über eine 20 km lange

Doppelleitung (Kupfer) von 8 mm Durchmesser (im Abstand von 50 cm verlegt) mehreren Motoren zugeleitet, deren Klemmenspannung 2000 V, Betriebsstrom 35 A und Leistungsfaktor zusammen $\cos\varphi = 0{,}8$ beträgt.
a) Welche Spannungsabfälle verursacht die Leitung? b) Welche Spannungsabfälle verursachen die Motoren? c) Wie groß ist die Klemmenspannung des Generators? d) Welche Wirkleistung hat der Generator aufzuwenden, und welche Wirkleistung geht in der Leitung verloren? ($f = 50$ Hz)

190. An einer 220-V-Leitung liegen parallelgeschaltet 3 Motoren, durch die Ströme von 2,5 A, 3,5 A und 6,4 A fließen. Die Leistungsfaktoren sind 0,65 bzw. 0,85 bzw. 0,81. Welche Gesamtwerte ergeben sich für a) die Wirkleistung, b) die Blindleistung, c) die Scheinleistung? d) Welcher Gesamtleistungfaktor ergibt sich, und e) welcher Strom wird dem Netz entnommen?

191. Zwei Motoren ergeben zusammen eine Wirkleistung von 4,8 kW und einen Leistungsfaktor von 0,82. Der eine Motor hat eine Wirkleistung von 1,5 kW und einen Leistungsfaktor von 0,75. Welchen Leistungsfaktor hat der andere Motor?

192. Zwei Motoren haben zusammen eine Wirkleistung von 2,5 kW und einen $\cos\varphi$ von 0,78. Der Leistungsfaktor des einen beträgt 0,75 und der des anderen 0,84. Welche Wirkleistungen haben die beiden Motoren einzeln?

193. Welche Wirk-, Blind- und Scheinleistungen ergeben sich bei folgenden Reihenschaltungen ($U = 220$ V, $f = 50$ Hz):

	a)	b)	c)
$R =$	12 Ω	18 Ω	26 Ω
$L =$	0,03 H	0,03 H	0,03 H

194. Welche Kapazität muß ein Kondensator haben, wenn er bei 50 Hz, mit einem Wirkwiderstand von 300 Ω in Reihe geschaltet, folgende Leistungsfaktoren ergeben soll?

	a)	b)	c)	d)
$\cos\varphi =$	0,6018	0,4226	0,2588	0,1564

195. Ein Fernhörer hat einen Wirkwiderstand von 4000 Ω und eine Induktivität von a) 0,6 H, b) 0,8 H und c) 1,2 H. Wie groß ist der Leistungsfaktor bei 1000 Hz?

196. Welche Induktivität und EMK hat eine Wechselstrommaschine, die bei 60 Hz eine Klemmenspannung von 2500 V liefert, wenn ein Strom von 40 A durch den äußeren Widerstand fließt? Im Anker gehen 1,2 % der Wirkleistung durch Stromwärme verloren. Die EMK der Selbstinduktion soll 20 % der Klemmenspannung betragen. Der äußere Stromkreis hat einen $\cos\varphi$ von 0,75. Welche Wirkleistung hat ferner die Maschine aufzubringen?

197. Welche Blind- und Scheinleistung ergibt sich für einen Kondensator von 0,1 μF an einer Spannung von 220 V bei 50 Hz?

198. Ein Rundfunkempfänger verbraucht 0,36 A bei einer Spannung von 220 V. Der Leistungsfaktor beträgt 0,9. Welche Leistung nimmt das Gerät auf, und was kostet ein 12stündiger Betrieb, wenn der Preis einer Kilowattstunde 8 Pf beträgt?

199. Methode der drei Spannungsmesser (Drei-Voltmeter-Methode): Die Wirkleistung einer Spule (R_2, L_2) soll mit drei Spannungsmessern gemessen werden, indem nach Bild 59 der induktionsfreie Widerstand R_1 davorgeschaltet wird, dessen Wert genau bekannt ist. Es gilt dann die Formel

$$P = \frac{U^2 - U_1^2 - U_2^2}{2R_1}$$

Bestätige die Richtigkeit der Formel.

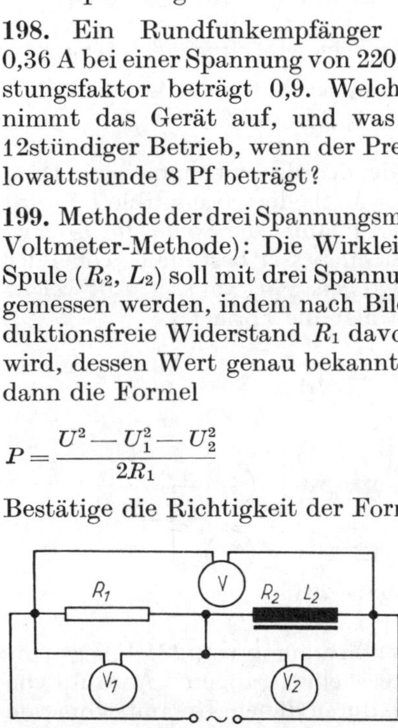

Bild 59. Aufgaben 199 bis 201

200. Mit Hilfe der in der letzten Aufgabe genannten Methode wird die Wirkleistung eines Motors durch Zuschalten eines Widerstandes von $R_1 = 6{,}5$ Ω bestimmt? Es werden die Spannungen $U = 225$ V, $U_1 = 112$ V und $U_2 = 118$ V gemessen. Welche Wirk- und Scheinleistung sowie welchen Leistungsfaktor hat der Motor?

201. Mit der in Aufgabe 199 genannten Methode wurden Drosselspulen untersucht und folgende Werte festgestellt:

	R_1 in Ω	U in V	U_1 in V	U_2 in V
a)	15	60	24	38,2
b)	15	60	22	45,1
c)	15	60	18,3	52,6

Berechne die Wirkleistung und den Leistungsfaktor.

202. An Quecksilberdampflampen mit vorgeschalteter Drossel wurden folgende Werte gemessen:

	I in A	U in V	U_1 in V (Lampe)	U_2 in V (Drossel)
a)	1,1	220	108	187
b)	3,7	220	122	178
c)	8,0	220	125	176

Welche Leistungen haben die Lampen ohne und mit Vorschaltdrossel?

203. Methode der drei Strommesser (Drei-Amperemeter-Methode): Nach Bild 60 wird die Leistungsaufnahme der Spule (R_2, L_2) mittels dreier Strommesser bestimmt, wobei der Widerstand R_1 genau bekannt ist. Auf welche Weise erhält man die Formel

$$P = \frac{R_1}{2}(I^2 - I_1^2 - I_2^2)\ ?$$

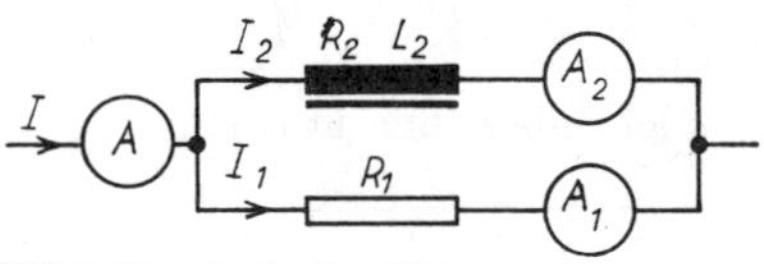

Bild 60. Aufgabe 203

204. An einer Spannung von 224 V liegt parallelgeschaltet eine größere Anzahl von Glühlampen, durch die ein Gesamtstrom von 12,5 A fließt, und ein Elektromotor, der einen Strom von 8,9 A aufnimmt. Der Gesamtstrom beträgt 20,6 A. Welche Wirkleistung verbrauchen Motor und Lampen, und welchen Leistungsfaktor hat der Motor?

205. Welche Leistungsfaktoren ergeben sich in Aufgabe 202 für die Drosseln sowie für die Lampen in Verbindung mit der jeweiligen Vorschaltdrossel?

206. Verschiedene Leuchtstofflampen haben bei einer Nennspannung von 220 V folgende Leistungsaufnahmen:

	a)	b)	c)	d)
Lampe allein	10 W	16 W	25 W	40 W
mit Drossel	13 W	20 W	31 W	49 W
Stromstärke	0,15 A	0,2 A	0,29 A	0,5 A

Welchen Leistungsfaktor haben diese Drosseln allein und die Lampen zusammen mit der jeweiligen Drossel?

207. Ein Generator speist über eine längere Leitung einen Motor. Dieser nimmt bei einer Klemmenspannung von 2400 V und einem $\cos\varphi$ von 0,85 eine Wirkleistung von 180 kW auf. In der Leitung, in der ein Strom von 88 A fließt, gehen 10 % der Generatorleistung verloren. Gesucht sind a) die Wirkleistung des Generators, b) der Spannungsabfall in der Leitung, c) der $\cos\varphi$ des Generators und d) die Spannung am Generator. e) Wieviel Prozent der Generatorspannung gehen in der Leitung verloren?

208. Welche Gesamtwerte haben in der auf Bild 61 angegebenen Reihenschaltung zweier Motoren a) die Spannung, b) der Leistungsfaktor, c) der Wirk- und Blindstrom?

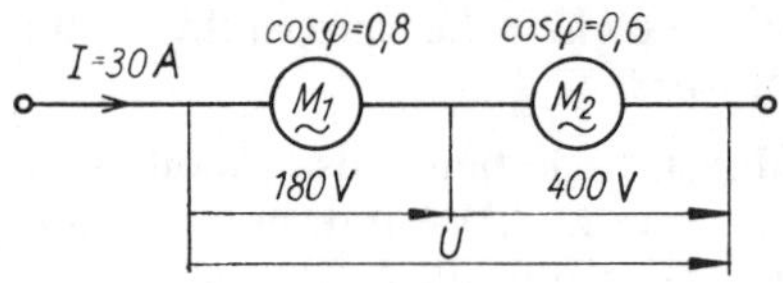

Bild 61. Aufgabe 208

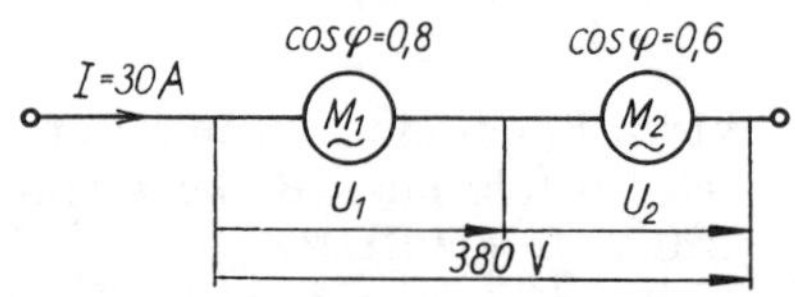

Bild 62. Aufgabe 209

209. Welche Einzelspannungen liegen an den in Bild 62 angegebenen Motoren, wenn die Gesamtwirkleistung $P = 8$ kW beträgt?

210. (Bild 63) Zwei Motoren liegen parallel an einer Klemmenspannung von 500 V (50 Hz). Der eine leistet 33 kW bei $\eta = 0{,}82$ und $\cos\varphi = 0{,}65$, der andere 26 kW bei $\eta = 0{,}78$. Der Gesamtleistungsfaktor beträgt 0,5. Berechne a) die Teilströme I_1 und I_2 und den Gesamtstrom I, b) den Leistungsfaktor des zweiten Motors sowie c) die Spannung U am Beginn der 600 m langen Zuleitung von

50 mm² Kupfer. Wie groß werden d) der Gesamtleistungsfaktor und der Gesamtstrom, wenn den Motoren ein Kondensator von 800 μF zugeschaltet wird?

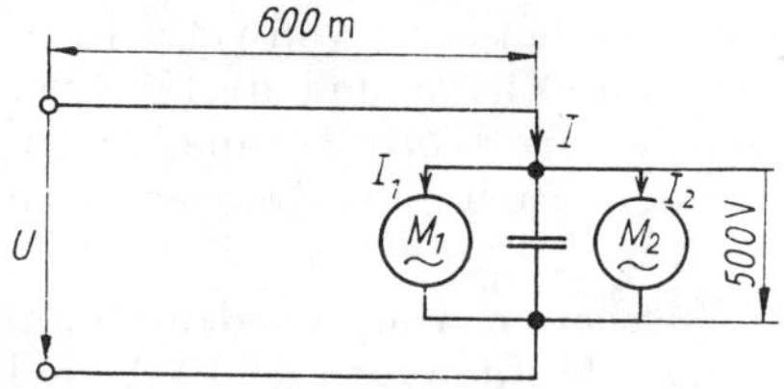

Bild 63. Aufgabe 210

211. (Bild 64) Zwei Lampen zu je 40 W und 125 V sollen mit passenden Vorschaltwiderständen versehen werden. Um das bei der niedrigen Frequenz auftretende Flackern zu

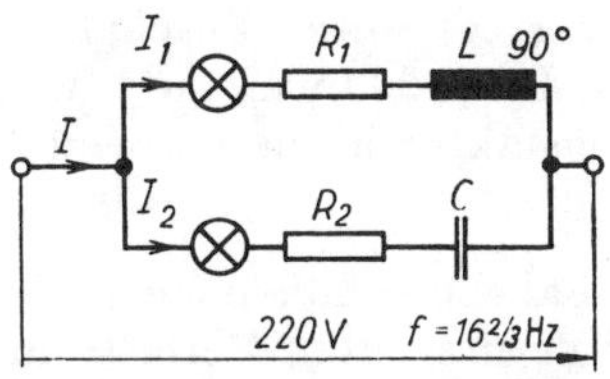

Bild 64. Aufgabe 211

unterdrücken, sollen die Ströme I_1 und I_2 um $+45°$ bzw. $-45°$ gegenüber der Netzspannung phasenverschoben sein.

a) Es sind die erforderlichen Werte für R_1, R_2, L und C zu berechnen. Drossel und Kondensator werden dabei als verlustlos angenommen.

b) Welche Wirkleistung verbraucht die Anlage?

c) Welcher Gesamtstrom I fließt?

5.2. Verbesserung des Leistungsfaktors

Formeln:

$$Q = Q_{C1} - Q_{C2}$$

$$Q_C = P(\tan\varphi_1 - \tan\varphi_2)$$

$$Q_C = U^2\omega C$$

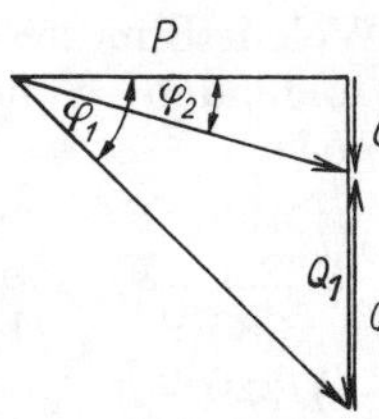

Bild 65. Leistungsdiagramm bei Kompensation

Größe	Zeichen	Einheit
Leistung des Kondensators	Q_C	var, kvar
Blindleistung vor bzw. nach der Kompensierung	Q_1, Q_2	var, kvar
Wirkleistung	P	W, kW
Phasenwinkel vor bzw. nach der Kompensierung	φ_1, φ_2	Grad

Hinweis: Ein schlechter Leistungsfaktor bedeutet einen hohen Blindstrom, der das öffentliche Verteilungsnetz zusätzlich belastet. Durch Zuschalten von Kondensatoren kann der induktive Blindstrom weitgehend kompensiert werden.

212. Welche Blindleistung ist zu kompensieren, wenn ein Industriebetrieb bei einem durchschnittlichen Verbrauch von 4800 kW den Leistungsfaktor von 0,6 auf 0,8 verbessern will?

213. Durch Einbau von Kondensatoren wird die Blindleistung eines Betriebes um 5600 kvar verringert und ein Leistungsfaktor von 0,82 erreicht. Wie groß war dieser zuvor, wenn die Wirkleistung 8500 kW beträgt?

214. Wie groß ist die Wirkleistung eines Betriebes, wenn er durch Kompensation von 4200 kvar Blindleistung den Leistungsfaktor von 0,65 auf 0,85 verbessern konnte?

215. Ein Industriewerk verbraucht monatlich 71000 kWh und 105000 kvarh. Wieviel kvar sind zu kompensieren, wenn ein Leistungsfaktor von 0,92 angestrebt wird und die monatliche Betriebsstundenzahl 380 beträgt?

216. An einen mit 150 kVA belastbaren Transformator ist ein Motor von 120 kW und $\cos\varphi = 0{,}6$ angeschlossen und dadurch bereits überlastet. Um noch einen zweiten Motor von 30 kW und $\cos\varphi = 0{,}7$ anzuschließen, muß ein Teil des Blindstromes kompensiert werden. Wieviel kvar sind mindestens zu kompensieren, wenn der Transformator nicht überlastet werden soll?

217. Mit welchen Wirkleistungen kann ein Transformator für 160 kVA bei $\cos\varphi = 0{,}45$ belastet werden a) ohne Kompensation der Blindleistung, b) unter Zuschalten eines Kondensators für 60 kvar, c) unter Zuschalten eines Kondensators für 120 kvar, und wie groß ist der Leistungsfaktor in diesen beiden Fällen?

218. Um welchen Faktor erhöhen sich die durch Stromwärme verursachten Verluste in einer Überlandleitung, wenn bei gleichbleibender Wirklast der Leistungsfaktor von $\cos\varphi = 1$ auf a) 0,9, b) 0,75, c) 0,65 und d) 0,5 zurückgeht?

219. Zur Berechnung von Phasenschieberkondensatoren werden in einem Industrieprospekt folgende Formeln angegeben:

a) Bei 220 V ist $C = 66\,Q$.
b) Bei 380 V ist $C = 22\,Q$.
c) Bei 500 V ist $C = 12{,}74\,Q$.

C	Q
μF	kvar

Auf Grund welcher Berechnung ergeben sich diese Formeln?

220. Der $\cos\varphi$ einer Leuchtstofflampe (220 V) soll durch Zuschalten eines Kondensators von 0,5 auf 0,9 verbessert werden. Welche Kapazität ist je Ampere unkompensierten Lampenstroms erforderlich ($f = 50$ Hz)?

221. Welche Kompensationskondensatoren sind für folgende Leuchtstofflampen (220 V) notwendig, wenn ein Leistungsfaktor von 0,8 bis 1,0 erreicht werden soll ($f = 50$ Hz)?

	Bezeichnung	Leistung in W	Betriebsstromstärke in A
a)	HN 40	10	0,15
b)	HN 70/72	16	0,2
c)	HN 120	25	0,29
d)	HN 200	40	0,5
e)	HN 202	40	0,41

222. Die Blindleistung einer 380-V-Anlage (50 Hz) von $\cos\varphi = 0{,}6$ wird mit Hilfe eines Kondensators von 20 μF vollständig kompensiert. Wie groß ist die Wirkleistung?

223. Die Wirkleistung eines Asynchronmotors beträgt 150 kW bei $\cos\varphi = 0{,}5$. Auf welche Werte wird der Leistungsfaktor durch Zuschalten eines Kondensators von a) 120 kvar, b) 130 kvar, c) 150 kvar und d) 180 kvar verbessert und welche Werte hat die Scheinleistung vor und nach der Kompensation (50 Hz)?

224. Durch Zuschalten von Kondensatoren sinkt eine Scheinleistung von 85 kVA und $\cos\varphi = 0{,}6$ um a) 10 %, b) 20 % und c) 30 % ab. Welche Kapazität haben diese Kondensatoren, und welche Werte hat der Leistungsfaktor nach dem Zuschalten? (220 V, 50 Hz)

225. Die Netzspannung eines Schweißtransformators beträgt 220 V (50 Hz), sein Blindleistungsbedarf ist 64 % der Scheinleistung. Welche Kapazität hat ein Kondensator, der bei der primärseitigen Stromstärke 3 A den Leistungsfaktor auf $\cos\varphi = 0{,}9$ verbessert?

226. Welche Blindleistungen können bei 50 Hz mit folgenden Kondensatoren kompensiert werden?

C = a) 132 μF b) 220 μF c) 132 μF d) 220 μF e) 50 μF
U = a) 380 V b) 380 V c) 220 V d) 220 V e) 220 V

227. Ein Motor, der bei einem Wirkungsgrad von 75 % und $\cos\varphi = 0{,}7$ die Leistung 1 kW abgibt, ist mit einer Gruppe Glühlampen von zusammen 800 W parallelgeschaltet. (220 V, 50 Hz) a) Wie groß ist der dem Netz entnommene Gesamtstrom? b) Wie groß ist der Gesamtleistungsfaktor? c) Welcher Strom wird dem Netz entnommen, wenn der Blindstrom voll kompensiert wird? d) Welche Kapazität muß der Kondensator bei Vollkompensation haben?

5.3. Verlustwinkel und Verlustleistung von Kondensatoren

Formeln:

$$\tan\delta = \frac{1}{\omega C R} = \frac{P_V}{Q_C}$$

$$P_V = U^2 \omega C \tan\delta = U I_R$$

$$\delta \approx \tan\delta \approx \sin\delta$$

bei kleinen Winkeln

Größe	Zeichen
Verlustfaktor	$\tan\delta$
Verlustwinkel	$\delta = 90° - \varphi$
Verlustleistung	P_V
Kondensatorleistung	Q_C
Verluststrom	I_R

Hinweis: Besonders infolge von Polarisationsvorgängen im Dielektrikum fließt im Kondensator ein geringer Strom I_R, der dem Wirkstrom eines ohmschen Widerstandes analog ist und eine bestimmte Verlustleistung P_V verursacht.

228. Gegeben sind folgende Papierkondensatoren und ihre Verlustfaktoren für 800 Hz:

	a)	b)	c)	d)
$C =$	200 pF	0,1 μF	25 nF	2 μF
$\tan\delta =$	0,8 %	1 %	1,5 %	1,8 %

Berechne die entsprechenden Parallelersatzwiderstände für eine Frequenz von 800 Hz.

229. Ein Keramikkondensator von 600 pF hat bei 500 kHz einen Verlustwinkel von a) 0,3°, b) 0,2° und c) 0,6°. Welcher Widerstand ist zu einem verlustfreien Luftkondensator parallelzuschalten, wenn der Verlustwinkel von gleicher Größe sein soll?

230. Die dielektrischen Verluste eines Kondensators von 250 pF können bei 400 kHz durch Parallelwiderstände von a) 40 kΩ, b) 600 kΩ und c) 200 kΩ dargestellt werden. Welchen Verlustwinkeln entsprechen diese?

231. Um wieviel Grad eilt der Strom der Spannung voraus, wenn die Verlustfaktoren von Hartpapierkondensatoren $\tan\delta$ a) 0,022, b) 0,028, c) 0,035, d) 0,072 und e) 0,1 betragen?

232. Welcher Verluststrom fließt durch einen Kondensator von 500 pF bei 180 V und 350 kHz, wenn der Verlustwinkel 0,4° beträgt?

233. Welche Verlustleistung ergibt sich bei folgenden Phasenschieberkondensatoren bei einer Frequenz von 50 Hz?

	a)	b)	c)	d)
$C =$	132 μF	220 μF	132 μF	220 μF
$U =$	380 V	380 V	220 V	220 V
$\tan\delta =$	$4 \cdot 10^{-3}$	$6 \cdot 10^{-3}$	$6 \cdot 10^{-3}$	$4 \cdot 10^{-3}$

Durch welche Parallelwiderstände können die hieraus ersichtlichen Verluste dargestellt werden?

234. Gegeben sind die bei 220 V und 50 Hz festgestellten Verluste folgender Kondensatoren:

	a)	b)	c)
$C =$	50 μF	12 μF	4 μF
$P_V =$	4 W	1,5 W	0,8 W

Welche Verlustfaktoren ergeben sich daraus?

5.4. Verluste auf Einphasenwechselstrom-Leitungen

Formeln:

$$U_V = 2IR_L \cos\varphi \approx U_a - U_k$$

$$U_V \approx \frac{2lP}{\varkappa A U_k}$$

$$U_a = \sqrt{U_k^2 + (2IR_L)^2 + 4U_k I R_L \cos\varphi}$$

$$P_V = I^2 R_L = \frac{P^2 R_L}{U_k^2 \cos^2\varphi}$$

$$p = \frac{P_V \cdot 100}{P}$$

$$p = \frac{200 lP}{\varkappa A U_k^2 \cos^2\varphi}$$

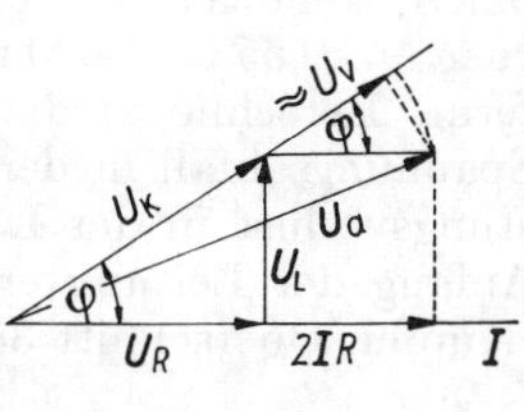

Bild 66. Spannungsdiagramm

Größe	Zeichen	Einheit
Einfache Länge der Leitung	l	m
Leiterquerschnitt	A	mm²
Widerstand der einfachen Leitung	R_L	Ω
Spannung am Leitungsanfang	U_a	V
Spannung am Verbraucher	U_k	V
Spannungsverlust	U_V	V
übertragene (Wirk-) Leistung	P	W
prozentualer Leistungsverlust	p	%
Leistungsverlust, absolut	P_V	W

Hinweise: Die beiden Formeln für den Spannungsverlust $U_V = U_a - U_k$ gelten nur näherungsweise. Zu genaueren Berechnungen ist der Cosinussatz heranzuziehen. Prozentangaben von Spannungs- bzw. Leistungsverlusten beziehen sich stets auf die Verbraucherseite.

235. Mehrere Motoren für 380 V, zusammen 25 kW und dem mittleren $\cos\varphi = 0,7$ werden durch eine 85 m lange Zuleitung ($\varkappa = 56$ Sm je mm², $A = 25$ mm²) gespeist. Wie groß ist der absolute und prozentuale Leistungsverlust?

236. Ein Verbraucher von 1,8 kW benötigt die Klemmenspannung 220 V bei einem Leistungsfaktor von 0,65. Welchen Querschnitt muß die 120 m lange Kupferleitung ($\varkappa = 56$ Sm/mm²) haben, wenn der Leistungsverlust 2 % nicht überschreiten darf?

237. Welche Wirkleistung darf ein Verbraucher bei $\cos\varphi = 0,8$ und 215 V im Höchstfall aufnehmen, wenn der durch die 250 m lange Zuleitung ($\varkappa = 56$ Sm/mm², $A = 25$ mm²) verursachte Leistungsverlust nicht mehr als 2,5 % betragen darf?

238. Welche Wirkleistung darf der in der letzten Aufgabe genannte Verbraucher im Höchstfall aufnehmen, wenn der in der Zuleitung auftretende Spannungsverlust 2,5 % nicht überschreiten darf?

239. Ein Verbraucher entnimmt bei 370 V mit $\cos\varphi = 0,9$ die Scheinleistung 6,6 kVA. Bei welcher Leitungslänge ($\varkappa = 35$ Sm/mm², $A = 25$ mm²) wird der zulässige Leistungsverlust von 3 % nicht überschritten?

240. Ein kleiner Fertigungsbetrieb entnimmt bei 210 V für Licht und Heizung 15 kW und für Antriebe ($\cos\varphi_1 = 0,7$) 20 kW. Welcher absolute und prozentuale Leistungsverlust entsteht in der 90 m langen Zuleitung ($\varkappa = 56$ Sm/mm², $A = 25$ mm²)?

241. Der durch die Zuleitung verursachte Leistungsverlust eines Verbrauchers beträgt 4 %. a) Wie ändert sich dieser, wenn der Leistungsfaktor bei unveränderten Werten für P und U_k von 0,6 auf 0,9 verbessert wird? b) Auf das Wievielfache könnte die entnommene Wirkleistung bei gleichbleibendem prozentualem Leistungsverlust erhöht werden, wenn der Leistungsfaktor von 0,6 auf 0,9 verbessert wird?

242. Die 110 m lange Zuleitung ($\varkappa = 56$ Sm je mm², $A = 15$ mm²) gibt an den Verbraucher 15 kW bei 220 V und $\cos\varphi = 0,8$ ab. Um wieviel % würde sich der Leistungsverlust verringern, wenn der Leiterquerschnitt auf 25 mm² vergrößert wird, und wieviel Kilowatt werden dabei eingespart?

243. Wie groß ist der Leistungsfaktor eines Verbrauchers, wenn der durch die Zuleitung verursachte Spannungsverlust 2 % und der Leistungsverlust 3,6 % betragen?

244. Weshalb ist bei Wechselstrom im allgemeinen die Spannung am Leitungsanfang nicht gleich der Summe aus der Spannung am Leitungsende und dem Spannungsverlust?

245. Ein Verbraucher entnimmt der 55 m langen Zuleitung bei 225 V und einem Leistungsfaktor von 0,8 die Leistung 20 kW. Wie groß ist die Spannung am Anfang der Leitung ($\varkappa = 35$ Sm/mm², $A = 50$ mm²)?

246. Eine Leitung ($\varkappa = 56$ Sm/mm², $A = 25$ mm²) wird mit 420 V gespeist. Wie lang ist sie, wenn der Verbraucher 120 kW bei 380 V und $\cos\varphi = 0,6$ entnimmt?

247. Die Speisespannung einer 100 m langen Leitung ($\varkappa = 56$ Sm/mm², $A = 25$ mm²) ist 380 V. Wie groß ist die Nutzspannung, wenn eine Leistung von 30 kW bei $\cos\varphi = 0,8$ entnommen wird?

248. Welche Wirkleistung wird bei dem Leistungsfaktor 0,85 verbraucht, wenn die Leitung mit 450 V gespeist wird, einen Gesamtwiderstand von 0,3 Ω hat und einen Strom von 100 A führt?

249. Zwei Einphasenmotoren für 500 V von 3 kW und $\cos\varphi_1 = 0,85$ bzw. 6,5 kW und $\cos\varphi_2 = 0,55$ sind 600 m vom Generator entfernt. Berechne a) die Stromstärke, b) den Spannungsabfall in der Leitung, c) den Leistungsverlust in der Leitung und d) die am Anfang der Leitung erforderliche Spannung (Kupfer, Querschnitt 35 mm²).

6. Drehstrom

6.1. Berechnung der Spannungen, Ströme und Widerstände

Formeln:

Dreieckschaltung:

$U = U_{st}$

$I = I_{st}\sqrt{3}$

Sternschaltung:

$U = U_{st}\sqrt{3}$

$I = I_{st}$

Größe	Zeichen	Einheit
Leiterspannung	U	V
Leiterstrom	I	A
Strangspannung	U_{st}	V
Strangstrom	I_{st}	A

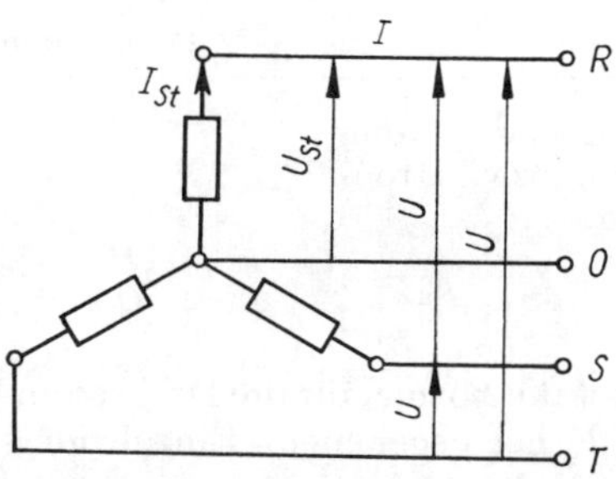

Bild 67. Sternschaltung

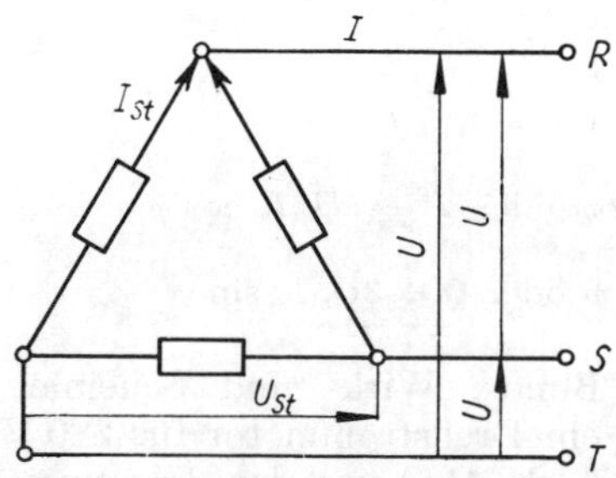

Bild 68. Dreieckschaltung

250. An den Klemmen S und T eines Drehstromanschlusses (Sternschaltung) wird die Spannung 370 V gemessen. Wie groß sind die Spannungen an den Klemmen a) R und S, b) S und 0 und c) R und 0?

251. Die Strangspannung eines Drehstromgenerators beträgt 125 V. Wie groß ist die Leiterspannung bei a) Dreieckschaltung und b) Sternschaltung?

252. Ein Heizofen kann a) in Dreieck- oder b) in Sternschaltung an ein Drehstromnetz von 380/220 V angeschlossen werden. Welcher Leiterstrom fließt, wenn jeder Einzelwiderstand 25 Ω beträgt?

253. Zwei aus gleich großen Teilwiderständen in Sternschaltung zusammengesetzte Heizöfen sind an ein Drehstromnetz angeschlossen. Um das Wievielfache nimmt der Gesamtstrom zu, wenn einer der beiden Öfen in Dreieck umgeschaltet wird?

254. Ein in Sternschaltung arbeitender Drehstromgenerator erzeugt die Strangspannung 225 V. Wie groß ist a) die Leiterspannung und b) die Spannung eines Hauptleiters gegen den Nulleiter?

255. Schließt man an 3 in Stern geschaltete gleich große Widerstände zuerst 2 und danach alle 3 Leitungen eines Drehstromnetzes von 220/127 V an, so nimmt der Leiterstrom um 1 A zu. Wie groß sind die Widerstände?

256. Schaltet man die 3 Heizwiderstände von je 15 Ω in Dreieck, so fließt in den Zuleitungen eines elektrischen Ofens der Strom 43,88 A. Welche Spannung liefert das Drehstromnetz, und welcher Strom wird bei Sternschaltung fließen?

257. 3 Widerstände von je 35 Ω sind in Dreieck an ein Drehstromnetz von 220/127 V angeschlossen. a) Welcher Strom fließt in den Zuleitungen, und b) welche Änderung tritt ein, wenn eine der 3 Zuleitungen abgeschaltet wird?

258. 3 gleich große Widerstände ergeben an einem Drehstromnetz von 220/127 V in Sternschaltung einen um 20 A kleineren Strom als in Dreieckschaltung. Wie groß sind die Widerstände?

259. Legt man an 3 in Stern geschaltete Widerstände nur 2 der 3 Leitungen eines Drehstromnetzes, zwischen denen die Spannung 385 V gemessen wird, so fließt der Strom 15,5 A. Wie ändert sich die Stromstärke, wenn auch die 3. Leitung angeschlossen wird?

260. Drei in Dreieck geschaltete Kondensatoren von je 8 μF werden an ein Drehstromnetz von 380/220 V (50 Hz) angeschlossen. Welcher Strom fließt a) durch jeden Kondensator und b) in den Zuleitungen?

261. Schließt man einen Kondensator von 150 μF an die Klemmen R und S eines Drehstromnetzes an, so ist der Strom um 7,59 A größer als bei Anschluß an die Klemmen R und 0. Wie groß sind die Klemmenspannungen bei 50 Hz?

6.2. Leistung und Arbeit des Drehstroms

Formeln:

$$S = UI\sqrt{3} \text{ oder } S = 3U_{st}I_{st}$$

$$P = UI\sqrt{3}\cos\varphi \text{ oder } P = 3U_{st}I_{st}\cos\varphi$$

$$Q = UI\sqrt{3}\sin\varphi \text{ oder } Q = 3U_{st}I_{st}\sin\varphi$$

Größe	Zeichen
Leiterspannung bzw. -strom	U, I
Strangspannung bzw. -strom	U_{st}, I_{st}
Scheinleistung	S
Wirkleistung	P
Blindleistung	Q

262. Welche Blind-, Wirk- und Scheinleistung nimmt ein Drehstrommotor für 380 V bei der Stromstärke 16 A und dem Leistungsfaktor 0,85 auf?

263. An jedem der 3 Stränge eines in Stern geschalteten Drehstromverbrauchers liegt die Spannung 125 V, wobei die Leistung 17 kW bei $\cos\varphi = 0{,}65$ beträgt. Wie groß ist der Leiterstrom?

264. An einem Einzelstrang eines in Dreieck geschalteten Verbrauchers werden 220 V und 12,5 A gemessen. Welche Leistung nimmt der Verbraucher bei $\cos\varphi = 1$ auf?

265. Ein an ein Drehstromnetz von 380/220 V in Sternschaltung angeschlossener Drehstrommotor nimmt bei dem Leistungsfaktor 0,82 die Wirkleistung 6,5 kW auf. Wie groß ist der Leiterstrom?

266. Auf dem Typenschild eines Drehstrommotors befinden sich folgende Angaben: 380/220 V; 19,5 kW; 37,6/65,0 A; $\cos\varphi = 0{,}87$. Zu berechnen sind a) die Leistungsaufnahme bei Stern- bzw. Dreieckschaltung und b) der Wirkungsgrad bei der angegebenen Belastung.

267. Wie lautet die Formel für die Drehstromwirkleistung P bei gegebenem Einzelwiderstand R und gegebener Leiterspannung U
a) bei Dreieckschaltung des Verbrauchers,
b) bei Sternschaltung des Verbrauchers?

268. Wie lautet die Formel für die Wirkleistung P bei gegebenem Einzelwiderstand R und Leiterstrom I
a) bei Dreieckschaltung des Verbrauchers,
b) bei Sternschaltung des Verbrauchers?

269. Wie ändert sich die Stromaufnahme eines Drehstrommotors, wenn während des Betriebes eine der 3 Zuleitungen ausfällt und die abgenommene Leistung konstant bleibt?

270. Wieviel Kilowatt nimmt ein a) in Dreieck und b) in Stern an ein 380/220-V-Netz angeschlossener Heizofen auf, wenn jeder Einzelwiderstand 30 Ω beträgt?

271. Schaltet man einen in Stern geschalteten Heizofen in Dreieck um, so erhöht sich die Leistungsaufnahme um 6 kW. Wie groß sind die Einzelwiderstände, wenn die Leiterspannung 220 V beträgt?

272. Ein Drehstrommotor nimmt bei der Leiterspannung 220 V den Leiterstrom 14,5 A auf und hat den Leistungsfaktor 0,72. Wie lange ist er in Betrieb, wenn der Gesamtverbrauch 35,8 kWh ist?

273. Unterbricht man eine Zuleitung zu einem in Stern geschalteten elektrischen Ofen, dessen Widerstände je 9 Ω betragen, so verringert sich seine Leistung um 5 kW. Wie groß ist die Leiterspannung?

274. Ein Heißwasserspeicher hat den Wirkungsgrad $\eta = 0{,}95$ und erwärmt 200 Liter Wasser innerhalb von 6 Stunden von 10°C auf 85°C (spez. Wärmekapazität des Wassers $c = 4{,}19$ J/kgK).

a) Wie groß sind die in Dreieck geschalteten Widerstände bei der Leiterspannung 220 V?

b) Wie lange dauert die Erwärmung, wenn ein Widerstand durchbrennt?

275. Welche Leistung muß eine Wasserturbine abgeben, wenn sie mit einem Wirkungsgrad von $\eta = 0{,}92$ einen Drehstromgenerator betreiben soll, der die Leiterspannung 250 V und den Strom 45 A beim Leistungsfaktor 1 abgeben soll?

6.3. Verluste auf Drehstromleitungen

Formeln:

$$U_V = I R_L \cos\varphi \sqrt{3} \approx U_a - U_k$$

$$U_V \approx \frac{lP}{\varkappa A U_k}$$

$$U_a = \sqrt{U_k^2 + 3(I R_L)^2 + 2 U_k I R_L \sqrt{3} \cos\varphi}$$

$$p = \frac{P_V \cdot 100}{P}$$

$$p = \frac{100 l P}{\varkappa A U_k^2 \cos^2\varphi}$$

$$\varrho_{Cu} = 0{,}0178\ \Omega\,\text{mm}^2/\text{m}$$

$$\varrho_{Al} = 0{,}0286\ \Omega\,\text{mm}^2/\text{m}$$

Größe	Zeichen	Einheit
Einfache Länge der Leitung	l	m
Widerstand der einfachen Leitung	R_L	Ω
Spannung am Leitungsanfang	U_a	V
Spannung am Verbraucher	U_k	V
Spannungsverlust	U_V	V
Wirkleistung des Verbrauchers	P	W
Leistungsverlust	P_V	W
prozentualer Leistungsverlust	p	%

Hinweise: Die Formeln für den Spannungsverlust $U_V = U_a - U_k$ gelten nur näherungsweise. Bei genaueren Berechnungen muß der Cosinussatz herangezogen werden. Prozentangaben beziehen sich stets auf die Verbraucherseite.

276. Bei Verlegung im Rohr ist eine isolierte Drehstromleitung wie folgt belastbar:

	a)	b)	c)	d)	e)
Material:	Kupfer	Kupfer	Kupfer	Alu	Alu
Querschnitt:	1 mm²	1 mm²	4 mm²	10 mm²	35 mm²
Betriebsspannung:	220 V	380 V	500 V	380 V	220 V
Höchstbelastung:	4,6 kW	7, 9 kW	23,4 kW	25 kW	32,8 kW

Welche absoluten und prozentualen Leistungsverluste ergeben sich bei induktionsfreier Belastung je 100 m Streckenlänge?

277. Ein Drehstrommotor mit der Leistung 4,0 kW bei 380 V, dem Wirkungsgrad $\eta = 0{,}81$ und $\cos\varphi = 0{,}82$ soll durch eine bewegliche Leitung an einen 250 m entfernten Mast angeschlossen werden. Verwendet wird eine Cu-Leitung von 0,75 mm^2 Querschnitt. Wie groß ist der Leistungsverlust?

278. Welchen spezifischen Widerstand hat eine Drehstrom-Stahlleitung von 4 mm^2 Querschnitt, wenn sie bei einer Verbraucherspannung von 125 V und $\cos\varphi = 1$ je 100 m Streckenlänge bei einer Höchstbelastung von 1,95 kW 42,3 % Verlust aufweist?

279. Für eine Drehstromleitung wird je 100 m Streckenlänge bei einer Höchstlast von 29,4 kW ein Leistungsverlust von 11 % angegeben.
Wieviel Prozent beträgt dieser bei einer Beanspruchung mit 18 kW unter sonst gleichen Verhältnissen? Welches sind die absoluten Verluste in beiden Fällen?

280. Welche Streckenlänge darf eine 16 mm^2 dicke Alu-Leitung für 44,8 kW Übertragungsleistung (Drehstrom 380 V) haben, wenn der Verlust höchstens 7,5 % betragen darf? ($\cos\varphi = 1$)

281. Eine Drehstromleitung weist bei einer Belastung mit 120 kW (380 V) und einem $\cos\varphi = 1$ einen Leistungsverlust von 11,5 kW auf. Wie groß ist der Verlust unter sonst gleichen Umständen, wenn

	a)	b)	c)	d)
die Betriebsspannung	380 V	380 V	220 V	220 V
der $\cos\varphi$ des Verbrauchers	0,8	0,6	0,8	0,6

beträgt?

282. Welcher Drahtquerschnitt (Kupfer) ist erforderlich, um eine Drehstromleistung von 17,6 kW bei einer Spannung von 220 V, einem $\cos\varphi$ von a) 1, b) 0,8 und c) 0,6 und einem zulässigen Verlust von 18,5 % je 100 m Streckenlänge zu übertragen?

283. (Bild 69) Welchen Querschnitt muß die 400 m lange Zuleitung (Kupfer) eines Drehstrommotors für 30 kW und 380 V bei einem $\cos\varphi$ von 0,8 aufweisen, wenn außerdem für 10 kW Glühlampen (220 V) symmetrisch angeschlossen sind und ein Leistungsverlust von 6 % zugelassen wird?

284. (Bild 70) Ein Drehstromgenerator speist 3 Gruppen in Dreieckschaltung in 500 m Entfernung angeschlossene Glühlampen. Die

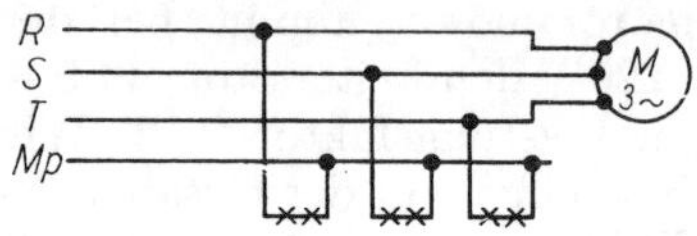

Bild 69. Aufgabe 283

Bild 70. Aufgabe 284

Klemmenspannung der Maschine beträgt 230 V, die Stromstärke in jedem Leiter 25 A (Leitungsdurchmesser 6 mm Leitungskupfer). Berechne a) die Leistung der Maschine, b) den Spannungsverlust der Leitung, c) die Lampenspannung, d) den Leistungsverlust.

285. 150 Glühlampen zu je 220 V/40 W werden von einem 300 m weit entfernten Generator gespeist. Der Spannungsverlust der Leitung (Kupfer) darf 3 % betragen. Berechne den gesamten Querschnitt der Leitung bei Verwendung von a) Gleichstrom, b) Drehstrom in Dreieckschaltung und c) desgl. in Sternschaltung.

286. Welche Klemmenspannung muß ein Drehstromgenerator erzeugen, wenn er mittels einer 400 m langen Kupferleitung von 4 mm Durchmesser eine Verbraucherleistung von 15 kW bei einer Verbraucherspannung von 380 V und einem $\cos\varphi = 0{,}75$ speisen soll?

287. Welchen Querschnitt muß die 250 m lange Kupferzuleitung zu einem Drehstrommotor von 12 kW (220 V, $\cos\varphi = 0{,}88$) aufweisen, wenn ein Spannungsverlust von a) 20 V, b) 30 V und c) 40 V zugelassen wird, und mit welcher Spannung muß die Leitung gespeist werden?

288. An eine 400 m lange Drehstromleitung (Kupfer) sind angeschlossen:

1. 1 Asynchronmotor von 8 kW, $\eta = 0{,}8$, $\cos\varphi = 0{,}8$,
2. 1 Asynchronmotor von 6 kW, $\eta = 0{,}72$, $\cos\varphi = 0{,}6$,
3. 300 Glühlampen zu je 40 W.

Die Verbraucherspannung beträgt 220 V. Berechne a) die Stromstärke in jedem Verbraucher, b) den Drahtquerschnitt, wenn ein Verlust von 10% der gesamten Wirkleistung zugelassen wird.

289. (Bild 71) An eine Drehstromleitung ($50\,mm^2$ Kupfer) sind angeschlossen:

1. 1 Motor von 3 kW, $\eta = 0{,}82$, $\cos\varphi = 0{,}8$, 220 V,
2. 1 Motor von 1,5 kW, $\eta = 0{,}75$, $\cos\varphi = 0{,}75$, 220 V,
3. 60 Glühlampen zu je 75 W, 127 V.

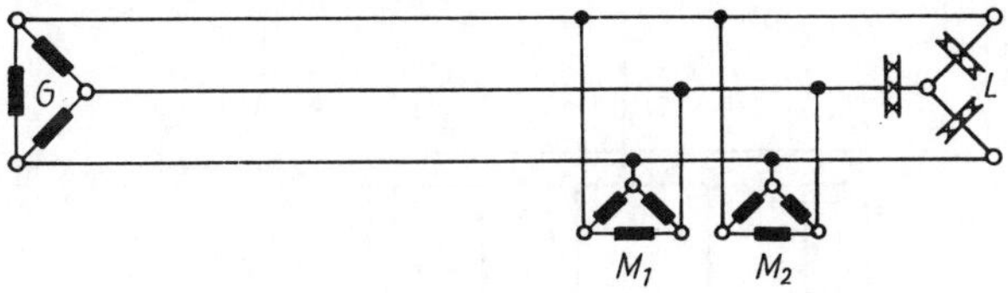

Bild 71. Aufgabe 289

Der Generator befindet sich in 500 m Entfernung. Berechne a) die Ströme in den Verbrauchern, b) den Gesamtstrom, c) den gesamten $\cos\varphi$ und d) die Spannung des Generators.

7. Spulen mit Eisen

7.1. Die eisengefüllte Drosselspule

$$v = v_1 \left(\frac{B_{max}}{B_1}\right)^2$$

$$P_{Fe} = v \cdot m_{Fe}$$

$$E_L = \frac{\omega N \Phi_{max}}{\sqrt{2}}$$

$$I = \sqrt{I_V^2 + I_\mu^2}$$

$$I_V = \frac{P_{Fe}}{U}$$

$$I_\mu = \frac{H_{Fe} l_{Fe} + H_L l_L}{N}$$

(alles Scheitelwerte)

$$H_{eff} = \frac{H_{max}}{\xi_S}$$

$$P_{Fe} + P_{Cu} = P$$

Größe	Zeichen	Einheit
Eisen- bzw. Kupferverluste	P_{Fe}, P_{Cu}	W
gesamte Wirkleistung	P	W
Verlustziffer für $B_1 = 1\,Vs/m^2 = 1\,T$	v_1	W/kg
Verlustziffer für beliebige Induktionen	v	W/kg
Eisenmasse	m_{Fe}	kg
induzierte Urspannung (EMK) (Effektivwert)	E_L	V
Magnetisierungsstrom	I_μ	A
Eisenverluststrom	I_V	A
Scheitelfaktor	ξ_S	1
Widerstand der Wicklung	R_{Cu}	Ω
Windungszahl	N	1
Stromdichte	J	A/mm^2

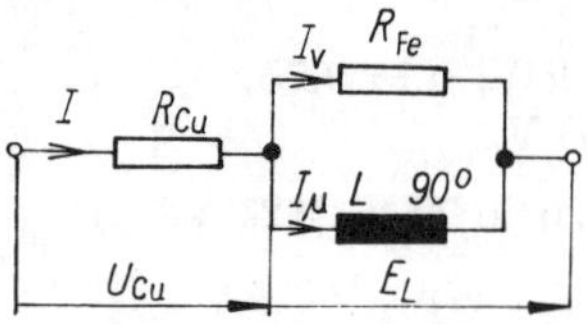

Bild 72. Ersatzschaltung der Drosselspule

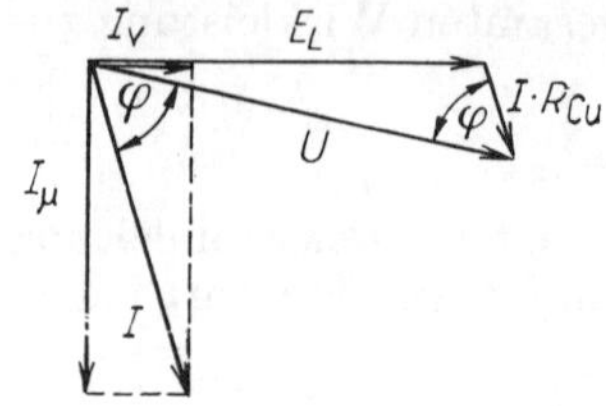

Bild 73. Zeigerdiagramm zu Bild 72

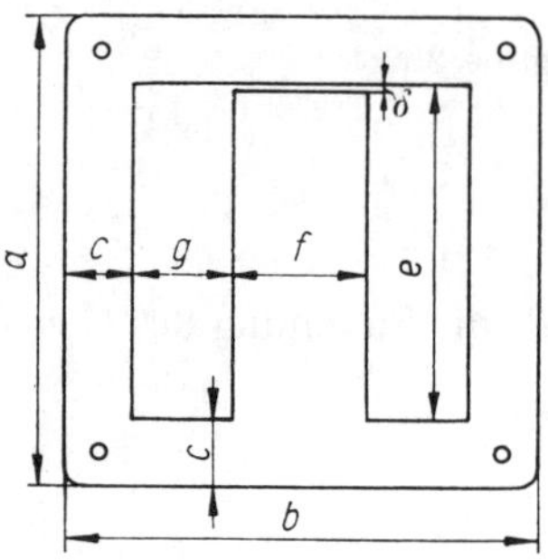

Bild 74. Standardisierter Mantelschnitt

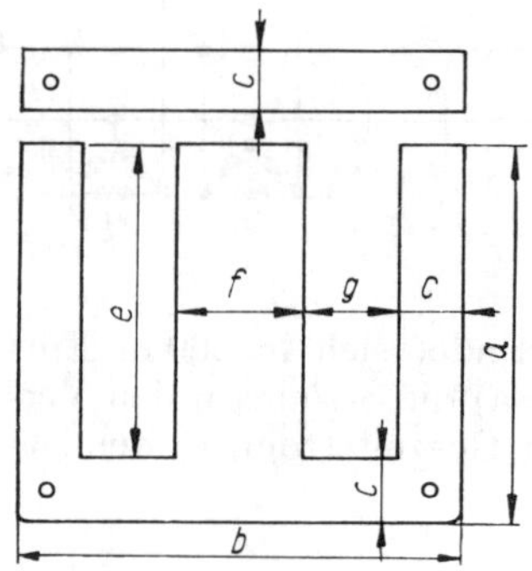

Bild 75. Standardisierter EI-Schnitt

zu Bild 74:

	a	b	c	e	f	g	δ	Schichthöhe	Eisenfüllfaktor k_{Fe}
M 42	42	42	6	30	12	9	0,5	15 mm	0,95
M 65	65	65	10	45	20	12,5	1,0	27 mm	0,85
M 85	85	85	14,5	56	29	13,5	2,0	35 mm	0,85

zu Bild 75:

	a	b	c	e	f	g	δ	Schichthöhe	Eisenfüllfaktor k_{Fe}
EI 48	32	48	8	24	16	8	—	16 mm	0,85
EI 84	56	84	14	42	28	14	—	28 mm	0,90
EI 150	100	150	20	80	40	35	—	50 mm	0,95

Hinweise: Durch Ummagnetisierung und Wirbelströme im Eisenkern entstehen die *Eisenverluste*. Sie werden mit der für jede Blechart charakteristischen *Verlustziffer* v erfaßt, die mit der Masse des Eisens die Leistung P_{Fe} ergibt. Sie bewirkt einen zusätzlichen, parallel zur Induktivität liegenden Widerstand R_{Fe}. Durch den Widerstand der Wicklung entstehen die *Kupferverluste* P_{Cu}. Zur Bestimmung der Feldstärke H_{Fe} dienen entsprechende Magnetisierungskurven (s. Band I, S. 50). Bei nicht sinusförmigem Verlauf der Induktion bzw. Feldstärke ist zur Berechnung der induzierten Urspannung (EMK) der Faktor $\sqrt{2}$ durch den gegebenen Scheitelfaktor ξ_s zu ersetzen.

290. Welche Eisenverluste entstehen bei einer Induktion von $B_{max} = 1,2\ \mathrm{Vs/m^2}$ für die auf Bild 74 angegebenen Kerne EI 48, EI 84 und EI 150? ($\varrho = 7,6\ \mathrm{g/cm^3}$, $f = 50\ \mathrm{Hz}$, $v_1 = 3,3\ \mathrm{W/kg}$; der Eisenfüllfaktor ist zu beachten.)

291. Berechne die Eisenverluste in W/kg für eine Induktion von

a) $B_{max} = 0,8\ \mathrm{T}$, b) 1,2 T, c) 1,4 T, wenn $v_1 = 3,1\ \mathrm{W/kg}$ ist.

292. Welche maximale Induktion besteht in folgenden Eisenkernen, deren Eisenverluste bekannt sind, wenn $v_1 = 3,5\ \mathrm{W/kg}$ ist?

	a)	b)	c)	d)
$m_{Fe} =$	0,150 kg	0,765 kg	2,5 kg	4,8 kg
$P_{Fe} =$	0,756 W	2,68 W	12,6 W	28,4 W

293. Der Kupferwiderstand einer Spule beträgt 3 Ω. Bei einer Klemmenspannung von 16 V (50 Hz) fließt ein Strom von 2 A. Der Leistungsfaktor beträgt

a) 0,55 b) 0,6 c) 0,68 und d) 0,75.

Welcher Eisenverlust ergibt sich jeweils?

294. Die Eisenverluste einer Spule betragen

a) 8,5 W b) 9,8 W c) 11,9 W und d) 18 W.

Der Kupferwiderstand beträgt 5 Ω. Welcher Leistungsfaktor ergibt sich, wenn bei einer Klemmenspannung von 20 V ein Strom von 1,5 A fließt?

295. Welche maximale Induktion besteht in folgenden Eisenkernen? ($v_1 = 3{,}5$ W/kg)

	a)	b)	c)
Kern	EI 48	EI 84	EI 150
m_{Fe} in kg	0,159	0,901	4,476
R_{Cu} in Ω	1,2	1,6	3,0
U in V	8	16	26
I in A	3	5	4,5
$\cos\varphi$	0,5	0,6	0,6

296. An einer Spule mit Eisenkern werden gemessen:

	U in V	I in A	P in W	R_{Cu} in Ω
A.	35	3	40	0,65
B.	55	4,8	72	1,1
C.	100	6	280	2,8

Berechne a) den Leistungsfaktor, b) den Wirk- und Scheinwiderstand, c) den Spannungsabfall im Kupferwiderstand der Wicklung, d) die EMK der Selbstinduktion, e) die Kupferverluste, f) die Eisenverluste, g) den Wirk- und Blindstrom.

297. Von einer Vorschaltdrossel sind folgende Werte bekannt: Wirkwiderstand der Wicklung $R_{Cu} = 100$ Ω, Induktivität $L = 1{,}4$ H, Eisenverluste $P_{Fe} = 20$ W, Blindleistung $Q = 40$ var, $f = 50$ Hz. Zu berechnen sind Strom I, Scheinleistung S und gesamter Spannungsabfall U.

298. Von einer Vorschaltdrossel sind folgende Werte bekannt: gesamter Spannungsabfall $U = 200$ V, Strom $I = 1{,}5$ A, Wirkleistung $P = 40$ W, Induktivität $L = 0{,}5$ H, $f = 50$ Hz. Zu berechnen sind die Scheinleistung, $\cos\varphi$ und der Wirkwiderstand der Wicklung.

299. Der in Bild 76 gezeichnete Eisenrahmen ohne Luftspalt aus Dynamoblech soll so bewickelt werden, daß bei einer Klemmenspannung von 220 V der Scheitelwert der Induktion 1,4 T beträgt. $v_1 = 3{,}3$ W/kg, Eisenfüllfaktor 0,9, Scheitelfaktor der Feldstärke $\xi_s = 2{,}2$, $f = 50$ Hz. Die Kupferverluste seien vernachlässigt, $\varrho = 7{,}6$ g/cm³. Berechne die Windungszahl und die effektive Stromstärke der Drossel.

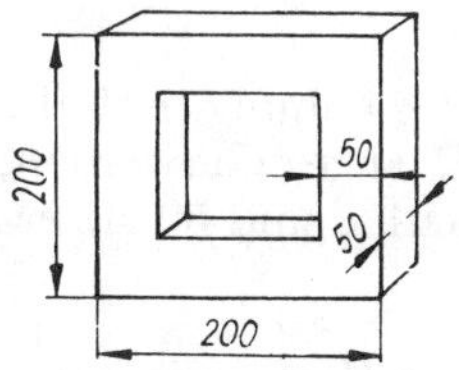

Bild 76. Aufgaben 299 bis 301 (Maße in mm)

300. Wie ist der in der vorigen Aufgabe gegebene Kern zu bewickeln, und welcher Strom fließt, wenn bei sonst gleichen Daten die Klemmenspannung nur a) 40 V, b) 80 V, c) 160 V betragen soll?

301. Der Kern nach Aufgabe 299 trägt a) 250 und b) 500 Windungen. Welche Klemmenspannung muß angelegt werden, und welcher Strom fließt, wenn die maximale Induktion 1,2 T betragen soll? (Scheitelfaktor $\xi_s = 2{,}0$)

302. (Bild 77) Zur Bestimmung der Verlustziffer von Blechen wird der Epstein-Apparat verwendet. Hierbei werden aus einzelnen Streifen 4 Pakete zu je 2,5 kg geschichtet. Jedes Paket wird in eine Magnetisierungsspule geschoben. Die Spulen werden in Reihe geschaltet und zu einem quadratischen Rahmen zusammengeschraubt. Zur Speisung dient ein Generator mit veränderbarer Frequenz und Erregung, womit die Klemmenspannung geregelt werden kann. In einem Einzelfall liegen folgende Werte vor: $m = 11{,}5$ kg, Streifenlänge 50 cm, Dichte des Blechs 7,75 g/cm³, $U_K = 48$ V, $I = 6{,}24$ A, $P_{ges} = 63{,}2$ W, Windungszahl 254, $R_{Cu} = 0{,}14$ Ω, $f = 48$ Hz. Berechne die sich hierbei ergebende Induktion und die Verlustziffer.

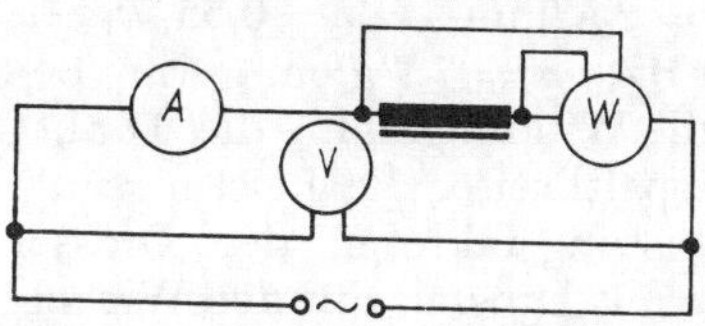

Bild 77. Aufgaben 302 und 303

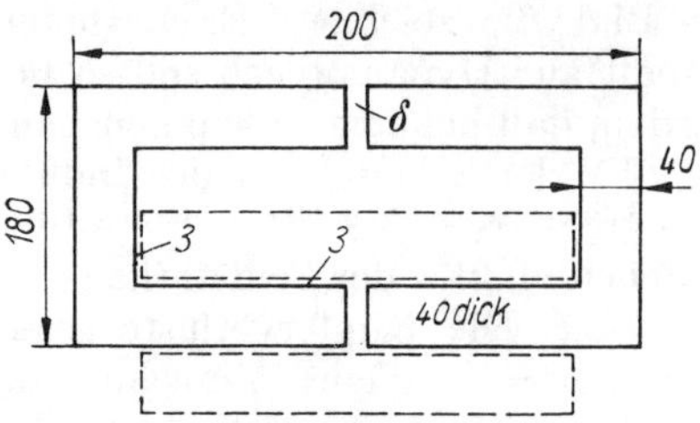

Bild 78. Aufgaben 304 und 305 (Maße in mm)

303. Auf welche Klemmenspannung muß die Maschine von Aufgabe 302 eingestellt werden, wenn die Verlustziffer für 1 T und 50 Hz ermittelt werden soll?

304. Für eine Bogenlampe (Brennspannung 40 V und Stromstärke 10 A) soll eine passende Vorschaltdrossel bei einer Netzspannung von 128 V gewickelt werden. Es soll der auf Bild 78 angegebene Kern verwendet werden. Es sind ferner gegeben: $B_{max} = 1{,}1$ T, $v_1 = 3{,}4$ W/kg (Dynamoblech); $\xi_s = \sqrt{2}$, Stromdichte $J = 2{,}5$ A/mm²; $k_{Cu} = 0{,}6$, $k_{Fe} = 0{,}9$, $f = 50$ Hz, $\varrho = 7{,}6$ g/cm³. Zu berechnen sind die erforderliche Windungszahl, der Drahtdurchmesser und die Breite des Luftspaltes. Es ist zu prüfen, ob der Wickelraum ausreicht. Der Wickelkörper beansprucht allseitig 3 mm Spielraum.

305. Aus Ersparnisgründen wird in der letzten Aufgabe bei gleichem Eisenquerschnitt der Kern so verkleinert, daß die Fensterfläche nur noch 30 cm² beträgt. Wie ändern sich dadurch die Verluste, und wie breit muß der Luftspalt dann gehalten werden? (Vorschlag: äußere Kerngröße 13 · 14 cm²)

306. Für eine Leuchtstofflampe (Betriebsstromstärke 0,5 A, Netzspannung 125 V, Leistungsaufnahme 40 W) soll eine passende Vorschaltdrossel auf einen Kern EI 84 ($m = 0{,}9$ kg) gewickelt werden. Es sind gegeben $B_{max} = 1{,}2$ T, $v_1 = 2{,}3$ W/kg (Dyn.-Blech), $\xi_s = \sqrt{2}$, Stromdichte $J = 2$ A/mm², $k_{Cu} = 0{,}55$, $k_{Fe} = 0{,}9$, $f = 50$ Hz, $\varrho = 7{,}7$ g/cm³. Zu berechnen sind die Windungszahl, die Drahtdicke, die Luftspaltbreite, die Leistungsaufnahme, die Leistungsfaktoren der Drossel bzw. der Lampe mit Drossel. Für den Wickelkörper sind allseitig 3 mm zu berücksichtigen. Es ist zu prüfen, ob der Wickelraum ausreicht.

307. Welche Stromstärke und welchen Spannungsabfall liefert eine mit 1500 Windungen versehene Vorschaltdrossel mit Kern M 65 (Dyn.-Blech), wenn $k_{Cu} = 0{,}6$, $\xi_s = \sqrt{2}$, $J = 3$ A/mm² und $f = 50$ Hz? Für den Spulenkörper werden allseitig 2 mm Raum beansprucht.

308. Ein Kern M 85 (Dyn.-Blech) soll mit $B_{max} = 0{,}8$ T belastet werden. Die zulässige Stromdichte darf 3,5 A/mm² betragen. Bei welcher Stromstärke beträgt der Spannungsabfall der Drossel 187,5 V? Es ist zu prüfen, ob der Wickelraum ausreicht. $\xi_s = \sqrt{2}$, $f = 50$ Hz, für den Wickelkörper werden allseitig 2 mm beansprucht, der Luftspalt beträgt $\delta = 2$ mm, $k_{Cu} = 0{,}6$.

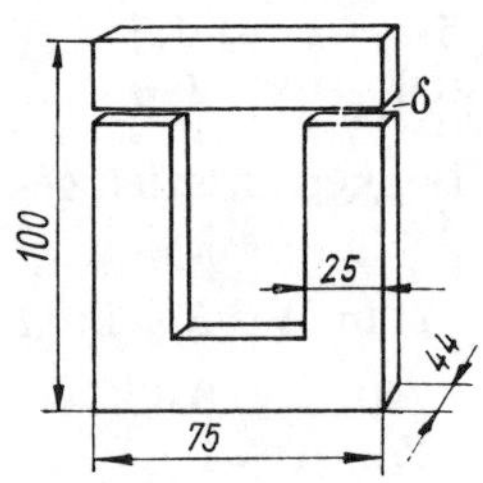

Bild 79. Aufgabe 309 (Maße in mm)

309. (Bild 79) An einer Natriumdampflampe mit Vorschaltdrossel wurden gemessen: Lampenspannung 14 V, Netzspannung 204 V, Stromstärke 1,2 A. Die Fensterfläche des UI-Kerns ($k_{Fe} = 0{,}9$) ist zu 50% ausgenutzt ($k_{Cu} = 0{,}6$). Angenommen ist B_{max} mit 1,2 T, $v_1 = 3{,}5$ W/kg, $\xi_s = \sqrt{2}$. Berechne den Spannungsabfall an der Drossel, die Windungszahl, die Drahtdicke und die Stromdichte, die Kupfer-, Eisen- und Gesamtverluste sowie den erforderlichen Luftspalt.

310. Eine Vorschaltdrossel soll bei der Klemmenspannung 150 V (50 Hz) einen Strom von 10 A aufnehmen. Sie trägt 200 Windungen und hat den Eisenquerschnitt 25 cm². Es ist die erforderliche Luftspaltbreite δ näherungsweise zu berechnen, d. h. unter Vernachlässigung des Wirkwiderstandes und des magnetischen Widerstandes des Eisenkerns sowie be Annahme von $\xi_s = \sqrt{2}$.

7.2. Der eisengefüllte Transformator

Formeln:

$$E_1 = \frac{\omega N_1 \Phi_{\max}}{\sqrt{2}}$$

$$\frac{U_1}{U_2} \approx \frac{E_1}{E_2} = \frac{N_1}{N_2} = ü \text{ (genau bei Leerlauf)}$$

$$\frac{I_1}{I_2} = \frac{N_2}{N_1} = \frac{1}{ü} \text{ (genau bei sekundärem Kurzschluß und reduzierter Spannung)}$$

$U_1 I_1 = U_2 I_2$ (bei Vernachlässigung der Eisenverluste)

$$\eta = \frac{P_2}{P_2 + P_{\mathrm{Fe}} + P_{\mathrm{Cu}}}$$

$$U_1 = E_1 + I_1 R_1 \qquad I_{\mathrm{eff}} = \frac{I_{\max}}{\xi_{\mathrm{s}}}$$

$$U_2 = E_2 - I_2 R_2$$

$$I_0 = \sqrt{I_{\mathrm{v}}^2 + I_{\mu}^2}$$

$P_{\mathrm{Fe}} \approx$ Verlustleistung im Leerlauf

$P_{\mathrm{Cu}} \approx$ Verlustleistung bei sekundärem Kurzschluß und reduzierter Spannung

Größe	Zeichen
Induzierte Urspannung (EMK), Effektivwert	E_1, E_2
Klemmenspannung	U_1, U_2
Leerlaufstrom	I_0
Windungszahl	N_1, N_2
Scheinleistung	S_1, S_2
abgegebene Wirkleistung	P_2
Wirkungsgrad	η
Eisen- bzw. Kupferverlustleistung	P_{Fe}, P_{Cu}
Scheitelfaktor bei verzerrter Stromkurve	ξ_{s}
Stromdichte	J (in A/mm²)
Eisenfüllfaktor	k_{Fe}
Kupferfüllfaktor	k_{Cu}
magnetischer Fluß	Φ (in Wb)
Induktion	B (in T)

Hinweis: In vereinfachten Fällen kann unter dem Wirkungsgrad auch das Verhältnis von sekundärseitiger und primärseitiger Scheinleistung verstanden werden.

311. Ein Netztransformator ist an a) 220 V und b) 125 V (50 Hz) angeschlossen und trägt primärseitig 800 Windungen. Welchen Querschnitt muß der Eisenkern haben, wenn $B_{\max} = 0{,}9$ T ist?

312. Von einigen Transformatoren sind folgende Werte gegeben (50 Hz):

	a)	b)	c)	d)	e)
U_1 in V	220	200	125	—	—
U_2 in V	6,5	—	—	18	65
N_1	840	450	1200	—	1500
N_2	—	85	—	150	—
$ü$	—	—	25	12	3,5
$B_{\max}$ in T	0,8	0,9	—	—	1
A_{Fe} in cm²	—	—	6	4,5	—

Berechne die noch fehlenden Werte.

313. Die Primärseite eines Kleintransformators hat 750 Windungen und liegt an einer Spannung von 220 V. a) Wieviel Windungen muß die Sekundärseite haben, wenn sie eine Spannung von 4 V liefern soll? b) Welcher Strom fließt in der Primärspule, wenn die Sekundärspule 2 A abgeben soll? c) Übersetzungsverhältnis? d) Scheinleistung? (50 Hz)

314. Welche Windungszahlen müssen folgende Transformatoren aufweisen (50 Hz):

	U_1 in V	U_2 in V	A_{Fe} in cm²	$B_{\max}$ in T
a)	3000	220	120	0,7
b)	2000	125	105	0,68
c)	1500	60	85	0,8

315. Welche Stromstärken bestehen auf der Primärseite folgender Stromwandler:

	I_2 in A	N_1	N_2
a)	2,8	10	500
b)	3,9	25	750
c)	4,5	1	400
d)	1,8	2	500

316. Ein Transformator für primärseitig 220 V (50 Hz) soll eine Kerninduktion von $B_{\max} = 1{,}2$ T aufweisen. Berechne für die Kerne A) EI 48, B) EI 84 und C) EI 150 (s. S. 40) a) die primäre Windungszahl, b) die Eisenverluste und c) den Leerlaufstrom, wenn $v_1 = 2{,}3$ W/kg, $\varrho = 7{,}7$ g/cm³, $\xi_{\mathrm{s}} = 1{,}7$ ist. Die

Bleche sind einseitig geschichtet, so daß mit einem Luftspalt von $2 \cdot 0{,}05$ mm gerechnet werden muß.

317. Wie groß ist der Leerlaufstrom der in Aufgabe 316 berechneten Transformatoren, wenn die Bleche fugenlos (wechselseitig) geschichtet sind? ($\xi_S = 2{,}0$)

318. Ein Stromwandler mit sekundärseitig angeschlossenem Strommesser hat im Betrieb folgende Daten: $N_1 = 1$, $I_1 = 300$ A, 50 Hz, $I_2 = 5$ A, $A_{Fe} = 5{,}4$ cm². Widerstand des Instrumentes $R_2 = 0{,}6\ \Omega$, sekundärseitige EMK wird 20% höher als I_2R_2 geschätzt. Es sei kein Luftspalt vorhanden. a) Berechne die Eiseninduktion und die Feldstärke bei Volllast. b) Welche Werte haben diese Größen, wenn das Instrument abgeschaltet wird und die Sekundärklemmen offenbleiben?

319. Welche Eisenverluste und Verlustziffern ergeben sich für folgende Transformatoren?

	η in %	P in W	P_{Cu} in W	m_{Fe} in kg
a)	91	230	11	2,4
b)	92	420	14	4,4
c)	94	900	18	8,4

320. Welche Höchststromstärken können den in Aufgabe 319 genannten Transformatoren bei $ü = 3{,}5$ entnommen werden, wenn die Primärspannung 220 V beträgt, und welcher Primärstrom fließt dabei unter Berücksichtigung des Wirkungsgrades?

321. Welche Wirkleistung geben folgenden Transformatoren ab?

	Eisenverluste	Kupferverluste	Wirkungsgrad
a)	12,5 W	15 W	0,88
b)	24,0 W	30 W	0,92
c)	35,0 W	38 W	0,95

322. Ein Transformator überträgt eine Wirkleistung von 8 kW von 5000 V auf 220 V (50 Hz). Für die Verluste werden 3,5% im Kupfer und 1,5% im Eisen veranschlagt. Es wird angenommen, daß die Stromwärmeverluste in beiden Wicklungen gleich groß sind. Die Stromdichte beträgt 1,4 A/mm², die Eiseninduktion $B_{max} = 0{,}6$ Vs/m² und der Eisenquerschnitt 105 cm². Berechne a) den Wirkungsgrad sowie für die Primär- und Sekundärseite b) die Drahtdicken, c) die EMKs und d) die Windungszahlen.

323. Zur Berechnung der Windungszahlen kann man die Zahlenwertgleichungen

$$N_1 = \frac{N_0 U_1}{1 + 0{,}05\, l_m N_0} \text{ bzw. } N_2 = \frac{N_0 U_2}{1 - 0{,}05\, l_m N_0}$$

benutzen, wobei N_0 die Windungszahl je Volt sowie l_m die mittlere Windungslänge in m und U_1 bzw. U_2 die Spannung in V bedeuten sowie ein spezifischer Widerstand $\varrho = 0{,}02\ \Omega$mm²/m und die Stromdichte $J = 2{,}5$ A/mm² angenommen werden. Begründe diese Formeln!

324. Für einen Rundfunkempfänger soll ein Netztrafo für primär 220 V und 50 Hz gewickelt werden. Sekundär liegt je eine Wicklung für 300 V und 100 mA, 6,3 V und 2,4 A, 4 V und 1,1 A.
Verwendet wird ein Kern M 85 bei einem Wirkungsgrad von 86%, einer Stromdichte von 2,5 A/mm² und einer Induktion von $B_{max} = 1{,}2$ T. Berechne a) die Primärleistung, b) den Primärstrom, c) die Windungszahl je Volt, d) die mittlere Windungslänge jeder Wicklung, wobei zunächst angenommen wird, daß die Wickelhöhe der Primärwicklung gleich der halben Fensterhöhe sein wird und die Sekundärwicklung das Fenster vollständig ausfüllt (die Heizwicklungen liegen ganz außen), e) die Windungszahlen nach Aufgabe 323, f) die Drahtdicken, g) es ist nachzuprüfen, ob bei einem Kupferfüllfaktor von 0,6 der Wickelraum ausreicht.

325. Zur Berechnung der erzielbaren primären Scheinleistung wird die Formel

$$S_1 = 2 B_{max} A_{Fe} A_L k_{Cu} J f 10^{-2}$$

angegeben, wobei J die Stromdichte in A/mm², A_{Fe} den Eisenquerschnitt und A_L die Fensterfläche in cm² bedeuten, die zu etwa 43% von der Primärwicklung ausgefüllt wird. B_{max} in T. U_1 liege 5% höher als E_1. Begründe diese Formel!

326. Ein Transformator soll eine Spannung von 220 V und 50 Hz auf 40 V heruntersetzen. Gegeben sind folgende Daten: Eisenquerschnitt 32 cm², $k_{Fe} = 0{,}9$, $k_{Cu} = 0{,}3$, $B_{max} = 1{,}2$ Vs/m², mittlere Eisenweglänge

$l_{Fe} = 35$ cm, mittlere Windungslänge primär 32 cm, sekundär 42 cm, Stromdichte $J = 3{,}5$ A/mm², $v_1 = 3{,}5$ W/kg, Fensterfläche $A_L = 26$ cm², Stoßfuge $d = 0{,}2$ mm. Die EMK werde zu 210 V bzw. 42 V veranschlagt. Berechne a) die auf Grund der Abmessungen des Kerns erzielbare primäre Scheinleistung (s. Aufgabe 325), b) die Windungszahlen, c) die Drahtdicken, d) den $\cos \varphi_0$ im Leerlauf.

327. Für die Berechnung der Kupferverluste je Kilogramm bei der Stromdichte J (in A je mm²) ergibt sich die Formel $P_{Cu} = (2{,}25\,J^2)$ W. Wie kommt diese Formel zustande, wenn der spezifische Widerstand $\varrho' = 0{,}02\ \Omega$mm² je m und die Dichte des Kupfers $\varrho = 8{,}9$ g/cm³ zugrunde gelegt werden?

328. Von einem Transformator sind folgende Werte bekannt: Scheinleistung 175 kVA, 50 Hz, primäre Klemmenspannung 5800 V, $B_{max} = 1{,}18$ Vs/m², Eisenmasse 635 kg, Kupfermasse 265 kg, mittlere Stromdichte 1,75 A je mm², $N_1/N_2 = 540/96$, $v_1 = 2{,}3$ W/kg. Berechne a) die Eisenverluste, b) die Kupferverluste (s. Aufgabe 327), c) den Wirkungsgrad, d) die primäre, e) die sekundäre Stromstärke bei Vollast und f) die sekundäre Leerlaufspannung.

329. Es soll ein Röhren-Heiztransformator für 220 V und 50 Hz hergestellt werden, der sekundär 6,3 V und 2 A liefert. Der Wirkungsgrad sei mit $\eta = 0{,}65$ und die magnetische Belastung des Kerns mit 1,25 T angenommen. Zur Berechnung des Eisenquerschnitts diene die Gebrauchsformel $A = 0{,}8\sqrt{P_1}$ (in cm²). Berechne die beiderseitigen Windungszahlen, wobei zur Deckung der ohmschen Verluste sekundärseitig 10 % zuzuschlagen sind, sowie die sekundäre Drahtdicke für eine Stromdichte von 2,5 A/mm².

330. Derselbe Transformator soll zusätzlich eine zweite Sekundärwicklung für 4 V und 0,5 A erhalten. Welche Windungszahlen und sekundären Drahtdicken ergeben sich für diesen Fall?

331. Zur Berechnung von Transformatoren verwendet man die Formel für den Eisenquerschnitt in cm²

$$A_{Fe} = \sqrt{\frac{S_1 10^2}{2{,}22 BJf} \frac{m_{Fe}}{m_{Cu}} \frac{l_{Cu}}{l_{Fe}} \frac{\varrho_{Cu}}{\varrho_{Fe}}}$$

Hierbei bedeuten m_{Fe} und m_{Cu} die Massen des Eisens und des Kupfers, l_{Cu} die mittlere Windungslänge, l_{Fe} die mittlere Weglänge der Feldlinien, ϱ_{Cu} und ϱ_{Fe} die Dichten des Kupfers und Eisens in g/cm³, B die Induktion in T. Auf die Primärwicklung entfällt 50 % der Kupfermasse. Begründe diese Formel.

332. Berechne mit Hilfe der in Aufgabe 331 angegebenen Formel einen Transformator, der mit einem Wirkungsgrad von $\eta = 0{,}88$ und einer Sekundärleistung von 300 VA die Primärspannung von $U_1 = 125$ V auf $U_2 = 30$ V herabsetzt. Es beträgt das Masseverhältnis $\frac{m_{Fe}}{m_{Cu}} = 3{,}3$, das Verhältnis $\frac{l_{Cu}}{l_{Fe}} = 0{,}65$, $B = 1{,}2$ T, $f = 50$ Hz, $J = 3$ A/mm², $\varrho_{Fe} = 7{,}8$ g/cm³ und $\varrho_{Cu} = 8{,}9$ g/cm³, $\varrho' = 0{,}02\ \Omega$mm²/m, $v_1 = 3$ W/kg, $l_{Cu} = 30$ cm. Die Spannungsverluste in den beiden Wicklungen betragen je 4 %.
Berechne a) den Eisenquerschnitt, b) die primäre und sekundäre Windungszahl, c) die Eisen- und d) die Kupferverluste.

BERECHNUNGEN MIT DER SYMBOLISCHEN METHODE

8. Das Rechnen mit komplexen Zahlen

8.1. Addition und Subtraktion komplexer Ausdrücke in der Normalfom

Formeln:

$(a + jb) + (c + jd) = (a + c) + j(b + d)$

$(a + jb) - (c + jd) = (a - c) + j(b - d)$

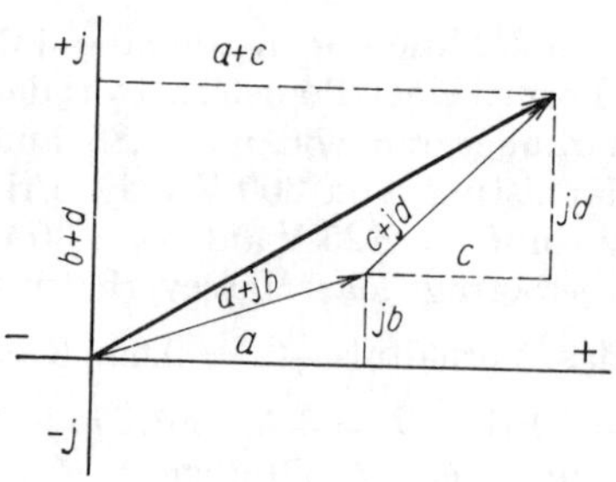

Bild 80. Addition zweier komplexer Zahlen

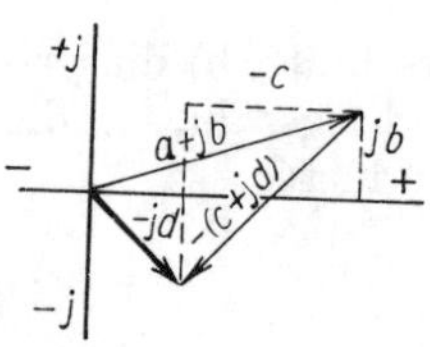

Bild 81. Subtraktion zweier komplexer Zahlen

Addiere folgende Ausdrücke:

333. $(5 + j3) + (2 + j)$

334. $(7 + j10) + (3 + j4)$

335. $(0{,}1 + j0{,}9) + (0{,}9 + j0{,}1)$

336. $(1 + j) + (2 + j9)$

337. $(5{,}5 + j3{,}5) + (4{,}9 + j1{,}1)$

338. $(1{,}87 + j2{,}73) + (0{,}56 + j3{,}33)$

339. $(8 - j11) + (4 - j3)$

340. $(2 - j9) + (8 - j)$

341. $(-4 - j) + (4 + j)$

342. $(5 - j0{,}5) + (-4 + j0{,}5)$

343. $6 + j2 + j7 - 3 + j - 1$

344. $18 - j12 + 1 - j3 - 19 + j16$

345. $-j + 1 - j3 - 3 + 5 + j8$

346. $0{,}5 - j0{,}4 + 1{,}3 + 1{,}2 + j1{,}0 + j0{,}4$

347. $(6 + j) - (5 + j)$

348. $(15 + j3) - (12 + j2)$

349. $(1 - j) - (-1 + j)$

350. $(0{,}2 + j0{,}6) - (0{,}1 - j0{,}4)$

351. $(4{,}8 + j5{,}6) - (9{,}5 - j4{,}8)$

352. $(2{,}75 - j1{,}25) - (-3{,}75 - j0{,}25)$

353. $(2{,}63 + j1{,}24) - (3{,}75 - j1{,}12) +$
$+ (4{,}82 - j2{,}36)$

354. $(124 + j65) - (86 - j) - (42 + j59)$

355. $j - (3{,}5 - j) + 4{,}5$

356. $(46 + j17) - (-j23) + 24$

357. $(1 + j) - (-j) - (1 - j) + 1$

8.2. Berechnung von Betrag und Phase aus der Normalform einer komplexen Zahl

Formeln:

$\underline{Z} = a + jb$

$|\underline{Z}| = Z = \sqrt{a^2 + b^2}$

Lage des Zeigers	I. Quadr.	II. Quadr.	III. Quadr.	IV. Quadr.
Vorzeichen des $\tan\varphi$	$\frac{+}{+} = +$	$\frac{+}{-} = -$	$\frac{-}{-} = +$	$\frac{-}{+} = -$

$\tan\varphi = \frac{b}{a}$ $\quad \sin\varphi = \frac{b}{Z}$ $\quad \cos\varphi = \frac{a}{Z}$

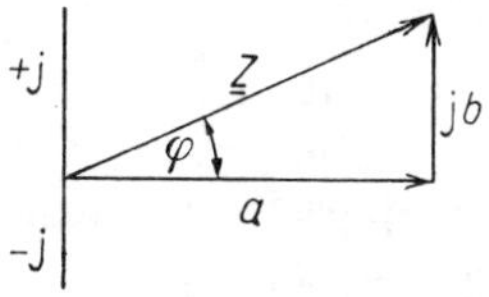

Bild 82. Betrag und Phasenwinkel einer komplexen Zahl

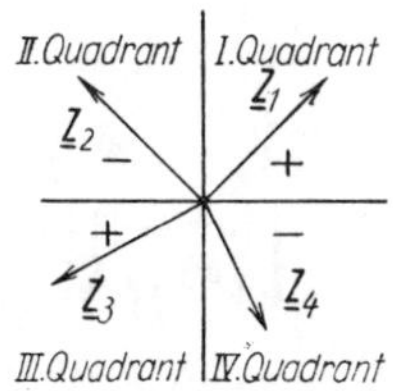

Bild 83. Vorzeichen des Tangens in den 4 Quadranten

Ermittle den Betrag Z und den Phasenwinkel φ aus folgenden komplexen Zahlen:

358. 3 + j4 **359.** 1 + j

360. 4 + j3 **361.** 6 + j1,5

362. 1,5 + j6 **363.** 7 + j2,8

364. 12 + j11 **365.** 0,8 + j0,1

366. 1,27 + j2,48 **367.** 62,6 + j75,5

368. 3 − j4 **369.** 5 − j5

370. 16 − j14 **371.** − 3,3 + j1,8

372. − 6,5 + j9,5 **373.** − 8 − j13

374. − 12 − j7 **375.** − 100 − j300

376. − 125 + j72 **377.** − 311 − j883

378. bis **402.** Ermittle Betrag und Phase der sich aus den Aufgaben 333 bis 357 ergebenden komplexen Zahlen.

Wie lautet die Normalform $a + jb$ der komplexen Zahl, und wie groß ist ihr Betrag, wenn folgende Werte gegeben sind:

403. $\sin\varphi = 0{,}7071$; $b = 3{,}5$

404. $\sin\varphi = 0{,}8660$; $b = 210$

405. $\sin\varphi = 0{,}1736$; $b = 58$

406. $\sin\varphi = 0{,}9945$; $b = 1{,}8$

407. $\sin\varphi = 0{,}9659$; $a = 8$

408. $\sin\varphi = 0{,}8387$; $a = 0{,}3$

409. $\cos\varphi = 0{,}9063$; $a = 0{,}75$

410. $\cos\varphi = 0{,}3090$; $a = 25$

411. $\cos\varphi = 0{,}0872$; $b = 150$

412. $\cos\varphi = 0{,}9063$; $b = 4{,}8$

413. $\tan\varphi = 1{,}732$; $a = 5$

414. $\tan\varphi = 5{,}145$; $a = 1{,}2$

415. $\tan\varphi = 1{,}376$; $a = 10{,}5$

416. $\tan\varphi = 0{,}3640$; $b = 0{,}75$

417. $\tan\varphi = 0{,}8391$; $b = 185$

8.3. Multiplikation komplexer Ausdrücke

Formeln:

$(a + jb)(c + jd) = ac - bd + j(bc + ad)$

$(a + jb)(a - jb) = a^2 + b^2$

$Z = \sqrt{(a^2 + b^2)(c^2 + d^2)}$; $\quad \tan\varphi = \frac{bc + ad}{ac - bd}$

Es sind folgende komplexe Zahlen zu multiplizieren sowie Betrag und Phase des Produktes zu ermitteln:

418. j(5 + j) **419.** 12(17 − j3)

420. j(− 8 − j2) **421.** j(1 − j15)

422. − j(1 + j) **423.** (4 + j2) (2 − j4)

424. (4 − j3) (8 − j2)

425. (0,7 + j1,1) (1,1 − j0,7)

426. (12,5 + j12,5) (13,5 − j13,5)

427. $(24 - j15)(-6 + j10)$

428. $(-35 - j15)(-22 + j14)$

429. $(6 + j)(5 - j3)(2 + j2)$

430. $(1 + j)(4 - j4)(5 + j5)$

431. $(26 + j)^2$ **432.** $(2{,}9 - j1{,}3)^2$

433. $(120 + j250)^2$ **434.** $(1 + j)(1 - j)$

435. $(0{,}5 + j0{,}3)(0{,}5 - j0{,}3)$

436. $(15{,}4 + j11{,}6)(15{,}4 - j11{,}6)$

437. $(105 + j96)(105 - j96)$

8.4. Division komplexer Ausdrücke

Formeln:

$$\frac{a + jb}{c + jd} = \frac{(a + jb)(c - jd)}{(c + jd)(c - jd)} = \frac{ac + bd + j(bc - ad)}{c^2 + d^2}; \quad Z = \sqrt{\frac{a^2 + b^2}{c^2 + d^2}};$$

$$\tan \varphi = \frac{bc - ad}{ac + cd}$$

Anleitung:

Ist der Nenner eines Bruches eine komplexe Zahl, so wird dieser reell gemacht, indem man den Bruch mit dem konjugiert komplexen Wert des Nenners erweitert.
Betrag und Phase können auch aus dem fertigen Quotienten gewonnen werden.
Es sind folgende komplexe Ausdrücke auf die Form $x + jy$ zu bringen sowie Betrag und Phase zu bestimmen:

438. $\frac{3 + j2}{j}$ **439.** $\frac{-5 - j6}{j}$

440. $\frac{1}{1 - j}$ **441.** $\frac{3}{3 + j2}$

442. $\frac{j}{4 - j9}$ **443.** $\frac{-j}{5 - j}$

444. $\frac{1 + j}{1 - j}$ **445.** $\frac{2 + j}{1 + j}$

446. $\frac{4 + j5}{5 + j4}$ **447.** $\frac{6 + j3}{2 + j5}$

448. $\frac{3 - j7}{4 + j5}$ **449.** $\frac{9 - j8}{7 - j8}$

450. $\frac{2 - j6}{9 + j}$ **451.** $\frac{10 + j12}{8 - j10}$

452. $\frac{25 - j15}{45 - j25}$ **453.** $\frac{36 + j28}{22 - j32}$

454. $\frac{3{,}75 + j1{,}25}{5{,}85 - j4{,}95}$ **455.** $\frac{0{,}19 - j0{,}66}{0{,}08 - j0{,}14}$

456. $\frac{(8 + j3)(5 - j7)}{4 - j6}$

457. Wie lauten Betrag und Phase des Ausdruckes

$$\underline{Z} = \frac{(a + jb)(c + jd)}{e + jf}\ ?$$

Berechne Betrag und Phase von

458. $\underline{Z} = \frac{(3 + j5)(6 - j7)}{8 - j9}$

459. $\underline{Z} = \frac{(5 - j3)(4 + j7)}{5 + j6}$

460. $\underline{Z} = \frac{(2 + j)(3 + j)}{2 - j3}$

461. $\underline{Z} = \frac{(1 - j9)(2 - j10)}{5 + j7}$

462. $\frac{(2 + j)(3 - j)(1 - j2)}{4 + j3}$

8.5. Die Exponentialform

Trigonometrische Form einer komplexen Zahl:

$$\boxed{\underline{Z} = Z(\cos \varphi \pm j \sin \varphi)}$$

Eulersche Formel:

$$\boxed{e^{\pm j\varphi} = \cos \varphi \pm j \sin \varphi}$$

Exponentialform einer komplexen Zahl:

$$\boxed{\underline{Z} = Z\, e^{\pm j\varphi}}$$

Multiplikation:

$$Z_1\, e^{j\varphi_1} Z_2\, e^{j\varphi_2} = Z_1 Z_2\, e^{j(\varphi_1 + \varphi_2)}$$

Division:

$$\frac{Z_1\, e^{j\varphi_1}}{Z_2\, e^{j\varphi_2}} = \frac{Z_1}{Z_2}\, e^{j(\varphi_1 - \varphi_2)}$$

Verwandle folgende Ausdrücke in die Exponentialform:

463. $\underline{Z} = 4 + \mathrm{j}2{,}6$ **464.** $\underline{Z} = 12{,}5 + \mathrm{j}0{,}6$

465. $\underline{Z} = 0{,}57 + \mathrm{j}38{,}9$

466. $\underline{Z} = 0{,}919 - \mathrm{j}4{,}72$

467. $\underline{Z} = 386 - \mathrm{j}72{,}7$

468. $\underline{Z} = \dfrac{345}{12 - \mathrm{j}16}$

469. $\underline{Z} = \dfrac{1}{55 + \mathrm{j}4{,}9}$ **470.** $\underline{Z} = 20 - \mathrm{j}458$

Verwandle folgende Ausdrücke in die Normalform $a + \mathrm{j}b$:

471. $19{,}5\ \mathrm{e}^{\mathrm{j}67^\circ}$ **472.** $0{,}85\ \mathrm{e}^{-\mathrm{j}89{,}2^\circ}$

473. $5{,}43\ \mathrm{e}^{\mathrm{j}1{,}8^\circ}$ **474.** $11{,}5\ \mathrm{e}^{-\mathrm{j}25^\circ}$

475. $400\ \mathrm{e}^{\mathrm{j}80^\circ}$ **476.** $0{,}403\ \mathrm{e}^{\mathrm{j}41{,}9^\circ}$

Bilde das Produkt bzw. den Quotienten:

477. $5\ \mathrm{e}^{\mathrm{j}75^\circ} \cdot 6\ \mathrm{e}^{\mathrm{j}14^\circ}$ **478.** $2{,}4\ \mathrm{e}^{\mathrm{j}90^\circ} \cdot 1{,}5\ \mathrm{e}^{-\mathrm{j}90^\circ}$

479. $265\ \mathrm{e}^{\mathrm{j}14^\circ} \cdot 17\ \mathrm{e}^{\mathrm{j}89^\circ}$

480. $1{,}85\ \mathrm{e}^{\mathrm{j}2{,}2^\circ} \cdot 3{,}65\ \mathrm{e}^{\mathrm{j}65^\circ}$

481. $18{,}5\ \mathrm{e}^{\mathrm{j}25^\circ} \cdot 21{,}6\ \mathrm{e}^{\mathrm{j}41^\circ} \cdot 0{,}8\ \mathrm{e}^{\mathrm{j}10^\circ}$

482. $3{,}1\ \mathrm{e}^{\mathrm{j}15^\circ} \cdot 4{,}2\ \mathrm{e}^{\mathrm{j}25^\circ} \cdot 6{,}9\ \mathrm{e}^{-\mathrm{j}90^\circ}$

483. $210\ \mathrm{e}^{-\mathrm{j}85^\circ} \cdot 153\ \mathrm{e}^{\mathrm{j}84^\circ}$

484. $335\ \mathrm{e}^{\mathrm{j}69^\circ} \cdot \mathrm{e}^{\mathrm{j}17^\circ} \cdot 220\ \mathrm{e}^{-\mathrm{j}90^\circ}$

485. $\dfrac{75\ \mathrm{e}^{\mathrm{j}30^\circ}}{0{,}5\ \mathrm{e}^{\mathrm{j}15^\circ}}$ **486.** $\dfrac{200\ \mathrm{e}^{-\mathrm{j}89^\circ}}{300\ \mathrm{e}^{-\mathrm{j}60^\circ}}$

487. $\dfrac{650\ \mathrm{e}^{\mathrm{j}25^\circ}}{400\ \mathrm{e}^{-\mathrm{j}60^\circ}}$

488. $\dfrac{1}{180\ \mathrm{e}^{\mathrm{j}45^\circ}}$ **489.** $\dfrac{10000}{225\ \mathrm{e}^{\mathrm{j}18^\circ} \cdot 350\ \mathrm{e}^{\mathrm{j}42^\circ}}$

490. $\dfrac{1}{0{,}035\ \mathrm{e}^{-\mathrm{j}20^\circ} \cdot 0{,}169\ \mathrm{e}^{-\mathrm{j}65^\circ}}$

491. $\dfrac{12\ \mathrm{e}^{-\mathrm{j}40^\circ} \cdot 6\ \mathrm{e}^{\mathrm{j}72^\circ}}{8\ \mathrm{e}^{\mathrm{j}85^\circ}}$

492. $\dfrac{76\ \mathrm{e}^{\mathrm{j}15^\circ} \cdot 85\ \mathrm{e}^{\mathrm{j}65^\circ}}{46\ \mathrm{e}^{\mathrm{j}43^\circ}}$

Vereinfache mit Hilfe der Exponentialform folgende Ausdrücke:

493. $\dfrac{(3 + \mathrm{j}4)\,(9 - \mathrm{j})}{(6 + \mathrm{j}7)\,(2 - \mathrm{j})}$

494. $\dfrac{(4 - \mathrm{j}9)\,(5 + \mathrm{j}6)}{(3 - \mathrm{j}3)\,(5 - \mathrm{j}6)}$

495. $\dfrac{3 + \mathrm{j}8}{(7 + \mathrm{j})\,(5 - \mathrm{j})\,(8 + \mathrm{j}9)}$

496. $\dfrac{4 - \mathrm{j}3}{(9 + \mathrm{j})\,(4 - \mathrm{j}6)\,(3 - \mathrm{j}10)}$

497. $\dfrac{(30 - \mathrm{j}10)\,(40 + \mathrm{j})\,(50 - \mathrm{j}20)}{60 + \mathrm{j}50}$

498. $\dfrac{(16 + \mathrm{j}15)\,(11 - \mathrm{j}9)\,(25 + \mathrm{j}32)}{14 + \mathrm{j}36}$

8.6. Rechnen mit elektrischen Wechselgrößen in komplexer Darstellung

Formeln:

Exponentialform

$\underline{A} = A\ \mathrm{e}^{\pm \mathrm{j}\varphi}$ (verkürztes Symbol)

Normalform:

$\underline{A} = b + \mathrm{j}c$

$A = \sqrt{b^2 + c^2}\,; \quad \tan\varphi = \dfrac{c}{b}$

$\underline{A} = A\,(\cos\varphi \pm \mathrm{j}\sin\varphi)$

Größe	Zeichen	Einheit
komplexe Größe	$\underline{A}$	Ω, V, A usw.
Betrag der Wechselgröße $\underline{A}$	A	desgl.
reelle Komponente	b	desgl.
imaginäre Komponente	c	desgl.
Winkel der Phasenverschiebung	φ	Grad

Hinweis: Bei der Addition bzw. Subtraktion von komplexen Größen werden die reellen und imaginären Teile unter sich addiert bzw. subtrahiert.

499. Wie lautet die komplexe Darstellung folgender Wechselgrößen in der Exponential- und Normalform?

a) $U = 65$ V bei einer Voreilung gegenüber dem Strom um 35°
b) $U = 18$ V bei einer Voreilung gegenüber dem Strom um 75°
c) $I = 2{,}5$ A bei einer Voreilung gegenüber der Spannung um 40°
d) $I = 6{,}5$ A bei einer Voreilung gegenüber der Spannung um 85°
e) $R = 200\ \Omega$ in Reihe geschaltet mit $X_L = 68\ \Omega$
f) $R = 80\ \Omega$ in Reihe geschaltet mit $X_C = 86\ \Omega$

500. Welche Wirk- und Blindleistung und welcher Leistungsfaktor errechnet sich aus folgenden Ausdrücken für die Scheinleistung?
a) $\underline{S} = 26\ e^{j30°}$ VA; b) $\underline{S} = 300\ e^{j85°}$ VA;
c) $\underline{S} = 185\ e^{j88{,}5°}$ VA

501. Bestimme Betrag und Phase des Stromes I, der durch Überlagerung folgender Teilströme entsteht:

a) $\underline{I}_1 = 3$ A — $\underline{I}_2 = 4\ e^{j90°}$ A
b) $\underline{I}_1 = 2{,}5\ e^{j15°}$ A — $\underline{I}_2 = 2{,}5\ e^{j30°}$ A
c) $\underline{I}_1 = 10\ e^{j60°}$ A — $\underline{I}_2 = 15\ e^{-j40°}$ A
d) $\underline{I}_1 = 6$ A — $\underline{I}_2 = 8\ e^{j30°}$ A
e) $\underline{I}_1 = 2\ e^{-j45°}$ A — $\underline{I}_2 = 4\ e^{j80°}$ A
f) $\underline{I}_1 = 1{,}5\ e^{-j10°}$ A — $\underline{I}_2 = 2\ e^{j20°}$ A
g) $\underline{I}_1 = 3\ e^{-j90°}$ A — $\underline{I}_2 = 5\ e^{j90°}$ A
h) $\underline{I}_1 = 6\ e^{-j20°}$ A — $\underline{I}_2 = 7\ e^{j35°}$ A

502. Durch zwei parallelgeschaltete Widerstände fließen zwei Ströme $\underline{I}_1$ und $\underline{I}_2$ und ergeben zusammen den Strom $\underline{I} = (4 + j3)$ A. Welchen Betrag und welche Phase hat der Strom $\underline{I}_2$, wenn $\underline{I}_1$ folgende Werte hat?

a) $5\ e^{-j60°}$ A — b) $2\ e^{j90°}$ A
c) $6\ e^{j85°}$ A — d) $6{,}5\ e^{j87°}$ A

503. Welchen Gesamtwert haben folgende in Reihe geschaltete Widerstände:

a) $\underline{Z}_1 = (120 + j52)\ \Omega$; $\underline{Z}_2 = (75 - j61)\ \Omega$; $\underline{Z}_3 = (18{,}5 - j40)\ \Omega$
b) $\underline{Z}_1 = (3{,}2 + j4{,}4)\ \Omega$; $\underline{Z}_2 = (0{,}8 - j0{,}9)\ \Omega$; $\underline{Z}_3 = (1{,}7 - j0{,}1)\ \Omega$
c) $\underline{Z}_1 = (2100 + j1100)\ \Omega$; $\underline{Z}_2 = (1050 - j650)\ \Omega$; $\underline{Z}_3 = (850 + j1000)\ \Omega$

Zu errechnen ist die Normal- und Exponentialform.

504. 4 in Reihe geschaltete komplexe Widerstände haben den Betrag von je 50 Ω. Die einzelnen Widerstände rufen für sich allein eine Voreilung der Spannung um 15°, 30°, 45°, 60° gegenüber dem durchfließenden Strom hervor. Welches ist der komplexe Gesamtwert des Widerstandes?

505. Die Ankerwicklung eines Drehstromgenerators besteht aus 3 Strängen zu je 6 in Reihe geschalteten Spulen, die, um je 20° aufeinanderfolgend, versetzt sind. Je Strang wird eine EMK von 240 V induziert. Wie groß ist die EMK in jeder einzelnen Spule, bezogen auf den Strom? Anleitung: Man gehe von der ersten Spule aus und gebe ihr die Phasenlage 0.

506. Welche Wirk-, Blind- und Scheinleistung verbraucht ein komplexer Widerstand, durch den bei einer angelegten Spannung von 220 V ein Strom von a) (16 + j15) A, b) (120 + j85) A und c) (50 − j15) A fließt?

507. Welche Wirk-, Blind- und Scheinleistung verbraucht ein komplexer Widerstand von a) (20 + j30) Ω, b) (40 + j50) Ω und c) (25 − j25) Ω, an dem eine Spannung von 210 V liegt?

508. Welchen Leistungsfaktor ergibt ein komplexer Widerstand von

a) (18,4 + j42) Ω — b) (26 + j86) Ω
c) (122 + j433) Ω?

509. Welchen Gesamtleistungsfaktor ergeben folgende in Reihe geschaltete Widerstände?

a) $\underline{Z}_1 = (5 + j2)\ \Omega$; $\underline{Z}_2 = (6 + j)\ \Omega$
b) $\underline{Z}_1 = (35 + j12)\ \Omega$; $\underline{Z}_2 = (40 + j14)\ \Omega$
c) $\underline{Z}_1 = (62 + j8)\ \Omega$; $\underline{Z}_2 = (15 + j15)\ \Omega$

9. Berechnung von Schaltungen

9.1. Reihenschaltung von Widerständen

Formeln:

$\underline{Z} = R + \mathrm{j}\omega L$ (Bild 84a);

$\underline{Z} = R + \frac{1}{\mathrm{j}\omega C} = R - \frac{\mathrm{j}}{\omega C}$ (Bild 84b);

$\underline{Z} = R + \mathrm{j}\left(\omega L - \frac{1}{\omega C}\right)$ (Bild 84c)

$\underline{Y} = \frac{1}{\underline{Z}}$; $\underline{Z} = \frac{1}{\underline{Y}}$

Größe	Zeichen
komplexer Widerstand	$\underline{Z}$
komplexer Leitwert	$\underline{Y}$
Wirkwiderstand (reell)	R
induktiver Widerstand (imaginär)	$\mathrm{j}\omega L$
kapazitiver Widerstand (imaginär)	$\frac{1}{\mathrm{j}\omega C} = -\frac{\mathrm{j}}{\omega C}$

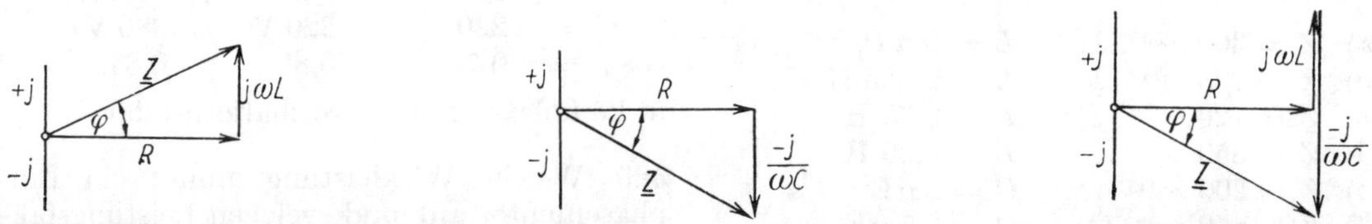

Bild 84. Komplexer Widerstand
a) induktiv b) kapazitiv c) überwiegend kapazitiv

Hinweis: Die Berechnung zusammengesetzter Wechselstromkreise vereinfacht sich, wenn die jeweiligen *Wirk*anteile durch den *reellen* Teil und die *Blind*anteile durch den *imaginären* Teil komplexer Zahlen ausgedrückt werden. Die hierfür gültigen Rechenregeln werden dann in Verbindung mit den bekannten Kirchhoffschen Regeln so gehandhabt, als ob es sich um Gleichstromwiderstände handele.

510. Die folgenden Schaltelemente liegen jeweils in Reihe. Berechne für jeden Fall den Gesamtwiderstand $\underline{Z}$ in der Normal- sowie Exponentialform.

	R in Ω	L in H	C in µF	f in Hz
a)	200	0,4		50
b)	150	0,6		50
c)	300	2,5		60
d)	5000	4,4		100
e)	500		3	50
f)	250		6,5	50
g)	120		0,25	800
h)	80		0,35	1000

511. Welche in Reihe geschalteten Widerstände geben folgende komplexe Ausdrücke wieder? (f = 50 kHz) Berechne ferner den Phasenwinkel.

a) $\underline{Z} = \frac{2}{1-\mathrm{j}}\,\Omega$ b) $\underline{Z} = (3 + \mathrm{j}5)\,\Omega$

c) $\underline{Z} = \left(6 - \frac{3}{\mathrm{j}}\right)\Omega$ d) $\underline{Z} = \frac{5 + \mathrm{j}4}{\mathrm{j}}\,\Omega$

e) $\underline{Z} = \frac{8}{1 - \mathrm{j}3}\,\Omega$ f) $\underline{Z} = \frac{\mathrm{j}7}{2 + \mathrm{j}3}\,\Omega$

g) $\underline{Z} = \frac{3 - \mathrm{j}2}{\mathrm{j} + 2}\,\Omega$ h) $\underline{Z} = \frac{10}{2 + \mathrm{j}5}\,\Omega$

i) $\underline{Z} = \frac{\mathrm{j} - 1}{\mathrm{j} + 1}\,\Omega$ k) $\underline{Z} = \frac{0{,}6 - \mathrm{j}1{,}5}{4 + \mathrm{j}1{,}2}\,\Omega$

l) $\underline{Y} = \left(8 + \frac{4}{\mathrm{j}}\right)$ S m) $\underline{Y} = \frac{7 - \mathrm{j}11}{4 - \mathrm{j}3}$ S

n) $\underline{Y} = \left(\frac{\mathrm{j}}{3 - \mathrm{j}} + 4\right)$ S o) $\underline{Y} = \left(\frac{5}{4 + \mathrm{j}3} + \mathrm{j}2\right)$ S

p) $\underline{Y} = \left(3 - \frac{\mathrm{j}}{9 - \mathrm{j}}\right)$ S q) $\underline{Y} = \left(\frac{1}{\mathrm{j}} - \frac{1}{\mathrm{j} - 1}\right)$ S

r) $\underline{Z} = \left(4 - \frac{1}{\sqrt{-64}}\right)$ Ω s) $\underline{Z} = (7 - \mathrm{j}3)^2$ Ω

t) $\underline{Y} = \frac{a}{b - \mathrm{j}c}$ S u) $\underline{Y} = \left(\frac{4 - \mathrm{j}2}{2 - \mathrm{j}3}\right)^2$ S

512. Welche in Reihe geschalteten Widerstände geben folgende komplexe Ausdrücke wieder? ($f = 100$ Hz)

a) $\underline{Z} = 8{,}5\ \mathrm{e}^{\mathrm{j}30°}$ Ω b) $\underline{Z} = 27\ \mathrm{e}^{\mathrm{j}63°}$ Ω
c) $\underline{Z} = 11{,}1\ \mathrm{e}^{\mathrm{j}89{,}5°}$ Ω d) $\underline{Z} = 30{,}5\ \mathrm{e}^{\mathrm{j}1{,}1°}$ Ω
e) $\underline{Z} = 490\ \mathrm{e}^{-\mathrm{j}88{,}8°}$ Ω f) $\underline{Z} = 785\ \mathrm{e}^{-\mathrm{j}87{,}3°}$ Ω
g) $\underline{Z} = 5{,}3\ \mathrm{e}^{-\mathrm{j}80{,}4°}$ Ω h) $\underline{Y} = 0{,}08\ \mathrm{e}^{\mathrm{j}12°}$ S
i) $\underline{Y} = 9{,}5\ \mathrm{e}^{-\mathrm{j}88°}$ S k) $\underline{Y} = 1{,}4\ \mathrm{e}^{-\mathrm{j}65°}$ S

513. Berechne den Gleichstromwiderstand und die Frequenz in folgenden komplexen Widerständen:

a) $\underline{Z} = 300\ \mathrm{e}^{\mathrm{j}60°}$ Ω; $L = 0{,}5$ H
b) $\underline{Z} = 128\ \mathrm{e}^{\mathrm{j}75°}$ Ω; $L = 0{,}225$ H
c) $\underline{Z} = 1200\ \mathrm{e}^{\mathrm{j}86°}$ Ω; $L = 0{,}75$ H
d) $\underline{Z} = 850\ \mathrm{e}^{\mathrm{j}57°}$ Ω; $L = 0{,}35$ H
e) $\underline{Z} = 200\ \mathrm{e}^{-\mathrm{j}45°}$ Ω; $C = 2$ μF
f) $\underline{Z} = 160\ \mathrm{e}^{-\mathrm{j}3°}$ Ω; $C = 6{,}5$ μF
g) $\underline{Z} = 9\ \mathrm{e}^{-\mathrm{j}72°}$ Ω; $C = 5{,}5$ μF
h) $\underline{Z} = 50\ \mathrm{e}^{-\mathrm{j}82°}$ Ω; $C = 9{,}5$ μF

514. Berechne den komplexen Widerstand einer Drosselspule (R, L) mit nachgeschaltetem Kondensator (C) in der Normal- und Exponentialform, wenn folgende Werte bekannt sind:

	R in Ω	L in H	C in μF	f in Hz
a)	1000	12	4	25
b)	1500	0,8	5,5	50
c)	2000	8	1,5	60
d)	1800	0,05	1,2	600

515. Bei welchen Frequenzen werden die Gesamtwiderstände in Aufgabe 514 reell?

516. Welchen Wert muß die Induktivität in den folgenden Widerständen annehmen, wenn sich bei unverändertem Wirkwiderstand der Gesamtbetrag des Widerstandes verdoppeln soll? ($f = 50$ Hz)

a) (1000 + j2000) Ω b) (200 + j100) Ω
c) (80 + j25) Ω d) (15 + j15) Ω

517. Welchen Wert muß der Wirkwiderstand in den folgenden komplexen Widerständen annehmen, wenn bei unverändertem Blindwiderstand der Gesamtbetrag des Widerstandes auf die Hälfte abnehmen soll?

a) (75 — j25) Ω b) (18 + j10) Ω
c) (65 + j32,5) Ω d) (17,32 — j10) Ω

518. Welchen Wert muß der Wirkwiderstand in den folgenden komplexen Widerständen annehmen, wenn bei unverändertem Blindwiderstand der Phasenwinkel um 10° kleiner werden soll?

a) (4 + j6) Ω b) (3 + j) Ω c) (18 + j4) Ω
d) (28,4 + j5) Ω

519. Stelle den Widerstand eines Wechselstrommotors von

	a)	b)	c)
$P =$	1,5 kW	3 kW	15 kW
$U =$	220 V	220 V	380 V
$\cos\varphi =$	0,78	0,80	0,87

in komplexer Form (Normalform) dar.

520. Welche Wirkleistung nimmt ein Einphasenmotor auf und welchen Leistungsfaktor hat er, wenn folgende Werte bekannt sind:

	komplexer Widerstand	Klemmenspannung
a)	(8 + j5,5) Ω	220 V
b)	(12 + j9) Ω	220 V
c)	(5 + j3,8) Ω	380 V

521. (Bild 85) Ein Industriewerk entnimmt dem Netz bei $f = 50$ Hz, $\cos\varphi = 0{,}72$ und einer Außenleiterspannung von 3000 V den Strom 240 A. Die Leitung hat je Strang den Wirkwiderstand 1,5 Ω und eine Induktivität von 5,6 mH.
Welche Klemmenspannung hat der Generator zu liefern, und welcher Leistungsfaktor entsteht für das Kraftwerk?

522. Der im vorigen Beispiel entstehende Blindstrom wird mittels im Dreieck geschal-

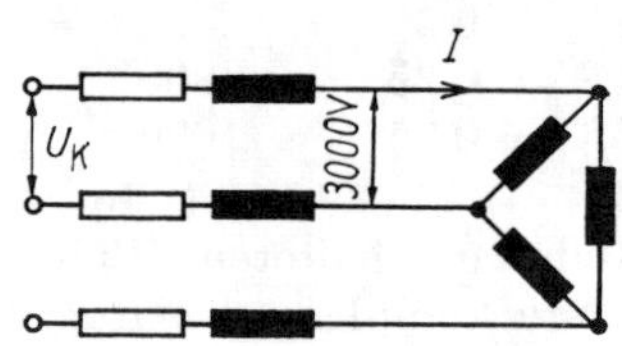

Bild 85. Aufgaben 521 und 522

teter Kondensatoren kompensiert. Welche Spannung hat der Generator nunmehr zu liefern, und welche Kapazität muß jeder Kondensator aufweisen?

523. Die Ständerwicklung eines in Sternschaltung laufenden Asynchronmotors nimmt bei einer Klemmenspannung von 380 V einen Strom von 42 A auf. Der Wirkwiderstand je Wicklungsstrang beträgt 0,22 Ω und die Induktivität 1 mH. Welche Urspannung wird in der Maschine bei einem $\cos\varphi = 0{,}82$ erzeugt, und um welchen Winkel ist sie gegen die Klemmenspannung verschoben? ($f = 50$ Hz)

9.2. Parallelschaltung von Widerständen

Komplexer Leitwert:

$\underline{Y} = G \pm \mathrm{j}B$ (— induktiv, + kapazitiv)

Leitwert paralleler Widerstände

$\underline{Y} = \underline{Y}_1 + \underline{Y}_2;\ \underline{Z} = \dfrac{1}{\underline{Y}}$

komplexer Gesamtwiderstand $\underline{Z} = \dfrac{\underline{Z}_1\underline{Z}_2}{\underline{Z}_1 + \underline{Z}_2}$

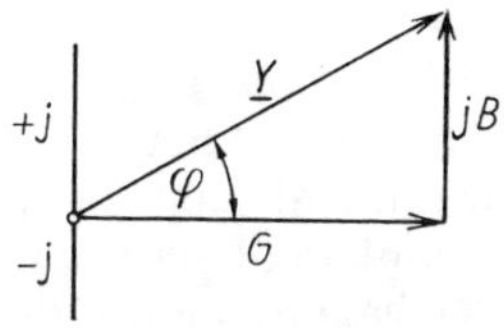

Bild 86. Komplexer Leitwert

524. Welche parallelgeschalteten Widerstände R und L bzw. R und C werden durch die in Aufgabe 511 (Reihenschaltung) genannten komplexen Ausdrücke wiedergegeben? ($f = 50$ kHz)

525. Welche parallelgeschalteten Widerstände R und L bzw. R und C werden durch die in Aufgabe 512 (Reihenschaltung) genannten komplexen Ausdrücke wiedergegeben? ($f = 100$ Hz)

526. Welcher allgemeine komplexe Ausdruck ergibt sich für den Widerstand einer Parallelschaltung aus Wirk- und induktivem Widerstand (getrennt in reellen und imaginären Anteil)?

527. Berechne den komplexen Gesamtwiderstand folgender Parallelschaltungen in der Normal- sowie Exponentialform:

	a)	b)	c)	d)
$R =$	250 Ω	19 Ω	800 Ω	900 Ω
$L =$	0,6 H	5 mH	4 H	8,5 H
$f =$	50 Hz	50 Hz	25 Hz	25 Hz

528. Welcher allgemeine komplexe Ausdruck ergibt sich für den Widerstand einer Parallelschaltung aus Wirk- und kapazitivem Widerstand (getrennt in reellen und imaginären Anteil)?

529. Berechne den komplexen Gesamtwiderstand einer Parallelschaltung aus R und C bei folgenden Einzelwerten (Normal- sowie Exponentialform):

	a)	b)	c)	d)
$R =$	1000 Ω	750 Ω	25 Ω	10 Ω
$C =$	1 μF	0,5 μF	0,5 μF	2 μF
$f =$	50 Hz	50 Hz	3000 Hz	1000 Hz

530. Berechne den komplexen Gesamtwiderstand folgender Parallelschaltungen in der Normal- und Exponentialform:

	a)	b)	c)	d)
$R =$	800 Ω	200 Ω	12 Ω	8 Ω
$L =$	1 H	0,8 H	4 mH	2 mH
$C =$	5 μF	4,5 μF	7 μF	6,5 μF
$f =$	50 Hz	50 Hz	1000 Hz	2000 Hz

531. Parallel zu einem Wirkwiderstand von 65 Ω soll ein Kondensator geschaltet werden, so daß die Wirkkomponente des Gesamtwiderstandes bei 50 Hz a) 40 Ω und b) 64 Ω beträgt. Berechne die Kapazität.

532. Parallel zu einem Kondensator von 0,5 μF soll ein Wirkwiderstand geschaltet werden, so daß die Blindkomponente des Gesamtwiderstandes bei 50 Hz nur noch a) 6000 Ω und b) 4000 Ω beträgt.

533. An zwei parallelgeschalteten Widerständen im Gesamtwert von

	a)	b)	c)
$\underline{Z} =$	(12 + j9) Ω	(3 + j8) Ω	(14 − j11) Ω

liegt eine Spannung von 60 V. Welcher Strom fließt insgesamt und durch die einzelnen Zweige?

534. Durch zwei parallelgeschaltete Widerstände fließen bei einer Klemmenspannung von 125 V die beiden Ströme

	a)	b)	c)
$I_R =$	1,2 A	0,35 A	19 mA
$I_L =$	2,4 A	0,76 A	8 mA

Wie lautet der komplexe Gesamtwiderstand?

535. Der komplexe Leitwert einer Parallelschaltung aus R und C beträgt

	a)	b)
$\underline{Y} =$	(35 + j14) S	(0,8 + j1,3) S
	c) (0,06 + j0,025) S	

Bei welcher Spannung beträgt die Scheinleistung jeweils 200 VA?

9.3. Parallelschaltung zusammengesetzter Widerstände

536. (Bild 87) a) Berechne den komplexen Leitwert und daraus den $\tan\varphi$ als allgemeine Formel. b) Welchen Wert muß in dieser Schaltung der Widerstand R_2 haben, damit die Nacheilung des Stromes gegenüber der Spannung gerade 45° beträgt?

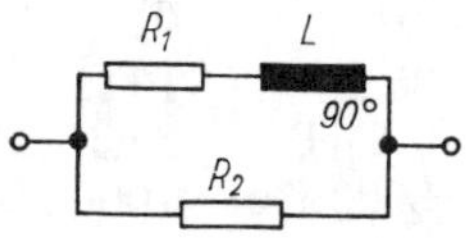

Bild 87. Aufgaben 536 und 537

537. Die auf Bild 87 angegebene Schaltung soll mit $R_1 = 150\,\Omega$ und $L = 1{,}8$ H eine Nacheilung des Stromes von 20° liefern. Welchen Wert muß R_2 haben? ($f = 25$ Hz)

538. Zwei Widerstände ergeben in Reihe geschaltet 50 Ω (reell) und parallelgeschaltet 20 Ω (reell). Welche Werte $\underline{Z}_1$ und $\underline{Z}_2$ haben die beiden Widerstände?

539. (Bild 88) Berechne den komplexen Leitwert und daraus den $\tan\varphi$ als allgemeine Formel.

540. (Bild 89) Welchen allgemeinen Ausdruck für Scheinwiderstand und Tangens des Phasenwinkels ergibt die Schaltung nach Bild 89?

541. In der letzten Aufgabe sei $R_2 = 2\,R_1$ und $L_2 = 2\,L_1$. Wie lauten nunmehr die Ausdrücke für Betrag und Phase?

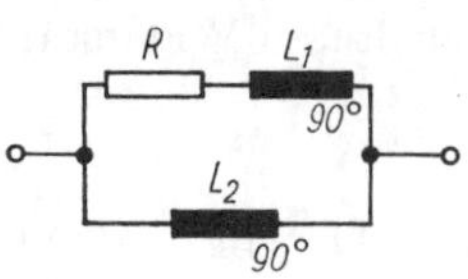

Bild 88. Aufgabe 539

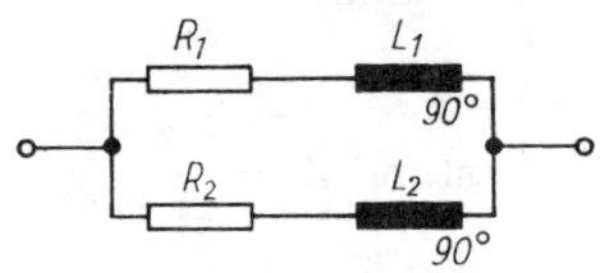

Bild 89. Aufgaben 540 und 541

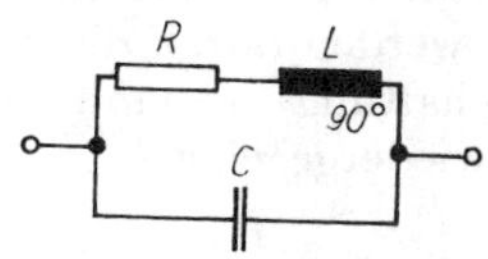

Bild 90. Aufgaben 543 und 544

542. Durch Zuschalten von R_2 in Aufgabe 536 reduziert sich der Scheinwiderstand auf die Hälfte des Wertes ohne R_2. Welchen Wert muß R_2 haben?

543. (Bild 90) Berechne den komplexen Leitwert und Widerstand als allgemeine Formel.

544. Welcher Ausdruck ergibt sich aus Aufgabe 543 für die Resonanzfrequenz?

545. (Bild 91) Berechne als allgemeine Formel den komplexen Widerstand und die Phase.

546. (Bild 92) Berechne als allgemeine Formel den komplexen Widerstand und die Phase.

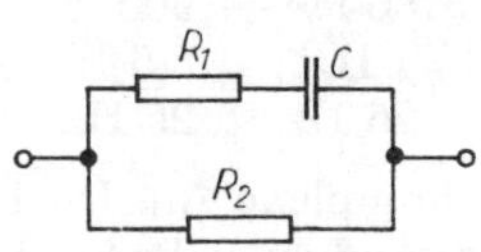

Bild 91. Aufgabe 545

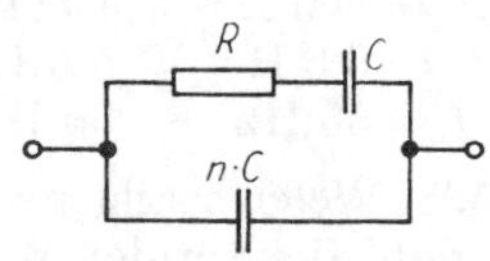

Bild 92. Aufgabe 546

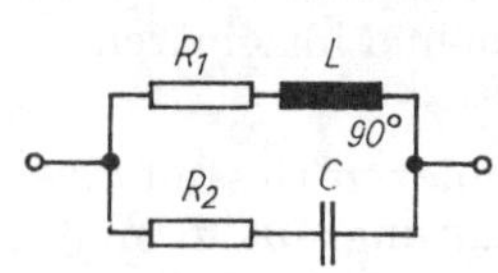

Bild 93. Aufgaben 547 bis 549

547. (Bild 93) Welcher allgemeine Ausdruck ergibt sich für den komplexen Leitwert sowie für die Resonanzfrequenz?

548. Für welchen Wert von R_1 ist die Resonanzfrequenz in Aufgabe 547 gleich Null bzw. für welchen Wert von R_2 ist sie gleich ∞?

549. Die Schaltung in Aufgabe 547 gibt bei jeder beliebigen Frequenz Resonanz, wenn die Wurzel den unbestimmten Ausdruck $\frac{0}{0}$ liefert. a) Für welchen Wert von R_1 und R_2 tritt dies ein? b) Welchen frequenzunabhängigen Wirkwiderstand (charakteristischen Widerstand) besitzt die Schaltung dann?

550. (Bild 94) Berechne den komplexen Ersatzwiderstand, die Stromstärke, den Gesamtphasenwinkel sowie die Induktivität der entsprechenden Reihenersatzschaltung ($f = 50$ Hz).

	a)	b)	c)
$R_1 =$	100 Ω	80 Ω	30 Ω
$R_2 =$	100 Ω	120 Ω	150 Ω
$L =$	0,5 H	0,4 H	1,5 H
$U =$	220 V	100 V	60 V

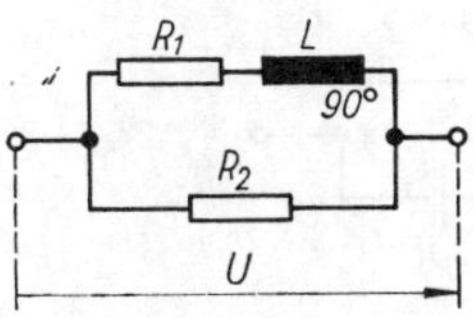

Bild 94. Aufgabe 550

551. (Bild 95) Berechne den komplexen Ersatzwiderstand, die Stromstärke, den Gesamtphasenwinkel sowie die Kapazität der entsprechenden Reihenersatzschaltung.

	a)	b)	c)
$R_1 =$	1000 Ω	100 Ω	2000 Ω
$R_2 =$	2500 Ω	100 Ω	1200 Ω
$C =$	4 μF	20 μF	200 μF
$U =$	220 V	220 V	250 V
$f =$	50 Hz	50 Hz	300 kHz

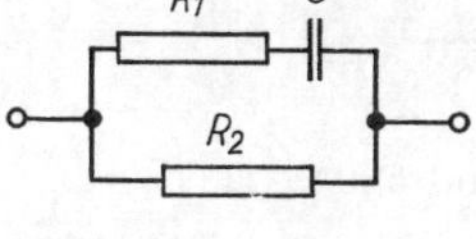

Bild 95. Aufgabe 551

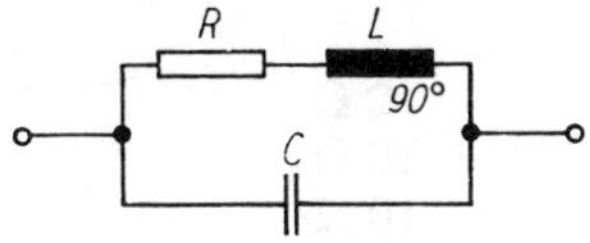

Bild 96. Aufgabe 552

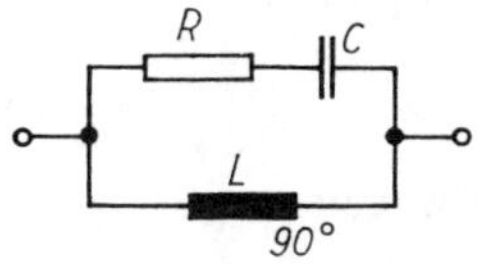

Bild 97. Aufgabe 553

552. Berechne die in den Aufgaben 550 und 551 gesuchten Werte für die Schaltung in Bild 96.

	a)	b)	c)
$R =$	150 Ω	150 Ω	150 Ω
$L =$	0,3 H	1,5 H	0,3 H
$C =$	12 μF	12 μF	1 μF
$U =$	220 V	220 V	220 V
$f =$	50 Hz	50 Hz	50 Hz

553. Berechne die in den Aufgaben 550 und 551 gesuchten Werte für die Schaltung in Bild 97.

	a)	b)	c)
$R =$	150 Ω	150 Ω	150 Ω
$L =$	0,3 H	1,5 H	0,3 H
$C =$	12 μF	12 μF	1 μF
$U =$	220 V	220 V	220 V
$f =$	50 Hz	50 Hz	50 Hz

554. Welchen Wert muß die Induktivität L in Aufgabe 553a haben, wenn sich ein Gesamtphasenwinkel von 45° ergeben soll?

555. Welche Kapazität bzw. Induktivität muß in Aufgabe 553a an Stelle der Kapazität C eingesetzt werden, damit sich ein Phasenwinkel von $\varphi = +60°$ ergibt?

556. bis **559.** Berechne zu den Aufgaben 550a, 551a, 552a und 553a die Teilspannungen und Teilströme, und zeichne dazu das Zeigerdiagramm.

560. (Bild 98) Berechne die Teilströme für eine Klemmenspannung von 60 V und zeichne das Stromdiagramm.

	a)	b)
$R_1 =$	$5\,\Omega$	$2\,\Omega$
$R_2 =$	$3\,\Omega$	$10\,\Omega$
$R_3 =$	$30\,\Omega$	$10\,\Omega$
$X_L =$	$4\,\Omega$	$4\,\Omega$
$X_C =$	$8\,\Omega$	$6\,\Omega$

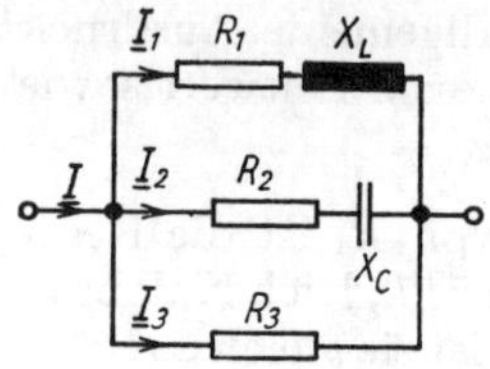

Bild 98. Aufgabe 560

9.4. Gemischte Schaltungen

561. bis **572.** Berechne den komplexen Widerstand sowie dessen Betrag und den Phasenwinkel für folgende Schaltungen (Bilder 99 bis 110).

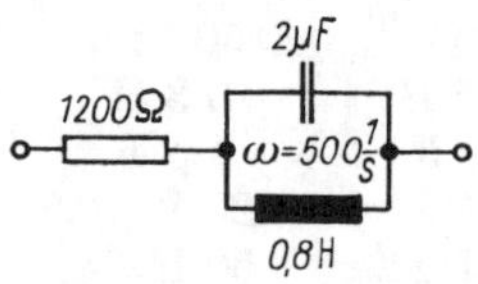

Bild 99.
Aufgaben 561 und 573

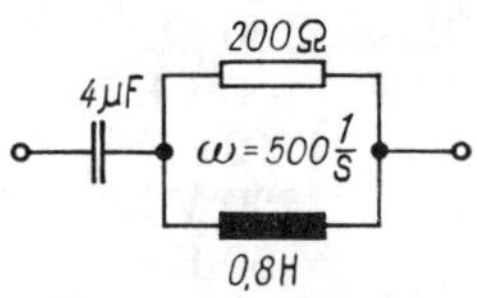

Bild 100.
Aufgaben 562 und 574

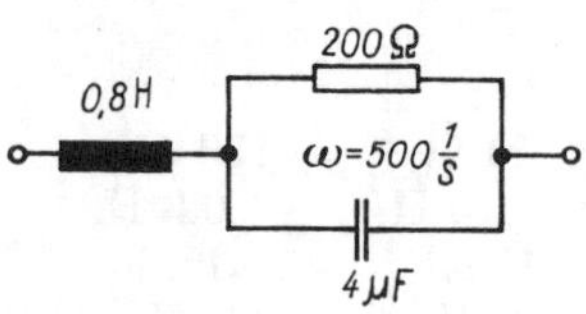

Bild 101. Aufgaben 563 und 575

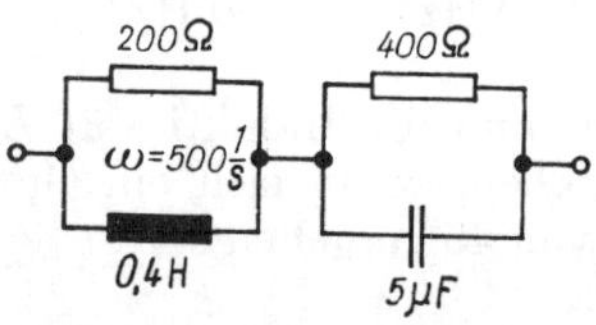

Bild 102. Aufgaben 564 und 576

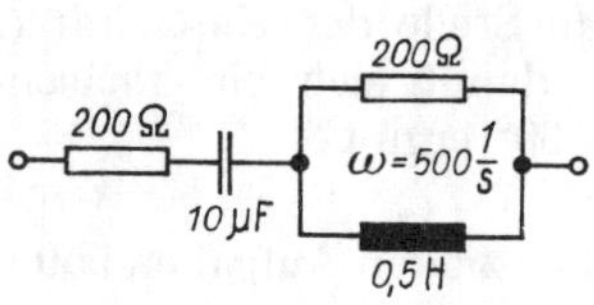

Bild 103. Aufgaben 565 und 577

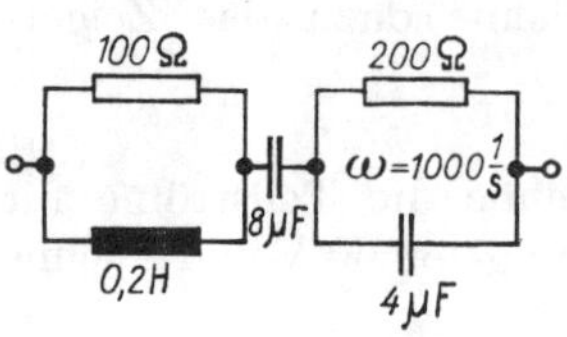

Bild 104. Aufgaben 566 und 578

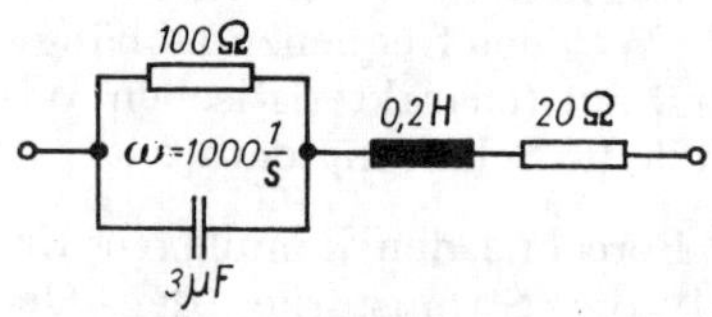

Bild 105. Aufgaben 567 und 579

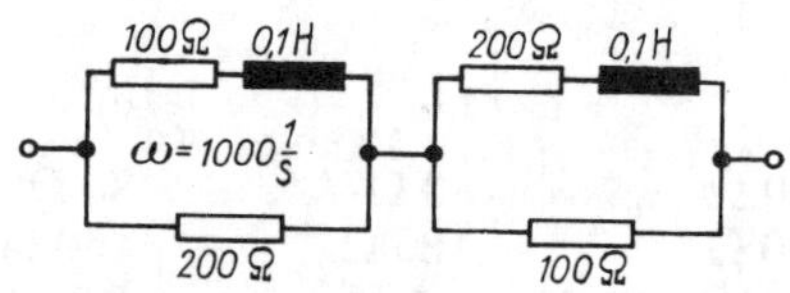

Bild 106. Aufgabe 568

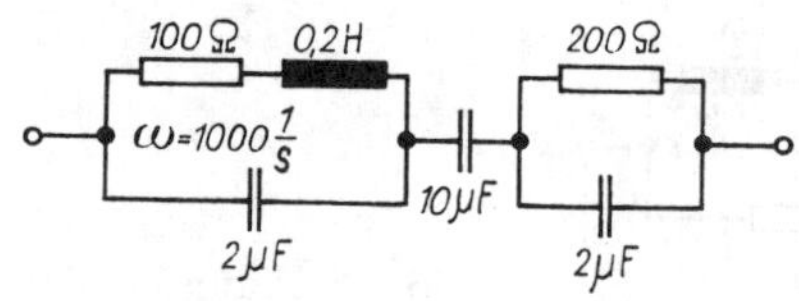

Bild 107. Aufgabe 569

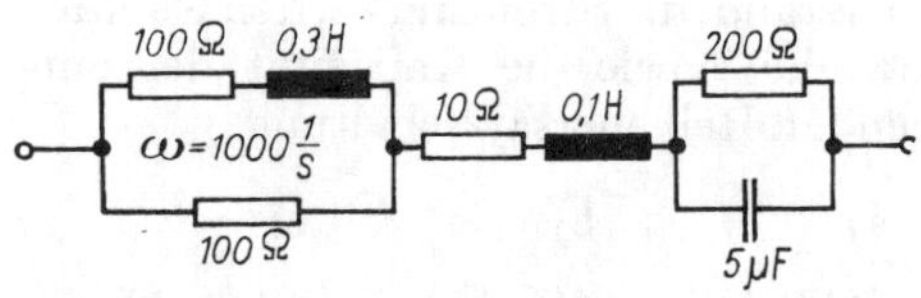

Bild 108. Aufgabe 570

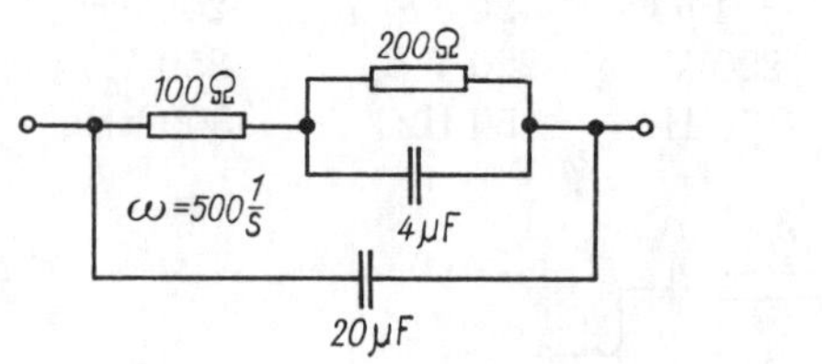

Bild 109. Aufgaben 571 und 580

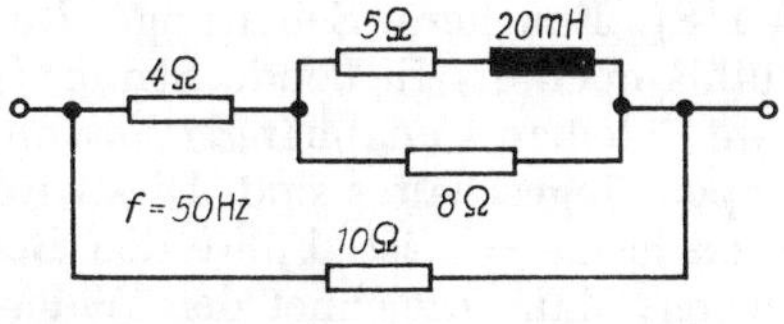

Bild 110. Aufgabe 572

573. bis **580.** Berechne zu den Aufgaben 561 bis 567 und 571 für eine Klemmenspannung von 1000 V die Teilspannungen, den Gesamtstrom und die Teilströme. Zeichne hierzu das vollständige Zeigerdiagramm.

581. (Bild 111) Wechselstromparadoxon. Der durch die Schaltung fließende Wechselstrom soll trotz Zu- bzw. Abschaltens von R_2 seine Stärke nicht ändern. Wie groß muß R_2 gemacht werden, damit dies der Fall ist?

582. (Bild 111) Welchen Wert muß der Widerstand R_2 in der vorigen Aufgabe haben, wenn $R_1 = 50\,\Omega$, $L = 0{,}1$ H und $f = 50$ Hz betragen?

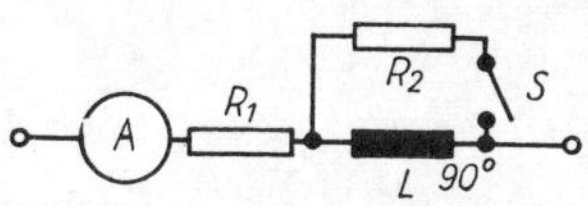

Bild 111. Aufgaben 581 bis 583

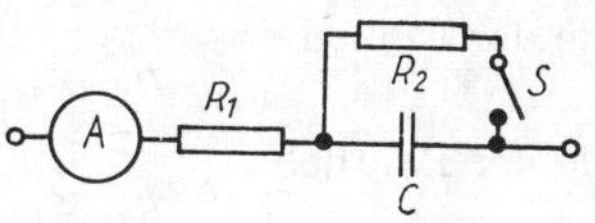

Bild 112. Aufgabe 584

583. (Bild 111) Durch Zuschalten von R_2 soll der Gesamtphasenwinkel auf die Hälfte reduziert werden. Wie groß muß R_2 gewählt werden, wenn $R_1 = 50\,\Omega$, $L = 0{,}1$ H und $f = 50$ Hz sind?

584. (Bild 112) Wechselstromparadoxon. Der durch die Schaltung fließende Wechselstrom soll trotz Ab- bzw. Zuschaltens von R_2 seine Stärke nicht ändern. Wie groß muß R_2 gemacht werden?

585. (Bild 113) 90°-Schaltung nach Hummel. Welchen Wert muß R_2 haben, damit der Zweigstrom $\underline{I}_3$ der Spannung $\underline{U}$ um 90° nacheilt?

586. Welchen Wert muß R_2 in der vorigen Aufgabe haben, wenn $\underline{I}_3$ gegenüber $\underline{U}$ um 45° nacheilen soll?

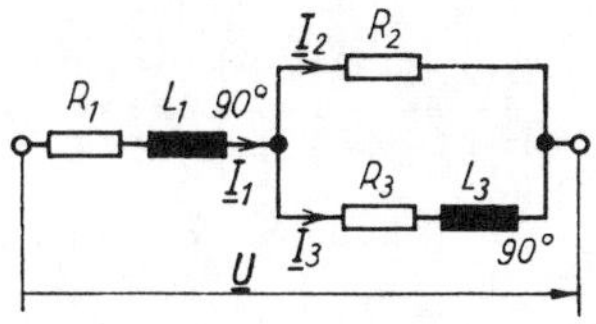

Bild 113. Aufgaben 585 und 586

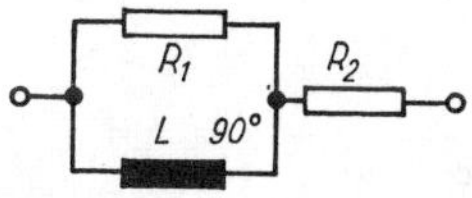

Bild 114. Aufgabe 587

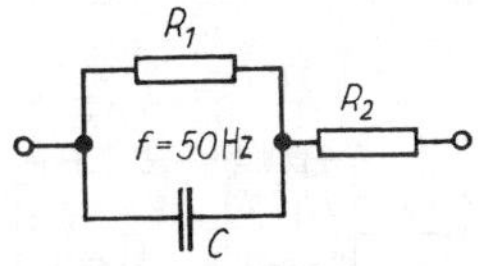

Bild 115. Aufgabe 588

587. Der induktive Widerstand einer Drosselspule, deren Ersatzschaltung auf Bild 114 angegeben ist, beträgt 30 Ω, der Kupferwiderstand $R_2 = 10\,\Omega$. Bei der Stromstärke 3 A nimmt die Spule eine Wirkleistung von 180 W auf. Berechne daraus den Eisenverlustwiderstand R_1 und die Klemmenspannung bei $f = {}$ $= 50$ Hz (2 Lösungen!).

588. Bild 115 stellt die Ersatzschaltung eines Kondensators von 15 μF mit einem Vorschaltwiderstand von $R_2 = 2\,\Omega$ dar. Welchen Wert haben der Verlustwiderstand R_1 und der Verlustwinkel des Kondensators, wenn der Gesamtverlustwinkel $\delta = 1°$ ist?

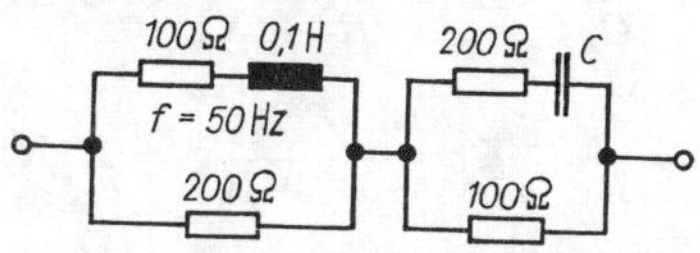

Bild 116. Aufgabe 589

589. (Bild 116) a) Welchen Wert muß die Kapazität C haben, damit der Gesamtphasenwinkel der Schaltung gleich Null wird? b) Welcher Gesamtwiderstand ergibt sich dann?

590. (Bild 117) a) Welchen Wert muß die Induktivität L haben, damit der Gesamtphasenwinkel der Schaltung gleich Null wird? b) Welcher Gesamtwiderstand ergibt sich dann?

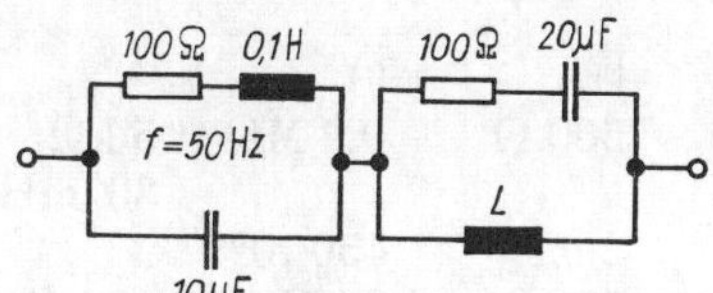

Bild 117. Aufgabe 590

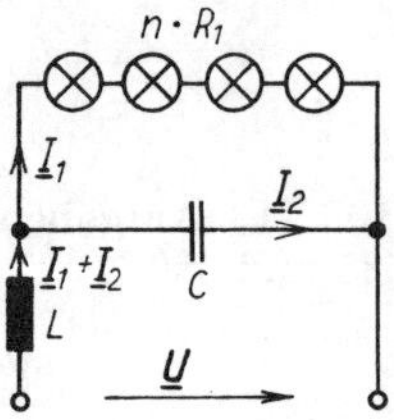

Bild 118. Aufgabe 591

591. (Bild 118) Boucherot-Schaltung. Der durch n Glühlampen R_1 fließende Strom $\underline{I}_1$ soll konstant bleiben, unabhängig davon, wieviel Lampen eingeschaltet sind. Dies wird erreicht, wenn $\omega^2 LC = 1$ ist. Führe den Beweis! Anleitung: Man bezeichnet den Widerstand nR_1 als x und wende die Maschenregel auf den von C und x sowie auf den von L und x gebildeten Stromkreis an.

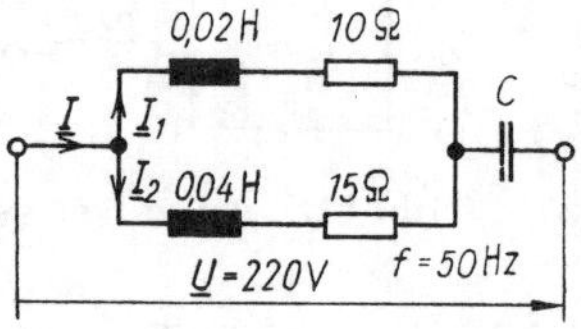

Bild 119. Aufgabe 592

592. (Bild 119) Welchen Wert muß die Kapazität C in der Schaltung haben, damit der Strom $\underline{I}$ mit der Spannung $\underline{U}$ in Phase liegt, und welche Ströme $\underline{I}_1$, $\underline{I}_2$ und $\underline{I}$ ergeben sich? Zeichne das vollständige Zeigerdiagramm.

10. Umwandlungen

10.1. Umwandlung einer Reihenschaltung in eine äquivalente Parallelschaltung und umgekehrt

Formeln:

$$R_2 = \frac{R_1^2 + X_1^2}{R_1} = \frac{1}{G_1}; \quad R_1 = \frac{R_2 X_2^2}{R_2^2 + X_2^2} = G_2 X_2^2$$

$$X_2 = \frac{R_1^2 + X_1^2}{X_1} = \frac{1}{B_1}; \quad X_1 = \frac{R_2^2 X_2}{R_2^2 + X_2^2} = B_2 R_2^2$$

Größe	Zeichen
Widerstände der Reihenschaltung	R_1, X_1
Widerstände der Parallelschaltung	R_2, X_2

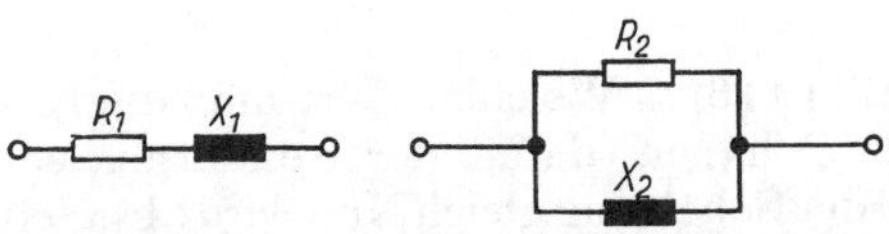

Bild 120. Reihenschaltung und äquivalente Parallelschaltung

Hinweis: Einander äquivalente Schaltungen haben den gleichen komplexen Widerstand, d. h., ihre Widerstände stimmen auch nach Betrag und Phase überein.

593. Wandle folgende Reihenschaltungen in je eine äquivalente Parallelschaltung um, und berechne die entsprechenden Werte für R_2 und L_2 bzw. C_2:

	a)	b)	c)	d)
$R_1 =$	2 kΩ	500 Ω	0,2 MΩ	5 kΩ
$L_1 =$	500 mH			30 mH
$C_1 =$		2 μF	450 pF	
$f =$	800 Hz	50 Hz	2 kHz	10 kHz

594. Wandle folgende Parallelschaltungen in je eine äquivalente Reihenschaltung um, und berechne die entsprechenden Werte für R_1 und L_1 bzw. C_1:

	a)	b)	c)	d)
$R_2 =$	0,5 kΩ	45 Ω	2 MΩ	5 MΩ
$L_2 =$	200 mH	2,5 mH		
$C_2 =$			600 pF	40 pF
$f =$	50 Hz	1000 Hz	3 kHz	200 kHz

595. Entwickle eine möglichst einfache Formel, mit der man die Kapazität C_2 eines Kondensators in Parallelersatzschaltung unmittelbar berechnen kann, wenn die Werte der Reihenersatzschaltung ω, R_1 und C_1 gegeben sind.

596. Desgleichen für den Parallelersatzwiderstand R_2, wenn ω, R_1 und C_1 gegeben sind.

597. Desgleichen für die Reihenersatzwerte R_1 und C_1 bei gegebenen Werten ω, R_2 und C_2.

598. (Bild 121) Durch Hinzufügen eines induktiven Blindwiderstandes x soll der Gesamtwiderstand der Schaltung auf 6,92 Ω (reell) gebracht werden. Welchen Wert muß x haben?

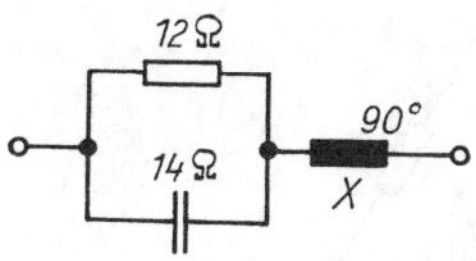

Bild 121. Aufgabe 598

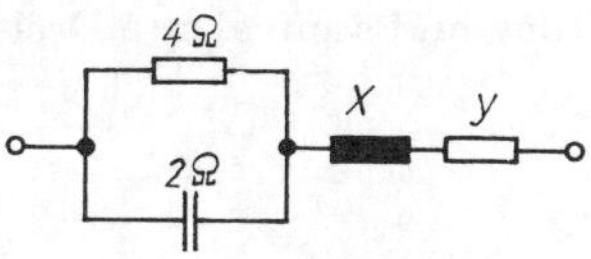

Bild 122. Aufgabe 599

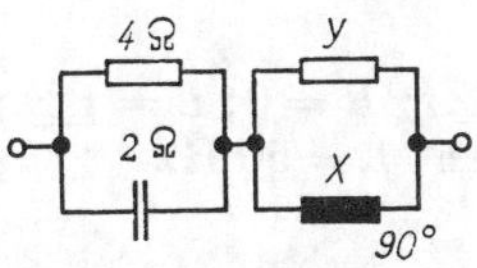

Bild 123. Aufgabe 600

599. (Bild 122) Durch Hinzufügen von x und y soll der Gesamtwiderstand 4 Ω (reell) werden. Berechne x und y!

600. (Bild 123) Durch Hinzufügen der beiden Glieder x und y soll erreicht werden, daß der Gesamtwiderstand gleich 4 Ω (reell) wird. Berechne x und y!

601. (Bild 124) Es sollen die Zusatzglieder x und y so bestimmt werden, daß der Gesamtwiderstand gleich 4 Ω (reell) wird.

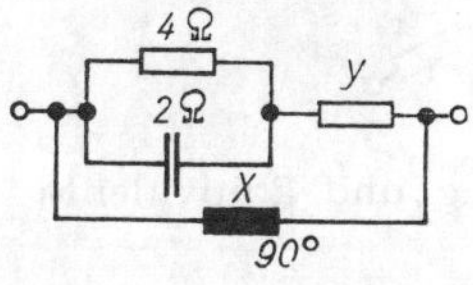

Bild 124. Aufgabe 601

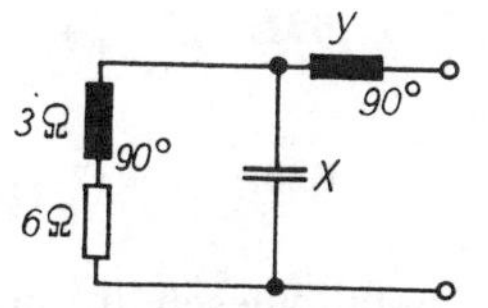

Bild 125. Aufgabe 602

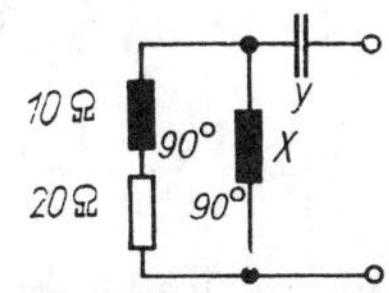

Bild 126. Aufgabe 603

602. Die auf Bild 125 angegebene Reihenschaltung soll durch Zuschalten von x und y so ergänzt werden, daß der Gesamtwiderstand gleich 6 Ω (reell) wird. Berechne x und y.

603. (Bild 126) Bestimme die beiden Widerstände x und y so, daß der Gesamtwiderstand gleich 12,5 Ω (reell) wird.

604. (Bild 127) Bestimme die beiden Widerstände x und y so, daß der Gesamtwiderstand gleich 10 Ω (reell) wird.

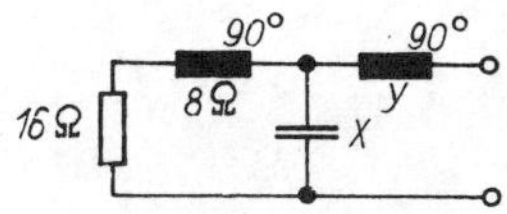

Bild 127. Aufgabe 604

Welche Schaltungen werden durch folgende komplexe Ausdrücke wiedergegeben? Berechne R und L bzw. C für a) eine Reihenschaltung und b) die entsprechende Parallelschaltung sowie die Phasenverschiebung der Spannung gegenüber dem Strom ($f = 50$ kHz).

605. $\underline{Z} = \frac{2}{1 - \mathrm{j}}\ \Omega$ **606.** $\underline{Z} = (3 + \mathrm{j}5)\ \Omega$

607. $\underline{Z} = \left(6 - \frac{3}{\mathrm{j}}\right)\Omega$ **608.** $\underline{Z} = \frac{5 + \mathrm{j}4}{\mathrm{j}}\ \Omega$

609. $\underline{Z} = \frac{8}{1 - \mathrm{j}3}\ \Omega$ **610.** $\underline{Z} = \frac{\mathrm{j}7}{2 + \mathrm{j}3}\ \Omega$

611. $\underline{Z} = \frac{3 - \mathrm{j}2}{\mathrm{j} + 2}\ \Omega$ **612.** $\underline{Z} = \frac{10}{2 + \mathrm{j}5}\ \Omega$

613. $\underline{Z} = \frac{\mathrm{j} - 1}{\mathrm{j} + 1}\ \Omega$ **614.** $\underline{Z} = \frac{0{,}6 - \mathrm{j}1{,}5}{4 + \mathrm{j}1{,}2}\ \Omega$

615. $\underline{Y} = \left(8 + \frac{4}{\mathrm{j}}\right)\mathrm{S}$ **616.** $\underline{Y} = \frac{7 - \mathrm{j}11}{4 - \mathrm{j}3}\ \mathrm{S}$

617. $\underline{Y} = \left(\frac{\mathrm{j}}{3 - \mathrm{j}} + 4\right)\mathrm{S}$

618. $\underline{Y} = \left(\frac{5}{4 + \mathrm{j}3} + \mathrm{j}2\right)\mathrm{S}$

619. $\underline{Y} = \left(3 - \frac{j}{9-j}\right)$ S 621. $\underline{Z} = \left(4 - \frac{1}{\sqrt{-64}}\right)\,\Omega$ 623. $\underline{Y} = \frac{a}{b - jc}$ S

620. $\underline{Y} = \left(\frac{1}{j} - \frac{1}{j-1}\right)$ S 622. $\underline{Z} = (7 - j3)^2\,\Omega$ 624. $\underline{Y} = \left(\frac{4-j2}{2-j3}\right)^2$ S

Welche in Reihe bzw. parallelgeschalteten Widerstände geben folgende komplexe Ausdrücke wieder? ($f = 100$ Hz)

625. $\underline{Z} = 8{,}5\,e^{j30°}\,\Omega$ 626. $\underline{Z} = 27\,e^{j63°}\,\Omega$

627. $\underline{Z} = 11{,}1\,e^{j89{,}5°}\,\Omega$

628. $\underline{Z} = 30{,}5\,e^{j1{,}1°}\,\Omega$

629. $\underline{Z} = 490\,e^{-j88{,}8°}\,\Omega$

630. $\underline{Z} = 758\,e^{-j87{,}3°}\,\Omega$

631. $\underline{Z} = 5{,}3\,e^{-j80{,}4°}$ kΩ

632. $\underline{Y} = 0{,}08\,e^{j12°}$ S 633. $\underline{Y} = 9{,}5\,e^{-j88°}$ S

634. $\underline{Y} = 1{,}4\,e^{-j65°}$ S

10.2. Umwandlung einer Sternschaltung in eine äquivalente Dreieckschaltung

Formeln:

$$\underline{Z}_a = \underline{Z}_2 + \underline{Z}_3 + \frac{\underline{Z}_2\underline{Z}_3}{\underline{Z}_1}$$

$$\underline{Z}_b = \underline{Z}_1 + \underline{Z}_3 + \frac{\underline{Z}_1\underline{Z}_3}{\underline{Z}_2}$$

$$\underline{Z}_c = \underline{Z}_1 + \underline{Z}_2 + \frac{\underline{Z}_1\underline{Z}_2}{\underline{Z}_3}$$

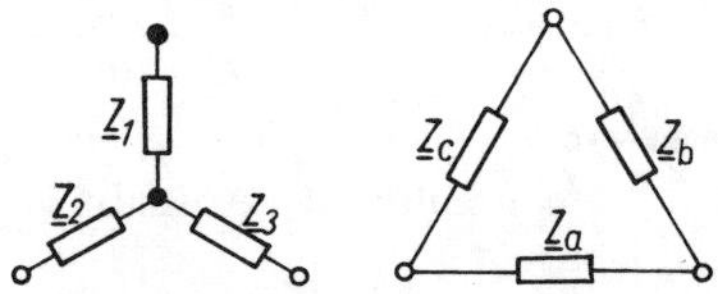

Bild 128. Sternschaltung und äquivalente Dreieckschaltung

Wandle folgende Sternschaltungen in die Dreieckschaltung um, wenn die Widerstände wie folgt gegeben sind:

635. $\underline{Z}_1 = (1 - j6)\,\Omega$; $\underline{Z}_2 = (3 + j2)\,\Omega$; $\underline{Z}_3 = (2 - j)\,\Omega$

636. $\underline{Z}_1 = 6\,\Omega$; $\underline{Z}_2 = 6\,\Omega$; $\underline{Z}_3 = j6\,\Omega$

637. $\underline{Z}_1 = j3\,\Omega$; $\underline{Z}_2 = -j5\,\Omega$; $\underline{Z}_3 = 4\,\Omega$

638. $\underline{Z}_1 = (1 - j)\,\Omega$; $\underline{Z}_2 = (1 + j)\,\Omega$; $\underline{Z}_3 = 1\,\Omega$

639. $\underline{Z}_1 = 3\,\Omega$; $\underline{Z}_2 = -j3\,\Omega$; $\underline{Z}_3 = j3\,\Omega$

640. $\underline{Z}_1 = (2 + j)\,\Omega$; $\underline{Z}_2 = (3 - j)\,\Omega$; $\underline{Z}_3 = (1 + j4)\,\Omega$

641. $\underline{Z}_1 : R = 300\,\Omega$; $\underline{Z}_2 : R = 0$; $L = 1$ H; $\underline{Z}_3 : R = 0$; $C = 3\,\mu$F; $f = 50$ Hz

642. $\underline{Z}_1 : R = 50\,\Omega$; $\underline{Z}_2 : R = 0$; $L = 0{,}01$ H; $\underline{Z}_3 : R = 0$; $C = 1{,}5\,\mu$F; $f = 1000$ Hz

643. $\underline{Z}_1 = j350\,\Omega$; $\underline{Z}_2 = -j120\,\Omega$; $\underline{Z}_3 = j250\,\Omega$

644. $\underline{Z}_1 = 10\,\Omega$; $\underline{Z}_2 = (10 + j5)\,\Omega$; $\underline{Z}_3 = (5 - j10)\,\Omega$

10.3. Umwandlung einer Dreieckschaltung in eine äquivalente Sternschaltung

Formeln:

$$\underline{Z}_a = \frac{\underline{Z}_2\underline{Z}_3}{\underline{Z}_1 + \underline{Z}_2 + \underline{Z}_3}$$

$$\underline{Z}_b = \frac{\underline{Z}_1\underline{Z}_3}{\underline{Z}_1 + \underline{Z}_2 + \underline{Z}_3}$$

$$\underline{Z}_c = \frac{\underline{Z}_1\underline{Z}_2}{\underline{Z}_1 + \underline{Z}_2 + \underline{Z}_3}$$

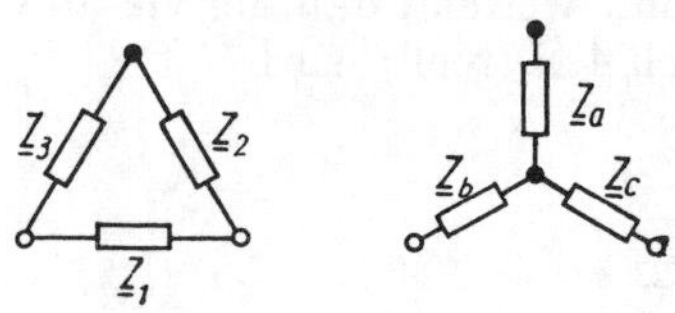

Bild 129. Dreieckschaltung und äquivalente Sternschaltung

Wandle folgende Dreieckschaltungen in die entsprechende Sternschaltung um:

645. $\underline{Z}_1 = (1 - \mathrm{j}5)\,\Omega$ $\quad \underline{Z}_2 = (2 + \mathrm{j})\,\Omega$
$\underline{Z}_3 = (2 - \mathrm{j}5)\,\Omega$

646. $\underline{Z}_1 = (2 + \mathrm{j}3)\,\Omega$ $\quad \underline{Z}_2 = (3 + \mathrm{j}2)\,\Omega$
$\underline{Z}_3 = (2 - \mathrm{j})\,\Omega$

647. $\underline{Z}_1 = (1 + \mathrm{j}13)\,\Omega$ $\quad \underline{Z}_2 = (2 + \mathrm{j})\,\Omega$
$\underline{Z}_3 = (2 - \mathrm{j}5)\,\Omega$

648. $\underline{Z}_1 = (2 + \mathrm{j}4)\,\Omega$ $\quad \underline{Z}_2 = (3 + \mathrm{j}5)\,\Omega$
$\underline{Z}_3 = (1 - \mathrm{j}2)\,\Omega$

649. $\underline{Z}_1 = (2 + \mathrm{j}6)\,\Omega$ $\quad \underline{Z}_2 = (2 + \mathrm{j}2)\,\Omega$
$\underline{Z}_3 = (2 - \mathrm{j})\,\Omega$

Wandle in die Sternschaltung um und gib die entsprechenden Werte der Induktivitäten bzw. Kapazitäten an:

650. $\underline{Z}_1 : R = 25\,\Omega$ $\quad L = 0{,}5$ H
$\underline{Z}_2 : R = 32\,\Omega;$ $\quad L = 0{,}1$ H
$\underline{Z}_3 : R = 1500\,\Omega;$ $\quad C = 1\,\mu$F
($f = 50$ Hz)

651. $\underline{Z}_1 : L = 3{,}5$ H $\quad \underline{Z}_2 : C = 2\,\mu$F
$\underline{Z}_3 : C = 4{,}2\,\mu$F $\quad$ ($f = 50$ Hz)

652. $\underline{Z}_1 : R = 18\,\Omega$ $\quad \underline{Z}_2 : L = 0{,}15$ H
$\underline{Z}_3 : C = 2\,\mu$F $\quad$ ($f = 500$ Hz)

653. $\underline{Z}_1 : R = 5\,\mathrm{k}\Omega$ $\quad \underline{Z}_2 : R = 6\,\mathrm{k}\Omega$
$\underline{Z}_3 : C = 0{,}05\,\mu$F $\quad$ ($f = 1000$ Hz)

654. $\underline{Z}_1 : R = 2\,\mathrm{k}\Omega$ $\quad \underline{Z}_2 : C = 0{,}1\,\mu$F
$\underline{Z}_3 : C = 0{,}2\,\mu$F $\quad$ ($f = 1000$ Hz)

655. Wandle die auf Bild 130 angegebene ∏-Schaltung in eine gleichwertige T-Schaltung um, wenn $f = 795{,}8$ Hz ist.

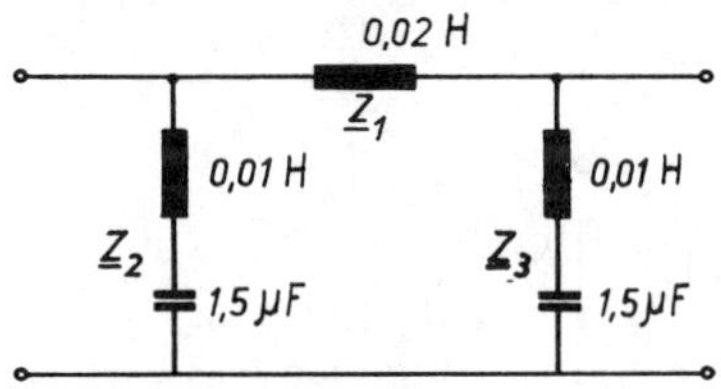

Bild 130. Aufgabe 655

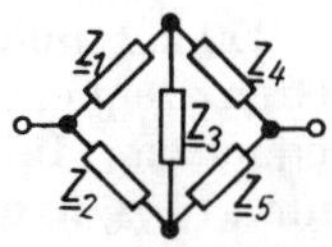

Bild 131. Aufgabe 656

656. Berechne den Gesamtwiderstand der auf Bild 131 angegebenen Brückenschaltung.

	$\underline{Z}_1$ in Ω	$\underline{Z}_2$ in Ω	$\underline{Z}_3$ in Ω	$\underline{Z}_4$ in Ω	$\underline{Z}_5$ in Ω
a)	3	− j	j2	(3 − j)	(1 + j)
b)	2	j	j3	j2	− j
c)	1	2	j	− j	j
d)	4	3	j	3	3

11. Die Übertragungsfunktion

Übertragungsfunktion $\dfrac{\underline{U}_a}{\underline{U}_e}$ oder auch $\dfrac{\underline{U}_1}{\underline{U}_2}$

Spannungsverhältnis $\dfrac{U_a}{U_e}$

Siebfaktor $S = \dfrac{U_a}{U_e}$

Größe	Zeichen
Ausgangsspannung	$\underline{U}_a$; $\underline{U}_1$
Eingangsspannung	$\underline{U}_e$; $\underline{U}_2$

Hinweis: Bei einem Vierpol (z. B. Bild 132) bezeichnet man das komplexe Verhältnis $\dfrac{\underline{U}_2}{\underline{U}_1}$ als *Übertragungsfunktion*, wobei $\underline{U}_1$ die Eingangsspannung und $\underline{U}_2$ die Ausgangsspannung im Leerlauf sind. Zur Berechnung betrachte man die Schaltung als *Spannungsteiler*, an der die Gesamtspannung $\underline{U}_1$ liegt und die Teilspannung $\underline{U}_2$ abgegriffen wird. Bei mehrstufiger Spannungsteilung ist das gesamte Widerstandsverhältnis gleich dem Produkt der Widerstandsverhältnisse der einzelnen Stufen.

Hinweis für die Aufgaben 657 bis 659: Als Grenzfrequenz f_g der Schaltung gilt diejenige, für welche $\dfrac{U_a}{U_e} = 0{,}707$ beträgt. U_a ist dann um etwa 30 % niedriger als U_e und $f_g = \dfrac{1}{2\,\pi\,RC}$.

657. Kopplungsglied (Bild 132). a) Wie lautet die Übertragungsfunktion? b) Um wieviel

Prozent liegt U_2 unter U_1? c) Wie groß ist die Grenzfrequenz?

658. Welchen Wert muß der Widerstand R in Aufgabe 657 haben, wenn die Ausgangsspannung bei 50 Hz a) 1 %, b) 1,5 % und c) 2 % kleiner als U_1 sein darf? In welchem Verhältnis stehen jeweils R und $\frac{1}{\omega C}$ zueinander?

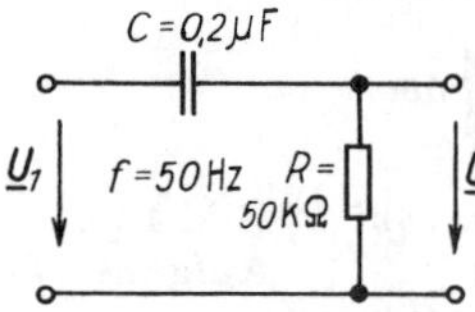

Bild 132. Aufgaben 657 bis 659

659. In Aufgabe 657 sei $R = 250\ \text{k}\Omega$ und $C = 0{,}02\ \mu\text{F}$. Berechne die Grenzfrequenz und bestimme diejenigen Frequenzen, für welche die Ausgangsspannung um a) 1 % und b) 3 % unterhalb von U_1 liegt.

660. Eine Fernleitung von 100 km Länge besitzt die Widerstandswerte $2\,R = 16\ \Omega$, $2\omega L = 24\ \Omega$ und $2 \cdot \frac{1}{\omega C} = 4000\ \Omega$. Die in der Nachbildung angenommene Verteilung der Widerstände ist aus Bild 133 zu entnehmen. Berechne das Spannungsverhältnis $\frac{U_a}{U_e}$ für den Fall des Leerlaufs. Anleitung: Anwendung der Spannungsteilerregel.

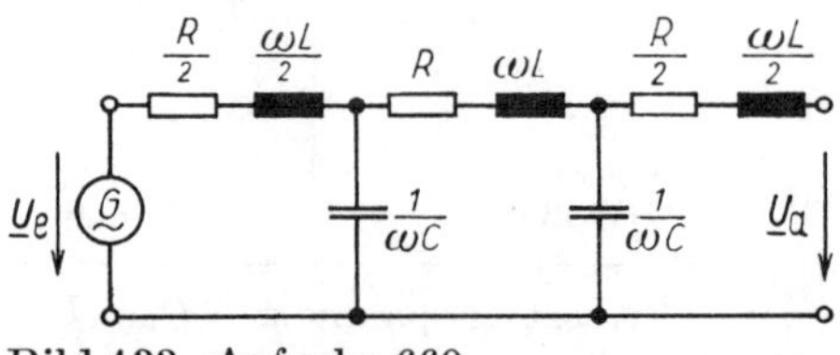

Bild 133. Aufgabe 660

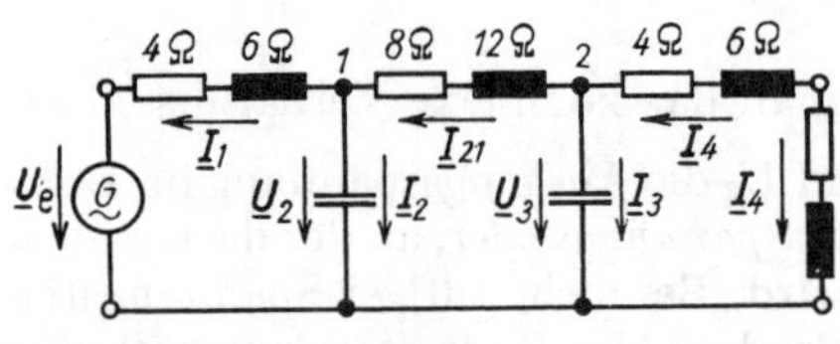

Bild 134. Aufgabe 661

661. (Bild 134) Die in der letzten Aufgabe genannte Leitung werde am Ausgang mit einem Widerstand von $R = 300\ \Omega$ in Reihe mit $\omega L = 200\ \Omega$ belastet. Um wieviel Prozent weicht in diesem Falle die Spannung am Ausgang von der Eingangsspannung ab? Anleitung: Man nehme die Spannung am Belastungswiderstand $\underline{U}_a$ als gegeben an, stelle nach dem Knotenpunkt- und Maschensatz die Gleichungen für die übrigen Spannungen und Ströme auf und drücke zuletzt $\underline{U}_e$ allein durch $\underline{U}_a$ aus.

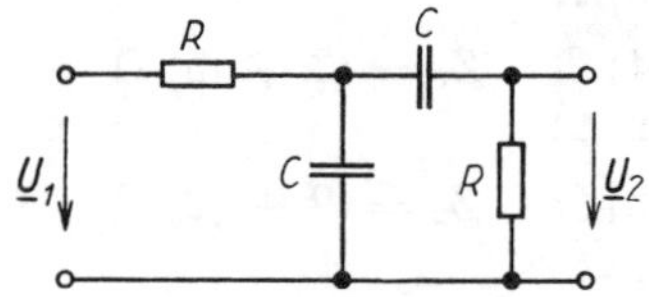

Bild 135. Aufgabe 662

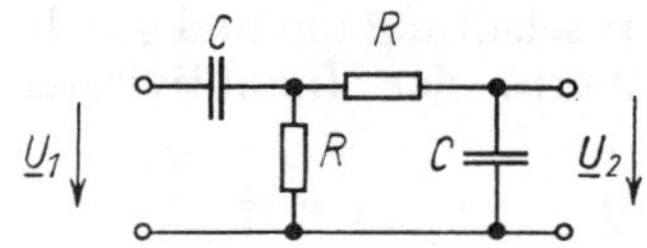

Bild 136. Aufgabe 663

662. (Bild 135) Berechne die Übertragungsfunktion des RC-Filters, wobei $R_1 = R_2 = R$ und $C_1 = C_2 = C$ ist. Ermittle diejenige Frequenz, für welche $\frac{U_2}{U_1}$ einen Höchstwert annimmt, sowie den Wert dieses maximalen Spannungsverhältnisses. Anleitung: zweimalige Anwendung der Spannungsteilerregel.

663. Untersuche in entsprechender Weise die in Bild 136 angegebene Schaltung.

664. Berechne die Übertragungsfunktion für die in Bild 137 angegebene Schaltung.

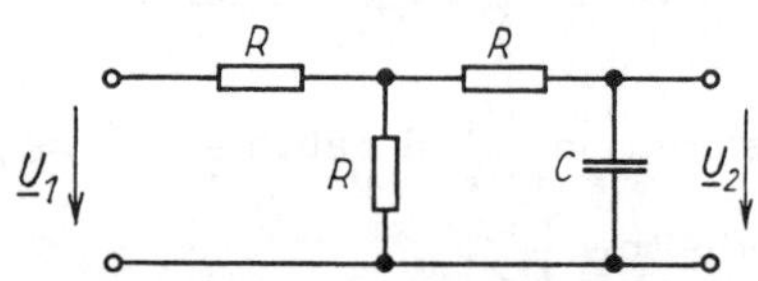

Bild 137. Aufgaben 664 und 665

665. Am Eingang der in Aufgabe 664 gegebenen Schaltung liegt eine Spannung von $\underline{U}_1 = 10\ \text{V}$, ferner sind $R = 1\ \Omega$ und $\frac{1}{\omega C} = 2\ \Omega$. Berechne die Ausgangsspannung und alle Teilströme.

666. In der auf Bild 138 angegebenen Siebschaltung ist $R = 2\ \text{k}\Omega$ und $C = 32\ \mu\text{F}$ ($f = 50\ \text{Hz}$). Wie groß ist der Siebfaktor S, und auf welchen Wert wird eine Brummspannung von $U_1 = 4{,}8\ \text{V}$ herabgesetzt?

667. Am Eingang der auf Bild 138 angegebenen Schaltung liegt eine Wechselspannung von 120 V (50 Hz). Berechne die Ausgangsspannung und alle Teilströme.

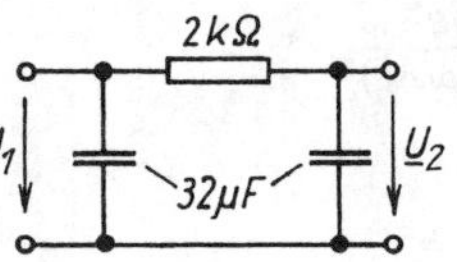

Bild 138.
Aufgaben 666 und 667

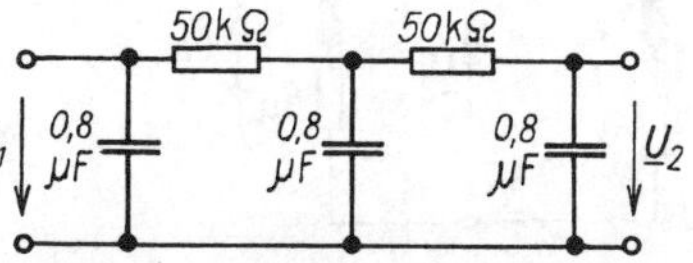

Bild 139. Aufgabe 668

668. Berechne den Siebfaktor für die in Bild 139 angegebene Siebkette ($f = 50$ Hz).

669. Berechne die Übertragungsfunktion der auf Bild 140 angegebenen „Phasenkette 1. Art". Für welchen Wert von ωRC wird die Funktion reell, und welchen Wert hat sie dann?

670. An der auf Bild 140 gegebenen Schaltung liegt eine Eingangsspannung von 120 V, ferner sind $R = 60\ \Omega$ und $\dfrac{1}{\omega C} = 60\ \Omega$. Berechne die Ausgangsspannung und alle Teilströme.

671. Berechne die in Aufgabe 669 verlangten Daten für die auf Bild 141 angegebene „Phasenkette 2. Art".

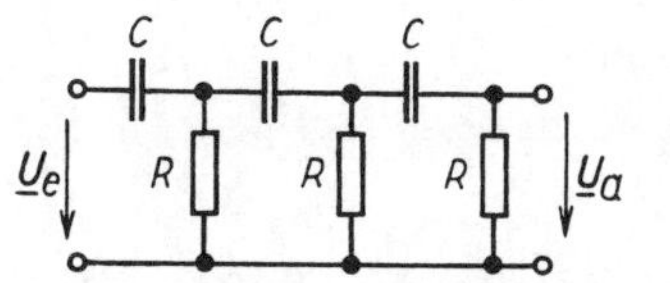

Bild 140.
Aufgaben
669 und 670

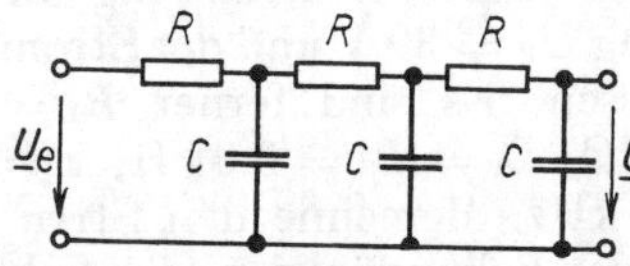

Bild 141.
Aufgabe 671

12. Der Transformator

Formeln:

Grundgleichungen:

1a) $\underline{U}_1 = \underline{I}_1 (R_1 + \mathrm{j}\omega L_1) + \underline{I}_2 \mathrm{j}\omega M$

1b) $-\underline{U}_2 = \underline{I}_2 (R_2 + \mathrm{j}\omega L_2) + \underline{I}_1 \mathrm{j}\omega M$

Sekundärseits wirkende Urspannung (EMK):

2. $\underline{E}_2 = -\underline{I}_1 \mathrm{j}\omega M$

Stromübersetzungsverhältnis:

3. $\dfrac{\underline{I}_1}{\underline{I}_2} = \dfrac{R_2 + \mathrm{j}\omega L_2 + \underline{Z}_a}{-\mathrm{j}\omega M}$; $\left|\dfrac{\underline{I}_2}{\underline{I}_1}\right| = \ddot{u}_i$

Phasenwinkel zwischen Primärspannung und Primärstrom:

4. $\tan \varphi_1 = \dfrac{\omega\,[L_1 - \ddot{u}_i^2 (L_2 + L_a)]}{R_1 + \ddot{u}_i^2 (R_2 + R_a)}$

Größe	Zeichen
Klemmenspannungen und Ströme von Primär- und Sekundärseite	$\underline{U}_1$, $\underline{U}_2$ $\underline{I}_1$, $\underline{I}_2$
Wirkwiderstände und Induktivitäten der Wicklungen	R_1, R_2 L_1, L_2
Belastungswiderstand	$\underline{Z}_a = R_a + \mathrm{j}\omega L_a$
Gegeninduktivität	M
Kopplungsfaktor	k
komplexe Widerstände der Wicklungen	$\underline{Z}_1$, $\underline{Z}_2$
Stromübersätzungsverhältnis	$\ddot{u}_i$
Windungsverhältnis	$\ddot{u}$

Gegeninduktivität:

5. $M = k\sqrt{L_1 L_2}$

Windungsverhältnis:

6. $\ddot{u} = \frac{N_1}{N_2} = \sqrt{\frac{L_1}{L_2}}$

Streufaktor:

7. $\sigma = 1 - k^2$

Eingangswiderstand:

8. $\underline{W}_1 = \frac{\underline{U}_1}{\underline{I}_1}$

Ausgangswiderstand:

9. $\underline{W}_2 = \underline{Z}_a = \frac{\underline{U}_2}{\underline{I}_2}$

672. An der Sekundärseite eines Lufttransformators werden bei ohmscher Belastung die Klemmenspannung $U_2 = 30$ V und der Strom $I_2 = 0{,}3$ A gemessen. Es sind ferner $R_1 = 20\,\Omega$, $R_2 = 40\,\Omega$, $L_1 = L_2 = 0{,}01$ H, $k = 0{,}6$ und $f = 4$ kHz. Berechne den Streufaktor σ, die auf der Sekundärseite wirkende EMK, den Belastungswiderstand R_a, Eingangsspannung $\underline{U}_1$ und Eingangsstrom $\underline{I}_1$. Prüfe die Ergebnisse an Hand eines Zeigerdiagramms nach.

673. Welcher primäre Strom $\underline{I}_0$ fließt im Fall des Leerlaufs, wenn sekundärseits eine EMK von 30 V gemessen wird, und welche Spannung liegt hierbei am Eingang?

674. Die Kopplung eines Variometers wird nacheinander auf a) $k = 0{,}1$, b) 0,5 und c) 1,0 eingestellt. Es sind $R_1 = R_2 = 15\,\Omega$, $L_1 = L_2 = 100\,\mu$H; $\omega = 5 \cdot 10^5\,$1/s, $\underline{U}_1 = 100$ V. Welchen Wert hat die bei Leerlauf in den einzelnen Fällen auftretende sekundäre EMK?

675. Welche Spannung besteht in diesen drei Fällen(Betrag und Phase) an den Sekundärklemmen, wenn das Variometer mit $Z_a = 20\,\Omega$ (reell) belastet wird?

676. Bestimme aus dem Zeigerdiagramm (Bild 143) folgende Größen: R_1, R_2, L_1, L_2, $\underline{I}_1$, k und $\underline{Z}_a$. Es ist $\omega = 30000\,$1/s und $\underline{I}_2 = 0{,}1$ A.

677. Bestimme aus dem Zeigerdiagramm (Bild 144) $\underline{I}_1$, $\underline{I}_2$ und k, wenn $\omega = 40000\,$1/s

10. $\underline{U}_1 = \underline{I}_1\left(\underline{Z}_1 + \frac{(\omega M)^2}{\underline{Z}_2 + \underline{Z}_a}\right)$

11. $\underline{I}_2 = \frac{-\underline{U}_1 \mathrm{j}\omega M}{\underline{Z}_1(\underline{Z}_2 + \underline{Z}_a) + (\omega M)^2}$

12. $\underline{U}_2 = \frac{-\underline{U}_1 \mathrm{j}\omega M \underline{Z}_a}{\underline{Z}_1(\underline{Z}_2 + \underline{Z}_a) + (\omega M)^2}$

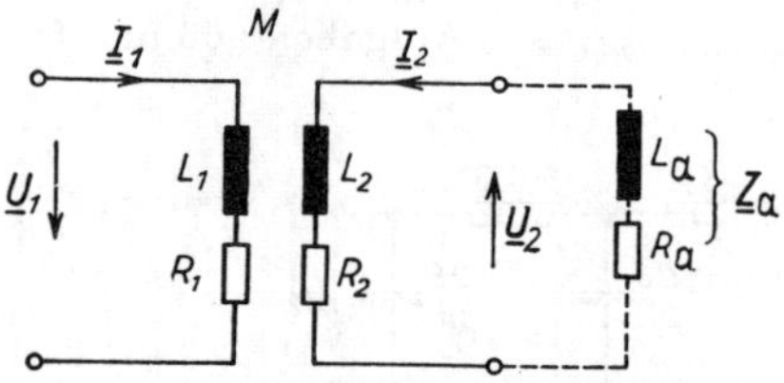

Bild 142. Ersatzschaltung des Transformators

und der Betrag des gesamten Sekundärwiderstandes $\underline{Z}_2 = 268{,}7\,\Omega$ ist.

678. Für einen Lufttransformator sind gegeben $\underline{U}_2 = 40$ V, $\underline{I}_2 = 0{,}2$ A, $R_1 = 5\,\Omega$, $R_2 = 8\,\Omega$, $L_1 = 20$ mH, $M = 15$ mH, $k = 0{,}5$ und $\omega = 20000\,$1/s. Zu berechnen sind $\underline{U}_1$ und $\underline{I}_1$.

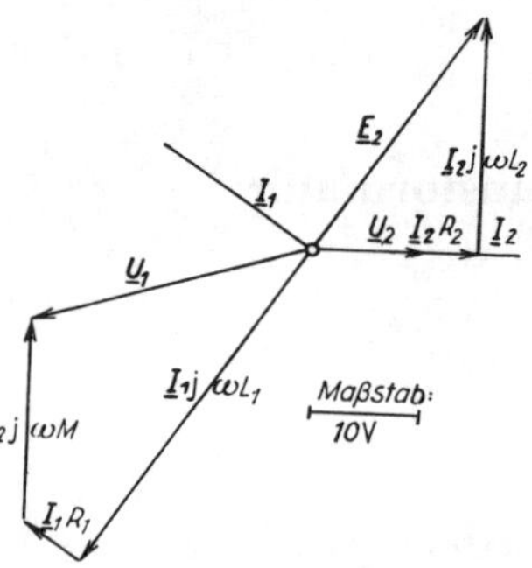

Bild 143. Aufgabe 676

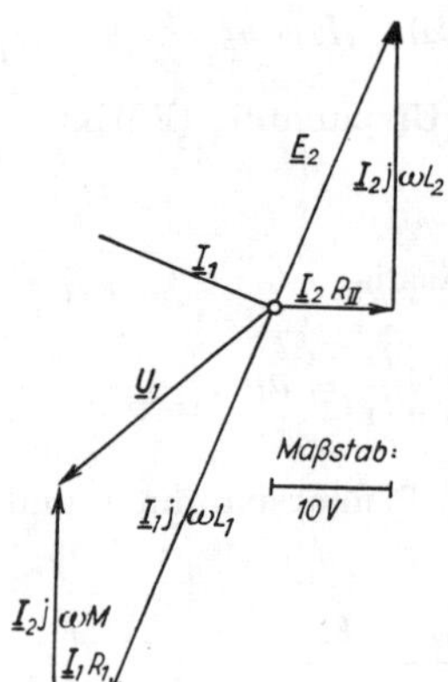

Bild 144. Aufgabe 677

679. Ein Transformator hat primär 800 Windungen mit $R_1 = 40\ \Omega$ und $L_1 = 1{,}5$ H. Die Sekundärwicklung hat $R_2 = 25\ \Omega$ und $L_2 = 0{,}5$ H. Die Eingangsspannung beträgt $\underline{U}_1 = 20$ V, der Kopplungsfaktor $k = 0{,}8$, der Belastungswiderstand $R_a = 50\ \Omega$ (reell) und $\omega = 500\,{}^1/\text{s}$. Berechne die sekundäre Windungszahl N_2, die Gegeninduktivität M, das Spannungs- und Stromverhältnis, den primär und sekundär fließenden Strom. Berechne zur Kontrolle φ_1 nach Formel 4.

680. Im Leerlauf werden an einem streuungslosen Transformator bei $\omega = 500\,{}^1/\text{s}$ $U_1 = 15$ V, $\underline{U}_2 = 75$ V, $I_0 = 0{,}5$ A gemessen sowie die Wirkwiderstände der Wicklungen $R_1 = 12\ \Omega$ und $R_2 = 25\ \Omega$. Welche Werte für die Ströme und die Sekundärspannung ergeben sich, wenn bei gleicher Primärspannung die Sekundärseite mit $\underline{Z}_a = 500\ \Omega$ belastet wird? Berechne zur Kontrolle den primären Phasenwinkel mit Hilfe von $\ddot{u}_1$.

681. Fließt durch die Primärwicklung eines Transformators ein Strom von $I_1 = 4$ A, so eilt dieser gegenüber der Spannung $\underline{U}_1$ um 75° nach und ruft einen Sekundärstrom von $I_2 = 2$ A hervor. Es sind $R_1 = R_2 = 10\ \Omega$, $\underline{Z}_a = 10\ \Omega$, $L_1 = 0{,}2$ H und $f = 50$ Hz. Berechne k, M, $\underline{U}_1$ und $\underline{U}_2$.

682. Bei festgehaltener Primärspannung wird der Ausgangswirkwiderstand eines streuungslosen Transformators von $R_a = \infty$ (Leerlauf) bis $R_a = 0$ (Kurzschluß) schrittweise verringert. Welchen Wert hat der Primärstrom für $R_a = \infty$, $R_a = 10\ \Omega$, $R_a = 1\ \Omega$ und $R_a = 0$? Es seien gegeben $\underline{U}_1 = 1$ V, $R_1 = R_2 = 1\ \Omega$, $\omega L_1 = \omega L_2 = 1\ \Omega$, so daß auch $\omega M = 1\ \Omega$ ist.
Für welchen Wert von R_a ist der primäre Strom am kleinsten?

13. Inversion

13.1. Inversion komplexer Zahlen

Als Inversion bezeichnet man die Überführung einer komplexen Größe $\underline{Z}$ in die reziproke Größe $\underline{Y} = \frac{1}{\underline{Z}}$. In der komplexen Zahlenebene besteht die Inversion in einer Spiegelung an der reellen Achse und nochmaliger Spiegelung am Einheitskreis (Inversionskreis) Beide Spiegelungen sind vertauschbar.
Rein rechnersich kann das Ergebnis auch mit den bekannten Regeln für die Division komplexer Zahlen gefunden werden (s. Abschn. 8.4.).

Formeln:

$$\underline{Z} = \frac{1}{\underline{Y}}$$

$$Z = \frac{1}{Y} \text{ (Beträge)}$$

$$\underline{Z} = Z\,\mathrm{e}^{\mathrm{j}\varphi}$$

$$\overline{OP} \cdot \overline{OP'} = r^2 \quad \text{(Bild 145)}$$

$$\underline{Y} = \frac{1}{Z}\,\mathrm{e}^{-\mathrm{j}\varphi}\,; \quad Y = \frac{l_Y}{r^2}\,; \quad \underline{Y} = \frac{\underline{l}_Y}{r^2}$$

Größe	Bezeichnung	Einheit
Komplexe Zahl bzw. ihr Betrag	$\underline{Z}$, Z	
zur Zahl $\underline{Z}$ inverse komplexe Zahl bzw. ihr Betrag	$\underline{Y}$, Y	
konjugiert komplexe Zahl	$\underline{Z}^*$, $\underline{Y}^*$	
Radius des Inversionskreises	r	cm
in der Zeichnung erscheinende Länge des invertierten Zeigers	l_Y	cm
in der Zeichnung erscheinenden komplexe Zahl	$\underline{l}_Y$	cm

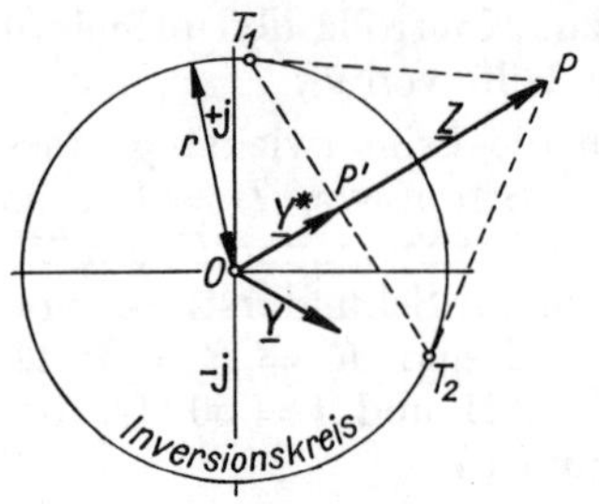

Bild 145.

Anleitung zur geometrischen Konstruktion der inversen Größe (Bild 145)

a) *Inversion am Einheitskreis.* Man zeichne den Inversionskreis mit dem Radius $r = 1$ und lege vom Endpunkt des zu spiegelnden Zeigers $\underline{Z}$ aus die Tangenten an den Kreis. Die Verbindungslinie der Berührungspunkte T_1 und T_2 schneidet die Strecke $\overline{OP} = |\underline{Z}| = Z$ im Punkt P'. $\overline{OP'} = Y$ ist der Betrag des am Kreis gespiegelten Zeigers $\underline{Y}^*$. Es gilt unmittelbar $\overline{OP} \cdot \overline{OP'} = 1$, d. h. $ZY = 1$, so daß $Y = \frac{1}{Z}$ ist. Durch nochmalige Spiegelung von $\overline{OP'}$ an der reellen Achse entsteht die zu $\underline{Z}$ inverse Größe $\underline{Y} = \frac{1}{\underline{Z}}$.

Liegt der zu invertierende Zeiger $\underline{Z}$ innerhalb des Inversionskreises, so errichtet man in seinem Endpunkt P' die Senkrechten nach beiden Seiten, wodurch man die Punkte T_1 und T_2 erhält. Die Tangenten stehen senkrecht auf den Radien OT_1 und OT_2. Ihr Schnittpunkt mit der Verlängerung von $\overline{OP'}$ liefert den Endpunkt P des gespiegelten Zeigers.

b) *Inversion am Kreis von beliebigem Radius r.* Damit die invertierte Größe in der Zeichnung gut abgelesen werden kann, wird anstelle des Einheitskreises ein Inversionskreis von passendem Radius r verwendet. Den Radius r wählt man zweckmäßig so, daß sein Betrag von gleicher Größenordnung wie die Zeigerlänge Z bzw. Y wird. Mit der Wahl von r ist auch das Maßstabsverhältnis zwischen Z und Y festgelegt. Es gilt dann $\overline{OP} \cdot \overline{OP'} = r^2$. Mit der aus der Zeichnung abgelesenen Länge $OP' = l_Y$ ist dann $Y = \frac{l_Y}{r^2}$. In entsprechender Weise sind auch die in der Zeichnung erscheinenden Komponenten der komplexen Zahl $\underline{Y}$ umzurechnen.

683. Folgende Zeiger sind auf graphischem Weg am Einheitskreis zu invertieren. Wie lautet die komplexe Normalform des inversen Zeigers? Die Richtigkeit der Beträge ist durch Rechnung nachzuprüfen.

a) $\underline{Z} = 1{,}5 + j1{,}0$ b) $\underline{Z} = 0{,}25 - j1{,}5$
c) $\underline{Z} = -0{,}3 - j0{,}8$ d) $\underline{Z} = 1{,}25\ e^{j165°}$
e) $\underline{Z} = 0{,}75\ e^{-j135°}$ f) $\underline{Z} = -3 - j0{,}5$

684. Folgende Zeiger $\underline{Z}$ sind auf graphischem Weg an einem Kreis vom Radius r zu invertieren. Zu ermitteln sind Betrag und Normalform des inversen Zeigers.

a) $\underline{Z} = 2 + j2$; $r = 4$;
Maßstab der Zeichnung 1 cm ≙ 1 Einheit
b) $\underline{Z} = 3 + j1{,}5$; $r = 4$;
Maßstab der Zeichnung 1 cm ≙ 1 Einheit
c) $\underline{Z} = 1 + j5$; $r = 6$;
Maßstab der Zeichnung 1 cm ≙ 1 Einheit
d) $\underline{Z} = 3 - j4$; $r = 6$;
Maßstab der Zeichnung 1 cm ≙ 1 Einheit

685. Die folgenden Zeiger sind auf graphischem Weg an einem Kreis vom Radius r zu invertieren. Welche Beträge haben die invertierten Zeiger? Wie lautet die Normalform der inversen Zeiger? Nachprüfung durch Rechnung.

a) $\underline{Z} = 50 + j60$; $r = 40$;
Maßstab der Zeichnung
1 cm ≙ 10 Einheiten
b) $\underline{Z} = -15 + j30$; $r = 40$;
Maßstab der Zeichnung
1 cm ≙ 10 Einheiten
c) $\underline{Z} = 2500 - j4500$; $r = 3000$;
Maßstab der Zeichnung
1 cm ≙ 1000 Einheiten
d) $\underline{Z} = -1000 - j1500$; $r = 3000$;
Maßstab der Zeichnung
1 cm ≙ 1000 Einheiten

686. Welchen Betrag Z hat ein Zeiger, wenn der am Kreis vom Radius $r = 20$ gespiegelte Zeiger in der Zeichnung die Länge

$l_Y =$ a) $\frac{Z}{2}$, b) $\frac{Z}{3}$ und c) $\frac{Z}{4}$ hat?

687. Welchen Radius r hat der Inversionskreis, wenn der Zeiger $\underline{Z}$ gegeben ist und der gespiegelte Zeiger in der Zeichnung mit der

Größe l_Y erscheint, und welches ist der jeweils wirkliche Betrag des invertierten Zeigers $\underline{Y}$?

a) $\underline{Z} = 5 - j3$; $l_Y = 15 - j9$
b) $\underline{Z} = 0{,}5 + j1{,}5$; $l_Y = 4 + j12$
c) $\underline{Z} = 1{,}1 - j1{,}3$; $l_Y = 11 - j13$
d) $\underline{Z} = 3{,}5 + j18$; $l_Y = 49 + j252$

688. Folgende Zeiger sind auf graphischem Weg zu invertieren, wobei der Radius des Inversionskreises r gleich dem Realteil von $\underline{Z}$ zu wählen ist. Zu ermitteln ist $\underline{Y} = \frac{1}{\underline{Z}}$ in der Normalform.

a) $\underline{Z} = 26 - j35$;
Maßstab der Zeichnung
1 cm $\triangleq$ 10 Einheiten
b) $\underline{Z} = 65 + j50$;
Maßstab der Zeichnung
1 cm $\triangleq$ 10 Einheiten
c) $\underline{Z} = 450 - j300$;
Maßstab der Zeichnung
1 cm $\triangleq$ 100 Einheiten
d) $\underline{Z} = 2600 + j3000$;
Maßstab der Zeichnung
1 cm $\triangleq$ 1000 Einheiten

689. Gegeben sind die beiden Zeiger $\underline{A}$ und $\underline{B}$. Es ist auf graphischem Weg die Normalform des Zeigers $\underline{C} = \frac{1}{\underline{A} + \underline{B}}$ zu ermitteln.

a) $\underline{A} = 2 + j2$; $\underline{B} = 2 - j$; $r = 3$
b) $\underline{A} = 1 + j3$; $\underline{B} = 4 - j4$; $r = 3$
c) $\underline{A} = 5 + j3$; $\underline{B} = -(2 + j5)$; $r = 3$
d) $\underline{A} = 3 - j3$; $\underline{B} = 2 + j5$; $r = 6$

690. Gegeben sind die beiden Zeiger $\underline{A}$ und $\underline{B}$. Es ist auf graphischem Weg die Normalform des Zeigers $\underline{C} = \frac{1}{\underline{A}} + \underline{B}$ zu ermitteln.

a) $\underline{A} = 4 + j$; $\underline{B} = 0{,}1 + j0{,}2$; $r = 5$
b) $\underline{A} = 0{,}2 - j0{,}3$; $\underline{B} = -1 - j2$; $r = 1$
c) $\underline{A} = 3 - j4$; $\underline{B} = 0{,}28 + j0{,}24$; $r = 5$
d) $\underline{A} = 1 - j2{,}5$; $\underline{B} = 0{,}5 + j0{,}6$; $r = 2$

691. Gegeben sind die beiden Zeiger $\underline{A}$ und $\underline{B}$. Es ist auf graphischem Weg die Normalform des Zeigers $\underline{C} = \frac{1}{\frac{1}{\underline{A}} + \frac{1}{\underline{B}}}$ zu ermitteln.

a) $\underline{A} = 5 + j4$; $\underline{B} = 3 - j6$; $r = 5$
b) $\underline{A} = -j5$; $\underline{B} = 3$; $r = 5$
c) $\underline{A} = 6 - j14$; $\underline{B} = -10$; $r = 10$
d) $\underline{A} = 6 - j8$; $\underline{B} = 8 + j6$; $r = 10$

692. Gegeben sind die beiden Zeiger $\underline{A}$ und $\underline{B}$. Es ist auf graphischem Weg die Normalform des Zeigers $\underline{C} = \frac{1}{\frac{1}{\underline{A}} + \underline{B}}$ zu ermitteln.

a) $\underline{A} = 50$; $\underline{B} = -j0{,}01$; $r = 50$
b) $\underline{A} = 30 + j50$; $\underline{B} = 0{,}01 + j0{,}02$; $r = 40$
c) $\underline{A} = 20 + j10$; $\underline{B} = 0{,}02 + j0{,}03$; $r = 30$
d) $\underline{A} = 15 - j20$; $\underline{B} = -0{,}01 - j0{,}04$; $r = 30$

13.2. Graphische Behandlung einfacher Schaltungen mittels Inversion

Formeln:

$\underline{Y} = \frac{1}{\underline{Z}}$; $Y = \frac{1}{Z}$

$l_Z = Z\mathrm{M}_Z$

$Y = \frac{l_Y}{\mathrm{M}_Y}$

$r = \sqrt{\mathrm{M}_Z\,\mathrm{M}_Y} = \sqrt{l_Z\,l_Y}$

Maßstab:

1 cm $\triangleq$ $a\,\Omega$

bzw. $\mathrm{M}_Z = \frac{1\,\text{cm}}{a\,\Omega}$

Größe	Bezeichnung	Einheit
Komplexe elektrische Größe, z. B. Scheinwiderstand, bzw. ihr Betrag	$\underline{Z}, Z$	Ω
inverse elektrische Größe, z. B. Scheinleitwert, bzw. ihr Betrag	$\underline{Y}, Y$	S
Radius des Inversionskreises	r	cm
im Diagramm abgelesene Länge, z. B. für den Betrag des Scheinwiderstandes	l_Z	cm
Maßstab z. B. für den Scheinwiderstand	M_Z	$\frac{1\,\text{cm}}{a\,\Omega}$

Bemerkung zur Durchführung der Konstruktion

Den Zeichnungsmaßstab wählt man so, daß die gegebenen Größen deutlich abgelesen werden können, wobei der Radius des Inversionskreises in derselben Größenordnung gewählt wird. In die Zeichnung werden die gegebenen Größen z. B. mit der Länge $l_Z = Z \cdot M_Z$ eingetragen. Den Maßstab M der inversen Größe errechnet man sodann nach der Beziehung $M_Z \cdot M_Y = r^2$. Die Konstruktion der inversen Größe geschieht wie in 13.1. Die in der Zeichnung mit der Länge z. B. l_Y erscheinende inverse Größe erhält man mit der Beziehung $\underline{Y} = \dfrac{l_Y}{M_Y}$. Bei zweimaliger Inversion bleibt der ursprüngliche Maßstab erhalten.

Die in den Aufgaben angegebenen Maßstäbe und Inversionskreisradien entsprechen den in den Lösungen verwendeten. Ihre Wahl ist an sich willkürlich und ohne Einfluß auf das Endergebnis.

693. Gegeben ist eine Reihenschaltung mit $R = 50\,\Omega$ und $L = 0{,}2$ H (50 Hz); zu ermitteln ist der Scheinleitwert Y; $1\,\text{cm} \mathrel{\hat{=}} 10\,\Omega$; $M_Z = \dfrac{1\,\text{cm}}{10\,\Omega}$; $r = 5$ cm.

694. Gegeben ist eine Parallelschaltung mit $R = 60\,\Omega$ und $C = 50\,\mu\text{F}$ (50 Hz); zu ermitteln ist der Scheinwiderstand Z; $1\,\text{cm} \mathrel{\hat{=}} 10\,\Omega$; $r = 5$ cm.

695. Gegeben ist eine Parallelschaltung mit $R = 100\,\Omega$ und $L = 0{,}4$ H (50 Hz); zu ermitteln ist der Scheinwiderstand Z; $1\,\text{cm} \mathrel{\hat{=}} 20\,\Omega$; $r = 5$ cm.

696. Umwandlung einer Reihenschaltung in eine äquivalente Parallelschaltung mittels Inversion. Ein Wirkwiderstand $R_1 = 400\,\Omega$ liegt in Reihe mit einem kapazitiven Widerstand $X_{C1} = 700\,\Omega$. Wie groß müssen R_2 und X_{C2} einer Parallelschaltung sein, die denselben Scheinwiderstand und Phasenwinkel aufweist? $1\,\text{cm} \mathrel{\hat{=}} 200\,\Omega$; $r = 5$ cm.

697. Umwandlung einer Parallelschaltung in eine äquivalente Reihenschaltung mittels Inversion. Ein Wirkwiderstand $R = 400\,\Omega$ liegt parallel zu einem induktiven Widerstand $X_{L2} = 600\,\Omega$. Wie groß müssen R_1 und X_{L1} einer Reihenschaltung sein, die denselben Scheinleitwert und Phasenwinkel aufweist? $1\,\text{cm} \mathrel{\hat{=}} 100\,\Omega$; $r = 5$ cm.

698. Ein Wirkwiderstand $R_1 = 20\,\Omega$ liegt in Reihe mit einem induktiven Widerstand $X_{L1} = 50\,\Omega$. Wie groß müssen die Widerstände R_2 und X_{L2} einer Parallelschaltung sein, die den gleichen Scheinleitwert, jedoch den Phasenwinkel 45° aufweist? $1\,\text{cm} \mathrel{\hat{=}} 10\,\Omega$; $r = 4$ cm.

Für die folgenden Schaltungen sind die Normalform des komplexen Widerstandes $\underline{Z}_{AB}$ sowie dessen Betrag und Phasenwinkel durch graphische Konstruktion zu ermitteln.

699. (Bild 146) $R_2 = 250\,\Omega$; $R_1 = 100\,\Omega$; $\omega L = 200\,\Omega$; Maßstab für die Widerstände

$200\,\Omega \mathrel{\hat{=}} 3$ cm bzw. $M_Z = \dfrac{3\,\text{cm}}{200\,\Omega}$; $r = 3$ cm.

700. (Bild 147) $R_1 = 50\,\Omega$; $\omega L = 30\,\Omega$; $R_2 = 20\,\Omega$; Maßstab für die Widerstände

$1\,\text{cm} \mathrel{\hat{=}} 10\,\Omega$; $M_Z = \dfrac{1\,\text{cm}}{10\,\Omega}$; $r = 4$ cm.

701. (Bild 148) $R_1 = 60\,\Omega$; $1/\omega C = 40\,\Omega$; $\omega L = 20\,\Omega$; Maßstab für die Widerstände

$1\,\text{cm} \mathrel{\hat{=}} 10\,\Omega$; $M_Z = \dfrac{1\,\text{cm}}{10\,\Omega}$; $r = 4$ cm.

702. (Bild 149) $R_1 = 300\,\Omega$; $R_2 = 500\,\Omega$; $L = 0{,}1$ H; $C = 0{,}5\,\mu\text{F}$; $f = 1000$ Hz; Maßstab für die Widerstände $1\,\text{cm} \mathrel{\hat{=}} 100\,\Omega$;

$M_Z = \dfrac{1\,\text{cm}}{100\,\Omega}$; $r = 4$ cm.

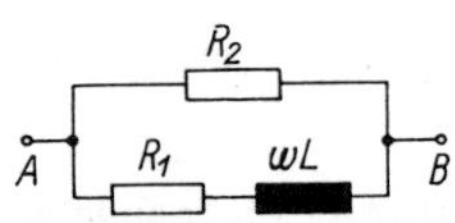

Bild 146. Aufgabe 699

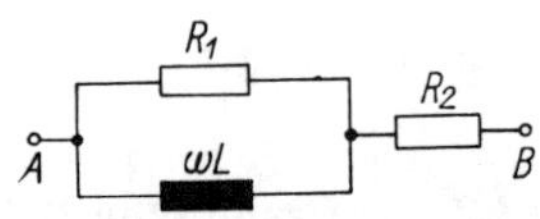

Bild 147. Aufgabe 700

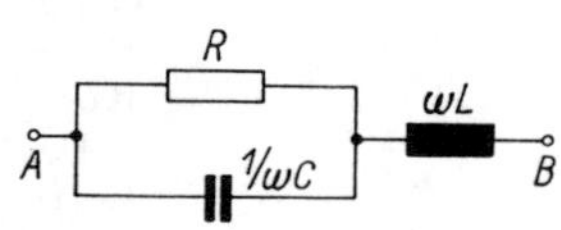

Bild 148. Aufgabe 701 und 705

703. (Bild 150) $R = 4\,\text{k}\Omega$; $L = 2$ H; $C = 0{,}05\,\mu\text{F}$; $f = 500$ Hz; Maßstab für die Widerstände $1\,\text{cm} \mathrel{\hat{=}} 2000\,\Omega$; $M_Z = \dfrac{1}{2000\,\Omega}$; $r = 4$ cm.

704. (Bild 151) $R_1 = 15\,\Omega$; $R_2 = 30\,\Omega$; $\omega L = 35\,\Omega$; $1/\omega C = 20\,\Omega$; Maßstab für die Widerstände 1 cm $\triangleq$ 10 Ω; $M_Z = \frac{1\ \text{cm}}{10\ \Omega}$, $r =$ $= 3$ cm.

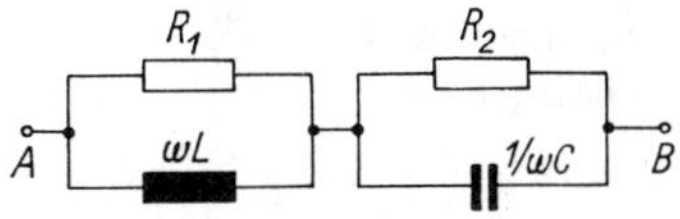

Bild 149. Aufgabe 702

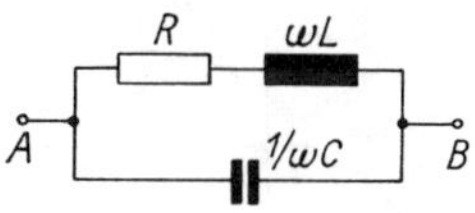

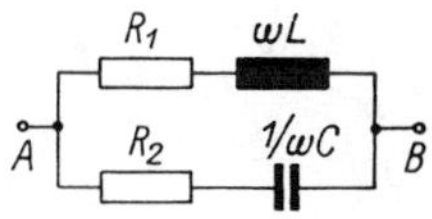

Bild 150. Aufgabe 703 Bild 151. Aufgabe 704

705. (Bild 148) $R = 60\ \Omega$; $1/\omega C = 40\ \Omega$; $M_Z = \frac{1\ \text{cm}}{10\ \Omega}$; $r = 4$ cm. Wie groß muß ωL sein, damit der Scheinwiderstand $\underline{Z}_{AB}$ der Schaltung ebenso groß wird wie der Scheinwiderstand $\underline{Z}_1$ des Parallelgliedes?

706. (Bild 152) Welcher komplexe Widerstand $\underline{Z}_{BC}$ ist mit den beiden parallelgeschalteten Widerständen $R_1 = 80\ \Omega$ und $\omega L = 71\ \Omega$ in Reihe zu schalten, damit der Gesamtwiderstand $\underline{Z}_{AC}$ reell und gleich 80 Ω wird?

$M_Z = \frac{1\ \text{cm}}{20\ \Omega}$; $r = 4$ cm

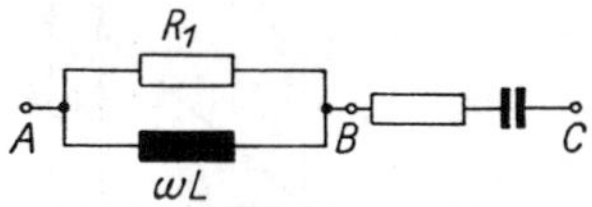

Bild 152. Aufgabe 706

707. (Bild 148). Gegeben sind $\omega L = 30\ \Omega$ und der Gesamtwiderstand der Schaltung $\underline{Z}_{AB} = (15 + \text{j}5)\ \Omega$. Welche Werte haben R und $1/\omega C$? $M_Z = \frac{1\ \text{cm}}{10\ \Omega}$; $r = 4$ cm.

708. (Bild 147). Gegeben ist der Scheinwiderstand der Schaltung $\underline{Z}_{AB} = (40 + \text{j}30)\ \Omega$. Welche Werte müssen die Widerstände R_1, R_2 und ωL haben, damit zwischen $\underline{Z}_{AB}$ und der ersten Gruppe $\underline{Z}_1$ ein Phasenwinkel $\varphi = 30°$ entsteht? Maßstab für die Widerstände 1 cm $\triangleq$ 10 Ω bzw. $M_Z = \frac{1\ \text{cm}}{10\ \Omega}$; $r = 4$ cm.

14. Ortskurven

Wird die Frequenz oder der Wert eines einzelnen Schaltelementes einer Wechselstromschaltung stetig verändert, so bewegt sich der Endpunkt des Zeigers des Widerstandes oder einer anderen zu untersuchenden Größe auf einer Linie, die Ortskurve genannt wird. Allgemein ist die Ortskurve der geometrische Ort für die Endpunkte eines Zeigers in der komplexen Zahlenebene, der sich in Abhängigkeit von einem reellen Faktor (Parameter) stetig verändert.

14.1. Die Ortskurven sind Geraden

Formeln:

1. Parallele zur reellen Achse:
   $\underline{Z} = pa + \text{j}b$ (Bild 153)
2. Parallele zu imaginären Achse:
   $\underline{Z} = a + \text{j}pb$ (Bild 154)
3. Gerade durch den Nullpunkt:
   $\underline{Z} = p(a + \text{j}b)$ (Bild 155)
4. Gerade in allgemeiner Lage:
   $\underline{Z} = \underline{Z}_0 + p(a + \text{j}b)$ (Bild 156)

Größe	Zeichen
komplexe Größen	$\underline{Z}, \underline{Y}, \underline{U}, \underline{I} \ldots$
komplexe Zahl	$\underline{Z} = a + \text{j}b$
imaginäre Einheit	j
veränderlicher Faktor (Parameter)	p
Maßstab, z. B. für Widerstandsgrößen bzw. Leitwerte	M_Z, M_Y
Abstand der Ortskurve vom Nullpunkt	l_a

Maßstab:

1 cm $\triangleq a\,\Omega$

$$M_Z = \frac{1\text{ cm}}{a\,\Omega}$$

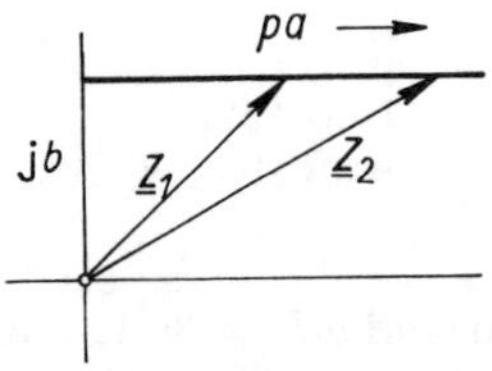

Bild 153. Fall 1

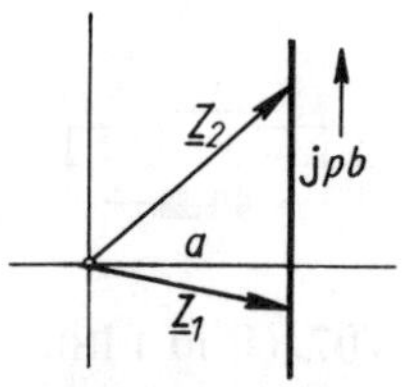

Bild 154. Fall 2

Anleitung zur Wahl des Parameters p:

Die Veränderung der komplexen Größe kann in folgender Weise vorgenommen werden:

1. Durch Auswahl einer Reihe kennzeichnender Einzelwerte im interessierenden Bereich,

2. durch Festlegung eines Bezugswertes f_1 (z. B. 10 Hz), R_1 (z. B. 50 Ω) usw. und Vervielfachung mit dem Parameter $p = 0, 1, 2, \ldots$,

3. durch Festlegung des Bezugswertes in der Weise, daß sein Zeiger mit der reellen Achse einen Winkel von 45° bildet. Dann ist z. B. $\omega L = R$ und $\omega_{45} = \dfrac{R}{L}$, so daß $\omega = p\omega_{45}$ bzw. $f = pf_{45}$ ist.

Die Parameterskale wird an die Ortskurve angetragen; entweder die p-Werte selbst oder die entsprechenden Werte $f = pf_1$, $R = pR_1$ usw.

709. Welchen Abstand vom Nullpunkt und welchen Verlauf haben die Ortskurven der folgenden Funktionen, und welchen Betrag haben die Zeiger für die Parameterwerte $p_1 = 0{,}5$ und $p_2 = 5$?

a) $\underline{Z} = 4 + \mathrm{j}p3$ b) $\underline{Z} = p3 + \mathrm{j}7$
c) $\underline{Z} = 2 + \mathrm{j}p4$ d) $\underline{Z} = 2{,}5 + \mathrm{j}p3{,}2$
e) $\underline{Z} = p(2{,}3 + \mathrm{j}1{,}2)$ f) $\underline{Z} = p(2{,}8 + \mathrm{j}2{,}8)$

710. Für welchen Wert des Parameters p hat der Zeiger in den folgenden Ortskurven den Betrag Z?

a) $\underline{Z} = 4 - \mathrm{j}p3$; $Z = 7{,}21$
b) $\underline{Z} = 2 + \mathrm{j}p3$; $Z = 5{,}2$
c) $\underline{Z} = 3p - \mathrm{j}7$; $Z = 17$
d) $\underline{Z} = 5 - p(1 + \mathrm{j}2)$; $Z = 6{,}4$

Maßstab für den Strom $M_I = \dfrac{M_Y}{U}$
(bei konstanter Klemmenspannung)

Maßstab für die Spannung $M_U = \dfrac{M_Z}{I}$
(bei konstantem Strom)

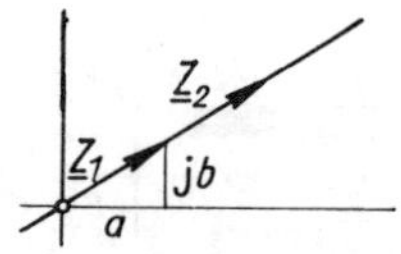

Bild 155. Fall 3

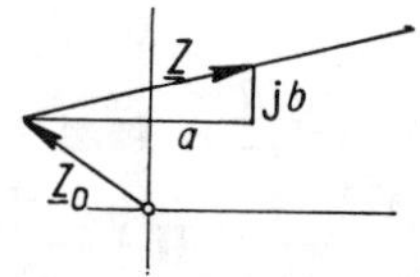

Bild 156. Fall 4

711. Wie lautet die Funktion der Ortskurve, wenn die Zeigerlänge Z, der Realteil a bzw. der Imaginärteil b und der Parameter p_a bzw. p_b bekannt sind?

a) $Z = 15$; $a = 12$; $p_b = 4$
b) $Z = 8$; $b = 4$; $p_b = 1$
c) $Z = 16$; $b = 5$; $p_a = 2$
d) $Z = 16$; $b = 5$; $p_b = 2$

712. Gegeben sind die Funktionen $\underline{Z}_1$ und $\underline{Z}_2$ zweier Ortskurven, die sich schneiden. Bei welchem Wert des Parameters p_1 auf der OK für $\underline{Z}_1$ und des Parameters p_2 auf der OK für $\underline{Z}_2$ liegt der Schnittpunkt?

a) $\underline{Z}_1 = 4 + \mathrm{j}p_1 3$; $\underline{Z}_2 = p_2 2 + \mathrm{j}5$
b) $\underline{Z}_1 = p_1(3 - \mathrm{j}4)$; $\underline{Z}_2 = 3 + \mathrm{j}p_2 5$
c) $\underline{Z}_1 = 5 - p_1(3 + \mathrm{j}3)$; $\underline{Z}_2 = p_2 3 + \mathrm{j}2{,}4$
d) $\underline{Z}_1 = 3{,}6 - \mathrm{j}2{,}6 - p_1(2{,}8 - \mathrm{j}1{,}2)$;
$\underline{Z}_2 = 2{,}3 + \mathrm{j}1{,}2 + p_2(4{,}3 - \mathrm{j}3{,}7)$

713. Gegeben sind die folgenden Ortskurven:

a) $\underline{Z} = 3 + p(2 + \mathrm{j}3)$
b) $\underline{Z} = 1{,}0 + \mathrm{j}3{,}6 + p(1{,}6 + \mathrm{j}1{,}8)$
c) $\underline{Z} = \mathrm{j}3 - p(3 + \mathrm{j}5)$
d) $\underline{Z} = \mathrm{j}3 + p(-1 + \mathrm{j}2)$

Welchen Abstand l_a hat die Ortskurve vom Nullpunkt, wie lautet die Normalform des entsprechenden Zeigers $\underline{Z}_a$, und für welchen Wert des Parameters p wird $\underline{Z}$ reell?

714. Die Ortskurve der Funktion $\underline{Z}_1 = (1 + \mathrm{j}2{,}5) + p_1(1 + \mathrm{j}4)$ schneidet diejenige der Funktion

a) $\underline{Z}_2 = (2 + \mathrm{j}p_2 3)$ b) $\underline{Z}_2 = (3 - \mathrm{j}p_2 2)$
c) $\underline{Z}_2 = (p_2 + \mathrm{j}5)$ d) $\underline{Z}_2 = p_2(2 - \mathrm{j})$.

Wie lautet die Normalform des Zeigers $\underline{Z}_5$ des Schnittpunktes, und bei welchem Wert des Parameters p_2 liegt der Schnittpunkt?

Zeichne die Ortskurven des Scheinwiderstandes $\underline{Z}$ folgender Reihenschaltungen:

715. $R = 20\,\Omega$; $L = 0{,}1$ H; $f = 0 \cdots 50$ Hz; Anleitung 2 (S. 70); $f_1 = 10$ Hz; 1 cm $\triangleq$ 5 Ω.

716. $R = 2$ kΩ; $L = 4$ H; $\omega = 0 \cdots 1000$ 1/s; Anleitung 3 (S. 70); 1 cm $\triangleq$ 500 Ω.

717. $R = 15 \cdots 120\,\Omega$; $X_L = 60\,\Omega$; Anleitung 2 (S. 70); $R_1 = 15\,\Omega$; 1 cm $\triangleq$ 30 Ω.

718. $R = 20 \cdots 500\,\Omega$; $C = 5\,\mu$F; $\omega = 1000$ 1/s; Anleitung 1 (S. 70); 1 cm $\triangleq$ 100 Ω.

719. $R = 200\,\Omega$; $C = 2{,}5 \cdots 20\,\mu$F; $f = 159$ Hz; Anleitung 3 (S. 70); 1 cm $\triangleq$ 100 Ω.

720. $R = 200\,\Omega$; $C = 10\,\mu$F; veränderliche Kreisfrequenz; Anleitung 3; $p = 0{,}5 \cdots 4$; 1 cm $\triangleq$ 100 Ω.

721. $R = 6$ kΩ; $L = 2$ mH; $C = 50 \cdots 500$ pF; $f = 300$ kHz; Anleitung 1 (S. 70); 1 cm $\triangleq$ 2 kΩ.

722. $R = 2{,}5$ kΩ; $C = 0{,}5\,\mu$F; $L = 0{,}8$ H; veränderliche Kreisfrequenz; $p = 1$ für $\omega = 1000$ 1/s; 1 cm $\triangleq$ 500 Ω.

Anleitung: Man zeichne die beiden Parameterskalen $p_L = 0 \cdots 4$ und $p_C = 0 \cdots 4$ zuerst getrennt ein. Die resultierende Skale entsteht, indem man die Strecken für gleich große Parameterwerte $p_L = p_C$ jeweils paarweise vorzeichengerecht addiert.

723. $R = 2000\,\Omega$; $C = 0{,}4\,\mu$F; $L = 0{,}5$ H; $p = 1$ für $\omega = 1000$ 1/s; Anleitung und Maßstab wie bei Aufg. 722.

Zeichne die Ortskurven des Scheinleitwertes $\underline{Y}$ folgender Parallelschaltungen:

724. $R = 100 \cdots 500\,\Omega$; $C = 1\,\mu$F; $\omega = 4000$ 1/s; welchen Betrag und Phasenwinkel hat der Scheinleitwert für $R = 100\,\Omega$? $M_Y = \frac{1\ \text{cm}}{2\ \text{mS}}$; Anleitung 1.

725. $R = 500\,\Omega$; $C = 4\,\mu$F; $\omega = 250$ bis 1000 1/s; Anleitung 2 mit Bezugsfrequenz $\omega_1 = 250$ 1/s; 1 cm $\triangleq$ 1 mS.

726. $R = 200\,\Omega$; $L = 2$ mH; $f = 10 \cdots 100$ kHz; Anleitung 2 mit $f_1 = 50$ kHz; 1 cm $\triangleq$ 2 mS.

727. $R = 40\,\Omega$; $\omega = 2{,}5 \cdot 10^3$ 1/s; $C = 5$ bis 20 μF; Anleitung 3; $M_Y = \frac{1\ \text{cm}}{10\ \text{mS}}$; welcher Betrag und Phasenwinkel ergibt sich für $C = 16\,\mu$F?

Verschiedene Aufgaben:

728. Zeichne die Ortskurve des Stromes $\underline{I}$, der bei der Spannung $U = 4$ V durch eine Parallelschaltung aus $R = 10 \cdots 100\,\Omega$ und $X_L = 25\,\Omega$ fließt. Anleitung 2; $G_1 = 0{,}01$ S; 1 cm $\triangleq$ 0,02 S.

729. Zeichne die Ortskurve des Stromes $\underline{I}$, der bei der Spannung $U = 20$ V durch eine Parallelschaltung aus $R = 500\,\Omega$ und $C = 2\,\mu$F fließt, wenn die Frequenz zwischen 50 und 300 Hz veränderlich ist. Anleitung 2; $f_1 = 50$ Hz; 1 cm $\triangleq$ 1 mS; welcher Strom fließt bei 300 Hz?

730. a) Zeichne die Ortskurve der Spannung $\underline{U}$, wenn ein als unveränderlich angenommener Strom von 5 mA durch eine Reihenschaltung aus $R = 3{,}5$ kΩ und einem Kondensator fließt, der zwischen 0,6 μF und 3 μF veränderlich ist ($f = 50$ Hz). b) Bei welcher Kapazität beträgt die Spannung 20 V? c) Auf welchen Wert muß der Widerstand R verändert werden, wenn sich bei 1 μF derselbe Phasenwinkel ergeben soll wie mit $R = 3{,}5$ kΩ und $C = 0{,}6\,\mu$F? 1 cm $\triangleq$ 1 kΩ.

731. Es ist die Ortskurve des Scheinleitwertes eines Motors für $U = 380$ V zu zeichnen, dessen Wirkleistung $P = 20$ kW beträgt. Der Motor ist als Parallelschaltung eines konstanten Wirkwiderstandes mit variabler Induktivität aufzufassen. Für die Parameterskale der Ortskurve ist der $\cos\varphi$ zwischen 0,65 und 0,95 zu verwenden; 1 cm $\triangleq$ 40 mS.

732. Vergrößert man den Wirkwiderstand einer Reihenschaltung aus R und L um $\Delta R = 20\,\Omega$, so nimmt der Scheinwiderstand von $Z_1 = 25\,\Omega$ auf $Z_2 = 40\,\Omega$ zu. Wie verläuft die zugehörige Ortskurve (bei konstantem induktivem Widerstand), und durch welche Gleichung wird sie wiedergegeben? Bezugswiderstand $R_1 = 10\,\Omega$; 1 cm $\triangleq$ 10 Ω.

733. Verkleinert man den Wirkwiderstand einer Reihenschaltung aus R und L um $\Delta R = 20\,\Omega$, so verringert sich der Scheinwiderstand von ursprünglich 60 Ω auf $Z_2 = 45\,\Omega$. Bei welchem Betrag des Wirkwiderstandes beträgt der Scheinwiderstand nur noch 40 Ω? 1 cm $\triangleq$ 10 Ω.

14.2. Die Ortskurven sind Halbkreise oder Kreisbögen durch den Nullpunkt

Die Inversion einer Geraden, die nicht durch den Nullpunkt geht, ergibt einen Kreis durch den Nullpunkt.
Die Inversion eines Kreises, der durch den Nullpunkt geht, ergibt eine Gerade, die nicht durch den Nullpunkt geht.

Die Inversion achsenparalleler Halbgeraden ergibt Halbkreise, die in der anderen Halbebene liegen und deren Mittelpunkte auf der Achse liegen, auf der die Gerade beginnt.

Formeln:

$l_Z = Z\mathrm{M}_Z$; $l_Y = Y\mathrm{M}_Y$

$r = \sqrt{\mathrm{M}_Z \mathrm{M}_Y} = \sqrt{l_a l_d}$

weitere Hinweise s. Abschn. 14.1.

Größe	Zeichen	Einheit
Komplexe Größe	$\underline{Z}, \underline{Y}, \underline{U}, \underline{I}, \ldots$	Ω, S, V, A, ...
bzw. ihr Betrag	$Z, Y, U, I, \ldots$	Ω, S, V, A, ...
Parameter	p	1
Radius des Inversionskreises	r	cm
In der Zeichnung erscheinende Strecke	l	cm
Durchmesser der Ortskurve in der Zeichnung	l_d	cm
Abstand der inversen Geraden vom Nullpunkt in der Zeichnung	l_a	cm

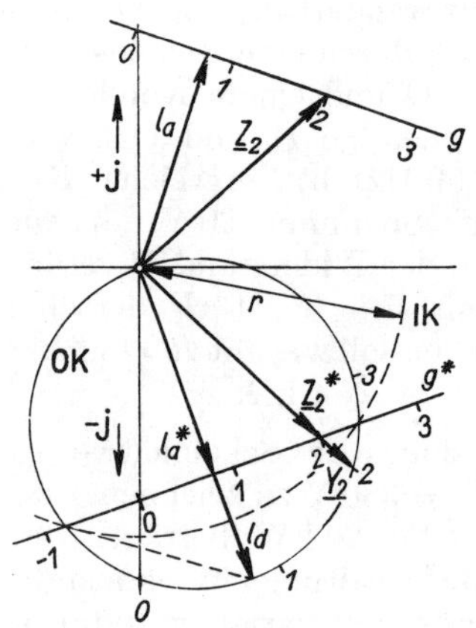

Bild 157. Inversion einer Geraden g in allgemeiner Lage

Anleitung der Konstruktion:

1. Weg: Die als Gerade (g) gegebene Ortskurve wird gezeichnet und die Parameterskale darauf abgetragen. Der Durchmesser l_d der inversen Ortskurve entsteht durch Inversion des Abstandes l_a der Geraden g vom Nullpunkt am Inversionskreis vom Radius r. Die nach den Teilpunkten von g gezogenen Strahlen werden an der reellen Achse gespiegelt und schneiden die Ortskurve in entsprechenden Teilpunkten. Dadurch entstehen gleichzeitig die Zeiger der inversen Größen.

2. Weg: Die Gerade g mitsamt ihrer Skale wird von vornherein an der reellen Achse gespiegelt (g^*) dargestellt. Mit den nach den Teilpunkten von g^* gezogenen Strahlen erhält man damit gleichzeitig die auf der Ortskurve endenden Zeiger der inversen Größe.

Der Durchmesser der Ortskurve kann auch frei gewählt werden, z. B. $l_d = 2l_a$, wobei sich der Radius des Inversionskreises dann durch Rechnung ergibt.

734. Welchen Durchmesser haben die Ortskurven, die durch Inversion folgender Geraden am Inversionskreis vom Radius r entstehen?

a) $p3 + \mathrm{j}4$; $r = 5$
b) $2{,}5 + \mathrm{j}p6$; $r = 3$
c) $p1{,}5 - \mathrm{j}8$; $r = 6$

d) $p(4 - j3)$; $r = 3$
e) $-3 + p(3 + j3)$; $r = 5$
f) $-1 + p(1 + j3)$; $r = 2$
g) $10 + p(-5 + j2)$; $r = 2{,}5$
h) $-8 + p(4 - j5)$; $r = 3$

735. Gegeben ist eine Reihenschaltung mit $R = 20\,\Omega$ bei variablem induktivem Widerstand X_L und dem Maßstab für die Widerstände $M_Z = \frac{1\text{ cm}}{10\,\Omega}$. Wie groß muß der Maßstab für die Leitwerte M_Y sein, wenn die Radien des Inversionskreises und der Ortskurve in der Zeichnung übereinstimmen sollen, und wie groß sind diese Radien?

736. Gegeben ist eine Reihenschaltung mit $X_L = 50\,\Omega$ bei variablem R; $M_Z = \frac{1\text{ cm}}{10\,\Omega}$; wie lautet der Maßstab für die Leitwerte M_Y, wenn der Radius des Inversionskreises gleich dem Durchmesser der Ortskurve sein soll, und wie groß sind diese Radien?

737. Wie groß ist der Maßstab M_Y der Leitwerte und der Radius r des Inversionskreises, wenn der Fußpunkt der Ortskurve des Widerstandes einer Reihenschaltung aus $R = 20\,\Omega$ und variablem X_L im Endpunkt der Ortskurve der Leitwerte liegt? $M_Z = \frac{1\text{ cm}}{10\,\Omega}$.

Zeichne die Ortskurven der Scheinleitwerte folgender Reihenschaltungen:

738. $R = 1\,\Omega \cdots \infty$; $X_L = 3\,\Omega$; $M_Z = \frac{0{,}5\text{ cm}}{\Omega}$; Anleitung 2 für Parameterskale (S. 70), Bezugswiderstand $R_1 = 1\,\Omega$; $M_Y = \frac{18\text{ cm}}{\text{S}}$; aus der Zeichnung sind ferner die Beträge der Scheinleitwerte $\underline{Y}_1$, $\underline{Y}_3$ und $\underline{Y}_5$ für $R = 1$; 3 und 5 Ω zu entnehmen.

739. Wie ändert sich die Konstruktion der vorigen Aufgabe, wenn ein Inversionskreisradius von $r = 4$ cm verwendet wird?

740. $R = 250\,\Omega$; L veränderlich, $\omega = 100\ {}^1/\text{s}$; Parameterskale nach Anleitung 3 (S. 70); $M_Z = \frac{1\text{ cm}}{100\,\Omega}$; $M_Y = \frac{2\text{ cm}}{\text{mS}}$; bei welcher Induktivität hat der Scheinleitwert den Betrag 2 mS?

741. $R = 40\,\Omega$; $L = 0{,}2$ H; $\omega = 20 \cdots 200\ {}^1/\text{s}$; Parameterskale nach Anleitung 3 (S. 70); $M_Z = \frac{3\text{ cm}}{40\,\Omega}$; $l_d = 6$ cm; wie groß sind Betrag und Phasenwinkel des Scheinleitwertes bei $\omega = 20\ {}^1/\text{s}$?

742. $R = 200\,\Omega$, $C = 4\,\mu\text{F}$, $f = 100 \cdots 400$ Hz; Parameterskale nach Anleitung 2 (S. 70); $f_1 = 100$ Hz; 1 cm $\triangleq$ 100 Ω; $l_d = 6$ cm; wie groß sind die Beträge Y_1, Y_2 und Y_3 des Scheinleitwertes bei Frequenzen von 400, 150 und 100 Hz?

Zeichne die Ortskurven der Scheinwiderstände folgender Parallelschaltungen:

743. $R = 100\,\Omega \cdots \infty$; $L = 0{,}2$ H; $\omega = 1000\ {}^1/\text{s}$; Parameterskale nach Anleitung 3 (S. 70); $M_Z = \frac{1\text{ cm}}{50\,\Omega}$; $M_Y = \frac{1\text{ cm}}{2{,}5\text{ mS}}$; wie groß sind Betrag und Phasenwinkel des Scheinwiderstandes für $R = 400\,\Omega$?

744. $R = 200\,\Omega$; $L = 100$ mH; $f = 200$ Hz bis ∞; Parameterskale nach Anleitung 2 (S. 70) mit $f_1 = 200$ Hz; $M_Y = \frac{1\text{ cm}}{2{,}5\text{ mS}}$; $l_d = 5$ cm; wie groß sind die Beträge des Scheinwiderstandes bei Frequenzen von 200, 400 und 800 Hz?

745. $R = 50\,\Omega \cdots \infty$; $C = 10\,\mu\text{F}$; $\omega = 1000\ {}^1/\text{s}$; $M_Y = \frac{1\text{ cm}}{4\text{ mS}}$; $M_Z = \frac{1\text{ cm}}{20\,\Omega}$; Parameterskale nach Anleitung 3 (S. 70). Wie groß ist der Scheinwiderstand für $R = 200\,\Omega$?

746. $R = 50\,\Omega$; $L = 0{,}25\text{ H} \cdots \infty$; $\omega = 100\ {}^1/\text{s}$; Parameterskale nach Anleitung 3 (S. 70); $M_Z = \frac{1\text{ cm}}{10\,\Omega}$; $M_Y = \frac{1\text{ cm}}{10\text{ mS}}$; bei welcher Induktivität beträgt der Scheinwiderstand $Z = 40\,\Omega$?

747. Die in der Tabelle auf S. 74 verzeichneten Daten gelten für halbkreisförmige, durch den Nullpunkt gehende Ortskurven. Hieraus sind folgende Angaben zu ermitteln:

a) die Art der vorliegenden Schaltung, b) der Maßstab der inversen Größe und c) die jeweils konstanten Werte für R bzw. L bzw. C.

748. Zeichne die Ortskurve der Ströme, die bei der Spannung $U = 20$ V und veränderlicher Frequenz durch eine Reihenschaltung aus $R = 80\,\Omega$ und $L = 51$ mH fließen; $M_Z = \frac{1\text{ cm}}{40\,\Omega}$; $l_d = 6$ cm. Welche Parameterwerte

Tabelle zur Aufgabe 747

	Lage der Ortskurve	Durchmesser l_d in cm	Abstand der inversen Geraden l_a in cm	Maßstab	Frequenz f
A	an der negativen imaginären Achse	12	5	$M_Y = \frac{3\,cm}{mS}$	konstant 1 Hz
B	oberhalb der reellen Achse	16	10	$M_Y = \frac{2\,cm}{mS}$	veränderlich, bei $\varphi = 45°$ ist $f = 800$ Hz
C	oberhalb der reellen Achse	25	4	$M_Y = \frac{50\,cm}{mS}$	konstant 1 kHz
D	unterhalb der reellen Achse	10	6	1 cm $\triangleq$ 1,25 A $U = 250$ V (konstant)	veränderlich, bei $\varphi = 45°$ ist $f = 1000$ Hz
E	oberhalb der reellen Achse	20	10	$M_Z = \frac{1\,cm}{150\,\Omega}$	veränderlich, bei $\varphi = 60°$ ist $f = 2$ kHz
F	an der positiven imaginären Achse	8	5	1 cm $\triangleq$ 80 V $I = 4$ A (konstant)	konstant 500 Hz
G	unterhalb der reellen Achse	18	10	1 cm $\triangleq$ 50 mV $I = 0{,}5$ A (konstant)	konstant 100 kHz

umfaßt der vom Nullpunkt ausgehende erste Viertelkreis bei der Bezugsfrequenz $f_1 = 50$ Hz?

749. Zeichne die Ortskurve der Ströme, die durch eine Reihenschaltung aus $R = 1{,}5\,k\Omega$ und dem zwischen 300 und 2000 μF veränderlichen Kondensator bei einer konstanten Klemmenspannung von 250 V und der konstanten Frequenz $f = 200$ kHz fließen. Welche Stromstärken sind für $C = 300$, 1000 und 2000 pF aus der Ortskurve zu entnehmen? $M_Z = \frac{1\,cm}{500\,\Omega}$; $l_d = 8$ cm.

750. Zeichne die Ortskurve der Spannungen an einer Parallelschaltung aus $L = 25$ mH und dem zwischen $25\,\Omega$ und ∞ veränderlichen Widerstand R bei der konstanten Stromstärke $I = 5$ A und Kreisfrequenz $\omega = 1000\,^1/s$. Anleitung 2 (S. 70) mit $R_1 = 25\,\Omega$ für $p = 1$. Die Parameterskale der Leitwerte soll 3 cm und der Durchmesser der Ortskurve 5 cm lang sein. Welche Spannungen ergeben sich für $R = 25\,\Omega$, $50\,\Omega$ sowie $75\,\Omega$?

751. Zeichne die Ortskurve der Klemmenspannung einer Parallelschaltung aus $R = 8\,\Omega$ und $C = 50 \cdots 150$ nF bei der Frequenz $f = 200$ kHz und dem Strom $I = 2$ mA. Bei welchen Kapazitätswerten C_1, C_2, C_3 beträgt die Spannung 5/6, 4/6 bzw. 3/6 des Maximalwertes? $l_d = 6$ cm; 1 cm $\triangleq$ 50 mS.

752. (Bild 158). Zeichne die Ortskurve des Leitwertes mit $M_Z = \frac{1\,cm}{20\,\Omega}$ und $l_d = 6$ cm; welcher Strom fließt bei einer Spannung von 100 V, wenn $R_1 = 80\,\Omega$ ist?

753. In der vorigen Aufgabe sollen der Zeiger $\underline{Z}_0$ (für $R_1 = 0$) und der invertierte Zeiger $\underline{Y}_0$ die gleiche Länge haben. Wie groß sind dann die Radien des Inversionskreises und der Ortskurve des Leitwertes, wenn der Maßstab M_Z unverändert bleibt?

754. (Bild 159) Zeichne die Ortskurve des Stromes für eine Klemmenspannung von 45 V. $M_Z = \frac{1\,cm}{5\,\Omega}$; $l_d = 6$ cm; um wieviel nimmt der Strom ab, wenn X_{L1} von $0\,\Omega$ bis $10\,\Omega$ zunimmt?

Bild 158. Aufgabe 752

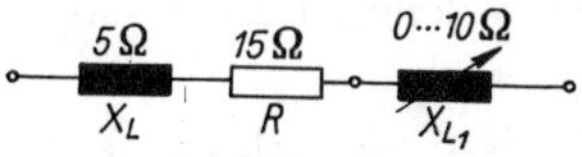

Bild 159. Aufgabe 754

755. (Bild 160) Zeichne die Ortskurve des Scheinwiderstandes. Wie groß ist deren Durchmesser und der des Inversionskreises, wenn der Endpunkt des Widerstandszeigers des oberen Zweiges auf dem Inversionskreis liegen soll? $M_Z = \frac{1\ \text{cm}}{8\ \Omega}$. Wie groß ist der Scheinwiderstand für $R_1 = 40\ \Omega$?

756. (Bild 161) Zeichne die Ortskurve des Scheinwiderstandes. Der Zeiger $\underline{Z}_0$ für den oberen Zweig und sein inverser Zeiger $\underline{Y}_0$ sollen in der Zeichnung gleich lang sein. Bezugswert $C_1 = 1\ \mu$F; $M_Z = \frac{1\ \text{cm}}{10\ \Omega}$. Wie groß ist der Scheinwiderstand für $C_1 = 1\ \mu$F, und bei welcher Kapazität wird dieser reell?

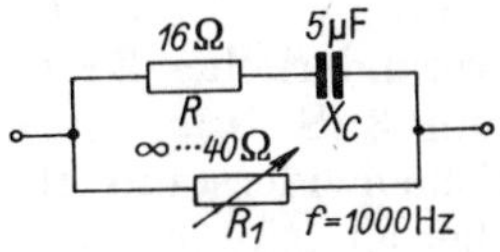

Bild 160. Aufgabe 755

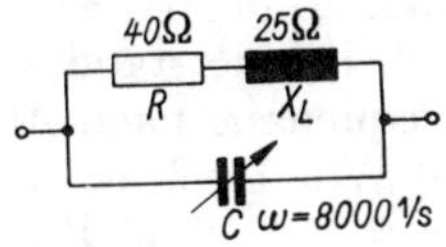

Bild 161. Aufgabe 756

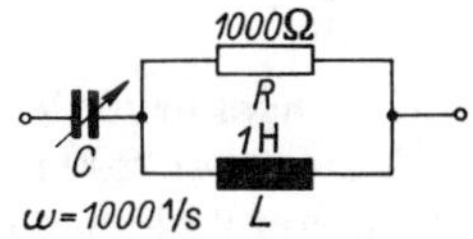

Bild 162. Aufgabe 757

757. (Bild 162) Zeichne die Ortskurve des Stromes und bestimme danach die Stromstärke bei der Kapazität $C = 4\ \mu$F; $U = 20$ V; $M_Z = \frac{1\ \text{cm}}{200\ \Omega}$; $M_Y = \frac{2{,}5\ \text{cm}}{\text{mS}}$.

14.3. Die Ortskurven sind Kreisbögen, die nicht durch den Nullpunkt gehen

Die Inversion eines Kreises, der nicht durch den Nullpunkt geht, ergibt wieder einen Kreis der nicht durch den Nullpunkt geht.

Anleitungen zur Konstruktion:

1. Wird zu allen Punkten einer Ortskurve ein konstanter Zeiger addiert, so entsteht eine neue Ortskurve. Dieselbe Ortskurve erhält man auch, wenn der Koordinatenursprung um eine entsprechende Strecke nach der entgegengesetzten Richtung verschoben wird.

2. Der zu invertierende Kreis mit dem Mittelpunkt M_0 wird zunächst an der reellen Achse gespiegelt, wobei der neue Mittelpunkt M_0^* entsteht. Die Mittelpunkte des gespiegelten Kreises (M_0^*), des inversen Kreises (M_0') und des Inversionskreises (M_i) liegen auf einer Geraden (Bild 163). Der Mittelpunkt des inversen Kreises liegt im Schnittpunkt dieser Geraden mit der Mittelsenkrechten auf der Sehne, die zwei beliebige invertierte Punkte (P_1', P) des gegebenen Kreises verbindet. Einer von diesen kann Schnittpunkt (P) des Inversionskreises mit dem gegebenen Kreis sein, der dabei in sich selbst übergeht.

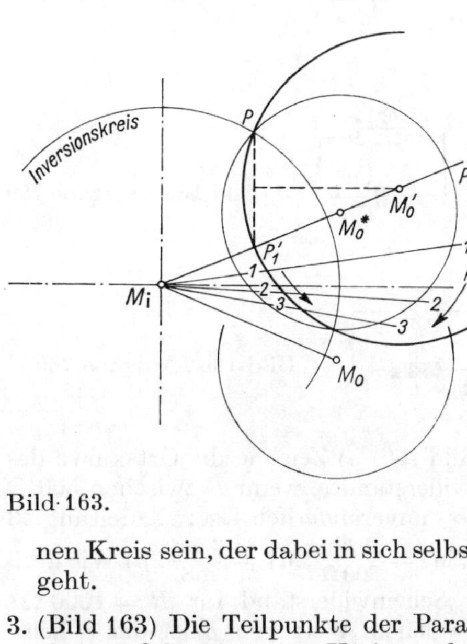

Bild 163.

3. (Bild 163) Die Teilpunkte der Parameterskale auf dem inversen Kreis ergeben sich als Schnittpunkte mit den Strahlen, die vom Nullpunkt M_i nach den entsprechenden Teilpunkten auf dem an der reellen Achse gespiegelten gegebenen Kreis gezogen werden.

758. (Bild 164) a) Zeichne die Ortskurve des Scheinwiderstandes bei veränderlicher Kreisfrequenz ω nach Anleitung 3 (S. 70).
b) Wie groß ist der Scheinwiderstand für $\omega = 500\,{}^1/\mathrm{s}$? c) Bei welcher Kreisfrequenz ergibt die Schaltung den größten negativen Phasenwinkel φ, und wie groß ist dieser?

$$\mathrm{M}_Z = \frac{1\ \mathrm{cm}}{50\ \Omega}\,; \qquad \mathrm{M}_Y = \frac{1\ \mathrm{cm}}{2\,\mathrm{mS}}.$$

759. (Bild 165) a) Zeichne die Ortskurve des Scheinwiderstandes, wenn R_2 zwischen 200 Ω und ∞ veränderlich ist. Parameterskale nach Anleitung 3 (S. 70); $\mathrm{M}_Z = \frac{1\ \mathrm{cm}}{50\ \Omega}$; $\mathrm{M}_Y = \frac{1\ \mathrm{cm}}{2\,\mathrm{mS}}$.
b) Wie groß ist der Scheinwiderstand für $R_2 = 800\ \Omega$? c) Welches ist der größtmögliche Phasenwinkel, und wie groß ist hier der Scheinwiderstand? d) Für welchen Wert von R_2 ist der Scheinwiderstand am größten?

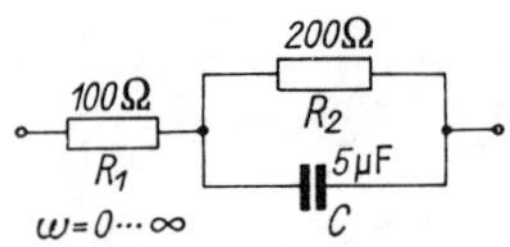

Bild 164. Aufgabe 758

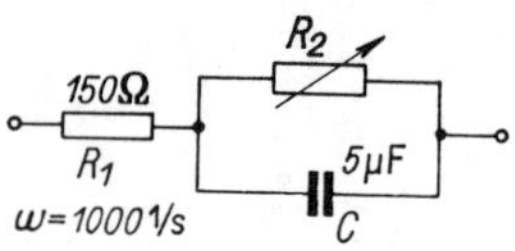

Bild 165. Aufgabe 759

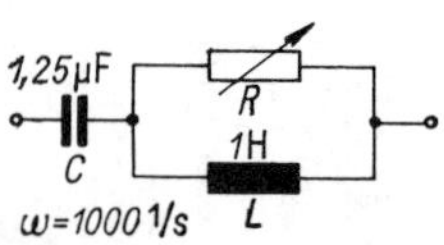

Bild 166. Aufgabe 760

760. (Bild 166) a) Zeichne die Ortskurve des Scheinwiderstandes, wenn R zwischen 500 Ω und ∞ unveränderlich ist; Anleitung 3 (S. 70); $\mathrm{M}_Z = \frac{1\ \mathrm{cm}}{200\ \Omega}$; $\mathrm{M}_Y = \frac{2\ \mathrm{cm}}{\mathrm{mS}}$. b) Wie groß ist der Scheinwiderstand für $R = 1000\ \Omega$? c) Bei welchem Wert von R ist der Scheinwiderstand reell, und welchen Betrag hat er dann?

761. Wie groß muß die Kapazität C der vorigen Aufgabe sein, wenn der Scheinwiderstand $\underline{Z}$ der Schaltung vom Wert des Widerstandes R unabhängig ist, und welchen Betrag hat Z dann?

762. (Bild 167) a) Zeichne die Ortskurve des Scheinwiderstandes bei veränderlicher Induktivität L; Anleitung 3 (S. 70); $\mathrm{M}_Z = \frac{1\ \mathrm{cm}}{200\ \Omega}$; $\mathrm{M}_Y = \frac{2\ \mathrm{cm}}{\mathrm{mS}}$. b) Bei welchem Wert von L wird der Scheinwiderstand reell, und wie groß ist dieser dann? c) Bei welcher Induktivität beträgt der Scheinwiderstand 1000 Ω?

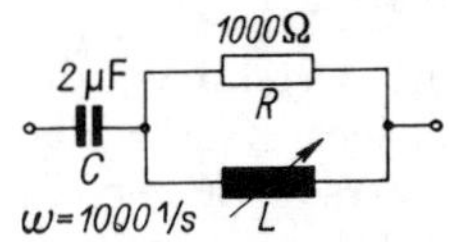

Bild 167. Aufgabe 762

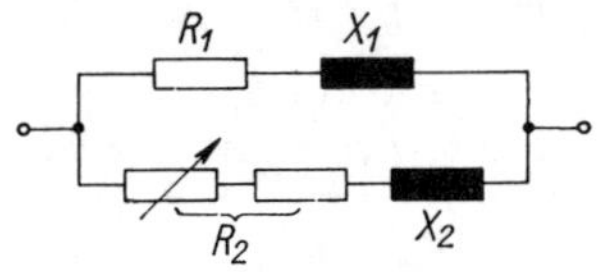

Bild 168. Aufgabe 763

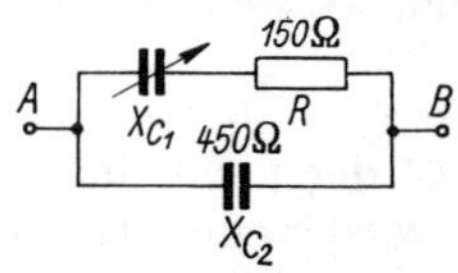

Bild 169. Aufgabe 764

763. (Bild 168) Zeichne die Ortskurve für den durch die Schaltung fließenden Strom, wenn bei Abschaltung des unteren Zweiges $I_1 = 1{,}0$ A ($\varphi_1 = 50°$) und bei Kurzschluß des verstellbaren Teils von R_2 $I_k = 4{,}0$ A ($\varphi_k = 65°$) fließen; 1 cm ≙ 0,5 A; als Einheit des Parameters werde $p_1 = \frac{R_2}{X_2} = 1$ gewählt. Bei welchem Verhältnis $p = \frac{R_2}{X_2}$ und welchem Phasenwinkel φ fließt ein Strom $I = 2{,}0$ A?

764. (Bild 169) Zeichne die Ortskurve des Scheinwiderstandes bei veränderlichem kapazitivem Widerstand X_{C1} nach Anleitung 3 (S. 70); $r = 3$ cm; $\mathrm{M}_Z = \frac{1\ \mathrm{cm}}{100\ \Omega}$.

765. (Bild 170) Zeichne die Ortskurve des Scheinleitwertes, wenn der Widerstand $R = pR_2$ zwischen 0 und ∞ veränderlich ist; $r = 4$ cm; $\mathrm{M}_Z = \frac{1\ \mathrm{cm}}{50\ \Omega}$. Welchen Betrag hat der Scheinleitwert für $R = 0$?

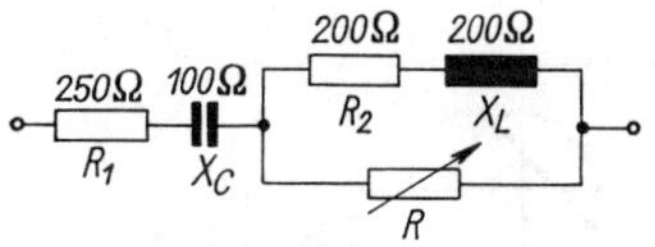

Bild 170. Aufgabe 765

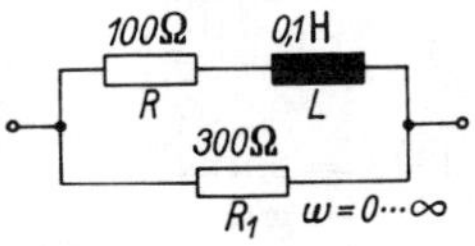

Bild 171. Aufgabe 766

766. a) (Bild 171) Zeichne die Ortskurve des Scheinwiderstandes für $\omega = 0 \cdots \infty$ 1/s; $M_Z = \frac{1\text{ cm}}{50\ \Omega}$. Der durch Inversion des Scheinwiderstandes des oberen Zweiges entstehende Halbkreis soll einen Durchmesser von 6 cm haben. Welchen Betrag hat der Scheinwiderstand bei $\omega = 1000$ 1/s?
b) Wie groß muß der Maßstab M_Y sein, wenn die Halbkreise über demselben Durchmesser stehen sollen, und wie groß sind diese?

767. (Bild 172) Zeichne die Ortskurve des Scheinleitwertes, wenn R zwischen 0 und ∞ veränderlich ist. Bei welchem Widerstand R wird der Scheinleitwert $\underline{Y}$ reell, und welcher maximale Phasenwinkel kann eingestellt werden? $M_Y = \frac{25\text{ cm}}{\text{S}}$; $r^2 = 15\text{ cm}^2$.

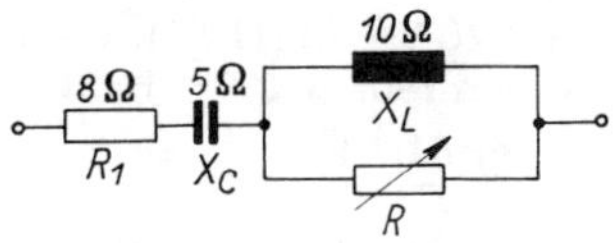

Bild 172. Aufgabe 767

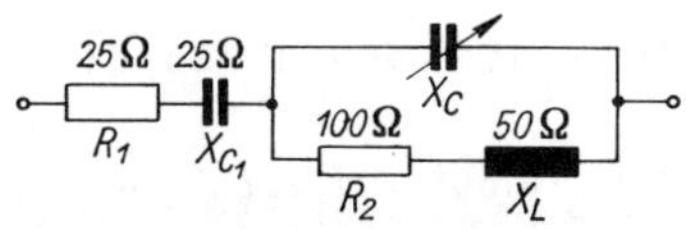

Bild 173. Aufgabe 768

768. (Bild 173) Zeichne die Ortskurve des Scheinleitwertes, wenn X_C zwischen 0 und ∞ veränderlich ist. $M_Z = \frac{1\text{ cm}}{25\ \Omega}$; $M_Y = \frac{1\text{ cm}}{10\text{ mS}}$. Bezugswert für $p = 1$ sei $\frac{1}{X_{C1}} = 20$ mS ($\triangleq$ 2 cm). Für welchen Wert von X_C wird der Leitwert reell?

Lösungen

1. a) $\omega = 2\pi f = 2\pi \cdot 16{,}67$ 1/s $=$ 104,7 1/s
b) 157,1 1/s c) 301,6 1/s d) 314,2 1/s e) 323,0 1/s
f) 628,3 1/s g) 6283 1/s h) 18850 1/s
i) $1{,}86 \cdot 10^6$ 1/s

2. a) $T = \frac{1}{f} = \frac{3\text{s}}{50} = 0{,}06$ s b) 0,04 s c) 0, 021 s
d) 0,02 s e) 0,0195 s f) 0,01 s g) 0,001 s
h) $3{,}33 \cdot 10^{-4}$ s i) $3{,}4 \cdot 10^{-6}$ s

3. Dies ist nach $t = T/4$ der Fall. a) $\frac{T}{4} = \frac{3\text{s}}{50 \cdot 4} = 0{,}015$ s b) 0,0125 s c) 0,0071 s d) 0,0051 s
e) 0,0050 s f) 0,0048 s g) 0,0025 s

4. a) $\sin \omega t = 0{,}1$; $\omega t = 5{,}74° = 0{,}1002$ rad;
$t = 3{,}19 \cdot 10^{-4}$ s b) $6{,}4 \cdot 10^{-4}$ s c) $8{,}0 \cdot 10^{-4}$ s
d) $10{,}8 \cdot 10^{-4}$ s e) $16{,}7 \cdot 10^{-4}$ s f) $35{,}6 \cdot 10^{-4}$ s

5. a) $0{,}5 = \sin \omega t$;
$\omega t = 30° = 30° \cdot 0{,}01745$ rad/° $= 0{,}5236$ rad;
$f = \frac{\omega t}{2\pi t} = \frac{0{,}5236}{2\pi \cdot 10^{-3}\text{ s}} = 83{,}3$ Hz
b) 55,55 Hz c) 297,6 Hz d) 189,4 Hz
e) 320,5 Hz

6. a) $u = \hat{U} \sin 2\pi f t = 65\text{ V} \cdot \sin(314\text{ s}^{-1} \cdot 0{,}3\text{ s})$
$= 65\text{ V} \cdot \sin 94{,}2 = 65\text{ V} \cdot \sin 5400° =$
$= 65\text{ V} \cdot \sin 0° = 0$ V b) 0 V c) 52,6 V d) 30,4 V
e) 37,6 V f) 39,4 V

7. a) $\sin \omega t = \frac{i}{\hat{I}} = \frac{0{,}5\text{ A}}{15\text{ A}} = 0{,}0333$;
$\sin(628{,}32\text{ s}^{-1} \cdot t) = 0{,}0333$; $t = 53 \cdot 10^{-6}$ s
b) $159 \cdot 10^{-6}$ s c) $0{,}71 \cdot 10^{-3}$ s d) $1{,}161 \cdot 10^{-3}$ s
e) $2{,}09 \cdot 10^{-3}$ s

8. a) $\hat{U} = \dfrac{u}{\sin 2\pi f t} = \dfrac{209{,}24\ \mathrm{V}}{\sin(314\ \mathrm{s}^{-1}\cdot 0{,}004\ \mathrm{s})} = \dfrac{209{,}24\ \mathrm{V}}{\sin 72^\circ} = \underline{220\ \mathrm{V}}$

b) $\underline{128\ \mathrm{V}}$ c) $\underline{100\ \mathrm{V}}$ d) $\underline{225\ \mathrm{V}}$

9. a) $u = \hat{U} \sin 2\pi f t = 220\ \mathrm{V} \cdot \sin(157{,}08\ \mathrm{s}^{-1} \times 0{,}02\ \mathrm{s}) = 220\ \mathrm{V} \cdot \sin 180^\circ = \underline{0\ \mathrm{V}}$ b) $\underline{81\ \mathrm{V}}$ c) $\underline{0\ \mathrm{V}}$ d) $\underline{106\ \mathrm{V}}$ e) $\underline{54{,}7\ \mathrm{V}}$

10. a) $\sin \omega t = 0{,}5$; $\omega t = 30^\circ$ bzw. 150° oder 150° bzw. 210°;

$\omega \Delta t_1 = 150^\circ - 30^\circ = 120^\circ = 2{,}09440\ \mathrm{rad}$; $\Delta t_1 = \underline{0{,}02\ \mathrm{s}}$;

$\omega \Delta t_2 = 210^\circ - 150^\circ = 60^\circ = 1{,}04720\ \mathrm{rad}$; $\Delta t_2 = \underline{0{,}01\ \mathrm{s}}$

b) $\underline{0{,}0067\ \mathrm{s}}$ bzw. $\underline{0{,}0033\ \mathrm{s}}$ c) $\underline{0{,}0033\ \mathrm{s}}$ bzw. $\underline{0{,}0017\ \mathrm{s}}$ d) $\underline{0{,}00042\ \mathrm{s}}$ bzw. $\underline{0{,}00021\ \mathrm{s}}$

11. a) $\sin \omega t = 0{,}1$; $\omega t = \underline{5{,}74^\circ}$ b) $\underline{11{,}54^\circ}$ c) $\underline{17{,}46^\circ}$ d) $\underline{30^\circ}$ e) $\underline{44{,}43^\circ}$ f) $\underline{53{,}13^\circ}$ g) $\underline{64{,}16^\circ}$

12. a) $0{,}75\ \hat{U} = \hat{U} \sin \omega t_1$; $\omega t_1 = 48{,}59^\circ$;
$\Delta\omega t = \omega t_2 - \omega t_1 = 90^\circ - 48{,}59^\circ = 41{,}41^\circ = 0{,}7227\ \mathrm{rad}$;

$f = \dfrac{\Delta \omega t}{2\pi \Delta t} = \dfrac{722{,}7}{6{,}283\ \mathrm{s}} = \underline{115\ \mathrm{Hz}}$

b) $\underline{88{,}3\ \mathrm{Hz}}$ c) $\underline{50{,}55\ \mathrm{Hz}}$ d) $\underline{31{,}9\ \mathrm{Hz}}$ e) $\underline{22{,}5\ \mathrm{Hz}}$

13. a) $0{,}1 = \sin \omega t_1$; $\omega t_2 = 11{,}5^\circ$; $\Delta \omega t = 5{,}8^\circ = 0{,}101\ \mathrm{rad}$;

$f = \dfrac{\Delta \omega t}{2\pi\, \Delta t} = \underline{8{,}06\ \mathrm{Hz}}$ b) $\underline{8{,}22\ \mathrm{Hz}}$ c) $\underline{17{,}42\ \mathrm{Hz}}$

d) $\underline{33{,}69\ \mathrm{Hz}}$ e) $\underline{65{,}82\ \mathrm{Hz}}$

14. a) $\omega \Delta t = 12^\circ = 0{,}21\ \mathrm{rad}$; $\Delta t = \dfrac{\omega \Delta t}{2\pi f} = 0{,}00067\ \mathrm{s}$; bzw. 348° und $\Delta t = \underline{0{,}0193\ \mathrm{s}}$ b) $\underline{0{,}0025\ \mathrm{s}}$ und $\underline{0{,}0175\ \mathrm{s}}$ c) $\underline{0{,}0047\ \mathrm{s}}$ und $\underline{0{,}0153\ \mathrm{s}}$ d) $\underline{0{,}00083\ \mathrm{s}}$ und $\underline{0{,}0092\ \mathrm{s}}$ e) $\underline{0{,}00167\ \mathrm{s}}$ und $\underline{0{,}0083\ \mathrm{s}}$ f) $\underline{0{,}00025\ \mathrm{s}}$ und $\underline{0{,}00075\ \mathrm{s}}$

15. (Bild 174) a) $T = t_1 + t_2 = 0{,}02\ \mathrm{s}$;

$f = \dfrac{1}{T} = \dfrac{1}{0{,}02\ \mathrm{s}} = \underline{50\ \mathrm{Hz}}$;

$\varphi_1 = \omega t_1 = 314\ ^1/\mathrm{s} \cdot 0{,}015\ \mathrm{s} = 4{,}71\ \mathrm{rad} = \underline{270^\circ}$ bzw. $\varphi_2 = 314\ ^1/\mathrm{s} \cdot 0{,}005\ \mathrm{s} = 1{,}57\ \mathrm{rad} = \underline{90^\circ}$

b) $\underline{50\ \mathrm{Hz}}$; $\underline{324^\circ}$ bzw. $\underline{36^\circ}$

c) $\underline{1666{,}7\ \mathrm{Hz}}$; $\underline{336^\circ}$ bzw. $\underline{24^\circ}$

d) $\underline{1250\ \mathrm{Hz}}$; $\underline{211{,}5^\circ}$ bzw. $\underline{148{,}5^\circ}$

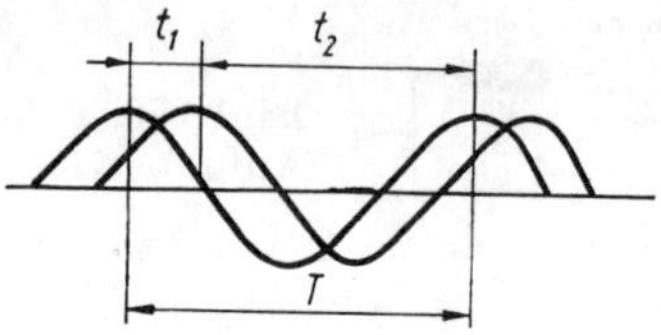

Bild 174. Aufgabe 15

16. $0{,}4 = \sin(\omega t + \varphi)$; $0{,}3333 = \sin \omega t$; $\omega t = 19{,}47^\circ$; $0{,}4 = \sin(19{,}47^\circ + \varphi)$; $19{,}47^\circ + \varphi = 23{,}58^\circ$; $\varphi = \underline{4{,}11^\circ}$

17. $i_1 = 6\ \mathrm{A} \sin(\omega t + 25^\circ)$; $1{,}5\ \mathrm{A} = 6\ \mathrm{A} \sin \omega t$; $\omega t = 14{,}48^\circ$;
$i_1 = 6\ \mathrm{A} \sin 39{,}48^\circ = 6\ \mathrm{A} \cdot 0{,}6358 = 3{,}815\ \mathrm{A}$
oder: $i_2 = 6\ \mathrm{A} \sin \omega t$;
$1{,}5\ \mathrm{A} = 6\ \mathrm{A} \sin(\omega t + 25^\circ)$, wonach $\omega t = -10{,}52^\circ$ und $i_2 = -\underline{1{,}10\ \mathrm{A}}$ ist.

18. a) $\sin(314\ ^1/\mathrm{s} \cdot 0{,}001\ \mathrm{s} + \varphi) = 1$;

$0{,}314 + \varphi = \dfrac{\pi}{2} = \underline{90^\circ}$; $\varphi = 90^\circ - 18^\circ = \underline{72^\circ}$

b) $\underline{63^\circ}$ c) $\underline{234^\circ}$

19. a) $\hat{U} = U\sqrt{2} = \underline{311\ \mathrm{V}}$ b) $\underline{321\ \mathrm{V}}$ c) $\underline{308\ \mathrm{V}}$ d) $\underline{2{,}12\ \mathrm{A}}$ e) $\underline{0{,}28\ \mathrm{A}}$

20. a) $U = \dfrac{\hat{U}}{\sqrt{2}} = \dfrac{125\ \mathrm{V}}{1{,}414} = \underline{88{,}4\ \mathrm{V}}$

b) $\underline{113{,}1\ \mathrm{V}}$ c) $\underline{176{,}8\ \mathrm{V}}$ d) $\underline{247{,}5\ \mathrm{V}}$

e) $\underline{353{,}6\ \mathrm{V}}$ f) $\underline{495\ \mathrm{V}}$ g) $\underline{707\ \mathrm{V}}$

21. a) $U = \dfrac{\hat{U}}{3\sqrt{2}} = \dfrac{250\ \mathrm{V}}{3 \cdot 1{,}414} = \underline{59\ \mathrm{V}}$

b) $\underline{117{,}9\ \mathrm{V}}$ c) $\underline{283\ \mathrm{V}}$ d) $\underline{471\ \mathrm{V}}$

22. a) $U = \dfrac{\hat{U} \cdot 1{,}5}{3\sqrt{2}} = \dfrac{160\ \mathrm{V} \cdot 1{,}5}{3\sqrt{2}} = \underline{56{,}6\ \mathrm{V}}$

b) $\underline{88{,}4\ \mathrm{V}}$ c) $\underline{124\ \mathrm{V}}$

23. a) $\hat{I} = \dfrac{P\sqrt{2}}{U} = \dfrac{25\ \mathrm{W} \cdot 1{,}414}{220\ \mathrm{V}} = \underline{0{,}161\ \mathrm{A}}$

b) $\underline{0{,}257\ \mathrm{A}}$ c) $\underline{0{,}386\ \mathrm{A}}$ d) $\underline{0{,}482\ \mathrm{A}}$ e) $\underline{0{,}643\ \mathrm{A}}$

24. a) $\hat{P} = P(\sqrt{2})^2 = 25\ \mathrm{W} \cdot 2 = \underline{50\ \mathrm{W}}$

b) $\underline{80\ \mathrm{W}}$ c) $\underline{120\ \mathrm{W}}$ d) $\underline{150\ \mathrm{W}}$ e) $\underline{200\ \mathrm{W}}$

25. a) $|\overline{i}| = \dfrac{2\hat{I}}{\pi} = 1{,}2\ \mathrm{A} \cdot 0{,}637 = \underline{0{,}76\ \mathrm{A}}$

b) $\underline{1{,}78\ \mathrm{A}}$ c) $\underline{4{,}14\ \mathrm{A}}$

26. a) $\overline{|i|} = \frac{2I\sqrt{2}}{\pi} = \underline{1{,}62\ \text{A}}$

b) $\underline{2{,}25\ \text{A}}$ c) $\underline{3{,}33\ \text{A}}$ d) $\underline{21{,}6\ \text{A}}$

27. a) $\hat{U} = \frac{\overline{|u|}\pi}{2} = \frac{3{,}8\ \text{V}}{0{,}637} = \underline{5{,}97\ \text{V}}$

b) $\underline{6{,}59\ \text{V}}$ c) $\underline{8{,}33\ \text{V}}$

28. a) $\overline{|u|} = \frac{\hat{U}}{\pi} = \underline{2{,}07\ \text{V}}$

b) $\underline{2{,}71\ \text{V}}$ c) $\underline{5{,}25\ \text{V}}$

29. a) $\hat{U} = \overline{|u|}\,\pi = \underline{37{,}7\ \text{V}}$ b) $\underline{62{,}8\ \text{V}}$

c) $\underline{116\ \text{V}}$

30. a) Arithmetischer Mittelwert: Die 1. Viertelperiode wird in 6 Teile geteilt. Die Summe der Ordinaten vom 0. bis 5. Teilpunkt ist 7,65 A, diejenige vom 1. bis 6. Teilpunkt ist 10,65 A. Das arithmetische Mittel hieraus ist 9,15 A. Das arithmetische Mittel der Stromwerte ist $\overline{|i|} = \frac{9{,}15\text{A}}{6} = \underline{1{,}52\ \text{A}}$. Für den Effektivwert verfährt man wie vorhin, summiert aber die Quadrate der Ordinaten und erhält die beiden Summen 16,9 A^2 und 25,9 A^2. Das arithmetische Mittel hiervon ist 21,4 A^2. Das arithmetische Mittel aller Quadrate ist $\frac{21{,}4\text{A}^2}{6} = 3{,}6\ \text{A}^2$. $I = \sqrt{3{,}6\ \text{A}^2} = \underline{1{,}9\ \text{A}}$; Formfaktor $k_f = \frac{1{,}9\ \text{A}}{1{,}52\ \text{A}} = \underline{1{,}25}$;

Scheitelfaktor $k_s = \frac{3\ \text{A}}{1{,}9\ \text{A}} = \underline{1{,}58}$

b) $\overline{|i|} = \underline{1{,}4\ \text{A}}$; $I = \underline{1{,}9\ \text{A}}$; Formfaktor 1,36; Scheitelfaktor $\underline{1{,}95}$

31. a) Mit 6 Teilpunkten von 0 bis 90° erhält man die Ordinatensummen 3,25 V und 4,25 V. Arithmetisches Mittel hiervon ist 3,75 V. Dies durch 6 dividiert, ergibt $U_{\text{mi}} = \underline{0{,}63\ \text{V}}$. Für die Effektivwerte erhält man die entsprechenden Quadratsummen 2,412 V^2 und 3,412 V^2 mit dem Mittelwert 2,912 V^2. Die Quadratwurzel aus dem 6. Teil hiervon ist $U = \underline{0{,}70\ \text{V}}$.

Formfaktor $k_f = \frac{0{,}70\ \text{V}}{0{,}63\ \text{V}} = \underline{1{,}11}$;

Scheitelfaktor $k_s = \frac{1\ \text{V}}{0{,}70\ \text{V}} = \underline{1{,}43}$

b) arithmetischer Mittelwert $U_{\text{mi}} = \underline{5\ \text{V}}$; Ober- und Untersumme der Ordinatenquadrate sind 137,7 V^2 und 237,7 V^2; Mittelwert 187,7 V^2; $U = \sqrt{31{,}3\ \text{V}^2} = \underline{5{,}6\ \text{V}}$; Formfaktor $k_f = \underline{1{,}26}$;

Scheitelfaktor $k_s = \underline{1{,}79}$

32. a) $\overline{|i|} = \underline{4\ \text{A}}$; $I = \underline{4{,}24\ \text{A}}$

b) $\overline{|i|} = \underline{6\ \text{A}}$; $I = \underline{6{,}00\ \text{A}}$

c) $\overline{|i|} = \underline{3\ \text{A}}$; $I = \underline{3{,}67\ \text{A}}$

33. $k = \frac{I}{\overline{|i|}} = \frac{I\pi}{2\hat{I}} = \frac{\pi}{2\sqrt{2}} = \underline{1{,}11}$;

$k_s = \frac{\hat{I}}{I} = \frac{I\sqrt{2}}{I} = \underline{1{,}414}$

34. a) $U = \frac{\hat{U}}{k_s} = \frac{175\ \text{V}}{1{,}52} = \underline{115\ \text{V}}$

b) $\underline{16{,}1\ \text{A}}$ c) $\underline{0{,}7485\ \text{Vs/m}^2}$

d) $\underline{2{,}128 \cdot 10^{-3}\ \text{Vs}}$ e) $\underline{1374\ \text{A/m}}$

35. a) 1. Weg:

$U = \sqrt{U_1^2 + U_2^2 + 2\,U_1U_2\cos\varphi} = \underline{217{,}9\ \text{V}}$

$\tan\varphi_g = \frac{U_2\sin\varphi}{U_1 + U_2\cos\varphi} = 0{,}742$; $\varphi_g = \underline{36{,}6°}$

2. Weg (Bild 175): Man zerlege U_2 in die beiden Komponenten $U_2\cos 60° = 75$ V und $U_2 \sin 60° = 129{,}9$ V und erhält U als Resultierende:

$U = \sqrt{(U_1 + U_2\cos\varphi)^2 + U_2^2\sin^2\varphi} = \underline{217{,}9\ \text{V}}$

b) $\underline{120{,}7\ \text{V}}$; $\underline{15{,}6°}$ c) $\underline{236{,}5\ \text{V}}$; $\underline{22{,}5°}$

d) $\underline{270{,}2\ \text{V}}$; $\underline{23{,}2°}$ e) $\underline{51{,}9\ \text{V}}$; $\underline{39{,}5°}$

36. a) $\cos\varphi = \frac{I^2 - I_1^2 - I_2^2}{2\,I_1I_2} = \frac{(36 - 25 - 12{,}25)\,\text{A}^2}{35\ \text{A}^2} = -0{,}03571$; $\varphi = \underline{92{,}0°}$

b) $\underline{67{,}1°}$ c) $\underline{71{,}8°}$ d) $\underline{61{,}3°}$

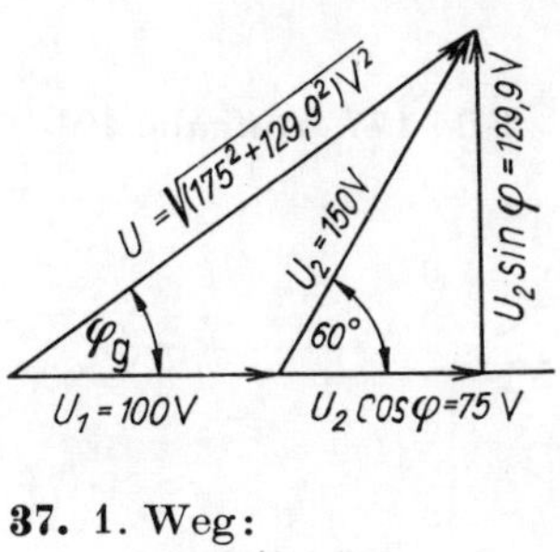

Bild 175.
Aufgabe 35a

37. 1. Weg:

$U = \sqrt{U_1^2 + U_2^2 + 2\,U_1U_2\cos\varphi} = \underline{214{,}8\ \text{V}}$

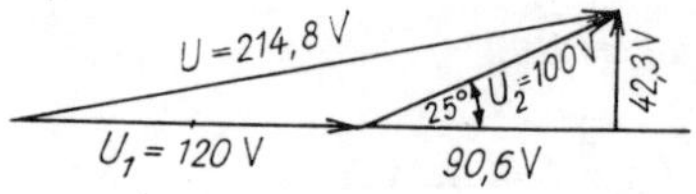

Bild 176. Aufgabe 37

2. Weg (Bild 176): Man zerlege die Spannung $U_2 = 100$ V wie in Aufgabe 35 in die beiden Komponenten $U_2 \cos\varphi = 90{,}6$ V und $U_2 \sin\varphi = 42{,}3$ V. Die resultierende Spannung ist dann

$$U = \sqrt{(U_1 + U_2 \cos\varphi)^2 + U_2^2 \sin^2\varphi} = \underline{214{,}8\text{ V}}$$

38. a) $U = U_1 + U_2 = \underline{200\text{ V}}$

b) $U = \sqrt{U_1^2 + U_2^2 + 2\,U_1 U_2 \cos\varphi} = \underline{193{,}6\text{ V}}$

c) $\underline{175\text{ V}}$ d) $\underline{145{,}8\text{ V}}$ e) $\underline{109\text{ V}}$ f) $\underline{50\text{ V}}$

39. a) $I = \sqrt{I_1^2 + I_2^2} = \underline{32{,}4\text{ A}}$ b) $\underline{35{,}4\text{ A}}$

c) $\underline{50{,}3\text{ A}}$ d) $\underline{136{,}5\text{ A}}$

40. 1. Weg: $U = U_1 \sqrt{2\,(1 + \cos\varphi)}$;

$$U_1 = \frac{U}{\sqrt{2\,(1 + \cos\varphi}};$$

a) $\underline{88{,}4\text{ V}}$ b) $\underline{72{,}2\text{ V}}$ c) $\underline{64{,}7\text{ V}}$

2. Weg: Nach Bild 177 findet man z. B. für Fall b)

$$U_1 = \frac{U/2}{\cos 30°} = \frac{62{,}5\text{ V}}{0{,}866} = \underline{72{,}2\text{ V}}$$

41. 1. Weg: $I_{1+2} = \sqrt{I_1^2 + I_2^2 + 2\,I_1 I_2 \cos\varphi} = 10\sqrt{3}$ A; der Phasenwinkel dieses Stromes gegenüber I_3 ist 90°, so daß

$$I = \sqrt{I_3^2 + (I_{1+2})^2} = \underline{20\text{ A}} \text{ ist.}$$

2. Weg (Bild 178): Aus den geometrischen Verhältnissen des Stromdiagramms erkennt man unmittelbar, daß $I = 20$ A sein muß.

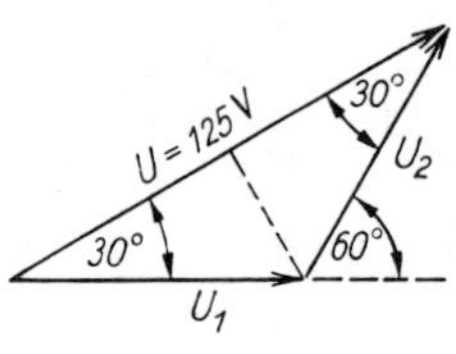

Bild 177. Aufgabe 40b

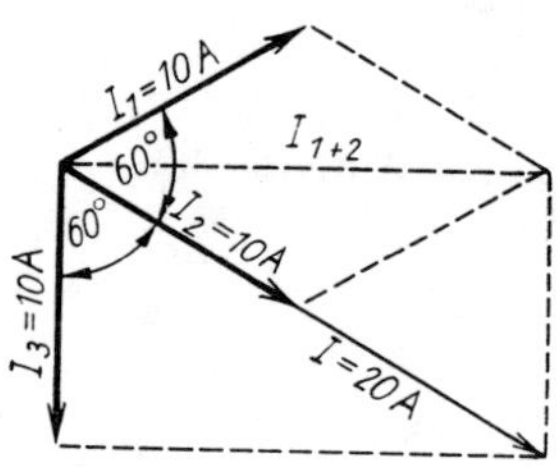

Bild 178. Aufgabe 41

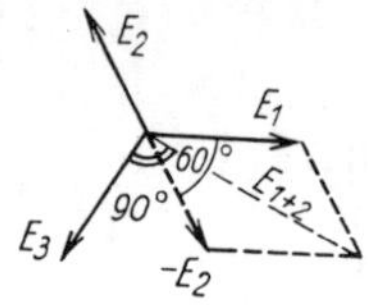

Bild 179. Aufgabe 42

42. Die von E_1 und E_2 erzeugte Spannung ergibt sich durch geometrische Addition nach Umwendung des Zeigers E_2 (Bild 179), wobei der Phasenwinkel $\varphi_{2,1} = 60°$ und $E_{1+2} = E\sqrt{3}$ (Spannung der ersten Gruppe). Der Phasenwinkel zwischen E_{1+2} und E_3 ergibt sich zu 90°, weshalb auch die Ströme um 90° verschoben sind und

$$I = \sqrt{I_1^2 + I_2^2} = \underline{21{,}5\text{ A}} \text{ ist.}$$

43. a) Reihenschaltung:

$$E = \sqrt{E_1^2 + E_2^2 + 2E_1E_2 \cos\varphi} = \underline{131{,}7\text{ V}}$$

Gegenreihenschaltung:

$$E = \sqrt{E_1^2 + E_2^2 - 2E_1E_2 \cos\varphi} = \underline{51{,}4\text{ V}}$$

b) $\underline{127{,}2\text{ V}}$ und $\underline{61{,}9\text{ V}}$ c) $\underline{121{,}7\text{ V}}$ und $\underline{72{,}1\text{ V}}$

44. a) $L = \dfrac{U}{\omega I} = \dfrac{18\text{ V}}{314\,{}^1/_\text{s} \cdot 2\text{ A}} = \underline{0{,}0286\text{ H}}$

b) $\underline{63{,}7\text{ mH}}$ c) $\underline{49{,}7\text{ mH}}$ d) $\underline{24{,}9\text{ mH}}$ e) $\underline{58{,}6\text{ mH}}$

45. a) $X_L' = \omega' L = \dfrac{\omega' X_L}{\omega} = \dfrac{f' X_L}{f} = \underline{11{,}5\ \Omega}$

b) $\underline{14{,}4\ \Omega}$ c) $\underline{24\ \Omega}$ d) $\underline{192\ \Omega}$

46. a) $I = \dfrac{U}{2\pi f L} = \underline{143\text{ mA}}$ b) $\underline{3{,}45\text{ mA}}$

c) $\underline{16{,}2\text{ A}}$ d) $\underline{21{,}9\text{ A}}$

47. a) $L = \dfrac{\mu_0 N^2 A}{2\delta} = 0{,}212$ H;

$I = \dfrac{U}{2\pi f L} = \underline{1{,}88\text{ A}}$ b) $\underline{0{,}733\text{ A}}$ c) $\underline{0{,}209\text{ A}}$

48. a) $f = f_1 \dfrac{X_{L2}}{X_{L1}} = \dfrac{500 \cdot 85\ \Omega}{\text{s} \cdot 78\ \Omega} = \underline{545\text{ Hz}}$

b) $\underline{769\text{ Hz}}$ c) $\underline{320{,}5\text{ Hz}}$

49. $X_L = \dfrac{U}{I}$; $L = \dfrac{X_L}{\omega}$;

$$N = \sqrt{\frac{L 2\delta}{\mu_0 A}} = \sqrt{\frac{U 2\delta}{I\omega\mu_0 A}} = \underline{662\text{ Windungen}}$$

50. a) $L = \frac{X_L}{\omega}$;

$N = \underline{548 \text{ Windungen}}$ (siehe Aufg. 49)

b) $\underline{476 \text{ Wdg}}$ c) $\underline{433 \text{ Wdg}}$

51. Die Spulenfeldstärke ist $H = \frac{IN}{d_m \pi} =$ 588 A/m; die Induktion nach der Magnetisierungskurve ist $B = 1{,}25 \text{ Vs/m}^2$;

$U = 2\pi I f L$; mit $L = \frac{\Phi N}{I}$ und $\Phi = BA$ ist

$U = \frac{2\pi I f BAN}{I} = \underline{20{,}8 \text{ V}}$

52. Nach Band I ist

$$L = \frac{\mu_0}{\pi} l \left(2{,}3 \lg \frac{20}{0{,}334} + 0{,}25\right) = 0{,}0434 \text{ H};$$

$U = I 2\pi f L = \underline{614 \text{ V}}$

53. a) $L = \underline{0{,}047 \text{ H}}$; $U = \underline{671 \text{ V}}$ b) $\underline{743 \text{ V}}$

54. a) $X_C = \frac{1}{2\pi f C} = \underline{6366\ \Omega}$ b) $\underline{3979\ \Omega}$

c) $\underline{265\ \Omega}$ d) $\underline{6366\ \Omega}$ e) $\underline{758\ \Omega}$ f) $\underline{159\ \Omega}$

55. a) $I = \frac{U}{X_C} = \underline{U 2\pi f C} = \underline{0{,}138 \text{ A}}$

b) $\underline{0{,}311 \text{ A}}$ c) $\underline{0{,}0118 \text{ A}}$ d) $\underline{3{,}016 \text{ A}}$

e) $\underline{0{,}188 \text{ A}}$ f) $\underline{0{,}132 \text{ A}}$

56. a) $\omega = \frac{1}{X_C C} = \frac{10^6}{10\ \Omega \cdot 1 \text{ F}} = 10^5 \text{ 1/s}$;

$f = \frac{10^5 \text{ 1/s}}{6{,}28} = \underline{15{,}9 \text{ kHz}}$

b) $\underline{53 \text{ kHz}}$ c) $\underline{0{,}32 \text{ MHz}}$ d) $\underline{32 \text{ MHz}}$

57. a) $f = \frac{I}{2\pi U C} = \frac{0{,}6 \text{ A} \cdot 10^6}{6{,}28 \cdot 218 \text{ V} \cdot 5 \text{ F}} =$

$= \underline{87{,}6 \text{ Hz}}$ b) $\underline{116{,}8 \text{ Hz}}$ c) $\underline{50 \text{ Hz}}$

58. a) $C = \frac{I}{\omega U} = \frac{5{,}89 \cdot 10^{-3} \text{ A}}{314 \text{ 1/s} \cdot 125 \text{ V}} = \underline{0{,}15\ \mu\text{F}}$

b) $\underline{0{,}45\ \mu\text{F}}$ c) $\underline{0{,}61\ \mu\text{F}}$ d) $\underline{1{,}27\ \mu\text{F}}$ e) $\underline{5{,}09\ \mu\text{F}}$

59. $U = \frac{I}{\omega C} = \frac{\sqrt{2} \cdot 0{,}1 \text{ A} \cdot 10^6}{314 \text{ 1/s} \cdot 1{,}2 \text{ F}} = \underline{375 \text{ V}}$

60. $I = U 2\pi f C \pm 10\%$; d. h. zwischen $\underline{0{,}269 \text{ A}}$ und $\underline{0{,}328 \text{ A}}$

61. a) $C = 1{,}415\ \mu\text{F}$; Abweichung:

$-\frac{0{,}085\ \mu\text{F}}{1{,}5\ \mu\text{F}} = \underline{-5{,}7\%}$ b) $\underline{+2{,}8\%}$

c) $\underline{+8{,}5\%}$

62.

	Z	$\tan\varphi$	φ
a)	1,18 Ω	0,628	32,1°
b)	21,7 Ω	1,047	46,3°
c)	9545 Ω	6,28	81,0°
d)	587 kΩ	0,8378	40,0°
e)	4,47 MΩ	1,571	57,5°
f)	86,7 kΩ	1,924	62,5°

63. $R = \frac{\omega L}{\tan\varphi}$ a) $R = \underline{785\ \Omega}$ b) $\underline{283 \text{ k}\Omega}$

c) $\underline{2890\ \Omega}$

64. $L = \frac{R \tan 30°}{\omega}$ a) $L = \underline{6{,}4 \text{ mH}}$

b) $\underline{0{,}044 \text{ mH}}$ c) $\underline{0{,}026 \text{ H}}$

65. $f = \frac{R \tan 8°}{2\pi L}$ a) $f = \underline{5{,}59 \text{ Hz}}$ b) $\underline{671 \text{ Hz}}$

c) $\underline{13{,}4 \text{ MHz}}$

66. $L = \frac{R \tan\varphi}{2\pi f} =$

a)	b)	c)	d)
10,93 μH	0,0524 H	0,0693 H	0,278 μH

$Z = \frac{R}{\cos\varphi} = \underline{34{,}39\ \Omega}$ $\underline{15{,}2\ \Omega}$ $\underline{154{,}5\ \Omega}$ $\underline{0{,}01\ \Omega}$

67. $L = \frac{\sqrt{Z^2 - R^2}}{2\pi f} = \frac{\sqrt{5822^2\ \Omega^2 - 4000^2\ \Omega^2}}{2\pi \cdot 1000 \text{ 1/s}} =$

$= \underline{0{,}67 \text{ H}}$

68. $R = Z \cos\varphi =$

a)	b)	c)	d)
1400 Ω	238,7 Ω	66,76 Ω	2,55 Ω

$L = \frac{Z \sin\varphi}{2\pi f} =$

7,72 H	0,815 H	0,086 H	2,80 mH

69. a)

$I = \frac{U}{\sqrt{R^2 + (\omega L)^2}} = \underline{32{,}2 \text{ mA}}$

b)	c)	d)
18,2 mA	7,89 mA	0,95 mA

70. $L = \dfrac{\sqrt{\dfrac{U^2}{I^2} - R^2}}{2\pi f} = \underline{32{,}7\ \text{mH}}$

71. $L = U \dfrac{\sqrt{\dfrac{1}{I_2^2} - \dfrac{1}{I_1^2}}}{2\pi f} = \underline{46\ \text{mH}}$

72. $R = \dfrac{U_R}{I} = \underline{6{,}33\ \Omega}$;

$U_L = \sqrt{U^2 - U_R^2} = \underline{4{,}25\ \text{V}}$;

$L = \dfrac{\sqrt{\dfrac{U^2}{I^2} - R^2}}{2\pi f} = \underline{22{,}5\ \text{mH}}$

73. $\cos\varphi = \dfrac{U_R}{U}$;

	a)	b)	c)	d)
$\varphi =$	$\underline{33{,}6°}$	$\underline{84{,}3°}$	$\underline{60°}$	$\underline{43{,}3°}$
$R = \dfrac{U_R}{I} =$	$\underline{5\ \Omega}$	$\underline{20\ \Omega}$	$\underline{68{,}6\ \Omega}$	$\underline{0{,}5\ \Omega}$
$L = \dfrac{\sqrt{Z^2 - R^2}}{2\pi f} =$	$\underline{10{,}57\ \text{mH}}$	$\underline{0{,}638\ \text{H}}$	$\underline{0{,}378\ \text{H}}$	$\underline{1{,}5\ \text{mH}}$

74. $\cos\varphi = \dfrac{U_R}{U} = \dfrac{RI}{U} =$

	a)	b)	c)	d)
	0,5667	0,75	0,6486	0,6468
$\varphi =$	$\underline{55{,}5°}$	$\underline{41{,}4°}$	$\underline{49{,}6°}$	$\underline{49{,}7°}$

75. $\omega L = R \tan 30°$; Kombinationswiderstand $R' = \dfrac{RR_x}{R + R_x}$;

$\tan 80° = \dfrac{\omega L}{R'} = \dfrac{R \tan 30°}{R'}$; $R' = 1{,}83\ \Omega$;

$R_x = \underline{2{,}04\ \Omega}$

76. $Z = 36{,}207\ \Omega$; neuer Scheinwiderstand $Z' = 32{,}574\ \Omega$; Kombinationswiderstand $R' = 8{,}665\ \Omega$; $R_x = \underline{16{,}71\ \Omega}$

77. Ursprünglicher Phasenwinkel $\varphi = 63°$; neuer Phasenwinkel $\varphi' = 75{,}6°$; Kombinationswiderstand $R' = 8{,}06\ \Omega$; $R_x = \underline{16{,}24\ \Omega}$

78. Da das Widerstandsdiagramm dem ursprünglichen geometrisch ähnlich ist, muß der Kombinationswiderstand $R || R_x$ ebenfalls um 30 % kleiner als R sein, d. h. 4,9 Ω; $R_x = \underline{16{,}33\ \Omega}$

79. Der Scheinwiderstand Z bleibt unverändert 19,76 Ω; $\omega L' = R' \tan 85°$; $19{,}76\ \Omega = \sqrt{R'^2 + (11{,}43\ R')^2}$; $R' = 1{,}722\ \Omega$; $R_x = \underline{2{,}01\ \Omega}$; aus der ersten Gleichung ergibt sich $L' = \underline{0{,}0627\ \text{H}}$

80. (Bild 180) Im Stromkreis liegen 3 Wirkwiderstände und 3 induktive Widerstände in Reihe. a) $Z_V = 74{,}57\ \Omega$; der Strom ergibt sich aus der Spannung und dem Scheinwiderstand des Verbrauchers: $I = \dfrac{U}{Z_V} = \dfrac{10\,000\ \text{V}}{74{,}57\ \Omega} = \underline{134{,}1\ \text{A}}$

b) Die Induktivität der Leitung ergibt sich (nach Band I) zu $L_L = 40$ mH;

$$R_L = \frac{0{,}02\ \Omega\text{mm}^2/\text{m} \cdot 36000\ \text{m}}{50{,}27\ \text{mm}^2} = 14{,}32\ \Omega$$

induktiver Widerstand der Leitung $\omega L_L = 12{,}57\ \Omega$;

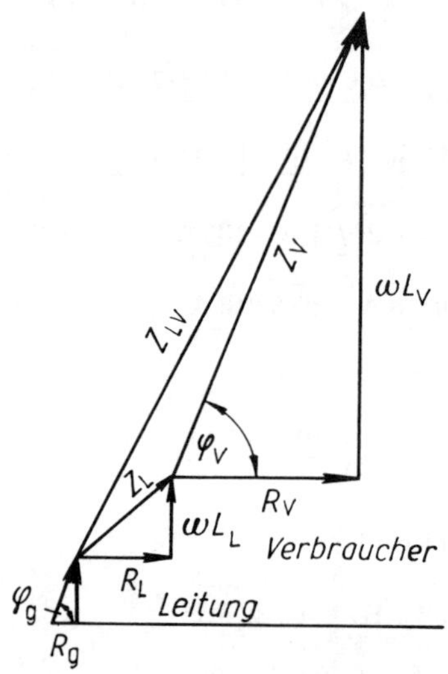

Bild 180. Aufgabe 80

Gesamtwiderstand von Leitung und Verbraucher

$Z_{LV} = \sqrt{(R_L + R_V)^2 + (\omega L_L + \omega L_V)^2} = 92{,}0\ \Omega$

$U_g = Z_{LV} I = \underline{12337\ \text{V}}$

c) Die geometrische Addition aller Wirk- und Blindwiderstände ergibt $Z = 112{,}84\ \Omega$ und mit dem Strom I die EMK $\underline{15132\ \text{V}}$.

d) $\tan\varphi_V = \dfrac{\omega L_V}{R_V} = \dfrac{69{,}11\ \Omega}{28\ \Omega}$; $\varphi_V = \underline{67{,}9°}$

e) $\tan\varphi_g = \dfrac{\omega L_g}{R_g} = \dfrac{11\ \Omega}{3{,}2\ \Omega}$; $\varphi_g = \underline{73{,}8°}$

81. $X_L^2 = Z^2 - R^2$;

$R' = \sqrt{Z'^2 - X_L^2} = \sqrt{Z'^2 - Z^2 + R^2}$; mit

$Z = \dfrac{U}{I} = 24{,}44\ \Omega$ und $Z' = \dfrac{U}{I'} = 73{,}33\ \Omega$

wird $R' = 69{,}25\ \Omega$ und

$R_V = R' - R = \underline{65{,}25\ \Omega}$

82. $R = Z\cos\varphi = \underline{173{,}2\ \Omega}$;

$L = \dfrac{Z\sin\varphi}{2\pi f} = \underline{0{,}025\ \mathrm{H}}$

83. $X_L = \sqrt{Z^2 - R^2} = \underline{812{,}4\ \Omega}$;

$L = \dfrac{X_L}{2\pi f} = \underline{1{,}29\ \mathrm{H}}$

84. (Bild 181) Mit $Z = \dfrac{E}{I} = \dfrac{80\ \mathrm{V}}{8\ \mathrm{A}} = 10\ \Omega$ wird

$$L = \frac{\sqrt{Z^2 - \left(R_a + \dfrac{U}{I}\right)^2}}{2\pi f} = \underline{0{,}02\ \mathrm{H}}$$

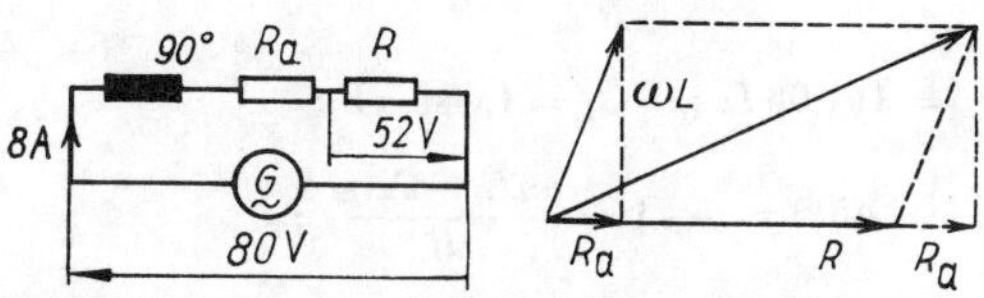

Bild 181a und b. Aufgabe 84

85. a) $Z = \sqrt{R^2 + \dfrac{1}{(\omega C)^2}} = \underline{31821\ \Omega}$;

$\tan\varphi = \dfrac{1}{R\omega C} = 0{,}3537$; $\varphi = \underline{19{,}5°}$

b) $Z = \underline{2301\ \Omega}$; $\varphi = \underline{29{,}61°}$ c) $Z = \underline{673{,}9\ \Omega}$;

$\varphi = \underline{79{,}74°}$ d) $\underline{64{,}9\ \Omega}$; $\varphi = \underline{76{,}64°}$

e) $Z = \underline{30724\ \Omega}$; $\varphi = \underline{12{,}46°}$

f) $Z = \underline{2533\ \Omega}$; $\varphi = \underline{75{,}13°}$

86. $U_C = \sqrt{U^2 - U_R^2} = 181\ \mathrm{V}$;

$C = \dfrac{W}{U U_C \omega} = \underline{2{,}11\ \mu\mathrm{F}}$

87. a) $I = \dfrac{U}{\sqrt{R^2 + \left(\dfrac{1}{\omega C}\right)^2}} = \underline{9{,}9\ \mathrm{mA}}$

b) $I' = 14{,}85\ \mathrm{mA}$; $Z' = \dfrac{U}{I'} = 5387\ \Omega$;

$\dfrac{1}{\omega C} = \sqrt{Z'^2 - R^2}$; $C = \dfrac{1}{\omega\sqrt{Z'^2 - R^2}} = \underline{1{,}59\ \mu\mathrm{F}}$

88. a) $Z = \dfrac{80\ \mathrm{V}}{0{,}015\ \mathrm{A}} = 5333\ \Omega$;

$f = \dfrac{1}{2\pi C\sqrt{Z^2 - R^2}} = \underline{172\ \mathrm{Hz}}$

b) $\underline{33{,}8\ \mathrm{Hz}}$ c) $\underline{20{,}9\ \mathrm{Hz}}$

89. Der kapazitive Widerstand muß ebenfalls 1 kΩ betragen, so daß

$C = \dfrac{1}{2\pi f X_C} = \underline{318\ \mu\mathrm{F}}$

90. Es besteht die Gleichung

$$I = \frac{3U}{2\sqrt{R^2 + \left(\dfrac{1}{\omega C}\right)^2}} = \frac{U}{\sqrt{R^2 + \left(\dfrac{1}{2\omega C}\right)^2}}$$

Die Auflösung ergibt $C = \dfrac{1}{\omega R}\sqrt{\dfrac{7}{20}} = \underline{1{,}18\ \mu\mathrm{F}}$

91. $\dfrac{10U}{\sqrt{R^2 + \left(\dfrac{1}{\omega C}\right)^2}} = \dfrac{U}{R}$;

$C = \dfrac{1}{\omega R\sqrt{99}} = \underline{0{,}46\ \mu\mathrm{F}}$

92. $1{,}2\sqrt{R^2 + \left(\dfrac{1}{\omega C}\right)^2} = \sqrt{(2R)^2 + \left(\dfrac{1}{\omega C}\right)^2}$;

$C = \underline{6{,}6\ \mu\mathrm{F}}$

93. $Z = \sqrt{R^2 + \left(\dfrac{1}{\omega C}\right)^2} = \underline{25{,}6\ \mathrm{k}\Omega}$;

$\tan\varphi = 0{,}7958$; $\varphi = \underline{38{,}51°}$

94. a) $R = \dfrac{48\,400\ \mathrm{V}^2}{40\ \mathrm{W}} = 1210\ \Omega$;

$Z = \sqrt{R^2 + \left(\dfrac{1}{\omega C}\right)^2} = \underline{2000\ \Omega}$

b) $I = \dfrac{U}{Z} = \underline{0{,}11\ \mathrm{A}}$

c) $U_R = IR = \underline{133{,}1\ \mathrm{V}}$;

$U_C = \dfrac{I}{\omega C} = \underline{175{,}1\ \mathrm{V}}$

d) $\tan\varphi = 1{,}31532$;

$\varphi = \underline{-52{,}75°}$

95. a) $R = \sqrt{Z^2 - \left(\dfrac{1}{\omega C}\right)^2} = \underline{75\ \mathrm{k}\Omega}$

b) $U = IZ = \underline{30\ \mathrm{V}}$

c) $U_R = IR = \underline{22{,}5\ \mathrm{V}}$; $U_C = \dfrac{I}{\omega C} = \underline{19{,}9\ \mathrm{V}}$

96. (Bild 182) Nach Umzeichnen der Schaltung erhält man das Bild eines Spannungsteilers, wonach

$$\frac{U_1}{U_2} = \frac{\sqrt{R^2 + \left(\frac{1}{\omega C}\right)^2}}{\frac{1}{\omega C}} = \sqrt{\omega^2 R^2 C^2 + 1}$$

bzw. mit den gegebenen Zahlenwerten

$U_2 = 0{,}354$ V

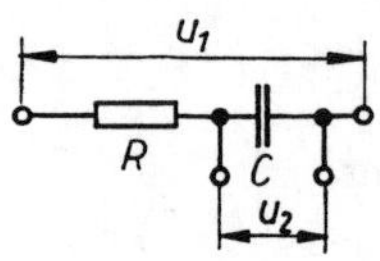

Bild 182. Aufgabe 96

97. a) $X_C = \frac{1}{\omega C} - \omega L = 2555\ \Omega$; $\varphi = -90°$
b) $3803\ \Omega$; $+90°$ c) $33{,}1$ kΩ; $-90°$ d) 696 kΩ; $-90°$ e) $207\ \Omega$; $-90°$

98. a) $X_C = 119\ \Omega$; $C = \frac{1}{\omega X_C} = 27\ \mu F$
b) $X_C = 2870\ \Omega$; $C = 1{,}11\ \mu F$
c) $X_C = 438{,}2\ \Omega$; $C = 7{,}26\ \mu F$
d) $X_L = 130{,}3\ \Omega$; $L = 0{,}415$ H

99. $C = 0{,}25\ \mu F$; $X_L = 2497\ \Omega$;
$L = 0{,}795$ H

100. $C = \frac{C_1 C_1}{2 C_1} + C_1 = 2{,}25\ \mu F$;
$X_L = 1525\ \Omega$; $L = 0{,}373$ H

101. $C = \frac{C_1 C_2}{C_1 + C_2} + C_3 = 2{,}2\ \mu F$;
$X_L = 72{,}2\ \Omega$; $L = 11{,}5$ mH

102. $C = \frac{C_1 C_2}{C_1 + C_2} = 5{,}65\ \mu F$;
$L = \frac{L_1 L_2}{L_1 + L_2} = 0{,}228$ H;
$X_C - X_L = 492\ \Omega$; $C = 6{,}47\ \mu F$

103. a) $\omega L - \frac{1}{\omega C} = X_L$; aus dieser in ω quadratischen Gleichung ergibt sich

$$\omega = \frac{X_L}{2L} \pm \sqrt{\frac{1}{LC} + \left(\frac{X_L}{2L}\right)^2} = 558{,}3\ ^1/\text{s und}$$

$f = 88{,}86$ Hz

b) $\frac{1}{\omega C} - \omega L = X_C$; hieraus ergibt sich $\omega = 358{,}3\ ^1/\text{s}$ und $f = 57$ Hz

104. a) $\frac{1}{\omega C} = \omega L - X_L$; $C = 0{,}0775\ \mu F$
b) $C = 0{,}0263\ \mu F$ c) $C = 12{,}15\ \mu F$

105. Bei 50 Hz ergibt sich $X_L = 3875\ \Omega$ und $I = 57$ mA;
bei 45 Hz ist der Strom $I = 83$ mA, d. h. Zunahme um 46 %;
bei 55 Hz ist $I = 44$ mA und die Abnahme 23 %.

106. Bei induktivem Charakter der Schaltung ist $\omega L - \frac{1}{\omega C} = \frac{U}{I}$; hiernach ist
$\omega = 289{,}8\ ^1/\text{s}$ und $f = 46{,}12$ Hz;
bei kapazitivem Charakter ist $\frac{1}{\omega C} - \omega L = \frac{U}{I}$ und $\omega = 172{,}5\ ^1/\text{s}$; $f = 27{,}45$ Hz.

107. $\omega L = 2\pi \cdot 800\ ^1/\text{s} \cdot 40 \cdot 10^{-3}\ \text{H} = 201{,}06\ \Omega$;

$\tan 45° = 1 = \frac{\omega L - X_{C1}}{R}$;

$X_{C1} = 191{,}06\ \Omega$; $C_1 = 1{,}041\ \mu F$;

$\tan(-45°) = -1 = \frac{\omega L - X_{C2}}{R}$;

$X_{C2} = 211{,}06\ \Omega$; $C_2 = 0{,}943\ \mu F$

Da sich parallelgeschaltete Kapazitäten addieren, muß der Kondensator zwischen (0,943 — 0,8) µF = 0,143 µF
und (1,041 — 0,8) µF = 0,241 µF
veränderbar sein.

108. (Bild 183)
a) $Z = 747\ \Omega$; $I = \frac{U}{Z} = \frac{125\ \text{V}}{747\ \Omega} = 0{,}167$ A;

$\tan\varphi = 1{,}1101$; $\varphi = 48{,}0°$;
$U_R = 83{,}5$ V; $U_L = 126{,}2$ V;
$U_C = 33{,}2$ V

b) $Z = 1077{,}0\ \Omega$; $I = 0{,}204$ A;
$\tan\varphi = -3{,}0056$; $\varphi = -71{,}6°$
$U_R = 69{,}4$ V; $U_L = 51{,}3$ V;
$U_C = 260{,}0$ V

c) $Z = 770\ \Omega$; $I = 0{,}286$ A;
$\tan\varphi = 0{,}8725$; $\varphi = -41{,}1°$
$U_R = 165{,}9$ V; $U_L = 44{,}9$ V;
$U_C = 189{,}7$ V

d) $Z = 6{,}52\ \Omega$; $I = \underline{0{,}92\ \text{A}}$;
$\tan\varphi = 0{,}4233$; $\varphi = \underline{+\ 22{,}9°}$;
$U_R = \underline{5{,}52\ \text{V}}$; $U_L = \underline{4{,}62\ \text{V}}$;
$U_C = \underline{2{,}29\ \text{V}}$

e) $Z = 75{,}93\ \Omega$; $I = \underline{0{,}132\ \text{A}}$;
$\tan\varphi = -0{,}1581$; $\varphi = \underline{-\ 9{,}0°}$;
$U_R = \underline{9{,}9\ \text{V}}$; $U_L = \underline{12{,}44\ \text{V}}$;
$U_C = \underline{14{,}0\ \text{V}}$

f) $Z = 15{,}20\ \Omega$; $I = \underline{0{,}79\ \text{A}}$;
$\tan\varphi = 4{,}966$; $\varphi = \underline{+\ 78{,}6°}$;
$U_R = \underline{2{,}37\ \text{V}}$; $U_L = \underline{40{,}1\ \text{V}}$;
$U_C = \underline{27{,}9\ \text{V}}$

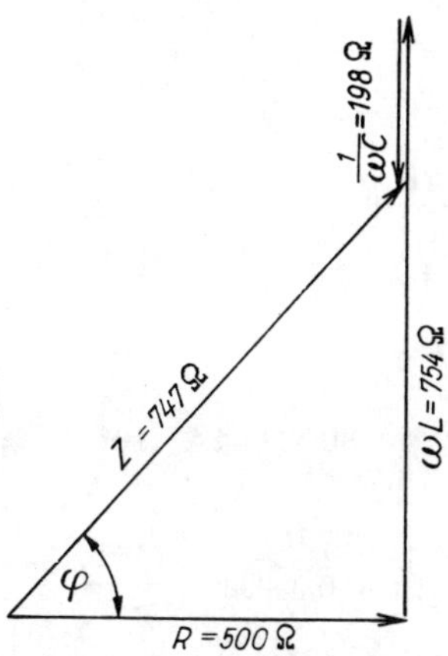

Bild 183. Aufgabe 108a

109. a) $\dfrac{\omega L - \dfrac{1}{\omega C}}{R} = \tan\varphi$; $C = \underline{0{,}065\ \mu\text{F}}$

b) $C = \underline{0{,}055\ \mu\text{F}}$ c) $C = \underline{0{,}052\ \mu\text{F}}$

110. a) $Z = \dfrac{U}{I} = 66{,}67\ \Omega$;

$\omega L - \dfrac{1}{\omega C} = \pm\sqrt{Z^2 - R^2}$;

$\dfrac{1}{\omega C} = \omega L \pm \sqrt{Z^2 - R^2}$;

$C_1 = \underline{5{,}45\ \mu\text{F}}$; $C_2 = \underline{4{,}73\ \mu\text{F}}$
b) $C_1 = \underline{5{,}67\ \mu\text{F}}$; $C_2 = \underline{4{,}58\ \mu\text{F}}$
c) $C_1 = \underline{0{,}344\ \mu\text{F}}$; $C_2 = \underline{0{,}078\ \mu\text{F}}$
d) $L = \underline{0{,}138\ \text{H}}$
e) $L_1 = \underline{1{,}90\ \text{H}}$; $L_2 = \underline{1{,}72\ \text{H}}$

111. Aus $\left(\dfrac{U}{I}\right)^2 = R^2 + \left(\omega L - \dfrac{U_C}{I}\right)^2$

wird mit $(\omega L)^2 + R^2 = \left(\dfrac{U_L}{I}\right)^2$

$$L = \frac{U_L^2 + U_C^2 - U^2}{2I\omega U_C} = 0{,}033\ \text{H}\ \text{und}$$

$$R = \sqrt{\left(\frac{U_L}{I}\right)^2 - (\omega L)^2} = \underline{17{,}3\ \Omega}$$

112. Mit $Z_1^2 = R^2 + (\omega L)^2$ und $Z_2^2 = R^2 + (\omega L - X_C)^2$ wird

$$L = \frac{Z_1^2 - Z_2^2 + X_C^2}{2\omega X_C} = 0{,}06\ \text{H};$$

$$R = \sqrt{Z_1^2 - (\omega L)^2} = \underline{16{,}4\ \Omega}$$

113. $\tan\varphi_1 = \dfrac{\omega L}{R}$; $\tan\varphi_1 - \tan\varphi_2 =$

$$= \frac{\omega L}{R} - \frac{\omega L - \dfrac{1}{\omega C}}{R};$$

$$R = \frac{1}{\omega C(\tan\varphi_1 - \tan\varphi_2)} = \underline{325\ \Omega};$$

$$L = \frac{R\tan\varphi_1}{\omega} = \underline{0{,}60\ \text{H}}$$

114. $L = \dfrac{\sqrt{\left(\dfrac{U}{I_1}\right)^2 - R^2}}{\omega} = \underline{0{,}112\ \text{H}}$;

$\dfrac{1}{\omega C} = \omega L \pm \sqrt{\left(\dfrac{U}{I_2}\right)^2 - R^2}$; $C = \underline{7{,}04\ \mu\text{F}}$

115. Aus $Z_1^2 = R^2 + \left(\omega L - \dfrac{1}{\omega C}\right)^2$ und

$Z_2^2 = R^2 + \left(\omega L - \dfrac{1}{2\omega C}\right)^2$ wird durch

Subtraktion $L = C(Z_2^2 - Z_1^2) + \dfrac{3}{4\omega^2 C} =$
$= \underline{3{,}48\ \text{H}}$ und $R = \underline{38{,}6\ \Omega}$.

116. $\omega L - \dfrac{1}{\omega C} = \sqrt{Z^2 - R^2}$;

$$\omega = \frac{\sqrt{Z^2 - R^2}}{2L} + \sqrt{\frac{1}{LC} + \frac{Z^2 - R^2}{(2L)^2}};$$

$f = \underline{115\ \text{Hz}}$

117. $R = \sqrt{Z^2 - \left(\omega L - \dfrac{1}{\omega C}\right)^2} = \underline{18{,}2\ \text{k}\Omega}$

118. Nach Umzeichnen der Schaltung (Bild 184) sieht man, daß ein Spannungsteiler vorliegt:

$$S = \frac{U_1}{U_2} = \frac{\omega L - \dfrac{1}{\omega C}}{\dfrac{1}{\omega C}} = \underline{\omega^2 LC - 1}$$

119. Nach dem Ergebnis der letzten Aufgabe ist

$S = 314^2\ ^1/_{s^2} \cdot 35\ \text{H} \cdot 10^{-6}\ \text{F} - 1 = 50{,}8$;

$U = \dfrac{U_1}{S} = \dfrac{24\ \text{V}}{50{,}8} = \underline{0{,}47\ \text{V}}$

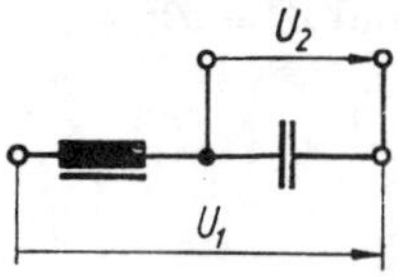

Bild 184. Aufgabe 118

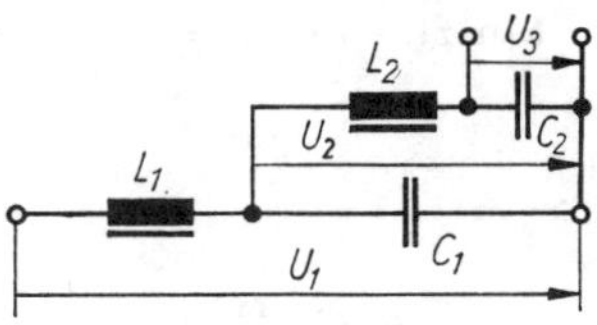

Bild 185. Aufgabe 120

120. (Bild 185) Hier liegt zunächst der Spannungsteiler L_1, C_1 vor, an dem die Spannung U_2 abgegriffen wird, wobei $S_1 = \dfrac{U_1}{U_2}$ ist. U_2 liegt am zweiten Spannungsteiler L_2, C_2, von dem U_3 abgegriffen wird, wobei $S_2 = \dfrac{U_2}{U_3}$ ist. Schließlich st $S = S_1 S_2 = \dfrac{U_1}{U_3} = \underline{(\omega^2 L_1 C_1 - 1)\ (\omega^2 L_2 C_2 - 1)}$

121. Nach den Aufgaben 118 und 120 ergibt sich $S = (\omega^2 LC - 1)^2$, wonach

$L = \dfrac{\sqrt{S} + 1}{\omega^2 C} = \underline{41{,}32\ \text{H}}$

122. a) $I_R = \dfrac{U}{R} = \underline{0{,}22\ \text{A}}$;

$I_C = U\omega C = \underline{0{,}138\ \text{A}}$; $I = \sqrt{I_R^2 + I_C^2} = \underline{0{,}26\ \text{A}}$

$\tan\varphi = R\omega C = 0{,}6283$; $\varphi = \underline{32{,}1°}$;

$Z = \dfrac{U}{I} = \underline{846\ \Omega}$

	b)	c)	d)
$I_R =$	0,55 A	1,042 A	0,267 A
$I_C =$	0,138 A	0,0039 A	0,302 A
$I\ =$	0,532 A	1,042 A	0,403 A
$\varphi\ =$	14,1°	0,22°	48,52°
$Z\ =$	207 Ω	120 Ω	198,5 Ω

123. a) $R = \dfrac{\tan\varphi}{\omega C} = \dfrac{0{,}0875 \cdot 10^6}{6{,}28\ ^1/_s \cdot 16{,}67 \cdot 0{,}6\ \text{F}} =$

$= \underline{1392\ \Omega}$

b) $\underline{4265\ \Omega}$ c) $\underline{7422\ \Omega}$ d) $\underline{11\,145\ \Omega}$ e) $\underline{15\,916\ \Omega}$

124. a) Durch den Kondensator fließt der Strom

$I_C = U\omega C = 220\ \text{V} \cdot 314{,}16\ ^1/_s \cdot 0{,}5 \cdot 10^{-6}\ \text{F} =$

$= 34{,}56\ \text{mA}$; dann ist

$I_R = \sqrt{I^2 - I_C^2} = \sqrt{(1225 - 1194)\ \text{mA}^2} = \underline{5{,}53\ \text{A}}$;

$R = \dfrac{U}{I_R} = \dfrac{220\ \text{V}}{0{,}005\,54\ \text{A}} = \underline{39{,}8\ \text{k}\Omega}$

b) $I_R = \underline{20{,}14\ \text{mA}}$; $R = \underline{10{,}9\ \text{k}\Omega}$

c) $I_R = \underline{49{,}05\ \text{mA}}$; $R = \underline{4{,}49\ \text{k}\Omega}$

d) $I_R = \underline{72{,}15\ \text{mA}}$; $R = \underline{3{,}05\ \text{k}\Omega}$

125. a) $\sqrt{1 + (\omega RC)^2} = \dfrac{R}{Z}$;

$\omega = \dfrac{1}{RC}\sqrt{\dfrac{R^2}{Z^2} - 1}$; $f = \underline{68{,}9\ \text{kHz}}$

b) $\underline{53{,}1\ \text{kHz}}$ c) $\underline{35{,}1\ \text{kHz}}$

126. a) Ersatzkapazität $C = \dfrac{C_1 C_2}{C_1 + C_2} =$

$= \dfrac{2\mu\text{F} \cdot 3\mu\text{F}}{5\mu\text{F}} = 1{,}2\ \mu\text{F}$;

$\tan\varphi = \omega RC = 314\ ^1/_s \cdot 800\ \Omega \cdot 1{,}2 \cdot 10^{-6}\ \text{F} =$
$= 0{,}301\,59$; $\varphi = \underline{16{,}78}$;

$Z = \dfrac{R}{\sqrt{1 + (R\omega C)^2}} = \dfrac{800\ \Omega}{\sqrt{1 + 0{,}09096}} = \underline{766\ \Omega}$

b) $C = 0{,}375\ \mu\text{F}$; $\varphi = \underline{54{,}7°}$;
$Z = \underline{400\ \Omega}$

c) $C = 0{,}75\ \mu\text{F}$; $\varphi = \underline{81{,}9°}$;
$Z = \underline{210\ \Omega}$

127. a) $\omega R(C_1 + C_2) = 1$;

$C_1 = \dfrac{1}{\omega R} - C_2 = \underline{1{,}183\ \mu\text{F}}$;

b) $C_1 = \underline{1{,}12\ \mu\text{F}}$ c) $C_1 = \underline{3{,}37\ \mu\text{F}}$

128. $I_R = \dfrac{U}{R} = 0{,}2\ \text{A}$; $I_C = \sqrt{I^2 - I_R^2}$;

$C = \dfrac{I_C}{\omega U} = \underline{16{,}55\ \mu\text{F}}$

129. a) $I = \sqrt{I_R^2 + I_C^2} = \sqrt{I_R^2 + U^2\omega^2 C^2} =$

$= \underline{0{,}683\ \text{A}}$ b) $\underline{1{,}000\ \text{A}}$ c) $\underline{0{,}239\ \text{A}}$

130. Mit Hilfe der Widerstände:

$Z_1 = \sqrt{R_1^2 + (\omega L)^2} = 21{,}7\ \Omega$;

$Z_2 = 32{,}97\ \Omega$;

$Z = \dfrac{Z_1 Z_2}{\sqrt{(R_1 + R_2)^2 + (\omega L_1 + \omega L_2)^2}} = \underline{13{,}41\ \Omega}$;

$I = \frac{U}{Z} = \underline{4{,}47\ \mathrm{A}}$; $I_1 = \frac{U}{Z_1} = \underline{2{,}76\ \mathrm{A}}$;

$I_2 = \underline{1{,}82\ \mathrm{A}}$; $\cos\varphi_1 = \frac{R_1}{Z_1} = 0{,}6912$;

$\varphi_1 = \underline{46{,}3^\circ}$; $\cos\varphi_2 = \frac{R_2}{Z_2} = 0{,}3033$;

$\varphi_2 = \underline{72{,}3^\circ}$; $I_{w1} = 1{,}91\ \mathrm{A}$; $I_{w2} = 0{,}55\ \mathrm{A}$;

$I_{b1} = 2{,}0\ \mathrm{A}$; $I_{b2} = 1{,}73\ \mathrm{A}$;

$\tan\varphi = \frac{I_{b1} + I_{b2}}{I_{w1} + I_{w2}} = 1{,}5163$; $\varphi = \underline{56{,}6^\circ}$

Mit Hilfe der Leitwerte : $G_1 = \frac{R_1}{Z_1^2} =$

$= \frac{15\ \Omega}{471{,}7\ \Omega^2} = 0{,}032\ \mathrm{S}$; $G_2 = 0{,}009\ \mathrm{S}$;

$B_1 = 0{,}033\ \mathrm{S}$; $B_2 = 0{,}029\ \mathrm{S}$; $Y_1 = 0{,}046\ \mathrm{S}$; $Y_2 = 0{,}0304\ \mathrm{S}$; $Y = 0{,}0743\ \mathrm{S}$; $I = UY =$
$= \underline{4{,}46\ \mathrm{A}}$

Im übrigen dieselben Werte wie in der ersten Lösung.

131. $\omega L_1 = 31{,}42\ \Omega$; $\omega L_2 = 18{,}85\ \Omega$;
$Z_1^2 = 3487\ \Omega^2$; $Z_2^2 = 980{,}3\ \Omega^2$;
$G_1 = 14{,}3\ \mathrm{mS}$; $G_2 = 25{,}5\ \mathrm{mS}$;
$B_1 = 9{,}01\ \mathrm{mS}$; $B_2 = 19{,}2\ \mathrm{mS}$;
$Y_1 = 16{,}90\ \mathrm{mS}$; $Y_2 = 31{,}92\ \mathrm{mS}$;
$I_1 = \underline{1{,}35\ \mathrm{A}}$; $I_2 = \underline{2{,}55\ \mathrm{A}}$;
$I = \underline{3{,}90\ \mathrm{A}}$; $\tan\varphi = 0{,}7088$;
$\varphi = \underline{35{,}3^\circ}$

132. Aus der quadratischen Gleichung

$$Z = \frac{\sqrt{R_1^2 + (\omega L_1)^2}\ \sqrt{R_2^2 + (\omega L_2)^2}}{\sqrt{(R_1 + R_2)^2 + [\omega(L_1 + L_2)]^2}}$$ erhält man

$\omega = 659{,}54\ ^1/\mathrm{s}$ und $f = \underline{105\ \mathrm{Hz}}$

133. (Bild 186) $G_1 = 36\ \mathrm{mS}$; $G_2 = 50\ \mathrm{mS}$; $B_1 = 56{,}6\ \mathrm{mS}$; $Y_1 = 67\ \mathrm{mS}$; $Y_2 = 50\ \mathrm{mS}$;

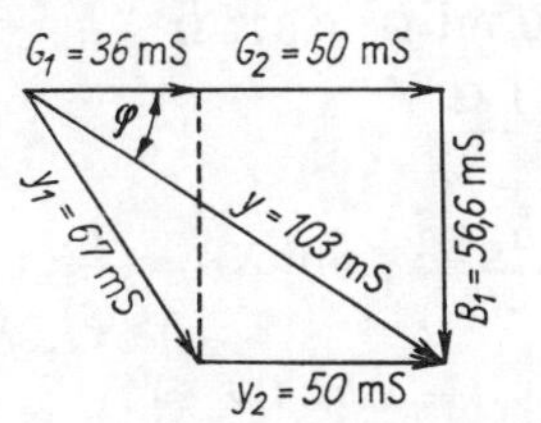

Bild 186. Aufgabe 133

$I = \underline{11{,}33\ \mathrm{A}}$; $I_1 = \underline{7{,}37\ \mathrm{A}}$; $I_2 = \underline{5{,}5\ \mathrm{A}}$;

$Y = 103\ \mathrm{mS}$; $\tan\varphi = 0{,}6581$; $\varphi = \underline{33{,}4}$

134. $G_1 = 36\ \mathrm{mS}$; $B_1 = 150{,}6\ \mathrm{mS}$;
$G_2 = 2000\ \mathrm{mS}$; $Y_1 = 0{,}155\ \mathrm{S}$;
$Y_2 = 2\ \mathrm{S}$; $Y = 2{,}042\ \mathrm{S}$;
$I_1 = \underline{1{,}24\ \mathrm{A}}$; $I_2 = \underline{16\ \mathrm{A}}$;
$I = \underline{16{,}34\ \mathrm{A}}$; $\tan\varphi = 0{,}0740$;
$\varphi = \underline{4{,}2^\circ}$

135. $Z_1 = \sqrt{R_1^2 + (\omega L)^2} = 15{,}26\ \Omega$; da die Stromstärke vom Scheinwiderstand abhängt, muß auch $R_2 = \underline{15{,}26\ \Omega}$ sein; $\cos\varphi_1 = 0{,}7864$; $\sin\varphi_1 = 0{,}6177$;

$$\tan\varphi = \frac{I_1 \sin\varphi_1}{I_1(\cos\varphi_1 + 1)} = \frac{0{,}6177}{1{,}7864} = 0{,}3458\ ;$$

$\varphi = \underline{19{,}1^\circ}$

136. (Bild 187) $Z = \frac{R_2\sqrt{2R_1^2}}{\sqrt{(R_1 + R_2)^2 + R_1^2}}$;

Einzelwerte

$R_2 =$	0 Ω	1 Ω	2 Ω	3 Ω	4 Ω	...
$Z =$	0 Ω	0,63 Ω	0,89 Ω	1,03 Ω	1,11 Ω	...

Für $R_2 \to \infty$ ist $Z = \underline{\sqrt{2}\ \Omega}$

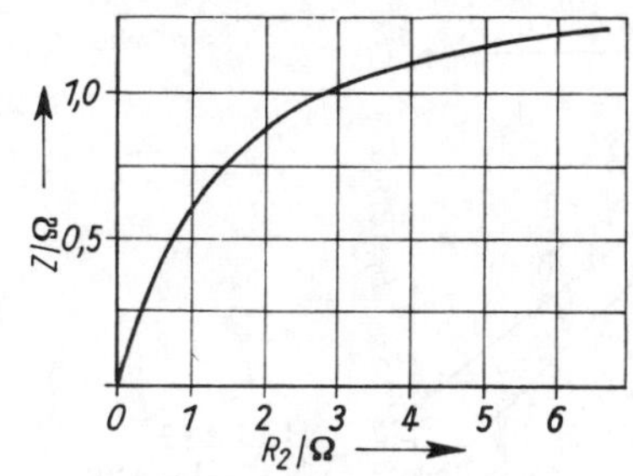

Bild 187. Aufgabe 136

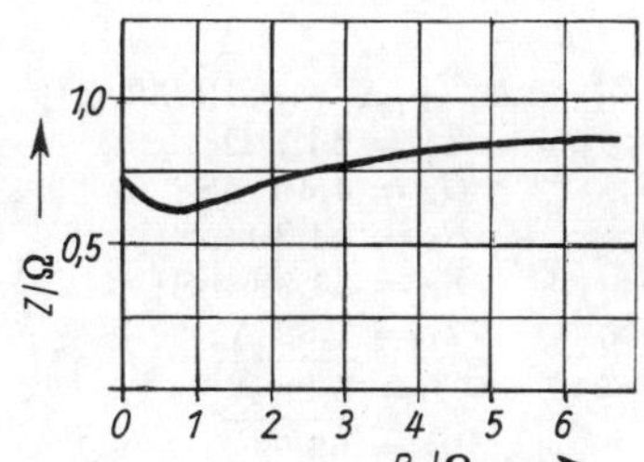

Bild 188. Aufgabe 137

137. (Bild 188) $Z = \frac{R_2\sqrt{R_1^2 + R_2^2}}{\sqrt{(R_1 + R_2)^2 + R_2^2}}$;

Einzelwerte

$R_1 =$	0 Ω	1 Ω	2 Ω	3 Ω	4 Ω
$Z =$	0,71 Ω	0,63 Ω	0,71 Ω	0,77 Ω	0,81 Ω

Wenn $R_1 \to \infty$ strebt, ist $Z = \underline{1\ \Omega}$. Durch Differenzieren der Gleichung $Z^2 = \dfrac{R_2^2\,(R_1^2 + R_2^2)}{(R_1 + R_2)^2 + R_2^2}$ nach R_1 und Nullsetzen erhält man den Extremwert

$$R_1 = -\frac{R_2}{2} \pm \frac{R_2}{2}\sqrt{5}\,; \qquad R_1 = \underline{0{,}618\ \Omega}$$

138. (Bild 189) $Z_1^2 = 58{,}207\ \Omega^2$, $G_1 = 103$ mS; $B_1 = 81$ mS; $B_2 = 21$ mS; $Y_1 = 131$ mS; $Y_2 = 21$ mS; $I_1 = \underline{3{,}14\ \text{A}}$; $I_2 = \underline{0{,}50\ \text{A}}$; $I = \underline{3{,}48\ \text{A}}$; $\varphi = \underline{44{,}7°}$

139. $B_1 = \dfrac{\omega L_1}{R^2 + (\omega L_1)^2}$; $G_1 = \dfrac{R}{R^2 + (\omega L_1)^2}$;

$B_2 = \dfrac{1}{(\omega L_2)^2}$;

wegen $\tan\varphi = 1$ gilt $B = G$ und daher die Gleichung

$$\frac{L_1}{R^2 + (\omega L_1)^2} + \frac{1}{(\omega L_2)^2} = \frac{R}{R^2 + (\omega L_1)^2}\,;$$

aus dieser quadratischen Gleichung erhält man $R_1 = \underline{27{,}5\ \Omega}$ und $R_2 = \underline{3{,}95\ \Omega}$.

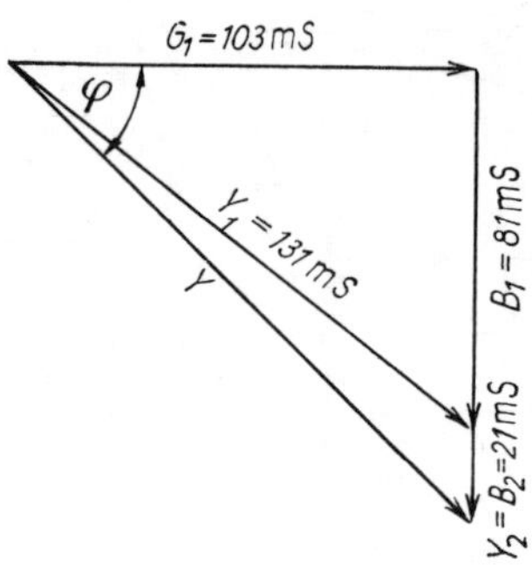

Bild 189. Aufgabe 138

140. (Bild 190) $Z_1^2 = R_1^2 + X_{C1}^2 = 13758\ \Omega^2$;

$Z_1 = 117{,}3\ \Omega$;	$Z_2 = 66{,}7\ \Omega$;
$G_1 = 3{,}63$ mS;	$G_2 = 4{,}49$ mS;
$B_1 = 7{,}71$ mS;	$B_2 = 14{,}30$ mS;
$Y_1 = 8{,}52$ mS;	$Y_2 = 14{,}98$ mS;
$Y = 23{,}46$ mS;	$I_1 = \underline{1{,}92\ \text{A}}$;
$I_2 = \underline{3{,}37\ \text{A}}$;	$I = \underline{5{,}28\ \text{A}}$;
$\tan\varphi = 2{,}71$;	$\varphi = \underline{69{,}7°}$

141.

$Z_1 = 869{,}3\ \Omega$;	$Z_2 = 895{,}7\ \Omega$;
$G_1 = 0{,}463$ mS;	$G_2 = 0{,}935$ mS;
$B_1 = 1{,}053$ mS;	$B_2 = 0{,}610$ mS;
$Y_1 = 1{,}15$ mS;	$Y_2 = 1{,}12$ mS;
$Y = 2{,}17$ mS;	$I_1 = \underline{0{,}251\ \text{A}}$;
$I_2 = \underline{0{,}244\ \text{A}}$;	$I = \underline{0{,}473\ \text{A}}$;
$\tan\varphi = 1{,}896$;	$\varphi = \underline{49{,}9°}$

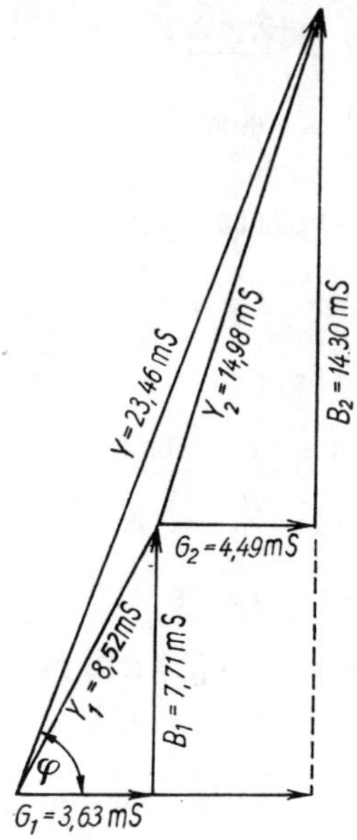

Bild 190. Aufgabe 140

142.

$Z_1^2 = 2878{,}5\ \Omega^2$;	$G_1 = 2{,}78$ mS;
$B_1 = 18{,}43$ mS;	$G_2 = 166{,}67$ mS;
$Y_1 = 18{,}64$ mS;	$Y_2 = 166{,}67$ mS;
$Y = 170{,}4$ mS;	$I = 1{,}704$ A;
$I_1 = \underline{0{,}186\ \text{A}}$;	$I_2 = \underline{1{,}67\ \text{A}}$;
$\tan\varphi = 0{,}1088$;	$\varphi = \underline{6{,}2°}$

143.

$Z_1^2 = 4\,783\,000\ \Omega^2$;	$G_1 = 0{,}314$ mS;
$B_1 = 0{,}333$ mS;	$G_2 = 6{,}67$ mS;
$Y_1 = 0{,}458$ mS;	$Y_2 = 6{,}67$ mS;
$Y = 6{,}99$ mS;	$I = \underline{0{,}42\ \text{A}}$;
$I_1 = \underline{0{,}0275\ \text{A}}$;	$I_2 = \underline{0{,}4\ \text{A}}$;
$\tan\varphi = 0{,}0477$;	$\varphi = \underline{2{,}7°}$

144. (Bild 191) $Z = \dfrac{R\sqrt{R^2 + X_C^2}}{\sqrt{(2R)^2 + X_C^2}}$

Es ergeben sich für

$X_C = 0\ \Omega$	$1\ \Omega$	$2\ \Omega$	$3\ \Omega$	usw.
$Z = 0{,}5\ \Omega$	$0{,}632\ \Omega$	$0{,}791\ \Omega$	$0{,}877\ \Omega$	

Für $X_C \to \infty$ wird $Z = \underline{1\ \Omega}$

145. $\dfrac{U}{I}\ \dfrac{R_2\sqrt{R_1^2 + X_C^2}}{\sqrt{(R_1 + R_2)^2 + X_C^2}}$; mit $X_C = \dfrac{1}{\omega C}$

ergibt sich $\omega = 756\ ^1/\text{s}$; $f = \underline{120{,}3\ \text{Hz}}$

146. (Bild 192) $I_1 = \sqrt{I^2 + I_2^2} = 2{,}69$ A;

$Z_1 = \sqrt{R_1^2 + (\omega L)^2} = 55{,}86\ \Omega$;

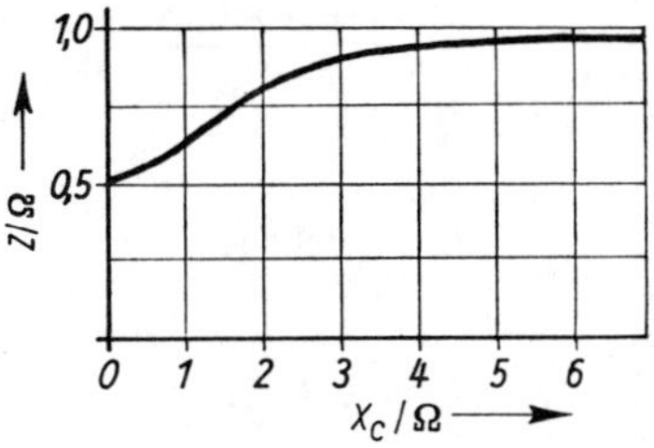

Bild 191. Aufgabe 144

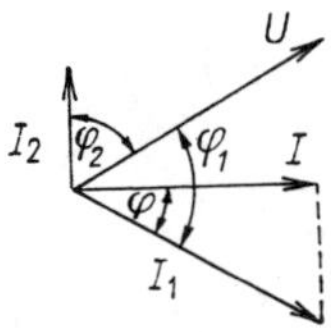

Bild 192. Aufgabe 146

$U = I_1 Z_1 = \underline{150{,}26\ \mathrm{V}}$; $Z_2 = 150{,}41\ \Omega$;

$\tan\varphi = \dfrac{I_2}{I} = 0{,}4$; $\varphi = 21{,}8°$;

$\cos\varphi_1 = \dfrac{R_1}{Z_1} = 0{,}5371$;

$\varphi_1 = 57{,}5°$; $\varphi_2 = 90° - (\varphi_1 - \varphi) = 54{,}3°$;

$R_2 = Z_2 \cos\varphi_2 = \underline{87{,}77\ \Omega}$;

$X_C = Z_2 \sin\varphi_2 = 122{,}15\ \Omega$;

$C = \dfrac{1}{\omega X_C} = \underline{26\ \mu\mathrm{F}}$

147. $I = 1{,}73$ A; $Z_1 = 37{,}24\ \Omega$;
$U = IZ_1 = \underline{64{,}5\ \mathrm{V}}$; $Z_2 = 64{,}5\ \Omega$;
$\tan\varphi = 0{,}5774$; $\varphi = 30{,}0°$;
$\cos\varphi_1 = 0{,}5371$; $\varphi_1 = 57{,}5°$;
$\varphi_2 = 62{,}5°$; $R_2 = \underline{29{,}78\ \Omega}$;
$X_C = 64{,}5\ \Omega$; $C = \underline{49{,}4\ \mu\mathrm{F}}$

148. (Bild 193) $\omega L = 62{,}83\ \Omega$;
$(\omega L)^2 = 3948\ \Omega^2$; $Z_1^2 = 5548\ \Omega^2$;
$Z_2 = Z_1 = 74{,}5\ \Omega$; $\varphi = 45{,}0°$,
$\cos\varphi_1 = \dfrac{R_1}{Z_1} = 0{,}5370$; $\varphi_1 = 57{,}5°$;
$\varphi_2 = 90° - 57{,}5° = 32{,}5°$;
$R_2 = Z_2 \cos\varphi_2 = \underline{62{,}8\ \Omega}$;
$X_C = Z_1 \sin\varphi_2 = 40\ \Omega$;
$C = \underline{79{,}6\ \mu\mathrm{F}}$

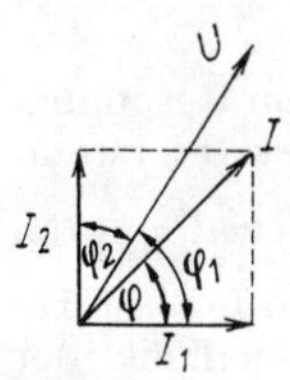

Bild 193. Aufgabe 148

149. a) Bei $R = 10\ \Omega$ ist $X_L^2 = 986{,}96\ \Omega^2$;
$Z_1^2 = 1086{,}96\ \Omega^2$; $G = 9{,}2$ mS; $B_1 = 28{,}9$ mS;
$B_2 = -0{,}314$ mS; $B = +28{,}59$ mS;
$\tan\varphi = \dfrac{B}{G} = +3{,}1076$; $\varphi = \underline{+72{,}2°}$;
bei $R = 100\ \Omega$ ist $\varphi = \underline{+15{,}6°}$

b) bei $R = 10\ \Omega$ ist $\varphi = \underline{+88{,}0°}$;
bei $100\ \Omega$ ist $\varphi = \underline{+70{,}4°}$

c) bei $R = 5\ \Omega$ ist $\varphi = \underline{+84{,}3°}$;
$R = 50\ \Omega$ ist $\varphi = \underline{+40{,}5°}$

150. siehe Bild 194

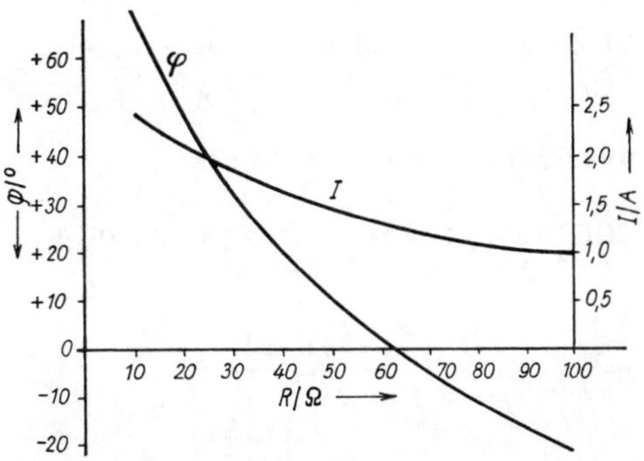

Bild 194. Aufgabe 150

151. $\tan\varphi = \dfrac{\left(\dfrac{\omega L}{R^2 + (\omega L)^2} - \omega C\right)[R^2 + (\omega L)^2]}{R} =$

$= \dfrac{\omega L - \omega C\,[R + (\omega L)^2]}{R}$;

mit $\tan\varphi = 5{,}6713$ wird hieraus $R = 6{,}7\ \Omega$ bzw.
mit $\tan\varphi = \underline{-5{,}6713}$ ist $R = \underline{909{,}3\ \Omega}$

152. $\omega L_1 = 251{,}33\ \Omega$; $\omega L_2 = 377\ \Omega$;
$\omega L_3 = 502{,}65\ \Omega$; $Z_1^2 = 64\,067\ \Omega^2$;
$Z_2^2 = 145\,729\ \Omega^2$; $Z_3^2 = 259\,057\ \Omega^2$;
$G_1 = 0{,}468$ mS; $G_2 = 0{,}412$ mS;
$G_3 = 0{,}309$ mS; $G = 1{,}189$ mS;
$B_1 = 3{,}923$ mS; $B_2 = 2{,}587$ mS;
$B_3 = 1{,}940$ mS; $B = 8{,}450$ mS;
$Y = \sqrt{G^2 + B^2} = 8{,}538$ mS;

$I = UY = \underline{1{,}025\ \mathrm{A}}$; $I_1 = \dfrac{U}{Z_1} = \underline{0{,}474\ \mathrm{A}}$;

$I_2 = \dfrac{U}{Z_2} = \underline{0{,}314\ \mathrm{A}}$;

$I_3 = \dfrac{U}{Z_3} = \underline{0{,}236\ \mathrm{A}}$; $\tan\varphi = \dfrac{B}{G} = 7{,}1068$;

$\varphi = \underline{82{,}0°}$

153. Die Leitwerte sind $G_1 = 4{,}6$ mS, $G_2 = 3{,}82$ mS, $B_1 = 14{,}45$ mS und $B_2 = 8{,}99$ mS; daraus ergibt sich der Ansatz

$$Y = \frac{I}{U} = \frac{3\,\text{A}}{80\,\text{V}} = 37{,}5\,\text{mS} =$$

$$= \sqrt{(8{,}42\,\text{mS} + G_3)^2 + (23{,}44\,\text{mS} + B_3)^2}\,.$$

Wegen $\tan \varphi_3 = 1$ ist $B_3 = G_3$, so daß der Ausdruck nur noch eine Unbekannte enthält und $B_3 = G_3 = 9{,}50$ mS ergibt. Für den 3. Zweig ist daher

$$\frac{R_3}{R_3^2 + (\omega L_3)^2} = \frac{\omega L_3}{R_3^2 + (\omega L_3)^2} = 9{,}501\,\text{mS}\,;$$

das ist gleichbedeutend mit $R_3 = \omega L_3$, so daß $\frac{R_3}{2\,R_3^2} = 9{,}501$ mS und $R_3 = \underline{52{,}63\,\Omega}$ ist; entsprechend erhält man $L_3 = \underline{0{,}17\,\text{H}}$.

154. (Bild 195) $Z_1^2 = 1012\,\Omega^2$; $Z_2^2 = 2270\,\Omega^2$, $B_1 = 0{,}0310$ S; $B_2 = 0{,}0208$ S;

$$C = \frac{1}{\omega X_L} = \frac{B_1 + B_2}{\omega} = \underline{165\,\mu\text{F}}$$

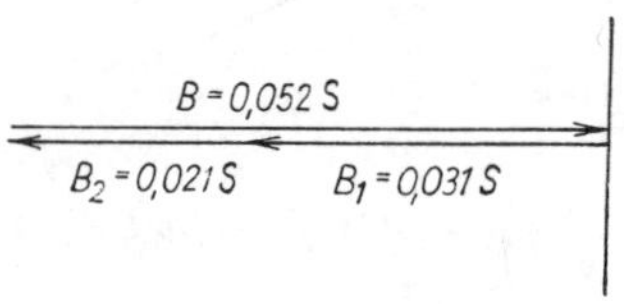

Bild 195. Aufgabe 154

155. $Z_1^2 = 98\,721\,\Omega^2$; $Z_2^2 = 222\,115\,\Omega^2$;
$B_1 = 0{,}00318$ S; $B_2 = 0{,}00212$ S;
$C = \underline{1{,}69\,\mu\text{F}}$

156. 1. a) $f_0 = \frac{1}{2\pi}\sqrt{\frac{1}{LC}} =$

$$= \frac{1}{2\pi}\,\frac{1}{\sqrt{0{,}25\,\text{H}\cdot 25\cdot 10^{-6}\,\text{F}}} = \underline{63{,}7\,\text{Hz}}$$

b) $I_0 = \frac{U}{R} = \frac{125\,\text{V}}{12\,\Omega} = \underline{10{,}4\,\text{A}}$

c) $U_0 = I_0\omega_0 L = 10{,}4\,\text{A}\cdot 2\pi\cdot 63{,}7\,{}^1\!/\text{s}\cdot 0{,}25\,\text{H} = \underline{1040{,}6\,\text{V}}$

2. a) $f_0 = \underline{64{,}97\,\text{Hz}}$ b) $I_0 = \underline{6{,}67\,\text{A}}$
c) $U_0 = \underline{817\,\text{V}}$

3. a) $f_0 = \underline{58{,}12\,\text{Hz}}$ b) $I_0 = \underline{22\,\text{A}}$
c) $U_0 = \underline{4017\,\text{V}}$

4. a) $f_0 = \underline{71{,}53\,\text{Hz}}$ b) $I_0 = \underline{10\,\text{A}}$
c) $U_0 = \underline{4944\,\text{V}}$

5. a) $f_0 = \underline{150{,}4\,\text{Hz}}$ b) $I_0 = \underline{1{,}833\,\text{A}}$
c) $U_0 = \underline{1385{,}7\,\text{V}}$

157.

1. $R = \underline{12{,}5\,\Omega}$; $L = \underline{0{,}39\,\text{H}}$;
$U_0 = \underline{8822\,\text{V}}$
2. $R = \underline{44\,\Omega}$; $L = \underline{0{,}64\,\text{H}}$;
$C = \underline{15{,}8\,\mu\text{F}}$
3. $R = \underline{48{,}9\,\Omega}$; $C = \underline{16{,}2\,\mu\text{F}}$;
$f_0 = \underline{88{,}4\,\text{Hz}}$
4. $L = \underline{8{,}44\,\text{H}}$; $U = \underline{24{,}5\,\text{V}}$;
$I_0 = \underline{0{,}377\,\text{A}}$
5. $C = \underline{7{,}68\,\text{nF}}$; $f_0 = \underline{33{,}16\,\text{kHz}}$;
$I_0 = \underline{0{,}24\,\text{A}}$

158. $I_0 = \frac{U}{R} = 4{,}17\,\text{A}$; $U_C = \frac{I_0}{\omega C}$;

$C = \frac{I_0}{\omega U_C} = \underline{53{,}1\,\mu\text{F}}$;

$$U' = \sqrt{(I_0 R)^2 + (U_0 - U_C)^2} =$$

$$= \sqrt{125^2\,\text{V}^2 + (800 - 250)^2\,\text{V}^2} = \underline{564\,\text{V}}$$

159. $U_0 = \frac{I_0}{\omega C} = 2\,I_0 R$; $R = \frac{1}{2\omega C} =$

$= \underline{159{,}15\,\Omega}$; $L = \frac{1}{\omega^2 C} = \underline{1{,}01\,\text{H}}$

160. a) $L = \frac{1}{\omega^2 C} = \frac{10^6}{314^2\,{}^1\!/\text{s}^2\cdot 1\,\text{F}} = \underline{10{,}1\,\text{H}}$

b) $\underline{41{,}9\,\text{H}}$ c) $\underline{1\,\text{mH}}$ d) $\underline{3{,}53\,\text{mH}}$ e) $\underline{2{,}44\,\text{H}}$

161. a) $C = \frac{1}{\omega^2 L} = \frac{1}{98\,700\,{}^1\!/\text{s}^2\cdot 5\,\text{H}} = \underline{2{,}03\,\mu\text{F}}$

b) $\underline{6{,}7\,\mu\text{F}}$ c) $\underline{101{,}3\,\mu\text{F}}$ d) $\underline{3{,}17\,\mu\text{F}}$ e) $\underline{7{,}9\,\text{pF}}$

162. a) $\underline{65\,\text{Hz}}$ b) $\underline{74\,\text{Hz}}$ c) $\underline{30{,}3\,\text{Hz}}$
d) $\underline{51{,}6\,\text{Hz}}$ e) $\underline{28\,\text{kHz}}$

163. Bild 196

164. Bild 197

165. Aus der Stromstärke von 8 A im Resonanzfall ergibt sich unmittelbar der Wirkwiderstand von $R = \frac{120\,\text{V}}{8\,\text{A}} = \underline{15\,\Omega}$; den Kurvenpunkten für 4 A entsprechen die Frequenzen $f_1 = 56$ Hz und $f_2 = 76$ Hz. Wegen der Gleichheit der

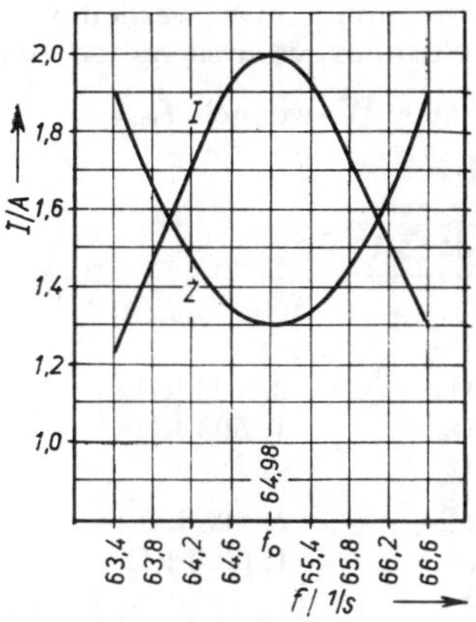

Bild 196. Aufgabe 163

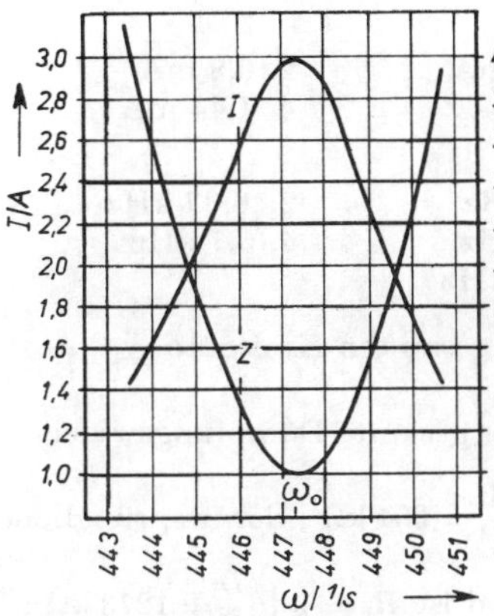

Bild 197. Aufgabe 164

Ströme bildet man die Gleichung

$$\frac{U}{\sqrt{R^2 + \left(\frac{1}{2\pi f_1 C} - 2\pi f_1 L\right)^2}} =$$

$$= \frac{U}{\sqrt{R^2 + \left(2\pi f_2 L - \frac{1}{2\pi f_2 C}\right)^2}}$$

Hieraus ergibt sich $L = \frac{1\ \text{s}^2}{168020\ C}$; bei 4 A ist der Scheinwiderstand $\frac{120\ \text{V}}{4\ \text{A}} = 30\ \Omega$, so daß die Gleichung gilt

$$R^2 + \left(\frac{1}{2\pi f_1 C} - 2\pi f_1 L\right)^2 = 900\ \Omega^2\ ;$$

dies wird vereinfacht und der für L gefundene Ausdruck eingesetzt. Man erhält $C = \underline{28{,}8\ \mu\text{F}}$ und $L = \underline{0{,}2\ \text{H}}$.

166. (Bild 198) Die Höchstwerte der Teilspannungen U_L und U_C fallen nicht mit der Resonanzfrequenz zusammen, was bei kleineren Werten von R praktisch (aber nicht theoretisch) der Fall ist. Diese Teilspannungen ergeben sich als Produkt aus der Stromstärke I und dem induktiven bzw. kapazitiven Widerstand für die betreffende Kreisfrequenz.

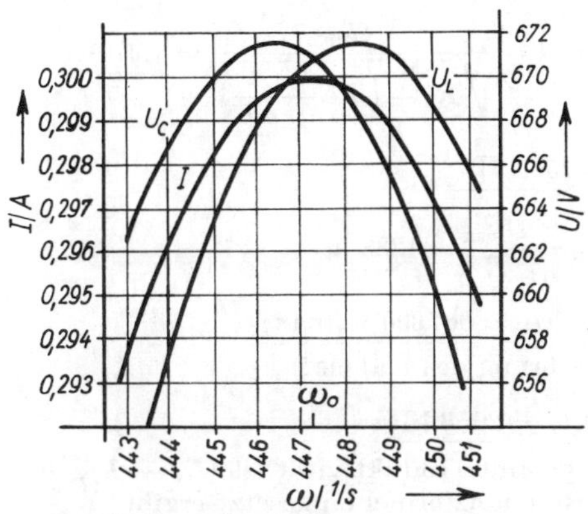

Bild 198. Aufgabe 166

167. Einsetzen von $I = 0{,}8\ I_0$ und $\omega = 1{,}1\ \omega_0$ in die allgemeine Gleichung $I =$

$$= \frac{U}{\sqrt{R^2 + \left(\omega L - \frac{1}{\omega C}\right)^2}} \text{ führt mit } \omega_0 = \sqrt{\frac{1}{LC}}$$

auf die Gleichung $0{,}8^2 \left(R^2 + 0{,}191^2 \frac{L}{C}\right) = R^2$,

woraus sich $\varrho = \frac{1}{R}\sqrt{\frac{L}{C}} = 3{,}9$ ergibt.

168. $\omega_0 = \frac{1}{\sqrt{LC}} = 5 \cdot 10^6\ ^1/\text{s}$; aus der allgemeinen Gleichung

$$I' = \frac{U}{\sqrt{R^2 + \left(\omega L - \frac{1}{\omega C'}\right)^2}} \text{ folgt mit eingesetzten}$$

Beträgen und $\omega = \sqrt{\frac{1}{LC}}$

$$I' = \frac{U}{\sqrt{R^2 + 96{,}1\ \Omega^2}}\ ; \quad \text{mit } I_0 = \frac{U}{R} \text{ ist dann}$$

$$\frac{I_0}{I'} = \frac{\sqrt{R^2 + 96{,}1\ \Omega^2}}{R}$$

und $R = \underline{7{,}85\ \Omega}$; $\varrho = \frac{\omega_0 L}{R} = \underline{64}$; $B = \frac{f_0}{\varrho} =$

$$= \frac{\omega_0}{2\pi\varrho} = \underline{1{,}24 \cdot 10^4\ ^1/\text{s}}$$

169. a) $\varrho = \frac{U_L}{U} = \frac{1}{R}\sqrt{\frac{L}{C}} = \underline{24{,}5}$;

$f_0 = \frac{R\varrho}{2\pi L} = \frac{50\ \Omega \cdot 24{,}5}{6{,}28 \cdot 15\text{H}} = \underline{13\ \text{Hz}}$

b) $\varrho = \underline{34{,}16}$; $f_0 = \underline{7{,}77\ \text{Hz}}$ c) $\varrho = \underline{272{,}2}$;

$f_0 = \underline{65\ \text{kHz}}$ d) $\varrho = \underline{47{,}14}$; $f_0 = \underline{562{,}7\ \text{kHz}}$

170. a) $I = \frac{U_{\text{eff}}}{\sqrt{R^2 + \left(\omega L - \frac{1}{\omega C}\right)^2}} = \underline{1{,}97\ \text{A}}$

b) $f_0 = \underline{159{,}2\ \text{Hz}}$

c) $I_{0\,\text{max}} = \frac{U_{\text{max}}}{R} = \underline{1333\ \text{A}}$

d) $U_L = U_C = \underline{667\,000\ \text{V (max)}}$
(Zerstörung des Kabels!)

171. a) $f_0 = \underline{2653\ \text{kHz}}$

b) Die gesamte Induktivität ist $(L_x + L)$; dies in die Resonanzformel eingesetzt ergibt

$f_0 = \frac{1}{2\pi}\sqrt{\frac{1}{(L_x + L)\,C}}$ und damit $L_x = \underline{161\ \mu\text{H}}$.

172. a) $f_0 = \frac{1}{2\pi}\sqrt{\frac{1}{LC}} = \frac{1}{6{,}28}\sqrt{\frac{10^6 \cdot 10^{12}}{90\ \text{H} \cdot 400\ \text{F}}} =$
$= \underline{838{,}8\ \text{kHz}}$

b) $\underline{919\ \text{kHz}}$ c) $\underline{1453\ \text{kHz}}$ d) $\underline{1794\ \text{kHz}}$

e) $\underline{4653\ \text{kHz}}$

173. a) $f_0 = \frac{1}{6{,}28}\,\frac{10^9}{\sqrt{10^6\ \text{H} \cdot 10^{12}\ \text{F}}} =$

$= \frac{1{,}592 \cdot 10^8}{\sqrt{(L/\mu\text{H})(C/\text{pF})}}$ usw.

174. $C = \frac{L}{R^2 + (\omega L)^2} = \underline{0{,}02\ \mu\text{F}}$;

$R_0 = \frac{L}{RC} = \underline{7500\ \Omega}$

175. a) $L = \frac{1}{(2\pi f_0)^2\,C} = \underline{0{,}9\ \text{mH}}$

b) $R = d\omega_0 L = \underline{51\ \Omega}$

c) $R_p = \frac{L}{RC} = \underline{353\ \text{k}\Omega}$ d) $\omega_0 L = \underline{4241\ \Omega}$

e) $B = \underline{9\ \text{kHz}}$

176. a) Die Verluste von 6 mW werden vom Effektivwert des Stromes verursacht, so daß $I^2R = \frac{I^2_{\text{max}}}{2} R = 0{,}006$ W, wonach $I_{\text{max}} =$
$= \underline{0{,}01535\ \text{A}}$

b) $U_{\text{max}} = \frac{I_{\text{max}}}{\omega C} = \underline{65{,}15\ \text{V}}$

177.

a) $f_0 =$ 1. 1300 kHz; 2. 796 kHz; 3. 531 kHz; 4. 503 kHz; 5. 291 kHz

b) $R_p =$ 1. 133,3 kΩ; 2. 125 kΩ; 3. 100 kΩ; 4. 69,4 kΩ; 5. 100 kΩ

c) $d =$ 1. 0,6 %; 2. 0,8 %; 3. 1 %; 4. 1,14 %; 5. 1,1 %

d) $I_0 =$ 1. 0,75 mA; 2. 0,8 mA; 3. 1 mA; 4. 1,44 mA; 5. 1 mA

e) $B =$ 1. 7,8 kHz; 2. 6,37 kHz; 3. 5,3 kHz; 4. 5,7 kHz; 5. 3,20 kHz

178. a) Aus der gesamten Kreisgüte

$\varrho' = \frac{R'_p}{\omega_0 L}$ folgt der gesamte Dämpfungswiderstand $R'_p = \varrho'\sqrt{\frac{L}{C}} = 354\ \text{k}\Omega$; der ursprüngliche Parallelwiderstand ist $R_p = \varrho\sqrt{\frac{L}{C}} = 1273\ \text{k}\Omega$;

parallel zu schalten ist $R' = \frac{R'_p \cdot R_p}{R'_p - R_p} =$
$= \underline{490\ \text{k}\Omega}$

b) $B = \frac{f_0}{\varrho} = \frac{1}{2\pi\sqrt{LC}\,\varrho} = \underline{417\ \text{Hz}}$;

$B' = \underline{1500\ \text{Hz}}$

179. Aus $\varrho = R_p\omega_0 C$ wird $C = \frac{\varrho}{R_p\,\omega_0} =$
$= \underline{119\ \text{pF}}$; $L = \frac{CR_p^2}{\varrho^2} = \underline{0{,}33\ \text{mH}}$

180. $R = \frac{\omega_0 LB}{f_0} = 2\pi LB = \underline{7{,}85\ \Omega}$

181. a) $R_p = \varrho\sqrt{\frac{L}{C}} = \underline{284{,}6\ \text{k}\Omega}$

b) $f_0 = \underline{839\ \text{kHz}}$ c) $Z = R_r = \underline{284{,}6\ \text{k}\Omega}$

182. a) Verlustfaktor der Spule $d_L = R\sqrt{\frac{C}{L}} =$

$= 0{,}0028$; gesamter Verlustfaktor $d = d_L + d_C$ $= 0{,}0048$;

$$U_0 = IR_p = \frac{I}{d}\sqrt{\frac{L}{C}};$$

Scheitelwert $U_{0\,max} = U_0\sqrt{2} = \frac{I}{d}\sqrt{\frac{2L}{C}} = \underline{500\ \mathrm{V}}$

b) $I_0 = \omega_0 C U_0 = \underline{5\ \mathrm{A}}$

183. $f_1 = 1500$ kHz ; $f_2 = 500$ kHz ;

$$C_e = C_a\left(\frac{f_1}{f_2}\right)^2 = \underline{225\ \mathrm{pF}};$$

$$L = \frac{1}{(2\pi f_1)^2 C_a} = \underline{450\ \mu\mathrm{H}}$$

184. a) $f_1 = 150$ kHz ; $f_2 = 50$ kHz ;

$$\frac{f_2}{f_1} = \frac{1}{3} = \sqrt{\frac{LC_1}{LC_2}} = \sqrt{\frac{C_a + C_p}{C_e + C_p}};$$

$C_p = \frac{C_e - 9C_a}{8} = \underline{47{,}5\ \mathrm{pF}}$. Damit wird die gesamte Anfangskapazität $C'_a = C_a + C_p = 77{,}5$ pF, was zusammen mit L die Frequenz f_1 ergeben soll.

Daher ist $f_1 = \frac{1}{2\pi}\frac{1}{\sqrt{LC'_a}}$ und damit

$L = \underline{14{,}5\ \mathrm{mH}}$.

b) $R_{p1} = \frac{L}{RC'_a} = \underline{12{,}5\ \mathrm{M\Omega}}$; $C_2 = \underline{697{,}5\ \mathrm{pF}}$;

$$R_{p2} = \frac{L}{RC'_e} = \underline{1{,}4\ \mathrm{M\Omega}};$$

$$d_1 = R\sqrt{\frac{C'_a}{L}} = \underline{0{,}11\%}; \quad d_2 = \underline{0{,}33\%}$$

185. a) $P = S\cos\varphi = 18\ \mathrm{kVA}\cdot 0{,}8192 = \underline{14{,}74\ \mathrm{kW}}$; $Q = S\sin\varphi = 18\ \mathrm{kVA}\cdot 0{,}5736 = \underline{10{,}32\ \mathrm{kvar}}$

b) $\underline{13{,}79\ \mathrm{kW}}$; $\underline{11{,}57\ \mathrm{kvar}}$ c) $\underline{10{,}32\ \mathrm{kW}}$; $\underline{14{,}74\ \mathrm{kvar}}$

d) $\underline{4{,}66\ \mathrm{kW}}$; $\underline{17{,}39\ \mathrm{kvar}}$

186. a) $I = \frac{P}{U\cos\varphi} = \frac{1500\ \mathrm{W}}{220\ \mathrm{V}\cdot 0{,}89} = \underline{7{,}66\ \mathrm{A}}$

b) $\underline{7{,}84\ \mathrm{A}}$ c) $\underline{8{,}02\ \mathrm{A}}$ d) $\underline{8{,}31\ \mathrm{A}}$ e) $\underline{9{,}09\ \mathrm{A}}$

187. a) $\cos\varphi = \frac{P}{UI} = \underline{0{,}65}$ b) $\underline{0{,}75}$ c) $\underline{0{,}78}$

d) $\underline{0{,}58}$ e) $\underline{0{,}60}$

188. $P = P' - \left(\frac{U^2}{R_1} + \frac{U^2}{R_2}\right) = 41{,}36$ W ;

$I_M = 0{,}216$ A; $I_S = \sqrt{I_M^2 + I^2 - 2I_M I\cdot P'/(UI)}$;

$$\cos\varphi = \frac{P}{UI_S} = \underline{0{,}59}$$

189. Bild (199)

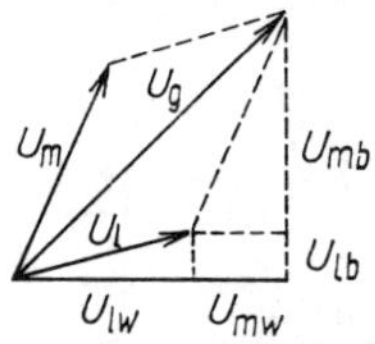

Bild 199. Aufgabe 189

a) $R = \frac{2\varrho l}{A} = 14{,}16\ \Omega$; $U_{lw} = IR = \underline{495{,}6\ \mathrm{V}}$;

$$L = \frac{\mu_0 l}{\pi}\left(\ln\frac{500}{4} + 0{,}25\right) = 0{,}04063\ \mathrm{H};$$

$U_{lb} = I\omega L = \underline{447\ \mathrm{V}}$

b) Wirkspannung
$U_{mw} = U\cos\varphi = \underline{1600\ \mathrm{V}}$;
Blindspannung
$U_{mb} = U\sin\varphi = \underline{1200\ \mathrm{V}}$

c) $U_g = \sqrt{(U_{mw} + U_{lw})^2 + (U_{mb} + U_{lb})^2} = \underline{2665\ \mathrm{V}}$

d) Wirkleistung des Generators $P_g = U_g\cdot I = 2095{,}6\ \mathrm{V}\cdot 35\ \mathrm{A} = \underline{73{,}3\ \mathrm{kW}}$;

Leistungsverlust $P_l = U_{lw}I = 495{,}6\ \mathrm{V}\cdot 35\ \mathrm{A} = \underline{17{,}3\ \mathrm{kW}}$

190.

a) $P = U(I_1\cos\varphi_1 + I_2\cos\varphi_2 + I_3\cos\varphi_3) = \underline{2{,}15\ \mathrm{kW}}$

b) $Q = U(I_1\sin\varphi_1 + I_2\sin\varphi_2 + I_3\sin\varphi_3) = \underline{1{,}65\ \mathrm{kvar}}$

c) $S = \sqrt{P^2 + Q^2} = \underline{2{,}71\ \mathrm{kVA}}$

d) $\cos\varphi_g = \frac{P}{S} = \underline{0{,}79}$ e) $I = \frac{S}{U} = \underline{12{,}32\ \mathrm{A}}$

191. $S_g = \frac{P}{\cos\varphi} = 5{,}85$ kVA ;

$Q_g = S_g\sin\varphi = 3{,}35$ kvar ;

$Q_1 = P_1\tan\varphi_1 = 1{,}5\ \mathrm{kVA}\cdot 0{,}8820 = 1{,}32$ kvar ;

$$\tan\varphi_2 = \frac{Q_2}{P_2} = \frac{Q_g - Q_1}{P_g - P_1} = 0{,}615;$$

$\cos\varphi_2 = \underline{0{,}85}$

192. Es liegen 2 Gleichungen vor:
$P = 2{,}5\ \text{kW} = 0{,}75\ S_1 + 0{,}84\ S_2$.
$Q = 2{,}006\ \text{kvar} = 0{,}6614\ S_1 + 0{,}5426\ S_2$
Hieraus erhält man z. B. $S_2 = 1{,}00\ \text{kVA}$ und
$P_2 = S_2 \cos\varphi_2 = \underline{0{,}84\ \text{kW}}$
$P_1 = P - P_2 = \underline{1{,}66\ \text{kW}}$

193. a) $Z = \sqrt{R^2 + (\omega L)^2} = 15{,}26\ \Omega$;

$I = \frac{U}{Z} = 14{,}42\ \text{A}$;

$P = I^2 R = \underline{2{,}50\ \text{kW}}$; $Q = I^2 \omega L = \underline{1{,}96\ \text{kvar}}$;
$S = \sqrt{P^2 + Q} = \underline{3{,}18\ \text{kVA}}$
b) $\underline{2{,}11\ \text{kW}}$; $\underline{1{,}10\ \text{kvar}}$; $\underline{2{,}38\ \text{kVA}}$
c) $\underline{1{,}65\ \text{kW}}$; $\underline{0{,}60\ \text{kvar}}$; $\underline{1{,}76\ \text{kVA}}$

194. a) $\tan\varphi = \frac{1}{\omega RC}$; $C = \frac{1}{\omega R \tan\varphi} =$

$= \underline{8\ \mu\text{F}}$ b) $\underline{4{,}95\ \mu\text{F}}$ c) $\underline{2{,}84\ \mu\text{F}}$ d) $\underline{1{,}68\ \mu\text{F}}$

195. a) $\cos\varphi = \frac{R}{Z} = \frac{R}{\sqrt{R^2 + (\omega L)^2}} = \underline{0{,}73}$

b) $\underline{0{,}62}$ c) $\underline{0{,}47}$

196. (Bild 200)

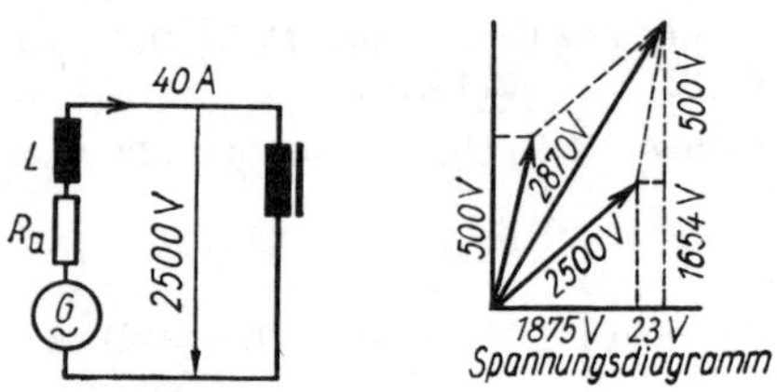

Bild 200 a und b. Aufgabe 196

$P = U_k I \cdot 0{,}012 \cos\varphi$; $R_a = \frac{P}{I^2} =$

$= \frac{U_K\, 0{,}012 \cos\varphi}{I} = 0{,}563\ \Omega$;

die EMK der Selbstinduktion ist

$U_L = 0{,}2\ U_k$,

$L = \frac{U_L}{\omega I} = \frac{0{,}2\, U_K}{\omega I} = \underline{0{,}332\ \text{H}}$

Die Wirkspannungen betragen
$U_w = I R_a + U_k \cos\varphi = 40\ \text{A} \cdot 0{,}563\ \Omega +$
$+ 2500\ \text{V} \cdot 0{,}75 = 1898\ \text{V}$;
die Blindspannungen sind
$U_b = U_L + U_k \sin\varphi = 2154\ \text{V}$;

die EMK ist daher $E = \sqrt{U_w^2 + U_b^2} = \underline{2871\ \text{V}}$;
$P = I U_w = \underline{76\ \text{kW}}$

197. $S = Q = \frac{U^2}{X_C} = U^2 \omega C = \underline{1{,}52\ \text{VA}}$

198. $P = IU \cos\varphi = \underline{71{,}3\ \text{W}}$; $W = Pt =$
$= 0{,}855\ \text{kWh}$; Kosten: $\underline{6{,}84\ \text{Pf}}$

199. Aus dem Spannungsdiagramm (Bild 201) ergibt sich $U^2 = U_1^2 + U_2^2 + 2U_1U_2 \cdot \cos\varphi$. Ferner ist $P = U_2 I \cos\varphi$ und $I = \frac{U_1}{R_1}$. Setzt man den sich aus der 1. Gleichung ergebenden Wert von $\cos\varphi$ in die 2. Gleichung ein, so erhält man $P = U_2 I \frac{U^2 - U_1^2 - U_2^2}{2\, U_1 U_2}$. Ersetzt man I nach der 3. Gleichung, so entsteht die genannte Formel.

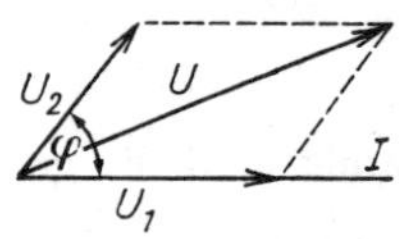

Bild 201. Aufgabe 199

200. $P = \frac{50\,625\ \text{V}^2 - 12\,544\ \text{V}^2 - 13\,924\ \text{V}^2}{13\ \Omega} =$
$= \underline{1{,}86\ \text{kW}}$;

$\cos\varphi = \frac{P}{S} = \frac{U_2 I\,(U^2 - U_1^2 - U_2^2)}{2U_1U_2 \cdot U_2 I} =$

$= \frac{U^2 - U_1^2 - U_2^2}{2U_1U_2} = \underline{0{,}914}$;

$S = \frac{P}{\cos\varphi} = \underline{2{,}04\ \text{kVA}}$

201. a) $P = \frac{U^2 - U_1^2 - U_2^2}{2R_1} = \underline{52{,}16\ \text{W}}$;

$\cos\varphi = \frac{U^2 - U_1^2 - U_2^2}{2U_1U_2} = \underline{0{,}853}$
b) $P = \underline{36{,}1\ \text{W}}$; $\cos\varphi = \underline{0{,}55}$ c) $P = \underline{16{,}6\ \text{W}}$;
$\cos\varphi = \underline{0{,}26}$

202. a) Lampe allein: $P_1 = IU_1 = \underline{118{,}8\ \text{W}}$;
Widerstand der Lampe

$R_1 = \frac{U_1}{I} = 98{,}18\ \Omega$;

Drossel: $P_2 = \frac{U^2 - U_1^2 - U_2^2}{2R_1} = \underline{9{,}0\ \text{W}}$;

zusammen $\underline{127{,}8\ \text{W}}$;
b) $\underline{451{,}4\ \text{W}}$ bzw. $\underline{479{,}2\ \text{W}}$
c) $\underline{1000\ \text{W}}$ bzw. $\underline{1058\ \text{W}}$

203. Es ist nach Bild 202 $I^2 = I_1 + I_2^2 + 2I_1I_2 \times \times \cos\varphi$ sowie $P = UI_2 \cos\varphi$ und $U = I_1R_1$. Die erste Gleichung liefert $\cos\varphi = \dfrac{I^2 - I_1^2 - I_2^2}{2\,I_1I_2}$.
Dies in die 2. Gleichung eingesetzt, ergibt zusammen mit der 3. Gleichung die genannte Formel.

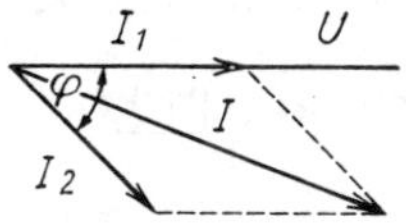

Bild 202. Aufgabe 203

204. Lösungsweg nach Aufgabe 203: $R_1 = \dfrac{U}{I_1} = 17{,}9\ \Omega$;

Motor: $P_2 = \dfrac{R_1\,(I^2 - I_1^2 - I_2^2)}{2} = \underline{1{,}69\ \text{kW}}$;

$\cos\varphi = \dfrac{P_2}{S_2} = \dfrac{U\,(I^2 - I_1^2 - I_2^2)}{2I_1UI_2} = \dfrac{I^2 - I_1^2 - I_2^2}{2I_1I_2} = \underline{0{,}85}$;

Lampen: $P_1 = UI_1 = \underline{2{,}8\ \text{kW}}$

205. a) Drossel allein: $\cos\varphi_2 = \dfrac{P_2}{U_2I} = \underline{0{,}04}$;
Lampe mit Drossel:

$\cos\varphi = \dfrac{P}{UI} = \underline{0{,}53}$ b) $\underline{0{,}04}$ bzw. $\underline{0{,}59}$

c) $\underline{0{,}04}$ bzw. $\underline{0{,}60}$

206. a) $S = 220\ \text{V} \cdot 0{,}15\ \text{A} = 33\ \text{VA}$;
$Q = \sqrt{S^2 - P^2} = 30{,}33\ \text{var}$;

Lampe mit Drossel: $\cos\varphi_1 = \dfrac{P}{S} = \dfrac{13\ \text{W}}{33\ \text{VA}} = \underline{0{,}39}$

$\tan\varphi_2 = \dfrac{Q}{P - P_1} = 10{,}11$;

$\varphi_2 = 84{,}4°$; $\cos\varphi_2 = \underline{0{,}1}$

b) $\underline{0{,}1}$ bzw. $\underline{0{,}36}$ c) $\underline{0{,}1}$ bzw. $\underline{0{,}39}$

d) $\underline{0{,}1}$ bzw. $\underline{0{,}36}$

207. (Der Index 1 bezieht sich auf den Generator, der Index 2 auf den Motor).

a) $P_1 = P_2 + 0{,}1P_1$; $P_1 = \dfrac{P_2}{1 - 0{,}1} = \underline{200\ \text{kW}}$

b) $U_L = \dfrac{P_1 - P_2}{I} = \underline{227{,}3\ \text{V}}$

c) $Q_1 = Q_2 = P_2 \tan\varphi_2 = 180\ \text{kW} \cdot 0{,}62 = 111{,}6\ \text{kvar}$;

$\tan\varphi_1 = \dfrac{Q_1}{P_1} = 0{,}558$; $\cos\varphi_1 = \underline{0{,}873}$

d) $U_1 = \dfrac{S_1}{I} = \dfrac{P_1}{I\cos\varphi_1} = \underline{2{,}603\ \text{kV}}$

e) $\dfrac{U_1 - U_k}{U_1} = 0{,}078 = \underline{7{,}8\%}$

208. a) $U_w = U_1\cos\varphi_1 + U_2\cos\varphi_2 = \underline{384\ \text{V}}$;
$U_b - U_1\sin\varphi_1 + U_2\sin\varphi_2 = \underline{428\ \text{V}}$;
$U = \sqrt{U_w^2 + U_b^2} = \underline{575\ \text{V}}$

b) $\tan\varphi = \dfrac{U_b}{U_w} = 1{,}115$; $\cos\varphi = 0{,}67$

c) $I_w = I\cos\varphi = \underline{20\ \text{A}}$; $I_b = I\sin\varphi = \underline{22{,}3\ \text{A}}$

209. $\cos\varphi = \dfrac{P}{UI} = 0{,}7018$; $\tan\varphi = 1{,}0153$;

es ergeben sich die Gleichungen

$\tan\varphi = \dfrac{0{,}6U_1 + 0{,}8U_2}{0{,}8U_1 + 0.6U_2}$ sowie $P = I\,(0{,}8U_1 + 0{,}6U_2)$; hieraus findet man

$U_1 = \underline{181{,}8\ \text{V}}$ und $U_2 = \underline{202{,}1\ \text{V}}$

210. a) $P_{ges} = P_1 + P_2 = \dfrac{P_1'}{\eta_1} + \dfrac{P_2'}{\eta_2} = 40{,}2\ \text{kW} + 33{,}3\ \text{kW} = 73{,}5\ \text{kW}$;

$I_1 = \dfrac{P_1}{U_m\cos\varphi_1} = \underline{123{,}7\ \text{A}}$

$I = \dfrac{P_{ges}}{U_m\cos\varphi} = \underline{294\ \text{A}}$; wegen $\cos\varphi_1 = 0{,}65$ ist $\varphi_1 = 49{,}46°$; nach Stromdiagramm (Bild 203) ist $\varphi' = 60° - 49{,}46° = 10{,}54°$; $\cos\varphi' = 0{,}9831$;

$I_2 = \sqrt{I^2 + I_1^2 - 2I\,I_1\cos\varphi'} = \underline{173{,}9\ \text{A}}$

b) $\cos\varphi_2 = \dfrac{P_2}{U_mI_2} = \underline{0{,}30}$

c) (Bild 204) $R_L = \dfrac{2\varrho l}{A}$; Wirkspannung der Leitung $U_{wL} = IR_L = \dfrac{2I\varrho l}{A} = 125{,}3\ \text{V}$; Wirkspannung der Motoren $U_{wm} = U_m\cos\varphi = 250\ \text{V}$; gesamte Wirkspannung $U_w = U_{wL} + U_{wm} = 375{,}3\ \text{V}$; Blindspannung der Motoren $U_b = U_m\sin\varphi = 433\ \text{V}$; Gesamtspannung

$U = \sqrt{U_w^2 + U_b^2} = \underline{573\ \text{V}}$

d) (Bild 205) Blindstrom durch den Kondensator:

$I_C = U_m\omega C = 125{,}7\ \text{A}$;

$I_{ges} = \sqrt{I^2 + I_C^2 - 2I\,I_C\cos 30°} = \underline{195{,}5\ \text{A}}$;

$\cos\varphi_{ges} = \dfrac{P_{ges}}{I_{ges}U_m} = \underline{0{,}752}$

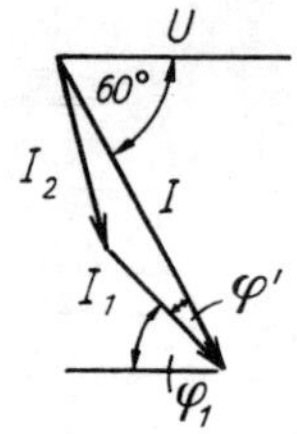

Bild 203. Aufgabe 210a

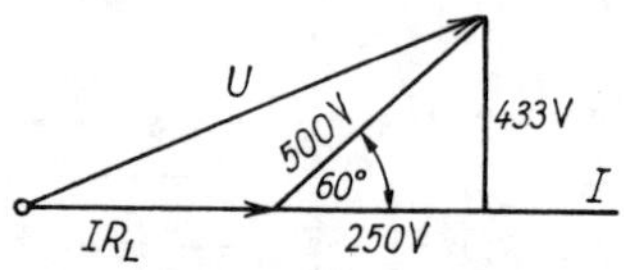

Bild 204. Aufgabe 210c

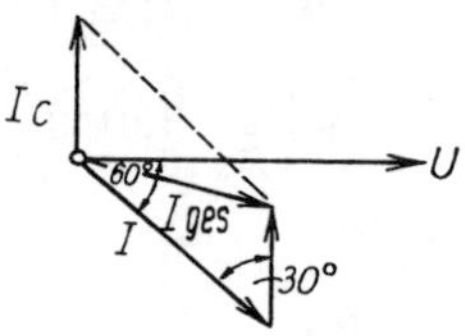

Bild 205. Aufgabe 210d

211. a) Bei $\varphi = 45°$ sind Wirk- und Blindspannung gleich groß, so daß $U_w = U_b = U \sin 45° = 155{,}6$ V ist. Lampenstrom $I_L = \frac{P_L}{U_L} = 0{,}32$ A; Lampenwiderstand $R_L = \frac{U_L^2}{P_L} = 390{,}6\ \Omega$; $R_1 = R_2 = \frac{U_W - U_L}{I_L} = \underline{95{,}6\ \Omega}$;
$U_b = 155{,}6\ \text{V} = I_L \omega L$; $L = \underline{4{,}64\ \text{H}}$; $U_C = 155{,}6\ \text{V} = \frac{I_L}{\omega C}$; $C = \underline{19{,}6\ \mu\text{F}}$

b) Wirkleistung wird nur in den beiden Lampen und den Widerständen R_1 und R_2 verbraucht, so daß $P = 2(P_L + I_L^2 R_1) = \underline{99{,}6\ \text{W}}$ ist.

c) Die beiden Ströme $I_1 = I_2 = 0{,}32$ A stehen rechtwinklig zueinander; ihre Summe ist daher $0{,}32\sqrt{2}$ A $= \underline{0{,}45\ \text{A}}$.

212. $Q_C = P\,(\tan 53{,}1° - \tan 36{,}9°) = \underline{2789\ \text{kvar}}$

213. $\tan \varphi_1 = \frac{Q_C}{P} + \tan 34{,}9° = 1{,}356$;

$\varphi_1 = 53{,}5°$; $\cos \varphi_1 = \underline{0{,}59}$

214. $P = \frac{Q_C}{\tan 49{,}5° - \tan 31{,}8°} = \underline{7625\ \text{kW}}$

215. $\tan \varphi_1 = \frac{W_b}{W_w} = 1{,}479$; $\cos \varphi_1 = 0{,}56$;

$Q_1 = \frac{W_b}{t} = 276{,}32$ kvar; $P = \frac{W_w}{t} = 186{,}84$ kW ;

$\tan \varphi_2 = 0{,}426$; $Q_2 = P \tan \varphi_2 = 79{,}6$ kvar; zu kompensieren sind $Q_1 - Q_2 = \underline{196{,}7\ \text{kvar}}$

216. Da die geforderte Wirkleistung gleich der zulässigen Scheinleistung ist, ist die gesamte Blindleistung zu kompensieren.

$Q = P_1 \tan \varphi_1 + P_2 \tan \varphi_2 = \underline{190{,}6\ \text{kvar}}$

217. a) $P = S \cos \varphi_1 = \underline{72\ \text{kW}}$

b) $\sin \varphi_1 = 0{,}89$; $Q = S \sin \varphi_1 = 142{,}4$ kvar; verbleibende Blindleistung $Q_1 - Q_2 = 82{,}4$ kvar;

$\sin \varphi_2 = \frac{Q_1 - Q_2}{S} = 0{,}515$; $\cos \varphi_2 = \underline{0{,}86}$;

$Q = S \cos \varphi_2 = \underline{137\ \text{kW}}$

c) $\sin \varphi_3 = \frac{Q_1 - Q_2}{S} = 0{,}14$; $\cos \varphi_3 = \underline{0{,}99}$;

$P = S \cos \varphi_3 = \underline{158\ \text{kW}}$

218. Maßgebend für die Belastung ist der Gesamtstrom I. Setzt man den Wärmeverlust bei $\cos \varphi = 1$ mit $P_v = I_w^2$ an, so ist dieser bei zusätzlichem Blindstrom

$$x I_w^2 R = (I_w^2 + I_b^2)\,R = (I_w^2 + I_w^2 \tan^2 \varphi)\,R = I_w^2 R\,(1 + \tan^2 \varphi) ;$$

a) $x = 1 + \tan^2 \varphi = \frac{1}{\cos^2 \varphi} = \underline{1{,}23}$

b) $\underline{1{,}77}$ c) $\underline{2{,}37}$ d) $\underline{4}$

219. Die zu kompensierende Blindleistung muß vom Kondensator aufgenommen werden, wofür die oben angeführte Formel gilt und daher $C = \frac{Q_C}{U^2 \omega}$ ist. Für $\omega = 314$ 1/s und die angegebenen Spannungen erhält man die genannten Faktoren für C in µF und Q in kvar.

220. $Q_C = UI \cos \varphi_1 (\tan \varphi_1 - \tan \varphi_2) = 137{,}3$ var; $C = \frac{Q_C}{U^2 \omega} = \underline{9\ \mu\text{F}}$

221. a) Mit $I_w = \frac{P}{U}$ wird $\cos \varphi_1 = \frac{I_w}{I} = \frac{P}{UI} = 0{,}303$;

mit $\tan \varphi_1 = 3{,}145$ und $\tan \varphi_2 = 0{,}75$ wird $Q_C = P\,(\tan \varphi_1 - \tan \varphi_2) = 23{,}95$ var; $C = \underline{1{,}6\ \mu\text{F}}$;

bei $\cos \varphi_2 = 1{,}0$ ergibt sich $C = \frac{P \tan \varphi_1}{U^2 \omega} = \underline{2{,}1\ \mu\text{F}}$

b) $\underline{1{,}9\ \mu\text{F}}$ bzw. $\underline{2{,}7\ \mu\text{F}}$ c) $\underline{2{,}6\ \mu\text{F}}$ bzw. $\underline{3{,}9\ \mu\text{F}}$
d) $\underline{4{,}8\ \mu\text{F}}$ bzw. $\underline{6{,}7\ \mu\text{F}}$ e) $\underline{3{,}3\ \mu\text{F}}$ bzw. $\underline{5{,}3\ \mu\text{F}}$

222. $Q_C = U^2\omega C$; $P = \dfrac{Q_C}{\tan\varphi} = \dfrac{U^2\omega C}{\tan\varphi} =$
$= \underline{680\ \text{W}}$

223. a) $\tan\varphi_2 = \tan\varphi_1 - \dfrac{Q_C}{P} = \underline{0{,}932}$;
$\cos\varphi_2 = \underline{0{,}732}$; $S_1 = \dfrac{P}{\cos\varphi_1} = \underline{300\ \text{kVA}}$;
$S_2 = \dfrac{P}{\cos\varphi_2} = \underline{205\ \text{kVA}}$

b) $\cos\varphi_2 = 0{,}756$; $S_2 = \underline{198\ \text{kVA}}$

c) $\cos\varphi_2 = \underline{0{,}807}$ $S_2 = \underline{186\ \text{kVA}}$

d) $\cos\varphi_2 = \underline{0{,}883}$; $S_2 = \underline{170\ \text{kVA}}$

224. a) $Q_1 = S_1 \sin\varphi_1 = 85\ \text{kVA} \cdot 0{,}8 = 68\ \text{kvar}$; $S_2 = 76{,}5\ \text{kVA}$;

$P = S_1 \cos\varphi_1 = 51\ \text{kW}$;

$Q_2 = \sqrt{S_2^2 - P^2} = S_1\sqrt{0{,}9^2 - \cos^2\varphi_1} = 57\ \text{kvar}$;

$C = \dfrac{Q_C}{\omega U^2} = \dfrac{Q_1 - Q_2}{\omega U^2} = \underline{723\ \mu\text{F}}$;

$\tan\varphi_2 = \dfrac{Q_2}{P} = 1{,}12$;

$\cos\varphi_2 = \underline{0{,}67}$ b) $\underline{1513\ \mu\text{F}}$; $\cos\varphi_2 = \underline{0{,}75}$

c) $C = \underline{2460\ \mu\text{F}}$; $\cos\varphi_2 = \underline{0{,}857}$

225. $S = UI = 660\ \text{VA}$; $Q_1 = 0{,}64\ S =$
$= 422{,}4\ \text{var}$; $P = \sqrt{S^2 - Q^2} = 507\ \text{W}$;
$Q_C = Q_1 - Q_2 = Q_1 - P\tan\varphi_2 = 177\ \text{var}$;
$C = \dfrac{Q_C}{\omega U^2} = \underline{11{,}6\ \mu\text{F}}$

226. a) $Q = U^2\omega C = \underline{6\ \text{kvar}}$ b) $\underline{10\ \text{kvar}}$
c) $\underline{2\ \text{kvar}}$ d) $\underline{3{,}3\ \text{kvar}}$ e) $\underline{0{,}76\ \text{kvar}}$

227. a) Wirkleistung des Motors $P = \dfrac{P_{\text{ab}}}{\eta} =$
$= 1333\ \text{W}$; Scheinleistung des Motors $S_\text{m} =$
$= \dfrac{P}{\cos\varphi} = 1905\ \text{VA}$; Blindleistung des Motors
$Q = S_\text{m}\sin\varphi = 1360\ \text{var}$; gesamte Scheinleistung

$S = \sqrt{(P + P_\text{L})^2 + Q^2} = 2530\ \text{VA}$; Gesamtstrom

$I = \dfrac{S}{U} = \underline{11{,}5\ \text{A}}$ b) $\cos\varphi_2 = \dfrac{P + P_\text{L}}{S} = \underline{0{,}84}$

c) $I = \dfrac{P + P_\text{L}}{U} = \underline{9{,}7\ \text{A}}$ d) $C = \dfrac{Q}{\omega U^2} =$
$= \underline{89{,}4\ \mu\text{F}}$

228. a) $R = \dfrac{1}{\omega C \tan\delta} = \underline{124\ \text{M}\Omega}$

b) $\underline{0{,}199\ \text{M}\Omega}$ c) $\underline{0{,}53\ \text{M}\Omega}$ d) $\underline{5{,}53\ \text{k}\Omega}$

229. a) $\tan 0{,}3° = 0{,}005\,236$;

$R = \dfrac{1}{\omega C \tan\delta} =$

$= \dfrac{10^{12}}{2\pi \cdot 500 \cdot 10^3\ ^1/\text{s} \cdot 600\ \text{F} \cdot 0{,}005\,236} = \underline{101\ \text{k}\Omega}$

b) $\underline{152\ \text{k}\Omega}$ c) $\underline{50{,}7\ \text{k}\Omega}$

230. a) $\tan\delta = 0{,}039\,79$; $\delta = \underline{2{,}28°}$
b) $\underline{0{,}15°}$ c) $\underline{0{,}46°}$

231. a) $90° - 1{,}3° = \underline{88{,}7°}$ b) $\underline{88{,}4°}$ c) $\underline{88{,}0°}$
d) $\underline{85{,}9°}$ e) $\underline{84{,}3°}$

232. $I = \dfrac{U}{R} = U\omega C\tan\delta = \underline{1{,}4\ \text{mA}}$

233. a) $P_\text{V} = U^2\omega C\tan\delta = \underline{24\ \text{W}}$ b) $\underline{60\ \text{W}}$
c) $\underline{12\ \text{W}}$ d) $\underline{13{,}4\ \text{W}}$

a) $R = \dfrac{1}{\omega C\tan\delta} = \underline{6{,}03\ \text{k}\Omega}$ b) $\underline{2{,}41\ \text{k}\Omega}$

c) $\underline{4{,}02\ \text{k}\Omega}$ d) $\underline{3{,}62\ \text{k}\Omega}$

234. $\tan\delta = \dfrac{P_\text{V}}{U^2\omega C} = \underline{5{,}25 \cdot 10^{-3}}$

b) $\underline{8{,}22 \cdot 10^{-3}}$ c) $\underline{13{,}15 \cdot 10^{-3}}$

235. $p = \dfrac{200\, lP}{\varkappa A U_\text{k}^2 \cos^2\varphi} = \underline{4{,}3\%}$;

$P_\text{V} = \dfrac{pP}{100} = \underline{1{,}075\ \text{kW}}$

236. $A = \dfrac{200\, lP}{\varkappa p U_\text{k}^2 \cos^2\varphi} = \underline{18{,}9\ \text{mm}^2}$

(gewählt 25 mm²)

237. $P = \dfrac{p\varkappa A U_\text{k}^2\cos^2\varphi}{200\, l} = \underline{2{,}07\ \text{kW}}$

238. $U_\text{V} = \dfrac{pU_\text{k}}{100} = 5{,}375\ \text{V}$;

$P = \dfrac{\varkappa A U_\text{v} U_\text{k}}{2l} = \underline{3{,}24\ \text{kW}}$

239. $l = \dfrac{p\varkappa A U_\text{k}^2\cos^2\varphi}{200\, S\cos\varphi} = \underline{245\ \text{m}}$

240. $\tan\varphi_1 = 1{,}0202$; $Q = P_1\tan\varphi_1$;

$\tan\varphi = \dfrac{P_1\tan\varphi_1}{P_1 + P_l} = 0{,}583$;

$\cos\varphi = 0{,}854$; $p = \frac{200\,lP}{\varkappa A U_k^2 \cos^2\varphi} = \underline{13{,}7\%}$;

$P_v = Pp = \underline{4{,}79\text{ kW}}$

241. a) $\frac{p_1}{p_2} = \frac{\cos^2\varphi_2}{\cos^2\varphi_1}$; $p_2 = \frac{4\cdot 0{,}36}{0{,}81} = \underline{1{,}78\%}$

b) $\frac{P_1}{P_2} = \frac{\cos^2\varphi_1}{\cos^2\varphi_2}$; $P_2 = \underline{2{,}25\,P_1}$

242. $p_1 = \frac{200\,lP}{\varkappa A_1 U_k^2 \cos^2\varphi} = 12{,}6\%$;

$p_2 = 7{,}6\%$; $\Delta p = \underline{5\%}$

$\Delta P = \frac{P\Delta p}{100} = \underline{0{,}75\text{ kW}}$

243. Da der prozentuale Spannungsverlust

$p_U = \frac{U_v \cdot 100}{U_k} = \frac{200\,lP}{\varkappa A U_k^2}$ ist, ergibt sich

$\frac{p_U}{p} = \frac{2}{3{,}6} = \cos^2\varphi$ und daraus $\cos\varphi = \underline{0{,}75}$.

244. Wenn nicht reine Wirklast vorliegt, liegen Verbraucherspannung und Spannungsverlust nicht in gleicher Phase, so daß geometrisch addiert werden muß.

245. $I = \frac{P}{U_k \cos\varphi} = 111\text{ A}$;

$U_a = \sqrt{U_k^2 + (2IR_L)^2 + 4U_k I R_L \cos\varphi} = \underline{231\text{ V}}$

246. Aus $U_a = \sqrt{U_k^2 + (2IR_L)^2 + 4U_k I R_L \cos\varphi}$

wird $2IR_L = 61{,}8\text{ V}$;

$I = \frac{P}{U_k \cos\varphi} = 526{,}3\text{ A}$; $l = \frac{2IR_L \varkappa A}{2I} = \underline{82\text{ m}}$

247. Mit $I = \frac{P}{U_k \cos\varphi}$ wird $U_a =$

$= \sqrt{U_k^2 + \left(\frac{2PR_L}{U_k \cos\varphi}\right)^2 + 4PR_L}$

und hieraus $U_k = \underline{368{,}3\text{ V}}$

248. Mit $2IR_L = 30\text{ V}$ wird aus $U_a = \sqrt{U_k^2 + (2IR_L)^2 + 4\,U_k I R_L \cos\varphi}$ die Klemmenspannung $U_k = 424\text{ V}$;
$P = U_k I \cos\varphi = \underline{36\text{ kW}}$

249. a) $Q_1 = P_1 \tan\varphi_1 = 1859$ var; $Q_2 = P_2 \tan\varphi_2 = 9870$ var; gesamte Scheinleistung $S = \sqrt{(P_1 + P_2)^2 + (Q_1 + Q_2)^2} = 15094$ VA;

$I = \frac{S}{U} = \underline{30{,}2\text{ A}}$

b) $U_V = \frac{2\varrho l I}{A} = \underline{18{,}5\text{ V}}$

c) $P_V = I^2 R = \underline{558\text{ W}}$

d) (Bild 205) $\cos\varphi = \frac{P}{S} = 0{,}629$;

$U_a = \sqrt{U_V^2 + U_k^2 + 2U_V U_k \cos\varphi} = \underline{511{,}8\text{ V}}$

250. a) $U_{RS} = \underline{370\text{ V}}$

b) $U_{SO} = \frac{U_{st}}{\sqrt{3}} = \frac{370\text{ V}}{\sqrt{3}} = \underline{213{,}6\text{ V}}$

c) $U_{RO} = \underline{213{,}6\text{ V}}$

251. a) $U = \underline{125\text{ V}}$

b) $U = U_{st}\sqrt{3} = \underline{216{,}5\text{ V}}$

252. a) $I_{st} = \frac{380\text{ V}}{25\,\Omega} = 15{,}2\text{ A}$;

$I = 15{,}2\text{ A}\sqrt{3} = \underline{26{,}3\text{ A}}$

b) $I = I_{st} = \frac{220\text{ V}}{25\,\Omega} = \underline{8{,}8\text{ A}}$

253. $I_1 = 2\frac{U_{st}}{R}$; $I_2 = \frac{U_{st}}{R} + \frac{U\sqrt{3}}{R} = \frac{4U_{st}}{R}$;

der Strom verdoppelt sich.

254. a) $U = U_{st}\sqrt{3} = \underline{389{,}7\text{ V}}$

b) $U_{st} = \underline{225\text{ V}}$

255. $\frac{220\text{ V}}{2R} + 1\text{ A} = \frac{220\text{ V}}{R\sqrt{3}}$; $R = \underline{17\,\Omega}$

256. $I_{st} = \frac{I}{\sqrt{3}} = 25{,}33\text{ A}$;

$U = U_{st} = I_{st} R = \underline{380\text{ V}}$

Bei Sternschaltung ist $U_{st} = \frac{U}{\sqrt{3}} = 219{,}4\text{ V}$

und $I = I_{st} = \frac{U_{st}}{R} = \underline{14{,}6\text{ A}}$

257. a) $I_{st} = \frac{U}{R} = \frac{220\text{ V}}{35\,\Omega} = 6{,}29\text{ A}$;

$I = I_{st}\sqrt{3} = \underline{10{,}89\text{ A}}$

b) $R_{ges} = \frac{R \cdot 2R}{R + 2R} = 23{,}33\,\Omega$; $I = \frac{U}{R_{ges}} = \underline{9{,}43\text{ A}}$

258. $I = \frac{127\text{ V}}{R} + 20\text{ A} = \frac{220\text{ V}\sqrt{3}}{R}$;

$R = \underline{12{,}7\,\Omega}$

259. Strangwiderstand $R = \frac{U}{2I_1} = 12{,}42\ \Omega$;
$I = I_{st} = \frac{U}{R\sqrt{3}} = \underline{17{,}9\ \mathrm{A}}$

260. a) $I_{st} = U\omega C = 380\ \mathrm{V} \cdot 314\ ^1/\mathrm{s} \cdot 8 \cdot 10^{-6}\ \mathrm{F} = \underline{0{,}96\ \mathrm{A}}$ b) $I = I_{st}\sqrt{3} = \underline{1{,}66\ \mathrm{A}}$

261. $\omega C U_{st}\sqrt{3} = \omega C U_{st} + \Delta I$; hieraus folgt $U_{st} = \underline{220\ \mathrm{V}}$ und $U = \underline{381\ \mathrm{V}}$

262. $P = UI\sqrt{3}\cos\varphi = \underline{8{,}95\ \mathrm{kW}}$;
$Q = UI\sqrt{3}\sin\varphi = \underline{5{,}55\ \mathrm{kvar}}$;
$S = UI\sqrt{3} = \underline{10{,}53\ \mathrm{kVA}}$

263. $I_{st} = I = \frac{P}{3U_{st}\cos\varphi} = \frac{17\,000\ \mathrm{W}}{3 \cdot 125\ \mathrm{V} \cdot 0{,}65} = \underline{69{,}74\ \mathrm{A}}$

264. $P = 3U_{st}I_{st} = 3 \cdot 220\ \mathrm{V} \cdot 12{,}5\ \mathrm{A} = \underline{8{,}25\ \mathrm{kW}}$

265. $I = I_{st} = \frac{P}{3U_{st}\cos\varphi} = \underline{12{,}0\ \mathrm{A}}$

266. a) In Sternschaltung ist die Leiterspannung 380 V und die Leistung $P = UI\sqrt{3}\cos\varphi = 380\ \mathrm{V} \cdot 37{,}6\ \mathrm{A} \cdot \sqrt{3} \cdot 0{,}87 = \underline{21{,}5\ \mathrm{kW}}$; oder in Dreieckschaltung mit der Leiterspannung 220 V und dem Strom $P = 220\ \mathrm{V} \cdot 65{,}0\ \mathrm{A} \cdot \sqrt{3} \cdot 0{,}87 = \underline{21{,}5\ \mathrm{kW}}$

b) $\eta = \frac{P_{ab}}{P_{zu}} = \frac{19{,}5\ \mathrm{kW}}{21{,}5\ \mathrm{kW}} = \underline{0{,}91}$

267. a) Für den einzelnen Strang gilt $I_{st} = \frac{U}{R}$ und den Leiterstrom $I = \frac{U}{R}\sqrt{3}$.
Einsetzen in $P = \sqrt{3}UI\cos\varphi$ ergibt mit $\cos\varphi = 1$: $\underline{P = \frac{3U^2}{R}}$

b) Hier gilt $I = I_{st} = \frac{U_{st}}{R} = \frac{U}{\sqrt{3}R}$;
dies ergibt $\underline{P = \frac{U^2}{R}}$

268. a) $U = I_{st}R = \frac{IR}{\sqrt{3}}$. Einsetzen in $P = \sqrt{3}UI\cos\varphi$ ergibt mit $\cos\varphi = 1$: $\underline{P = I^2R}$
b) $U = \sqrt{3}IR$; $\underline{P = 3\ I^2R}$

269. Der Motor läuft als Einphasenmotor weiter; wegen $P = UI$ wird die Stromstärke auf das 1,73fache vergrößert.

270. a) Nach Aufgabe 267a ist $P = \frac{3U^2}{R} = \underline{14{,}44\ \mathrm{kW}}$

b) Nach Aufgabe 167b ist $P = \frac{U^2}{R} = \underline{4{,}81\ \mathrm{kW}}$

271. $\frac{U^2}{R} + \Delta P = \frac{3U^2}{R}$; $R = \underline{16{,}13\ \Omega}$

272. $t = \frac{W}{UI\sqrt{3}\cos\varphi} = \underline{9\ \mathrm{h}}$

273. $\frac{U^2}{2R} + \Delta P = \frac{U^2}{R}$; $U = \underline{300\ \mathrm{V}}$

274. a) $P = \frac{W}{\eta t} = \frac{200\ \mathrm{kg} \cdot 4{,}19 \cdot 10^3\ \mathrm{J} \cdot 75\ \mathrm{K}}{\mathrm{kg} \cdot \mathrm{K} \cdot 0{,}95 \cdot 6 \cdot 3\,600\ \mathrm{s}} = 3{,}06\ \mathrm{kW}$;

$R = \frac{3\,U^2}{P} = \underline{47{,}45\ \Omega}$

b) Es werden nur noch 2 Widerstände mit der Leiterspannung gespeist, so daß die Leistung um $^1/_3$ abnimmt.
Da das Produkt Pt unverändert bleiben muß, besteht die Gleichung $\frac{2Pt}{3} = P \cdot 6\ \mathrm{h}$, wonach $t = \underline{9\ \mathrm{h}}$ beträgt.

275. $P = \frac{UI\sqrt{3}}{\eta} = \underline{21{,}2\ \mathrm{kW}}$

276. a) $p = \frac{100\,\varrho l P}{AU_k^2} = \underline{16{,}9\ \%}$;

$P_V = \frac{pP}{100} = \underline{0{,}78\ \mathrm{kW}}$

b) $\underline{9{,}74\ \%}$; $\underline{0{,}77\ \mathrm{kW}}$ c) $\underline{4{,}17\ \%}$; $\underline{0{,}97\ \mathrm{kW}}$
d) $\underline{4{,}88\ \%}$; $\underline{1{,}22\ \mathrm{kW}}$ e) $\underline{5{,}46\ \%}$; $\underline{1{,}79\ \mathrm{kW}}$

277. $P = \frac{P_{ab}}{\eta} = 4{,}93\ \mathrm{kW}$;

$p = \frac{100\,\varrho l P}{AU_k^2\cos^2\varphi} = \underline{30{,}17\ \%}$;

$P_V = \frac{pP}{100} = \underline{1{,}49\ \mathrm{kW}}$

278. $\varrho = \frac{pAU_k^2\cos^2\varphi}{100\,lP} = \underline{0{,}136\ \Omega\,\mathrm{mm}^2/\mathrm{m}}$

279. Da der prozentuale Verlust der Leistung proportional ist, gilt $p_1 : p_2 = P_1 : P_2$;

$p_2 = \frac{p_1P_2}{P_1} = \underline{6{,}73\ \%}$;

$P_{V1} = p_1P_1 = \underline{3{,}23\ \mathrm{kW}}$ bzw.

$P_{V2} = p_2P_2 = \underline{1{,}21\ \mathrm{kW}}$

280. $l = \frac{pAU_k^2}{100\varrho P} = \underline{135\ \text{m}}$

281. a) $P_{V2} = \frac{P_1}{\cos^2\varphi} = \underline{18\ \text{kW}}$ b) $\underline{32\ \text{kW}}$

c) $P_{V2} = \frac{P_1 U_{k1}^2}{U_2^2 \cos^2\varphi} = \underline{53{,}6\ \text{kW}}$ d) $\underline{95{,}3\ \text{kW}}$

282. a) $A = \frac{100\ lP}{\varkappa p U_k^2 \cos^2\varphi} = \underline{3{,}51\ \text{mm}^2}$

b) $\underline{5{,}48\ \text{mm}^2}$ c) $\underline{9{,}75\ \text{mm}^2}$

(Nennquerschnitt 4 mm² ; 6 mm² ; 10 mm²)

283. Leitungsquerschnitt für den Motor $A_1 = \frac{100\, lP_1}{\varkappa p U_k^2 \cos^2\varphi} = \underline{39\ \text{mm}^2}$; zusätzlicher Querschnitt für die Lampen $A_2 = \frac{100\ lP}{\varkappa p U_k^2} = \underline{8{,}2\ \text{mm}^2}$ Gesamtquerschnitt 46,2 mm²; Querschnitt des Nulleiters 8,2 mm² (Nennquerschnitte 50 mm² bzw. 10 mm²)

284. a) $P = UI\sqrt{3} = \underline{9{,}96\ \text{kW}}$

b) $R_L = \frac{\varrho l}{A} = 0{,}315\ \Omega$; $U_V = R_L I\sqrt{3} = \underline{13{,}6\ \text{V}}$

c) $U_k = U - U_V = \underline{216{,}4\ \text{V}}$

d) $P_L = U_k I\sqrt{3} = 9{,}37\ \text{kW}$; $P_V = P - P_L = \underline{590\ \text{W}}$ oder auch $P_V = U_V I\sqrt{3} = 590\ \text{W}$

285. a) $A = \frac{200\ \varrho lP}{pU_k^2} = 44{,}13\ \text{mm}^2$;

für beide Leitungen zusammen $\underline{88{,}26\ \text{mm}^2}$

b) $A = \frac{100\ \varrho lP}{pU_k^2} = 22{,}07\ \text{mm}^2$;

Gesamtquerschnitt $3 \cdot 22{,}07\ \text{mm}^2 = \underline{66{,}21\ \text{mm}^2}$

c) Spannung zwischen 2 Leitern $U' = U\sqrt{3} = 381{,}1\ \text{V}$;

$A = \frac{100\ \varrho lP}{pU_k'^2} = 7{,}35\ \text{mm}^2$;

Gesamtquerschnitt $3 \cdot 7{,}35\ \text{mm}^2 = \underline{22{,}05\ \text{mm}^2}$

286. $I = \frac{P}{U_k\sqrt{3}\cos\varphi} = 30{,}4\ \text{A}$;

$R_L = 0{,}568\ \Omega$;

$U_a = \sqrt{U_k^2 + 3(IR_L)^2 + 2U_k I R_L\sqrt{3}\cos\varphi} = \underline{403\ \text{V}}$

287. a) Näherungsweise ist

$A = \frac{lP}{\varkappa U_V U_k} = \underline{12{,}2\ \text{mm}^2}$;

nächster Nennquerschnitt $A = 16\ \text{mm}^2$;

$R_L = 0{,}279\ \Omega$; $I = \frac{P}{U_k\sqrt{3}\cos\varphi} = 42{,}04\ \text{A}$;

$U_a = \sqrt{U_k^2 + 3(IR_L)^2 + 2U_k I R_L\sqrt{3}\cos\varphi} = \underline{238\ \text{V}}$

b) $A = \underline{8{,}1\ \text{mm}^2}$ bzw. 10 mm²; $U_a = \underline{242\ \text{V}}$

c) $A = \underline{6{,}1\ \text{mm}^2}$ bzw. 10 mm²; $U_a = \underline{242\ \text{V}}$

288. a) 1) $I_1 = \frac{P}{\eta U_k \cos\varphi\sqrt{3}} = \underline{32{,}8\ \text{A}}$;

2) $I_2 = \underline{36{,}4\ \text{A}}$; 3) $I_3 = \underline{31{,}5\ \text{A}}$

b) $I_{w1} = 32{,}8\ \text{A} \cdot 0{,}8 = 26{,}24\ \text{A}$;

$I_{b1} = 32{,}8\ \text{A} \cdot 0{,}6 = 19{,}68\ \text{A}$;

$I_{w2} = 36{,}4\ \text{A} \cdot 0{,}6 = 21{,}84\ \text{A}$;

$I_{b2} = 36{,}4\ \text{A} \cdot 0{,}8 = 29{,}12\ \text{A}$; $I_{w3} = \underline{31{,}50\ \text{A}}$

gesamt: $I_w = 79{,}58\ \text{A}$ und $I_b = 48{,}80\ \text{A}$

$I = \sqrt{I_w^2 + I_b^2} = 93{,}4\ \text{A}$;

$\cos\varphi_{ges} = \frac{I_w}{I} = 0{,}852$;

$P_{ges} = I_w U_k\sqrt{3} = 30{,}32\ \text{kW}$;

$A = \frac{100\ \varrho lP}{pU_k^2\cos^2\varphi} = \underline{61{,}4\ \text{mm}^2}$

(Nennquerschnitt 70 mm²)

289. a) $I_1 = \frac{P_1}{\eta U\cos\varphi\sqrt{3}} = \underline{12{,}0\ \text{A}}$;

$I_2 = \underline{7{,}0\ \text{A}}$; $I_3 = \underline{11{,}81\ \text{A}}$

b) $I_{w1} = 12\ \text{A} \cdot 0{,}80 = 9{,}60\ \text{A}$;

$I_{w2} = 7\ \text{A} \cdot 0{,}75 = 5{,}25\ \text{A}$;

$I_{w3} = \qquad = \underline{11{,}81\ \text{A}}$;

$I_{wges} \qquad = 26{,}66\ \text{A}$;

$I_{b1} = 12\ \text{A} \cdot 0{,}60 = 7{,}20\ \text{A}$

$I_{b2} = 7\ \text{A} \cdot 0{,}66 = \underline{4{,}62\ \text{A}}$

$I_{bges} \qquad = 11{,}82\ \text{A}$

$I = \sqrt{I_w^2 + I_b^2} = \underline{29{,}16\ \text{A}}$

c) $\cos\varphi = \frac{I_w}{I} = \underline{0{,}914}$

d) $R_L = 0{,}178\ \Omega$;

$U_a = \sqrt{U_k^2 + 3(IR_L)^2 + 2U_k IR_L \sqrt{3}\cos\varphi} =$
$= \underline{228\,\text{V}}$

290. EI 48: Kernvolumen $V = (48 \cdot 40 - 2 \cdot 24 \cdot 8)\ 16\ \text{cm}^3 \cdot 0{,}85 = 20{,}9\ \text{cm}^3$;
$m_{Fe} = \varrho V = 158{,}8$ g; $P_{Fe} = v_1 m_{Fe} = \underline{0{,}75\ \text{W}}$;
EI 84: $P_{Fe} = \underline{4{,}28\ \text{W}}$;
EI 150: $P_{Fe} = \underline{21{,}27\ \text{W}}$

291. a) $v_s = 3{,}1\ \text{W/kg} \cdot 0{,}64 = \underline{1{,}98\ \text{W/kg}}$
b) $\underline{4{,}46\ \text{W/kg}}$ c) $\underline{6{,}08\ \text{W/kg}}$

292. a) $B_{max} = B_1 \sqrt{\dfrac{P}{mv_1}} = \underline{1{,}2\ \text{T}}$
b) $\underline{1\ \text{T}}$ c) $\underline{1{,}2\ \text{T}}$ d) $\underline{1{,}3\ \text{T}}$

293. a) $P_{Cu} = I^2 R_{Cu} = 4\ \text{A}^2 \cdot 3\ \Omega = 12$ W;
$P = UI\cos\varphi = 17{,}6$ W;
$P_{Fe} = P - P_{Cu} = \underline{5{,}6\ \text{W}}$ b) $\underline{7{,}2\ \text{W}}$
c) $\underline{9{,}8\ \text{W}}$ d) $\underline{12\ \text{W}}$

294. a) $P_{Cu} = I^2 R_{Cu} = 11{,}25$ W;
$P = P_{Cu} + P_{Fe} = 19{,}75$ W; $\cos\varphi = \dfrac{P}{UI} =$
$= \underline{0{,}66}$ b) $\underline{0{,}70}$ c) $\underline{0{,}77}$ d) $\underline{0{,}98}$

295. a) $P_{Cu} = I^2 R_{Cu} = 10{,}8$ W;
$P = UI\cos\varphi = 12$ W; $P_{Fe} = P - P_{Cu} =$
$= 1{,}2$ W; $m_{Fe} = 0{,}159$ kg; $v = \dfrac{P_{Fe}}{m} =$
$= 7{,}5$ W/kg;

$B_{max} = B_1 \sqrt{\dfrac{v}{v_1}} = \underline{1{,}46\ \text{T}}$
b) $\underline{159\ \text{T}}$ c) $\underline{0{,}78\ \text{T}}$

296. A. a) $\cos\varphi = \dfrac{P}{UI} = \underline{0{,}381}$
b) $R = \dfrac{P}{I^2} = \underline{4{,}44\ \Omega}$; $Z = \dfrac{U}{I} = \underline{11{,}7\ \Omega}$
c) $U_{Cu} = IR_{Cu} = \underline{1{,}95\ \text{V}}$
d) $E = \sqrt{U^2 + U_{Cu}^2 - 2UU_{Cu}\cos\varphi} = \underline{34{,}3\ \text{V}}$
e) $P_{Cu} = I^2 R_{Cu} = \underline{5{,}85\ \text{W}}$
f) $P_{Fe} = P - P_{Cu} = \underline{34{,}15\ \text{W}}$
g) $I_w = I\cos\varphi = \underline{1{,}14\ \text{A}}$;
$I_b = I\sin\varphi = I\sqrt{1 - \cos^2\varphi} = \underline{2{,}77\ \text{A}}$
B. a) $\cos\varphi = \underline{0{,}273}$ b) $R = \underline{3{,}125\ \Omega}$;
$Z = \underline{11{,}46\ \Omega}$ c) $U_{Cu} = \underline{5{,}28\ \text{V}}$
d) $E = \underline{53{,}8\ \text{V}}$ e) $P_{Cu} = \underline{25{,}34\ \text{W}}$ f) $P_{Fe} =$
$= \underline{46{,}66\ \text{W}}$ g) $I_w = \underline{1{,}31\ \text{A}}$; $I_b = \underline{4{,}62\ \text{A}}$
C. a) $\cos\varphi = \underline{0{,}467}$ b) $R = \underline{7{,}78\ \Omega}$;
$Z = \underline{16{,}67\ \Omega}$ c) $U_{Cu} = \underline{16{,}8\ \text{V}}$
d) $E = \underline{93{,}34\ \text{V}}$ e) $P_{Cu} = \underline{\sqrt{100{,}8\ \text{W}}}$ f) $P_{Fe} =$
$= \underline{179{,}2\ \text{W}}$ g) $I_w = \underline{2{,}8\ \text{A}}$; $I_b = \underline{5{,}31\ \text{A}}$

297. $I_\mu = \sqrt{\dfrac{Q}{\omega L}} = 0{,}30$ A ; $E_L = I_\mu \omega L$;

$I_V^2 = \dfrac{P_{Fe}^2}{E_L^2} = \dfrac{P_{Fe}^2}{Q\omega L} = 0{,}0227$ A ;

$I = \sqrt{I_V^2 + I_\mu^2} = \underline{0{,}336\ \text{A}}$; $IR_{Cu} = 33{,}6$ V ;

$P = I^2 R_{Cu} + P_{Fe} = 31{,}29$;

$S = \sqrt{Q + P^2} = \underline{50{,}78\ \text{VA}}$;

$U = \dfrac{S}{I} = \underline{151{,}1\ \text{V}}$

298. $S = UI = \underline{300\ \text{VA}}$;

$I_\mu = \sqrt{\dfrac{S - P}{\omega L}} = 1{,}29$ A ; $E_L = I_\mu \omega L = 202$ V ;

$\cos\varphi = \dfrac{P}{S} = \underline{0{,}133}$;

aus $(IR_{Cu})^2 + U^2 - 2U(IR_{Cu})\cos\varphi = E_L^2$
erhält man $IR_{Cu} = 65{,}5$ V; $R_{Cu} = \underline{43{,}7\ \Omega}$

299. Volumen des Kerns $V = (2 \cdot 20 + 2 \cdot 10) \times \times 25\ \text{cm}^3$; $m_{Fe} = \varrho V \cdot 0{,}9 = 10{,}26$ kg;
$P_{Fe} = v_1 m \cdot 1{,}96 = 66{,}4$ W;
H_{max} (lt. Magnetisierungskurve) $= 1200$ A/m;
$H_{eff} = H_{max}/\xi_s = 545$ A/m;
$\Phi_{max} = B_{max} A \cdot 0{,}9 = 3{,}15 \cdot 10^{-3}$ Vs; $E_L \approx \approx 220$ V;

$N = \dfrac{E_L \xi_s}{\omega \Phi_{max}} = \underline{489}$; $I_V = \dfrac{P_{Fe}}{U} = 0{,}3$ A ;

mittlere Länge der Feldlinien $l_{Fe} = 0{,}6$ m ;

$I_\mu = \dfrac{H_{eff} l_{Fe}}{N} = 0{,}67$ A ; $I = \sqrt{I_V^2 + I_\mu^2} = \underline{0{,}73\ \text{A}}$

300. a) $N = \dfrac{E_L \xi_s}{\omega \Phi_{max}} = \underline{89}$; $I_V = \dfrac{P_{Fe}}{U} = 1{,}66$ A;

$I_\mu = \dfrac{H_{Fe} l_{Fe}}{N} = 3{,}67$ A ; $I = \sqrt{I_V^2 + I_\mu^2} = \underline{4{,}03\ \text{A}}$

b) $N = \underline{178}$; $I = \underline{2{,}02\ \text{A}}$

c) $N = \underline{356}$; $I = \underline{1{,}01\ \text{A}}$

301. a) $P_{Fe} = v_1 m \cdot 1{,}44 = 48{,}8\ \text{W}$; $\Phi_{max} = B_{max} \cdot 25 \cdot 10^{-4} \cdot 0{,}9 = 2{,}7 \cdot 10^{-3}\ \text{Vs}$; $H_{max} = 500\ \text{A/m}$ (lt. Magn.-Kurve); $H_{eff} = 250\ \text{A/m}$; $U \approx E_L = \pi f N \Phi_{max} = \underline{106\ \text{V}}$;

$$I_V = \frac{P_{Fe}}{U} = 0{,}46\ \text{A}\ ; \quad I_\mu = \frac{H_{eff} l_{Fe}}{N} = 0{,}6\ \text{A}\ ;$$

$$I = \sqrt{I_V^2 + I_\mu^2} + \underline{0{,}76\ \text{A}}$$

b) $\Phi_{max} = 2{,}7 \cdot 10^{-3}\ \text{Vs}$; $U = \underline{212\ \text{V}}$;
$I_V = 0{,}23\ \text{A}$; $I_\mu = 0{,}3\ \text{A}$; $I = \underline{0{,}38\ \text{A}}$

302. Eisenquerschnitt $A = \frac{m}{4\varrho l} = 7{,}42\ \text{cm}^2$;

$$\cos\varphi = \frac{P_{ges}}{U_k I} = 0{,}211\ ; \quad U_{Cu} = I R_{Cu} = 0{,}874\ \text{V}\ ;$$

$$E_L = \sqrt{U_k^2 + U_{Cu}^2 - 2 U_k U_{Cu} \cos\varphi} = 47{,}8\ \text{V}\ ;$$

$$B_{max} = \frac{\sqrt{2}\, E_L}{2\pi f A N} = \underline{1{,}19\ \text{T}}\ ;$$

$$v = \frac{P_{Fe}}{m} = \frac{P_{ges} - I^2 R_{Cu}}{m} = \underline{5{,}02\ \text{W/kg}}$$

303. $U \approx E_L = \frac{2\pi}{\sqrt{2}} f N B_{max} A = \underline{41{,}8\ \text{V}}$

304. (Bild 206) $E_L = \sqrt{U^2 - U_k^2} = 121{,}6\ \text{V}$;

$$N = \frac{E_L \sqrt{2}}{2\pi B_{max} A f\, 0{,}9} = \underline{346\ \text{Windungen}}\ ;$$

Drahtquerschnitt $A' = \frac{I}{S} = 4\ \text{mm}^2$; $d = \underline{2{,}26\ \text{mm}}$ (zu wählen ist der nächste Nenndurchmesser 2,3 mm); Wicklungsquerschnitt $A'' = \frac{346 \cdot 0{,}042\ \text{cm}^2}{0{,}6} = 24{,}2\ \text{cm}^2$. Da die Fensterfläche $(10 \cdot 12)\ \text{cm}^2 = 120\ \text{cm}^2$ beträgt, reicht der Wickelraum aus. Wicklungsbreite $b = 11{,}4$ cm; Wicklungshöhe $h = \frac{24{,}2\ \text{cm}^2}{11{,}4\ \text{cm}} =$

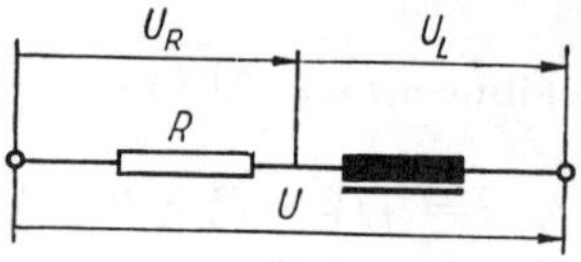

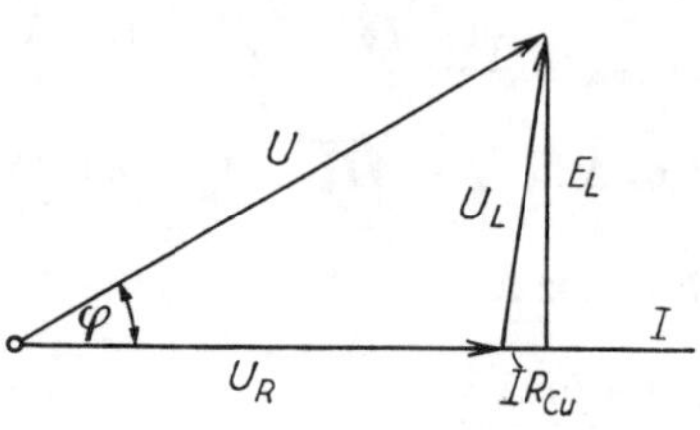

Bild 206a und b. Aufgabe 304

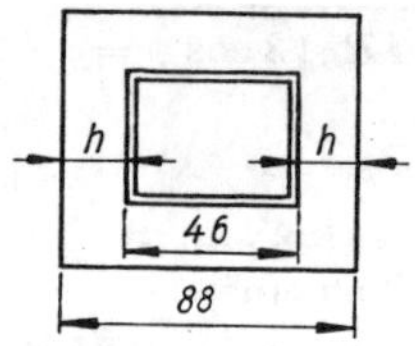

Bild 207. Aufgabe 304 Wicklungsquerschnitt (Maße in mm)

$= 2{,}12$ cm; mittlere Windungslänge (Bild 207)

$$l_m = \frac{(4{,}6 \cdot 4 + 8{,}8 \cdot 4)\ \text{cm}}{2} = 26{,}8\ \text{cm};$$

$$R_{Cu} = \frac{N l_m \varrho}{A'}\ ; \quad P_{Cu} = I^2 R_{Cu} = \frac{I^2 N l_m \varrho}{A'} = = 41\ \text{W}\ ;$$

$m_{Fe} = (2 \cdot 18 + 2 \cdot 12)\,16\ \text{cm}^3 \cdot 0{,}9 \cdot 7{,}6\ \text{g/cm}^3 = = 6{,}57\ \text{kg}$;
$P_{Fe} = v_1 \cdot 1{,}1^2 \cdot 6{,}57\ \text{kg} = 27\ \text{W}$;
$P_{ges} = 68\ \text{W}$; $I_V = \frac{P_{Fe}}{E_L} = 0{,}22\ \text{A}$;
$I_\mu = \sqrt{I^2 - I_V^2} = 10\ \text{A}$; $I_{\mu max} = I\sqrt{2} = = 14{,}14\ \text{A}$;
$H_{Fe} = 380\ \text{A/m}$ (Magn.-Kurve); Länge der Feldlinien im Kern $l_{Fe} = (2 \cdot 14 + 2 \cdot 16)\ \text{cm} = = 60\ \text{cm}$; $\Theta_{Fe} = H_{Fe} l_{Fe} = 228\ \text{A}$;
$\Theta_L = I_{\mu max} N - \Theta_{Fe} = 4664\ \text{A}$;
$H_L = \frac{B_{max}}{\mu_0} = 8{,}75 \cdot 10^5\ \text{A/m}$;
$l_L = \frac{\Theta_L}{H_L} = 5{,}3\ \text{mm}$; $\delta = \underline{2{,}7\ \text{mm}}$

305. Wicklungsbreite $b = 5{,}4$ cm; Wicklungshöhe $h = \frac{23\ \text{cm}^2}{5{,}4\ \text{cm}} = 4{,}3$ cm; mittlere Windungslänge $l_m = \frac{(4{,}6 \cdot 4 + 13{,}2 \cdot 4)\ \text{cm}}{2} = 35{,}6$ cm;

$$R_{Cu} = \frac{N l_m \varrho}{A'} = 0{,}55\ \Omega\ ; \quad P_{Cu} = \underline{55\ \text{W}}\ ;$$

$m_{Fe} = (2 \cdot 13 + 2 \cdot 6)\ 16\ \text{cm}^3 \cdot 0{,}9 \cdot 7{,}6\ \text{g/cm}^3 = = 4{,}16\ \text{kg}$; $P_{Fe} = \underline{17{,}11\ \text{W}}$; $P_{ges} = 72\ \text{W}$;
$I_V = 0{,}141\ \text{A}$; $I_\mu = 10\ \text{A}$; $I_{\mu max} = 14{,}14\ \text{A}$;
$H_{Fe} = 380\ \text{A/m}$ (Kurve); $l_{Fe} = 38\ \text{cm}$;
$\Theta_{Fe} = 144{,}4\ \text{A}$; $\Theta_L = 4748\ \text{A}$;
$H_L = 8{,}75 \cdot 10^5\ \text{A/m}$; $l_L = 0{,}54\ \text{cm}$;
$\delta = \underline{2{,}7\ \text{mm}}$

306. Brennspannung $U_k = \frac{P_L}{I} = 80\ \text{V}$;
$E_L = \sqrt{U^2 - U_k^2} = 96{,}05\ \text{V}$;

$$N = \frac{\sqrt{2}}{2\pi}\ \frac{E_L}{B_{max} A\ 0{,}9 f} = \underline{511\ \text{Windungen}}\ ;$$

Drahtquerschnitt $A = \frac{I}{J} = 0{,}25\ \text{mm}^2$; nächster Nenndurchmesser $\underline{0{,}6\ \text{mm}}$;
Wicklungsquerschnitt $A' = \frac{NA}{k_{Cu}} = 2{,}63\ \text{cm}^2$;

der Wickelraum reicht aus, da $(1{,}1 \cdot 3{,}6)\ \mathrm{cm}^2 = 3{,}96\ \mathrm{cm}^2$ Fensterfläche zur Verfügung stehen; Wickelbreite $b = 3{,}6$ cm; Wickelhöhe $h = 0{,}73$ cm; mittlere Windungslänge $l_m = 16{,}52$ cm;

$$R_{Cu} = \frac{N l_m \varrho}{A} = 5{,}3\ \Omega\ ; \quad P_{Cu} = I^2 R_{Cu} = 1{,}3\ \mathrm{W}\ ;$$

$$P_{Fe} = v_1 \cdot 1{,}2^2\ m = 3\ \mathrm{W}\ ;$$

$$P_{ges} = 4{,}3\ \mathrm{W}\ ; \quad I_V = \frac{P_{Fe}}{E_L} = 31{,}2\ \mathrm{mA}\ ;$$

$$I_\mu = \sqrt{I^2 - I_V^2} = 0{,}5\ \mathrm{A}\ ; \quad I_{\mu\,max} = I\sqrt{2} = 0{,}71\ \mathrm{A}\ ;$$

$H_{Fe} = 500$ A/m (Magn.-Kurve) ;

$$l_{Fe} = 16{,}8\ \mathrm{cm}\ ; \quad \Theta_{Fe} = 84\ \mathrm{A}\ ;$$

$$\Theta_L = I_{\mu\,max} N - \Theta_{Fe} = 277\ \mathrm{A}\ ;$$

$$H_L = \frac{B_{max}}{\mu_0} = 9{,}55 \cdot 10^5\ \mathrm{A/m}\ ;$$

$$l_L = \frac{\Theta_L}{H_L} = 0{,}3\ \mathrm{mm}\ ; \quad \delta = \underline{0{,}15\ \mathrm{mm}}\ ;$$

$$I_w = \frac{P_{Cu} + P_{Fe}}{E_L} = 0{,}045\ \mathrm{A}\ ; \quad \cos\varphi_1 = \frac{I_w}{I} = \underline{0{,}09}\ ; \quad P_{ges} = P_L + P_{Cu} + P_{Fe} = \underline{44{,}3\ \mathrm{W}}\ ;$$

$$S_{ges} = UI = 62{,}5\ \mathrm{VA}\ ; \quad \cos\varphi_2 = \frac{P_{ges}}{S_{ges}} = \underline{0{,}71}$$

307. Nutzbarer Wickelraum $A_w = (41 \cdot 8{,}5)\ \mathrm{mm}^2 = 348{,}5\ \mathrm{mm}^2$; $I = \frac{J A k_{Cu}}{N} = 0{,}418$ A;
$I_{max} = \underline{0{,}591\ \mathrm{A}}$; $\Theta_{max} = I_{max} N = 887$ A;
Ermittlung der maximalen Induktion nach dem in Bd. I (6.1.2.) beschriebenen Verfahren liefert $B_0 = 1{,}114$ T und $H_0 = 5720$ A/m, wonach $B_{Fe\,max} = 1{,}06$ T und $H_{Fe\,max} = 350$ A/m betragen; $E_L = \frac{2\pi}{\sqrt{2}} f N B_{max} A \cdot 0{,}85 = \underline{162\ \mathrm{V}}$

308. $H_{Fe\,max} = 200$ A/m (lt. Kurve);
$l_{Fe} = 19{,}7$ cm; $\Theta_{Fe\,max} = H_{Fe\,max} l_{Fe} = 39{,}4$ A;
$H_{L\,max} = 6{,}37 \cdot 10^5$ A/m;
$\Theta_L = H_{L\,max} l_L = 1274$ A; $\Theta_{max} = 1313$ A;
$\Theta_{eff} = \Theta_{max}/\sqrt{2} = 928{,}4$ A; Wickelraum $(9{,}5 \cdot 52)\ \mathrm{mm}^2 = 494\ \mathrm{mm}^2$; notwendiger Wickelraum $\frac{\Theta_{eff}}{J k_{Cu}} = 442\ \mathrm{mm}^2$; (Raum ist ausreichend)

$$N = \frac{E_L\sqrt{2}}{2\pi f B_{max} A\, 0{,}85} = \underline{1224\ \text{Windungen}}\ ;$$

$$I_{eff} = \frac{\Theta_{eff}}{N} = \underline{0{,}76\ \mathrm{A}}$$

309. $E_L = \sqrt{U^2 - U_k^2} = \underline{203{,}5\ \mathrm{V}}$; Nettokupferquerschnitt $A' = (2{,}5 \cdot 5)\ \mathrm{cm}^2 \cdot 0{,}5 \cdot 0{,}6 = 375\ \mathrm{mm}^2$; mit $A'' = (2{,}5 \cdot 4{,}4)\ \mathrm{cm}^2$ ist

$$N = \frac{E_L\sqrt{2}}{2\pi f B_{max} A'' \cdot 0{,}9} = \underline{772\ \text{Windungen}}\ ;$$

mittlere Windungslänge $l_m = 23{,}8$ cm; Drahtquerschnitt $A = \frac{A'}{N} = 0{,}486\ \mathrm{mm}^2$; nächster Drahtdurchmesser $d = \underline{0{,}8\ \mathrm{mm}}$; eff. Drahtquerschnitt $0{,}503\ \mathrm{mm}^2$;

$$S = \frac{I}{0{,}503\,\mathrm{mm}^2} = \underline{2{,}4\ \mathrm{A/mm}^2}\ ;$$

$$P_{Cu} = \frac{I^2 \varrho N l_m}{A_{eff}} = \underline{9{,}36\ \mathrm{W}}\ ;$$

$m_{Fe} = 1{,}93$ kg (Dichte 7,8 g/cm³); $P_{Fe} = v_1 m \cdot 1{,}2^2 = \underline{9{,}73\ \mathrm{W}}$; $P_{ges} = \underline{19{,}1\ \mathrm{W}}$;

$$I_V = \frac{P_{Fe}}{E_L} = 0{,}048\ \mathrm{A}\ ; \quad I_\mu = \sqrt{I^2 - I_V^2} = 1{,}2\ \mathrm{A}\ ;$$

$I_{\mu\,max} = 1{,}7$ A; $H_{Fe} = 500$ A/m (lt. Magn.-Kurve); $l_{Fe} = 25$ cm; $\Theta_L = I_{max} N - H_{Fe} l_{Fe} = 1187$ A; $H_L = 9{,}55 \cdot 10^5$ A/m;

$$l_L = \frac{\Theta_L}{H_L} = 1{,}24\ \mathrm{mm}\ ; \quad \delta = \underline{0{,}62\ \mathrm{mm}}$$

310. Bei Vernachlässigung des Wirkwiderstandes ist $B_{max} = \frac{E_L\sqrt{2}}{2\pi f N A} = 1{,}35$ T; bei Vernachlässigung des Eisenweges ist $H_{eff} = \frac{B_{max}}{\mu_0\sqrt{2}} = 7{,}6 \cdot 10^5$ A/m, so daß

$$\delta = \frac{IN}{H_{eff}} = 0{,}0026\ \mathrm{m} = \underline{2{,}6\ \mathrm{mm}}$$

311. a) $A_{Fe} = \frac{E_L\sqrt{2}}{2\pi f N_1 B_{max}} = \underline{13{,}8\ \mathrm{cm}^2}$
b) $\underline{7{,}8\ \mathrm{cm}^2}$

312. a) $N_2 = \frac{N_1 U_2}{U_1} = \underline{25}$; $\ddot{u} = \frac{N_1}{N_2} = \underline{33{,}6}$;

$$A_{Fe} = \frac{U_1\sqrt{2}}{2\pi f N_1 B_{max}} = \underline{14{,}7\ \mathrm{cm}^2}$$

b) $U_2 = \underline{41{,}6\ \mathrm{V}}$; $\ddot{u} = \underline{5{,}3}$; $A_{Fe} = \underline{24{,}4\ \mathrm{cm}^2}$
c) $U_2 = \underline{5\ \mathrm{V}}$; $N_2 = \underline{48}$; $B_{max} = \underline{0{,}782\ \mathrm{T}}$
d) $U_1 = \underline{216\ \mathrm{V}}$; $N_1 = \underline{1800}$; $B_{max} = \underline{1{,}2\ \mathrm{T}}$
e) $U_1 = \underline{227{,}5\ \mathrm{V}}$; $N_2 = \underline{429}$; $A_{Fe} = \underline{6{,}8\ \mathrm{cm}^2}$

313. a) $N_2 = \underline{14}$ b) $I_1 = \underline{37{,}3\ \mathrm{mA}}$
c) $\ddot{u} = \underline{54}$ d) $S_1 = S_2 = \underline{8{,}0\ \mathrm{VA}}$

314. a) $N_1 = \frac{U_1\sqrt{2}}{2\pi f A_{Fe} B_{max}} = \underline{1608}$;

$N_2 = \frac{N_1 U_2}{U_1} = \underline{118}$

b) $N_1 = \underline{1262}$; $N_2 = \underline{79}$

c) $N_1 = \underline{993}$; $N_2 = \underline{40}$

315. a) $I_1 = \frac{I_2 N_2}{N_1} = \underline{140\ A}$ b) $I_1 = \underline{117\ A}$

c) $I_1 = \underline{1800\ A}$ d) $I_1 = \underline{450\ A}$

316. A. a) $A_{Fe} = 1{,}6^2\ cm^2 \cdot 0{,}85 = 2{,}176\ cm^2$;

$N_1 = \frac{U_1 \xi_s}{2\pi f A_{Fe} B_{max}} = \underline{4560}$

b) $v_{1,2} = v_1\, 1{,}2^2 = 3{,}31\ W/kg$;

$m_{Fe} = 160\ g$; $P_{Fe} = v_{1,2} m = \underline{0{,}530\ W}$

c) $I_V = \frac{P_{Fe}}{U} = \frac{0{,}530\ W}{220\ V} = 2{,}4\ mA$;

H_{max} = (lt. Magn.-Kurve) = 500 A/m ;

$H_L = \frac{B_{max}}{\mu_0} = 9{,}55 \cdot 10^5\ A/m$;

$l_{Fe} = 9{,}6\ cm$; $l_L = 0{,}01\ cm$;

$I_{\mu\,max} = \frac{H_{max} l_{Fe} + H_L l_L}{N_1} = 31{,}5\ mA$;

$I_{\mu eff} = \frac{I_{\mu\,max}}{\xi_s} = 18{,}5\ mA$;

$I_0 = \sqrt{I_V^2 + I_{\mu eff}^2} = \underline{18{,}7\ mA}$

B. a) $A_{Fe} = 7{,}06\ cm^2$; $N_1 = \underline{1405}$
b) $m_{Fe} = 0{,}901\ kg$; $P_{Fe} = \underline{2{,}984\ W}$
c) $I_V = 13{,}6\ mA$; $I_{\mu\,max} = 128\ mA$;
$I_0 = \underline{76{,}5\ mA}$

C. a) $A_{Fe} = 19{,}00\ cm^2$; $N_1 = \underline{522}$
b) $m_{Fe} = 4{,}48\ kg$; $P_{Fe} = \underline{14{,}83\ W}$
c) $I_V = 67{,}4\ mA$; $I_{\mu max} = 480\ mA$;
$I_0 = \underline{290\ mA}$

317. A. Mit $N_1' = \frac{4560 \cdot 2}{1{,}7} = 5364$ Windungen wird $I_{\mu\,max} = \frac{H_{max} l_{Fe}}{N_1} = 8{,}9\ mA$;
$I_{\mu eff} = 4{,}5\ A$; $I_0 = \underline{5{,}1\ mA}$

B. $I_{\mu\,max} = \frac{84\ A}{1653} = 50{,}8\ mA$; $I_0 = \underline{25{,}5\ mA}$

C. $I_0 = \underline{143\ mA}$

318. a) $N_2 = \frac{I_1 N_1}{I_2} = 60$; $U_2 = I_2 R_2 = 3\ V$;
$E_2 = 3{,}6\ V$;

$\Phi_{max} = \frac{E_2\sqrt{2}}{2\pi f N_2} = 2{,}7 \cdot 10^{-4}\ Vs$;

$B_{max} = \underline{0{,}5\ T}$; H_{max} (lt. Kurve) $= \underline{120\ A/m}$

b) Hier beträgt die Durchflutung $I_1 N_1 = 300$ A, so daß $H_{Fe} l_{Fe} = 300$ A und bei Annahme eines Eisenweges von $l_{Fe} = 20$ cm; $H_{Fe} = \underline{1500\ A/m}$ lt. Kurve (Dyn.-Blech) $B = \underline{1{,}45\ T}$. Da jedoch die Scheitelwerte anzunehmen sind, ergeben sich in Wahrheit noch höhere Werte.

319. a) $P_{Fe} = P_e\left(\frac{1}{\eta} - 1\right) - P_{Cu} = \underline{12\ W}$;

$v = \frac{P_{Fe}}{m} = \underline{5{,}0\ W/kg}$

b) $P_{Fe} = \underline{22{,}5\ W}$; $v = \underline{5{,}11\ W/kg}$

c) $P_{Fe} = \underline{39{,}4\ W}$; $v = \underline{4{,}7\ W/kg}$

320. a) $I_1 = \frac{S_1}{U_1} = \frac{S_2}{\eta U_1} = \underline{1{,}15\ A}$;

$I_2 = I_1 \ddot{u} = \underline{4{,}03\ A}$

b) $I_1 = \underline{2{,}08\ A}$; $I_2 = \underline{7{,}3\ A}$ c) $I_1 = \underline{4{,}35\ A}$;

$I_2 = \underline{15{,}2\ A}$

321. a) $P_2 = \left(\frac{1}{\eta} - 1\right) = P_{Fe} + P_{Cu}$;

$P_2 = \frac{P_{Fe} + P_{Cu}}{\frac{1}{\eta} - 1} = \underline{196\ W}$

b) $\underline{621\ W}$ c) $\underline{1380\ W}$

322. a) $\eta = 100\% - (3{,}5 + 1{,}5)\% = \underline{95\%}$

b) $P_1 = \frac{P_2}{\eta} = 8421\ W$;

$I_1 = \frac{P_1}{U_1} = 1{,}68\ A$; $I_2 = \frac{P_2}{U_2} = 36{,}36\ A$;

$P_{Cu1} = \frac{S_1\, 3{,}5}{2 \cdot 100} = 147{,}4\ W$;

$R_1 = \frac{P_{Cu1}}{I_1^2} = \underline{52\ \Omega}$; $R_2 = 0{,}11\ \Omega$;

$A_1 = \frac{I_1}{J} = 1{,}2\ mm^2$; $A_2 = \frac{I_2}{J} = 26\ mm^2$;

$d_1 = \underline{1{,}24\ mm}$; $d_2 = \underline{5{,}75\ mm}$

c) $E_1 = U_1 - I_1 R_1 = \underline{4913\,\text{V}}$;

$E_2 = U_2 + I_2 R_2 = \underline{224\,\text{V}}$

d) $N_1 = \frac{E_1 \sqrt{2}}{2\pi f A_{\text{Fe}} B_{\max}} = \underline{3510}$; $N_2 = \underline{160}$

323. Es ist $U_1 = E_1 + I_1 R_1$; ferner $R_1 = \frac{\varrho l_{\text{m}} N_1}{A}$ und $A = \frac{I}{J}$. Setzt man die 3. Gl. in die 2. ein, so entsteht $R_1 = \frac{\varrho l_{\text{m}} N_1 J}{I} = \frac{0{,}05 l_{\text{m}} N_1}{I}$. Ferner ist $N_1 = N_0 E_1$, so daß die 1. Gl. $U_1 = \frac{N_1}{N_0} + 0{,}05\, l_{\text{m}} N_1$ lautet und damit $N_0 U_1 = N_1 + 0{,}05\, l_{\text{m}} N_1 N_0$ wird. Hieraus ergibt sich die angegebene Gl. und entsprechend auch die zweite.

324. a) $P_2 = 300\,\text{V} \cdot 0{,}1\,\text{A} + 6{,}3\,\text{V} \cdot 2{,}4\,\text{A} + 4\,\text{V} \cdot 1{,}1\,\text{A} = 49{,}52\,\text{VA}$;

$P_1 = \frac{P_2}{\eta} = \underline{57{,}6\,\text{VA}}$ b) $I_1 = \frac{P_1}{U_1} = \underline{0{,}26\,\text{A}}$

c) $N_0 = \frac{\sqrt{2}}{2\pi f B_{\max} A_{\text{Fe}} \cdot 0{,}85} = \underline{4{,}35\,{}^1/\text{V}}$

d) $l_1 = \underline{0{,}155\,\text{m}}$; $l_{2;300} = \underline{0{,}21\,\text{m}}$;

$l_{2;6,3} = \underline{0{,}24\,\text{m}}$; $l_{2;4} = \underline{0{,}24\,\text{m}}$

e) $N_1 = \frac{4{,}35\,{}^1/\text{V} \cdot 220\,\text{V}}{1 + 0{,}05 \cdot 0{,}155 \cdot 4{,}35} = \underline{926}$;

$N_{2;300} = \frac{4{,}35\,{}^1/\text{V} \cdot 300\,\text{V}}{1 - 0{,}05 \cdot 0{,}21 \cdot 4{,}35} = \underline{1367}$;

$N_{2;6,3} = \underline{29}$; $N_{2;4} = \underline{18}$

f) $A_1 = \frac{0{,}26\,\text{A}}{2{,}5\,\text{A/mm}^2} = 0{,}104\,\text{mm}^2$;

$d_1 = \underline{0{,}36\,\text{mm}}$; $d_{2;300} = \underline{0{,}23\,\text{mm}}$;

$d_{2;6,3} = \underline{1{,}15\,\text{mm}}$; $d_{2;4} = \underline{0{,}75\,\text{mm}}$

g) Der beanspruchte Wickelraum beträgt etwa 280 mm², während (56 · 13,5) mm² = 756 mm² zur Verfügung stehen, also bequem ausreichen.

325. Es ist $I_1 = J A_1$ und $A_1 = \frac{A_{\text{L}} \cdot 0{,}43\, k_{\text{Cu}}}{N_1}$ sowie $U_1 = 1{,}05\, E_1$. Damit wird

$S_1 = U_1 I_1 =$

$$= \frac{1{,}05 \cdot 2\pi B_{\max} A_{\text{Fe}} A_{\text{L}} \cdot 0{,}43\, k_{\text{Cu}} \cdot 10^{-4} J f}{\sqrt{2} \cdot 10^{-2}},$$

wenn A_L in cm² eingesetzt wird.

326. a) $S_1 = (2 \cdot 1{,}2 \cdot 32 \cdot 26 \cdot 0{,}9 \cdot 3{,}5 \times \times 0{,}3 \cdot 50 \cdot 10^{-2})\,\text{VA} = \underline{943{,}5\,\text{VA}}$

b) $N_1 = \frac{E_1 \sqrt{2}}{2\pi B_{\max} f A_{\text{Fe}} \cdot 0{,}9} = \underline{286}$;

$N_2 = \frac{N_1 E_2}{E_1} = \underline{52}$

c) $I_1 = \frac{S_1}{U_1} = 4{,}3\,\text{A}$; $A_1 = \frac{I_1}{J} = 1{,}23\,\text{mm}^2$;

$d_1 = \underline{1{,}25\,\text{mm}}$

Kupferquerschnitt primär $A_{\text{Cu1}} = A_1 N_1 = 352\,\text{mm}^2$; desgl. sekundär $A_{\text{Cu2}} = A_{\text{L}} k_{\text{Cu}} - A_{\text{Cu1}} = 428\,\text{mm}^2$;

$A_2 = \frac{A_{\text{Cu2}}}{N_2} = 8{,}23\,\text{mm}^2$; $d_2 = \underline{3{,}2\,\text{mm}}$

d) $H_{\max} = 500\,\text{A/m}$ (lt. Kurve f. Dyn.-Blech);

$H_L = \frac{B_{\max}}{\mu_0} = 9{,}55 \cdot 10^5\,\text{A/m}$;

$\Theta = H_{\max} l_{\text{Fe}} + H_L d = 366\,\text{A}$;

$I_{\mu\text{eff}} = \frac{\Theta}{N_1 \sqrt{2}} = 0{,}90\,\text{A}$;

$m = 35\,\text{cm} \cdot 32\,\text{cm}^2 \cdot 0{,}9 \cdot 7{,}6\,\text{g/cm}^3 = 7{,}66\,\text{kg}$;

$P_{\text{Fe}} = m v_1\, 1{,}2^2 = 38{,}6\,\text{W}$;

$I_{\text{V}} = \frac{P_{\text{Fe}}}{U_1} = 0{,}175\,\text{A}$;

$I_0 = \sqrt{I_{\mu\text{eff}}^2 + I_{\text{V}}^2} = 0{,}92\,\text{A}$;

$\cos \varphi_0 = \frac{I_{\text{V}}}{I_0} = \underline{0{,}19}$

327. $P_{\text{Cu}} = I^2 R = \frac{I^2 \varrho' l}{A} = J^2 \varrho' l A = J^2 \varrho' V$ (wobei V das Kupfervolumen in cm³ bedeutet). Da $V = \frac{m}{\varrho}$ ist, erhält man $P_{\text{Cu}} = \frac{J^2 \varrho' m}{\varrho}$ (wobei m die Masse des Kupfers in g bedeutet). Für 1 kg erhält man den Ausdruck $P_{\text{Cu}} = \frac{J^2 \varrho' \cdot 1000\,\text{g}}{\varrho}$. Mit den eingesetzten Zahlenwerten für ϱ' und ϱ ergibt sich die geforderte Formel.

328. a) $P_{\text{Fe}} = v_1 m_{\text{Fe}} \cdot 1{,}18^2 = \underline{2034\,\text{W}}$

b) $P_{\text{Cu}} = (2{,}25\, J^2)\,\text{W/kg} \cdot m_{\text{Cu}} = \underline{1826\,\text{W}}$

c) $\eta = \frac{S_1 - (P_{\text{Fe}} + P_{\text{Cu}})}{S_1} = \underline{0{,}98}\,(98\%)$

d) $I_1 = \frac{S_1}{U_1} = \underline{30{,}2\ \text{A}}$ e) $I_2 = \frac{I_1 N_1 \eta}{N_2} = \underline{166\ \text{A}}$

f) $U_{02} = \frac{U_1 N_2}{N_1} = \underline{1031\ \text{V}}$

329. $P_1 = \frac{P_2}{\eta} = \frac{6{,}3\ \text{V} \cdot 2\ \text{A}}{0{,}65} = 19{,}4\ \text{W}$;

$A_{Fe} = 0{,}8\sqrt{P_1} = 3{,}52\ \text{cm}^2$;

$N_1 = \frac{U_1\sqrt{2}}{2\pi f B_{max} A_{Fe}} = \underline{2251\ \text{Windungen}}$;

$N_2 = \frac{U_2 N_1\, 1{,}1}{U_1} = \underline{71\ \text{Windungen}}$;

$d_2 = \sqrt{\frac{4 I_2}{\pi J}} = \underline{1\ \text{mm}}$

330. Gesamtleistung $P_1 = \frac{(6{,}3 \cdot 2 + 4 \cdot 0{,}5)\ \text{W}}{\eta} =$
$= 22{,}46\ \text{W}$; $A_{Fe} = 3{,}79\ \text{cm}^2$;
$N_1 = \underline{2091\ \text{Windungen}}$; $N_2 = \underline{66\ \text{Windungen}}$;
$N_3 = \underline{42\ \text{Windungen}}$; d_2 wie vorhin $\underline{1\ \text{mm}}$;
$d_3 = \underline{0{,}5\ \text{mm}}$

331. Es ist $I_1 = J A_1$ und $A_1 = \frac{A_{Cu} \cdot 10^2}{N_1}$
(da A_{Cu} in cm²), wobei $A_{Cu} = \frac{V_{Cu}}{l_{Cu}}$
(GULDINsche Regel) $= \frac{m_{Cu}\, 0{,}5}{\varrho_{Cu} l_{Cu}}$, so daß
$I_1 = \frac{J m_{Cu} 10^2 \cdot 0{,}5}{N_1 \varrho_{Cu} l_{Cu}}$ ist; ferner ist

$A_{Fe} = \frac{m_{Fe}}{\varrho_{Fe} l_{Fe}}$ und $S_1 \approx E_1 I_1$.

Damit wird $S_1 =$

$$= \frac{2\pi B A_{Fe} N_1 f\, 10^{-4} J m_{Cu} 10^2 \cdot 0{,}5 A_{Fe} \varrho_{Fe} l_{Fe}}{\sqrt{2} N_1 \varrho_{Cu} l_{Cu} m_{Fe}}$$

und daraus durch Umstellung nach A_{Fe} die angegebene Formel.

332. $S_1 = \frac{S_2}{\eta} = 341\ \text{VA}$; nach Einsetzen der gegebenen Zahlenwerte in die Formel von Aufgabe 331 ist $A_{Fe} = \underline{14{,}45\ \text{cm}^2}$

b) $E_1 = 0{,}93\, U_1 = 120\ \text{V}$;

$N_1 = \frac{E_1\sqrt{2}}{2\pi f B_{max} A_{Fe}} = \underline{312\ \text{Windungen}}$;

$E_2 = 1{,}04\, U_2$; $N_2 = \frac{N_1 E_2}{E_1} =$

$= \frac{N_1\, 1{,}04\, U_2}{0{,}96\, U_1} = \underline{81\ \text{Windungen}}$

c) $l_{Fe} = \frac{l_{Cu}}{0{,}65} = 46{,}15\ \text{cm}$;

$m_{Fe} = A_{Fe} l_{Fe} \varrho_{Fe} = 5{,}20\ \text{kg}$;

Eisenverluste $P_{Fe} = v_1 m_{Fe}\, 1{,}2^2 = \underline{22{,}46\ \text{W}}$

d) $I_1 = \frac{S_1}{U_1}$; $A_1 = \frac{I_1}{J}$; $R_1 = \frac{\varrho' l_{Cu} N_1}{A_1}$;

Verluste in der Primärwicklung $P_{Cu1} =$

$= I_1^2 R_1 = \frac{P_{s1} \varrho' l_{Cu} N_1 J}{U_1} = 15{,}4\ \text{W}$;

$I_2 = \frac{S_2}{U_2}$; $A_2 = \frac{I_2}{J} = 3{,}33\ \text{mm}^2$;

Verluste in der Sekundärwicklung $P_{Cu2} =$

$= \frac{P_{s2} \varrho' l_{Cu} N_2 J}{U_2} = 14{,}6\ \text{W}$; der gesamte Kupferverlust beträgt $\underline{30{,}0\ \text{W}}$.

333. 7 + j4 **334.** 10 + j14
335. 1 + j **336.** 3 + j10
337. 10,4 + j4,6 **338.** 2,43 + j6,06
339. 12 — j14 **340.** 10 — j10
341. 0 **342.** 1 **343.** 2 + j10
344. j **345.** 3 + j4
346. 3 + j **347.** 1
348. 3 + j **349.** 2 — j2
350. 0,1 + j **351.** — 4,7 + j10,4
352. 6,5 — j **353.** 3,70
354. — 4 + j7 **355.** 1 + j2
356. 70 + j40 **357.** 1 + j3

358. $Z = \sqrt{9 + 16} = \sqrt{25} = \underline{5}$;
$\tan\varphi = \frac{+4}{+3} = 1{,}333$; $\varphi = \underline{53{,}1°}$
359. $Z = 1{,}41$; $\varphi = 45°$
360. $Z = 5$; $\varphi = 36{,}9°$
361. $Z = 6{,}18$; $\varphi = 14°$
362. $Z = 6{,}18$; $\varphi = 76°$
363. $Z = 7{,}54$; $\varphi = 21{,}8°$
364. $Z = 16{,}3$; $\varphi = 42{,}5°$
365. $Z = 0{,}81$; $\varphi = 7{,}1°$
366. $Z = 2{,}79$; $\varphi = 62{,}9°$
367. $Z = 98{,}1$; $\varphi = 50{,}3°$
368. $Z = 5$; $\varphi = -53{,}1°$ (IV. Qu.)

369. $Z = 7{,}07$; $\varphi = -45°$

370. $Z = 21{,}3$; $\varphi = -41{,}2°$

371. $Z = 3{,}76$; $\varphi = 180° - 28{,}6° = 151{,}4°$ (II. Qu.)

372. $Z = 11{,}5$; $\varphi = 124{,}4°$

373. $Z = 15{,}3$; $\varphi = 180° + 58{,}4° = 238{,}4°$ (III. Qu.)

374. $Z = 13{,}9$; $\varphi = 210{,}2°$

375. $Z = 316{,}2$; $\varphi = 251{,}6°$

376. $Z = 144{,}3$; $\varphi = 150{,}1°$

377. $Z = 936{,}2$; $\varphi = 250{,}6°$

378. (333) $Z = 8{,}1$; $\varphi = 29{,}7°$

379. (334) $Z = 17{,}2$; $\varphi = 54{,}5°$

380. (335) $Z = 1{,}41$; $\varphi = 45°$

381. (336) $Z = 10{,}4$; $\varphi = 73{,}3°$

382. (337) $Z = 11{,}4$; $\varphi = 23{,}9°$

383. (338) $Z = 6{,}53$; $\varphi = 68{,}1°$

384. (339) $Z = 18{,}4$; $\varphi = -49{,}4°$

385. (340) $Z = 14{,}1$; $\varphi = -45°$

386. (341) $Z = 0$;

387. (342) $Z = 1$; $\varphi = 0°$

388. (343) $Z = 10{,}2$; $\varphi = 78{,}7°$

389. (344) $Z = 1$; $\varphi = 90°$

390. (345) $Z = 5$; $\varphi = 53{,}1°$

391. (346) $Z = 3{,}16$; $\varphi = 18{,}4°$

392. (347) $Z = 1$; $\varphi = 0°$

393. (348) $Z = 3{,}16$; $\varphi = 18{,}4°$

394. (349) $Z = 2{,}83$; $\varphi = -45°$

395. (350) $Z = 1{,}04$; $\varphi = 84{,}3°$

396. (351) $Z = 11{,}4$; $\varphi = 114{,}3°$

397. (352) $Z = 6{,}58$; $\varphi = -8{,}8°$

398. (353) $Z = 3{,}7$; $\varphi = 0°$

399. (354) $Z = 8{,}1$; $\varphi = 119{,}7°$

400. (355) $Z = 2{,}24$; $\varphi = 63{,}4°$

401. (356) $Z = 80{,}6$; $\varphi = 29{,}7°$

402. (357) $Z = 3{,}16$; $\varphi = 71{,}6°$

403. $Z = \dfrac{b}{\sin\varphi} = 4{,}95$; $a = \dfrac{b}{\tan\varphi} = \dfrac{3{,}5}{1} = 3{,}5$; $\underline{Z} = 3{,}5 + \mathrm{j}\,3{,}5$

404. $Z = 242{,}5$; $\underline{Z} = 121{,}3 + \mathrm{j}210$

405. $Z = 334{,}1$; $\underline{Z} = 329{,}0 + \mathrm{j}58$

406. $Z = 1{,}81$; $\underline{Z} = 0{,}19 + \mathrm{j}1{,}8$

407. $Z = 30{,}9$; $\underline{Z} = 8 + \mathrm{j}29{,}8$

408. $Z = 0{,}55$; $\underline{Z} = 0{,}3 + \mathrm{j}0{,}46$

409. $Z = 0{,}83$; $\underline{Z} = 0{,}75 + \mathrm{j}0{,}35$

410. $Z = 80{,}9$; $\underline{Z} = 25 + \mathrm{j}77$

411. $Z = 150{,}6$; $\underline{Z} = 13{,}1 + \mathrm{j}150$

412. $Z = 11{,}4$; $\underline{Z} = 10{,}3 + \mathrm{j}4{,}8$

413. $Z = 10{,}0$; $\underline{Z} = 5 + \mathrm{j}8{,}66$

414. $Z = 6{,}3$; $\underline{Z} = 1{,}2 + \mathrm{j}6{,}2$

415. $Z = 17{,}9$; $\underline{Z} = 10{,}5 + 14{,}5$

416. $Z = 2{,}2$; $\underline{Z} = 2{,}1 + \mathrm{j}0{,}75$

417. $Z = 287{,}8$; $\underline{Z} = 220{,}5 + \mathrm{j}185$

418. $\underline{Z} = -1 + \mathrm{j}5$; $Z = 5{,}1$; $\varphi = 101{,}3°$

419. $\underline{Z} = 204 - \mathrm{j}36$; $Z = 207{,}2$; $\varphi = -10°$

420. $\underline{Z} = 2 - \mathrm{j}8$; $Z = 8{,}25$; $\varphi = -76°$

421. $\underline{Z} = 15 + \mathrm{j}$; $Z = 15{,}03$; $\varphi = 3{,}8°$

422. $\underline{Z} = 1 - \mathrm{j}$; $Z = 1{,}41$; $\varphi = -45°$

423. $\underline{Z} = 16 - \mathrm{j}12$; $Z = 20$; $\varphi = -36{,}9°$

424. $\underline{Z} = 26 - \mathrm{j}32$; $Z = 41{,}2$; $\varphi = -50{,}9°$

425. $\underline{Z} = 1{,}54 + \mathrm{j}0{,}72$; $Z = 1{,}7$; $\varphi = 25{,}1°$

426. $\underline{Z} = 337{,}5$; $Z = 337{,}5$; $\varphi = 0°$

427. $\underline{Z} = 6 + \mathrm{j}330$; $Z = 330{,}1$; $\varphi = 89°$

428. $\underline{Z} = 980 - \mathrm{j}160$; $Z = 993$; $\varphi = -9{,}3°$

429. $\underline{Z} = 92 + \mathrm{j}40$; $Z = 100{,}3$ $\varphi = 23{,}5°$

430. $\underline{Z} = 40 + \mathrm{j}40$; $Z = 56{,}6$; $\varphi = 45°$

431. $\underline{Z} = 675 + \mathrm{j}52$; $Z = 677{,}3$; $\varphi = 4{,}4°$

432. $\underline{Z} = 6{,}72 - \mathrm{j}7{,}54$; $Z = 10{,}1$; $\varphi = -48{,}3°$

433. $\underline{Z} = -48\,100 + \mathrm{j}60\,000$; $Z = 76\,900$; $\varphi = 128{,}7°$

434. $\underline{Z} = 2$; $Z = 2$;
$\varphi = 0°$

435. $\underline{Z} = 0{,}34$; $Z = 0{,}34$;
$\varphi = 0°$

436. $\underline{Z} = 371{,}7$; $Z = 371{,}7$;
$\varphi = 0°$

437. $\underline{Z} = 20241$; $Z = 20241$;
$\varphi = 0°$

438. $\underline{Z} = \frac{(3 + j2)\,j}{j^2} = \frac{j3 - 2}{-1} = 2 - j3$; $Z = 3{,}61$;
$\varphi = -56{,}3°$

439. $\underline{Z} = -6 + j5$; $Z = 7{,}81$;
$\varphi = 140{,}2°$

440. $\underline{Z} = \frac{1 + j}{(1 - j)(1 + j)} = \frac{1 + j}{2} = 0{,}5 + j0{,}5$; $Z = 0{,}707$;
$\varphi = 45°$

441. $\underline{Z} = \frac{3\,(3 - j2)}{(3 + j2)(3 - j2)} = \frac{9 - j6}{9 + 4} =$
$= 0{,}692 - j0{,}462$; $Z = 0{,}83$;
$\varphi = -33{,}7°$

442. $\underline{Z} = -0{,}093 + j0{,}041$; $Z = 0{,}102$;
$\varphi = 156{,}2°$

443. $\underline{Z} = 0{,}0385 - j0{,}192$; $Z = 0{,}196$;
$\varphi = -78{,}7°$

444. $\underline{Z} = j$; $Z = 1$;
$\varphi = 90°$

445. $\underline{Z} = 1{,}5 - j0{,}5$; $Z = 1{,}58$;
$\varphi = -18{,}4°$

446. $\underline{Z} = 0{,}98 + j0{,}22$; $Z = 1$;
$\varphi = 12{,}7°$

447. $\underline{Z} = 0{,}93 - j0{,}83$; $Z = 1{,}25$;
$\varphi = -41{,}7°$

448. $\underline{Z} = -0{,}56 - j1{,}05$; $Z = 1{,}19$;
$\varphi = 241{,}9°$

449. $\underline{Z} = 1{,}12 + j0{,}14$; $Z = 1{,}13$;
$\varphi = 7{,}2°$

450. $\underline{Z} = 0{,}146 - j0{,}683$; $Z = 0{,}698$;
$\varphi = -77{,}9°$

451. $\underline{Z} = -0{,}244 + j1{,}195$; $Z = 1{,}22$;
$\varphi = 101{,}5°$

452. $\underline{Z} = 0{,}566 - j0{,}019$; $Z = 0{,}566$;
$\varphi = -1{,}9°$

453. $\underline{Z} = -0{,}069 + j1{,}172$; $Z = 1{,}174$;
$\varphi = 93{,}4°$

454. $\underline{Z} = 0{,}268 + j0{,}441$; $Z = 0{,}516$;
$\varphi = 58{,}7°$

455. $\underline{Z} = 4{,}14 - j1{,}01$; $Z = 4{,}26$;
$\varphi = -13{,}7°$

456. $\underline{Z} = 9{,}42 + j3{,}88$; $Z = 10{,}19$;
$\varphi = 22{,}4°$

457. Es ergibt sich der Quotient aus dem Betrag des Zählers und dem des Nenners, d. h.,

$$Z = \sqrt{\frac{(a^2 + b^2)(c^2 + d^2)}{e^2 + f^2}}.$$

Nach Reellmachen des Nenners erhält man

$$\underline{Z} = \frac{(a + jb)(c + jd)(e - jf)}{e^2 + f^2}.$$

Für den Zähler ergibt sich $ace + adf + bcf - bde + j\,(ade - acf + bce + bdf)$, so daß

$$\tan\varphi = \frac{a\,(de - cf) - b\,(ce + df)}{a\,(ce + df) + b\,(cf - de)} \text{ ist.}$$

458. $Z = \sqrt{\frac{(9 + 25)(36 + 49)}{64 + 81}} = \underline{4{,}46}$;

$\tan\varphi = \frac{3\,(-56 + 54) + 5\,(48 + 63)}{3\,(48 + 63) + 5\,(-54 + 56)} = 1{,}601$;

$\varphi = \underline{58{,}0°}$

459. $Z = 6{,}02$; $\varphi = -20{,}9°$

460. $Z = 1{,}96$; $\varphi = 101{,}3°$

461. $Z = 10{,}73$; $\varphi = 143{,}2°$

462. $\underline{Z} = -0{,}12 - j3{,}16$; $Z = 3{,}16$;
$\varphi = 267{,}8°$

463. $Z = \sqrt{4^2 + 2{,}6^2} = 4{,}77$; $\tan\varphi = \frac{2{,}6}{4}$;
$\varphi = 33°$; $\underline{Z} = \underline{4{,}77\,e^{j33°}}$

464. $12{,}51\,e^{j2{,}7°}$ **465.** $38{,}9\,e^{j89{,}2°}$

466. $4{,}81\,e^{-j79°}$ **467.** $392{,}8\,e^{-j10{,}7}$

468. $17{,}24\,e^{j53{,}1°}$ **469.** $0{,}0181\,e^{-j5{,}1°}$

470. $458\,e^{-j87{,}5°}$

471. $\underline{Z} = 19{,}5\,(\cos 67° + j\sin 67°) =$
$= \underline{7{,}62 + j17{,}95}$

472. $\underline{Z} = 0{,}012 - j0{,}85$ **473.** $\underline{Z} = 5{,}43 + j0{,}17$

474. $\underline{Z} = 10{,}42 - j4{,}86$ **475.** $\underline{Z} = 69{,}46 + j393{,}9$

476. $\underline{Z} = 0{,}3 + j0{,}27$

477. $30\,e^{j89°}$ **478.** 3,6

479. $4505\,e^{j103°}$ **480.** $6{,}75\,e^{j67{,}2°}$

481. $319{,}7\ e^{j76°}$ **482.** $89{,}8\ e^{-j50°}$

483. $32\,130\ e^{-j1°}$ **484.** $73\,700\ e^{-j4°}$

485. $150\ e^{j15°}$ **486.** $0{,}67\ e^{-j29°}$

487. $1{,}625\ e^{j85°}$ **488.** $0{,}0056\ e^{-45°}$

489. $0{,}127\ e^{-j60°}$ **490.** $169{,}1\ e^{j85°}$

491. $9\ e^{-j53°}$ **492.** $140{,}4\ e^{j37°}$

493. $\underline{Z} = \dfrac{\underline{Z}_1 \underline{Z}_2}{\underline{Z}_3 \underline{Z}_4} = \dfrac{5\ e^{j53,1°} \cdot 9{,}06\ e^{-j6,3°}}{9{,}22\ e^{j\,49,4°} \cdot 2{,}24\ e^{-j26,6°}} =$
$= \underline{2{,}19\ e^{j24°}}$

494. $2{,}32\ e^{j79,4°}$ **495.** $0{,}0197\ e^{j24,2°}$

496. $0{,}007\,33\ e^{j86,4°}$ **497.** $872\ e^{-j78,6°}$

498. $328\ e^{-j12,9°}$

499. a) $\underline{U} = \underline{65\ e^{j35°}\ \mathrm{V}}$;
$\underline{U} = 65\ \mathrm{V}\,(\cos 35° + j \sin 35°) = \underline{(53{,}2 + j37{,}3)\ \mathrm{V}}$
b) $\underline{U} = \underline{18\ e^{j75°}\ \mathrm{V}}$; $\underline{U} = \underline{(4{,}66 + j17{,}39)\ \mathrm{V}}$
c) $\underline{I} = \underline{2{,}5\ e^{j40°}\ \mathrm{A}}$; $\underline{I} = \underline{(1{,}92 + j1{,}61)\ \mathrm{A}}$
d) $\underline{I} = \underline{6{,}5\ e^{j85°}\ \mathrm{A}}$; $\underline{I} = \underline{(0{,}57 + j6{,}48)\ \mathrm{A}}$
e) $\underline{Z} = \underline{(200 + j68)\ \Omega}$;
$Z = \sqrt{(200^2 + 68^2)\ \Omega^2} = 211{,}2\ \Omega$;
$\tan\varphi = \dfrac{68}{200} = 0{,}34$; $\underline{Z} = \underline{211{,}2\ e^{j18,8°}\ \Omega}$
f) $\underline{Z} = \underline{(80 - j86)\ \Omega}$ $\underline{Z} = \underline{117{,}5\ e^{-j47,1°}\ \Omega}$

500. a) $P = 26\ \mathrm{VA} \cdot \cos 30° = \underline{22{,}5\ \mathrm{W}}$;
$Q = 26\ \mathrm{VA} \cdot \sin 30° = \underline{13\ \mathrm{var}}$;
$\cos\varphi = \underline{0{,}866}$ b) $P = \underline{26{,}15\ \mathrm{W}}$;
$Q = \underline{298{,}86\ \mathrm{var}}$; $\cos\varphi = \underline{0{,}09}$
c) $P = \underline{4{,}84\ \mathrm{W}}$; $Q = \underline{184{,}94\ \mathrm{var}}$; $\cos\varphi = \underline{0{,}03}$

501. a) $\underline{I}_1 = 3\ \mathrm{A}$; $\underline{I}_2 = 4\,(\cos 90° + j \sin 90°)\,\mathrm{A} = j4\ \mathrm{A}$; $\underline{I} = (3 + j4)\ \mathrm{A}$;
$\tan\varphi = \dfrac{4}{3} = 1{,}333$; $\varphi = \underline{53{,}1°}$;
$I = \sqrt{(3^2 + 4^2)\ \mathrm{A}^2} = \underline{5\ \mathrm{A}}$
b) $I = \underline{4{,}96\ \mathrm{A}}$; $\varphi = \underline{22{,}5°}$
c) $I = \underline{16{,}52\ \mathrm{A}}$; $\varphi = \underline{-3{,}4°}$
d) $I = \underline{13{,}53\ \mathrm{A}}$; $\varphi = \underline{17{,}2°}$
e) $I = \underline{3{,}29\ \mathrm{A}}$; $\varphi = \underline{50{,}1°}$
f) $I = \underline{3{,}38\ \mathrm{A}}$; $\varphi = \underline{7{,}2°}$
g) $I = \underline{2\ \mathrm{A}}$; $\varphi = \underline{90°}$
h) $I = \underline{11{,}54\ \mathrm{A}}$; $\varphi = \underline{9{,}8°}$

502. a) $\underline{I}_1 = I\,(\cos\varphi - j \sin\varphi) = 5\,(0{,}5 - j0{,}866)\ \mathrm{A} = (2{,}5 - j4{,}33\ \mathrm{A})$;
$\underline{I}_2 = \underline{I} - \underline{I}_1 = (4 + j3)\ \mathrm{A} - (2{,}5 - j4{,}33)\ \mathrm{A} = (1{,}5 + j7{,}33\,)\mathrm{A}$;
$I_2 = \sqrt{(1{,}5^2 + 7{,}33^2)\ \mathrm{A}^2} = \underline{7{,}48\ \mathrm{A}}$;
$\tan\varphi = 4{,}887$; $\varphi = \underline{78{,}4°}$
b) $\underline{I}_1 = j2\ \mathrm{A}$; $\underline{I}_2 = (4 + j)\ \mathrm{A}$;
$I_2 = \underline{4{,}12\ \mathrm{A}}$; $\varphi = \underline{14{,}0°}$
c) $\underline{I}_1 = (0{,}52 + j5{,}98)\ \mathrm{A}$; $I_2 = \underline{4{,}58\ \mathrm{A}}$;
$\varphi = \underline{-40{,}6°}$
d) $\underline{I}_1 = (0{,}34 + j6{,}49)\ \mathrm{A}$; $I_2 = \underline{5{,}06\ \mathrm{A}}$;
$\varphi = \underline{-43{,}6°}$

503. (Bild 203)
a) $\underline{Z} = [(120 + 75 + 18{,}5) + j(52 - 61 - 40)]\ \Omega = \underline{(213{,}5 - j49)\ \Omega}$;
$\underline{Z} = \underline{219{,}1\ e^{-j12,9°}\ \Omega}$
b) $\underline{Z} = \underline{(5{,}7 + j3{,}4)\ \Omega}$; $\underline{Z} = \underline{6{,}64\ e^{j30,8°}\ \Omega}$
c) $\underline{Z} = \underline{(4000 + j1450)\ \Omega}$;
$\underline{Z} = \underline{4255\ e^{j19,9°}\ \Omega}$

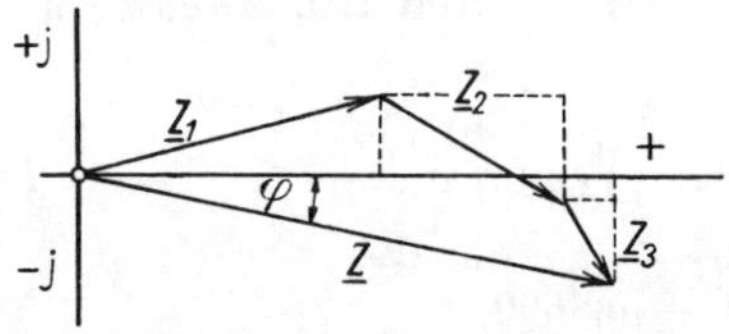

Bild 208. Aufgabe 503a

504. (Bild 209) Wenn die Spannung vorauseilt, haben die Widerstände induktiven Charakter, der imaginäre Anteil ist positiv.

$\underline{Z}_1 = 50\,(\cos 15° + j \sin 15°) = 50\,(0{,}9659 + j0{,}2588)\ \Omega$

$\underline{Z}_2 = 50\,(\cos 30° + j \sin 30°) = 50\,(0{,}8660 + j0{,}5000)\ \Omega$

$\underline{Z}_3 = 50\,(\cos 45° + j \sin 45°) = 50\,(0{,}7071 + j0{,}7071)\ \Omega$

$\underline{Z}_4 = 50\,(\cos 60° + j \sin 60°) = \underline{50\,(0{,}5000 + j0{,}8660)\ \Omega}$

Die Summe hiervon ist
$\underline{Z} = \underline{50\,(3{,}0390 + j2{,}3319)\ \Omega}$;

$\underline{Z} = 191{,}5 \cdot e^{j37,5°}\ \Omega$;

den Phasenwinkel erhält man auch als arithmetisches Mittel aus den einzelnen Winkeln, d. h., $\dfrac{15° + 30° + 45° + 60°}{4} = 37{,}5°$, was wegen der gleichen Beträge erlaubt ist.

505. (Bild 210) Ähnlich wie in der vorigen Aufgabe bildet man den Ansatz:
$\underline{E}_1 = x(\cos\ 0° - j \sin\ 0°) = x\,(1 - j0)\ \mathrm{V}$
$\underline{E}_2 = x(\cos\ 20° - j \sin\ 20°) = x(0{,}9397 - j0{,}3420)\ \mathrm{V}$

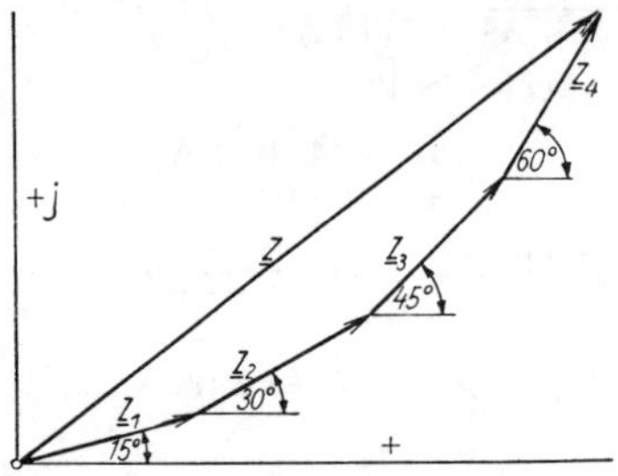

Bild 209. Aufgabe 504

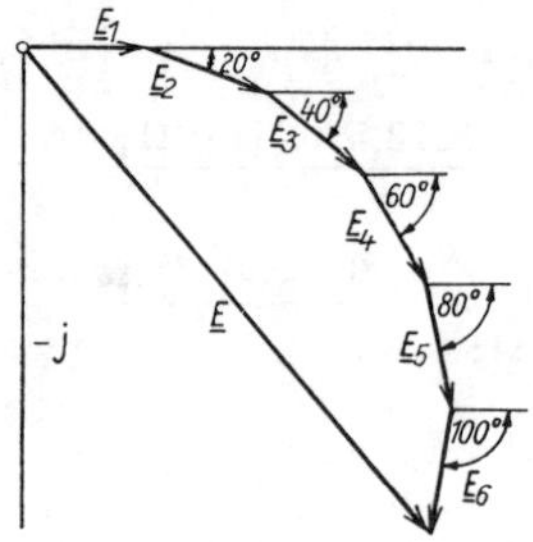

Bild 210. Aufgabe 505

$\underline{E}_3 = x(\cos\ 40° - j\sin\ 40°) =$
$= x(0{,}7660 - j0{,}6428)$ V

$\underline{E}_4 = x(\cos\ 60° - j\sin\ 60°) =$
$= x(0{,}5000 - j0{,}8660)$ V

$\underline{E}_5 = x(\cos\ 80° - j\sin\ 80°) =$
$= x(0{,}1736 - j0{,}9848)$ V.

$\underline{E}_6 = x(\cos 100° - j\sin 100°) =$
$= \underline{x(-0{,}1737 - j0{,}9848)\ \text{V}}$

Die Summe hiervon ist $\underline{E} = x(3{,}2057 - j3{,}8204)$ V, wonach $E = |\underline{E}| = x \cdot 4{,}987 = 240$ V ist;

$$x = \frac{240}{4{,}987} = 48{,}123\ \text{V}\ ; \quad \tan\varphi = -1{,}192$$

$\varphi = -50°$; $\underline{E}_1 = \underline{48{,}125\ e^{-j50°}\ \text{V}}$; der Phasenwinkel ergibt sich auch hier einfacher als arithmetisches Mittel

$$\frac{0° - 20° - 40° - 60° - 80° - 100°}{6} = -50°$$

506. a) $\underline{S} = \underline{U} \cdot \underline{I} = 220(16 - j15)\ \text{VA} = (3520 - j3300)$ VA; der Strom $\underline{I}$ ist hier mit dem konjugiert komplexen Wert einzusetzen, damit die ihm zugeordnete Blindleistung negatives Vorzeichen erhält; die Wirkleistung ist der reelle Anteil von $\underline{S}$, mithin $P = \underline{3{,}52\ \text{kW}}$; die Blindleistung ist der imaginäre Anteil von $\underline{S}$, mithin $Q = \underline{3{,}30\ \text{kvar}}$; $S = \underline{4{,}825\ \text{kVA}}$

b) $P = \underline{26{,}40\ \text{kW}}$; $Q = \underline{18{,}70\ \text{kvar}}$;
$S = \underline{32{,}35\ \text{kVA}}$

c) $P = \underline{11{,}00\ \text{kW}}$; $Q = \underline{3{,}30\ \text{kvar}}$;
$S = \underline{11{,}48\ \text{kVA}}$

507. a) $\underline{I} = \dfrac{\underline{U}}{\underline{R}} = \dfrac{210\ \text{V}}{(20 + j30)\ \Omega} =$

$$= \frac{210\,(20 - j30)}{1300}\ \text{A} = (3{,}231 - j4{,}846)\ \text{A}\ ;$$

$\underline{S} = \underline{U} \cdot \underline{I} = 210\ \text{V}\ (3{,}231 + j4{,}846)\ \text{A} =$
$= (678{,}5 + j1017{,}7)$ VA

Der Strom $\underline{I}$ ist hier mit dem konjugiert komplexen Wert einzusetzen, damit die ihm zugeordnete Blindleistung negatives Vorzeichen erhält.

$P = \underline{678{,}5\ \text{W}}$; $Q = \underline{1017{,}7\ \text{var}}$;
$S = \underline{1223{,}1\ \text{VA}}$

b) $\underline{I} = (2{,}05 - j2{,}56)$ A; $P = \underline{430{,}5\ \text{W}}$;
$Q = \underline{537{,}8\ \text{var}}$; $S = \underline{688{,}9\ \text{VA}}$

c) $P = \underline{882\ \text{W}}$; $Q = \underline{882\ \text{var}}$; $S = \underline{1247\ \text{VA}}$

508. a) $\tan\varphi = \dfrac{42}{18{,}4} = 2{,}2826$; $\cos\varphi = \underline{0{,}40}$
b) $\cos\varphi = \underline{0{,}29}$ c) $\cos\varphi = \underline{0{,}27}$

509. a) $\underline{Z} = [(5 + 6) + j(2 + 1)]\ \Omega =$
$= (11 + j3)\ \Omega$;
$\tan\varphi = \dfrac{3}{11} = 0{,}2727$; $\cos\varphi = \underline{0{,}96}$
b) $\cos\varphi = \underline{0{,}94}$ c) $\cos\varphi = \underline{0{,}96}$

510. a) $\underline{Z} = R + j\omega L = \underline{(200 + j125{,}6)\ \Omega}$;
$Z = \sqrt{200^2 + 125{,}6^2}\ \Omega = 236{,}2\ \Omega$;
$\tan\varphi = \dfrac{125{,}6}{200} = 0{,}628$; $\varphi = 32{,}1°$;
$\underline{Z} = \underline{236{,}2\ e^{j32{,}1°}\ \Omega}$

b) $\underline{(150 + j188{,}5)\ \Omega}$ bzw. $\underline{240{,}9\ e^{j51{,}5°}\ \Omega}$
c) $\underline{(300 + j942)\ \Omega}$ bzw. $\underline{988{,}6\ e^{j72{,}3°}\ \Omega}$
d) $\underline{(5000 + j2765)\ \Omega}$ bzw. $\underline{5714\ e^{j28{,}9°}\ \Omega}$
e) $\underline{(500 - j1061)\ \Omega}$ bzw. $\underline{1173\ e^{-j64{,}7°}\ \Omega}$
f) $\underline{(250 - j489{,}7)\ \Omega}$ bzw. $\underline{550\ e^{-j62{,}9°}\ \Omega}$
g) $\underline{(120 - j795{,}8)\ \Omega}$ bzw. $\underline{804{,}8\ e^{-j81{,}4°}\ \Omega}$
h) $\underline{(80 - j454{,}7)\ \Omega}$ bzw. $\underline{461{,}7\ e^{-j80°}\ \Omega}$

511. a) Nach Reellmachen des Nenners wird

$$\underline{Z} = \frac{2\,(1 + j)}{2} = 1 + j\ ; \quad R = \underline{1\ \Omega}\ ;$$

$$\omega L = 1\ \Omega\ ; \quad L = \frac{1\ \Omega}{\omega} = \frac{1\ \Omega\text{s}}{314000} = \underline{3{,}18\ \mu\text{H}}\ ;$$

$\varphi = \underline{45°}$

b) $R = 3\ \Omega$; $L = 15{,}92\ \mu$H;
$\varphi = 59°$

c) $R = 6\ \Omega$; $\varphi = 26{,}6°$ — $L = 9{,}55\ \mu H$;

d) $R = 4\ \Omega$; $\varphi = -51{,}3°$ — $C = 0{,}64\ \mu F$;

e) $R = 0{,}8\ \Omega$; $\varphi = 71{,}6°$ — $L = 7{,}64\ \mu H$;

f) $R = 1{,}62\ \Omega$; $\varphi = 33{,}6°$ — $L = 3{,}43\ \mu H$;

g) $R = 0{,}8\ \Omega$; $\varphi = -60{,}3°$ — $C = 2{,}27\ \mu F$;

h) $R = 0{,}69\ \Omega$; $\varphi = -68{,}2°$ — $C = 1{,}85\ \mu F$;

i) $R = 0\ \Omega$; $\varphi = +90°$ — $L = 3{,}18\ \mu H$;

k) $R = 0{,}034\ \Omega$; $\varphi = -84{,}9°$ — $C = 8{,}26\ \mu F$;

l) $R = 0{,}1\ \Omega$; $\varphi = 26{,}6°$ — $L = 0{,}159\ \mu H$;

m) $R = 0{,}36\ \Omega$; $\varphi = 20{,}7°$ — $L = 0{,}43\ \mu H$

n) $R = 0{,}255\ \Omega$; $\varphi = -4{,}4°$ — $C = 162{,}4\ \mu F$;

o) $R = 0{,}308\ \Omega$; $\varphi = -60{,}3°$ — $C = 5{,}91\ \mu F$;

p) $R = 0{,}33\ \Omega$; $\varphi = 2{,}1°$ — $L = 0{,}038\ \mu H$

q) $R = 1\ \Omega$; $\varphi = 45°$ — $L = 3{,}18\ \mu H$;

r) $R = 4\ \Omega$; $\varphi = 1{,}8°$ — $L = 0{,}398\ \mu H$;

s) $R = 40\ \Omega$; $\varphi = -46{,}4°$ — $C = 0{,}076\ \mu F$;

t) $R = \frac{b}{a}\ \Omega$; $\tan\varphi = -\frac{c}{b}$ — $C = \frac{a}{\omega c}\ F$;

u) $R = 0{,}33\ \Omega$; $\varphi = -59{,}5°$ — $C = 5{,}68\ \mu F$;

512. a) $\underline{Z} = 8{,}5\,(\cos 30° + j\sin 30°)\ \Omega = (7{,}36 + j4{,}25)\ \Omega$; $\quad R = \underline{7{,}36\ \Omega}$;

$$L = \frac{4{,}25\ \Omega}{\omega} = \frac{4{,}25\ \Omega}{628\ {}^1/\mathrm{s}} = \underline{6{,}8\ \mathrm{mH}}$$

b) $R = 12{,}26\ \Omega$; $L = 0{,}038\ H$

c) $R = 0{,}097\ \Omega$; $L = 0{,}018\ H$

d) $R = 30{,}49\ \Omega$ $L = 0{,}93\ mH$

e) $R = 10{,}3\ \Omega$ $C = 3{,}25\ \mu F$

f) $R = 37{,}0\ \Omega$; $C = 2{,}0\ \mu F$

g) $R = 0{,}884\ \Omega$; $C = 305\ \mu F$

h) $R = 12{,}23\ \Omega$; $C = 612\ \mu F$

i) $R = 0{,}0037\ \Omega$; $L = 0{,}167\ mH$

k) $R = 0{,}302\ \Omega$; $L = 1\ mH$

513. a) $R = 300\ \Omega \cdot \cos 60° = \underline{150\ \Omega}$;
$\omega L = 300\ \Omega \cdot \sin 60° = 259{,}8\ \Omega$;

$$f = \frac{\omega L}{2\pi L} = \frac{259{,}8\ \Omega}{2\pi \cdot 0{,}5\ \mathrm{H}} = \underline{82{,}7\ \mathrm{Hz}}$$

b) $R = 33{,}1\ \Omega$; $f = 87{,}5\ Hz$

c) $R = 83{,}7\ \Omega$; $f = 254\ Hz$

d) $R = 463\ \Omega$; $f = 324\ Hz$

e) $R = 141{,}4\ \Omega$; $f = 563\ Hz$

f) $R = 160\ \Omega$; $f = 2924\ Hz$

g) $R = 2{,}8\ \Omega$; $f = 3381\ Hz$

h) $R = 6{,}96\ \Omega$; $f = 338{,}4\ Hz$

514. a) $\underline{Z} = R + j\left(\omega L - \frac{1}{\omega C}\right) =$

$= \underline{(1000 + j293{,}4)\ \Omega}$;

$Z = \sqrt{(1000^2 + 293{,}4^2)}\ \Omega = 1042{,}2\ \Omega$;

$\tan\varphi = \frac{293{,}4}{1000} = 0{,}2934$;

$\varphi = 16{,}4°$; $\quad \underline{Z = 1042{,}2\ e^{j16{,}4°}\ \Omega}$

b) $\underline{(1500 - j327{,}4)\ \Omega}$; $\quad \underline{1535{,}3\ e^{-j12{,}3°}\ \Omega}$

c) $\underline{(2000 + j1247{,}5)\ \Omega}$; $\quad \underline{2357\ e^{j32°}\ \Omega}$

d) $\underline{(1800 - j32{,}55)\ \Omega}$; $\quad \underline{1800{,}3\ e^{-j1°}\ \Omega}$

515. Dies ist dann der Fall, wenn der imaginäre Anteil verschwindet, so daß

$\omega L = \frac{1}{\omega C}$ und $f = \frac{1}{2\pi}\sqrt{\frac{1}{LC}}$ betragen.

a) $\underline{23\ Hz}$ b) $\underline{76\ Hz}$ c) $\underline{46\ Hz}$ d) $\underline{650\ Hz}$

516. a) Der Betrag ist zunächst
$Z = \sqrt{(1000^2 + 2000^2)\ \Omega^2} = 2236\ \Omega$ und nach der Verdoppelung $4472\ \Omega$. Der Blindanteil ergibt sich aus

$X_L = \sqrt{(4472^2 - 1000^2)\ \Omega^2} = 4359\ \Omega$;

$$L = \frac{4359\ \Omega}{314\ {}^1/\mathrm{s}} = \underline{13{,}9\ \mathrm{H}}.$$

b) $\underline{1{,}27\ H}$ c) $\underline{0{,}47\ H}$ d) $\underline{0{,}126\ H}$

517. Der Betrag ist zunächst $79{,}06\ \Omega$ und nach der Halbierung $39{,}53\ \Omega$, so daß der Wirkwiderstand $R = \sqrt{(39{,}53^2 - 25^2)\ \Omega^2} = 30{,}6\ \Omega$ ist.

b) $2{,}45\ \Omega$ c) $16{,}2\ \Omega$ d) $0\ \Omega$

518. a) $\tan\varphi = \frac{6}{4} = 1{,}5$;

$\varphi = 56{,}3°$ und nachher $46{,}3°$;

$R = \frac{6\ \Omega}{1{,}046} = 5{,}74\ \Omega$

b) $6{,}74\ \Omega$ c) $90{,}6\ \Omega$ d) ∞

519. a) $I = \frac{P}{U\cos\varphi}$; $Z = \frac{U}{I} = \frac{U^2\cos\varphi}{P} =$
$= 25{,}17\ \Omega$;

$R = Z\cos\varphi = 25{,}17\ \Omega \cdot 0{,}78 = 19{,}63\ \Omega$;
$\omega L = Z\sin\varphi = 25{,}17\ \Omega \cdot 0{,}6255 = 15{,}75\ \Omega$;
$\underline{Z} = (19{,}63 + \mathrm{j}15{,}74)\ \Omega$

b) $(10{,}33 + \mathrm{j}7{,}74)\ \Omega$ c) $(7{,}29 + \mathrm{j}4{,}13)\ \Omega$

520. a) $Z = \sqrt{(64 + 30{,}25)\ \Omega^2} = 9{,}708\ \Omega$;

$I = \frac{U}{Z} = 22{,}66\ \mathrm{A}$;

$\tan\varphi = \frac{5{,}5}{8}$; $\varphi = 34{,}5°$; $\cos\varphi = 0{,}824$;

$P = UI\cos\varphi = 4{,}11\ \mathrm{kW}$

b) $\cos\varphi = 0{,}800$; $P = 2{,}58\ \mathrm{kW}$

c) $\cos\varphi = 0{,}796$; $P = 18{,}30\ \mathrm{kW}$

521. Der Widerstand einer Leitung beträgt $\underline{Z} = R + \mathrm{j}\omega L = 2{,}312\ \mathrm{e}^{\mathrm{j}49{,}5°}\ \Omega$.
Der $\cos\varphi = 0{,}72$ entspricht einer Nacheilung des Stromes von $\varphi = 43{,}9°$, womit der Strom $\underline{I} = 240\ \mathrm{e}^{-\mathrm{j}43{,}9°}\ \mathrm{A}$ beträgt. Damit ist die Gesamtspannung

$U_\mathrm{k} = (3000 + \sqrt{3} \cdot 240\ \mathrm{e}^{-\mathrm{j}43{,}9°} \cdot 2{,}312\ \mathrm{e}^{\mathrm{j}49{,}6°}\ \mathrm{V}) =$
$= (3000 + 961{,}1\ \mathrm{e}^{\mathrm{j}5{,}7°})\ \mathrm{V} = [3000 + 961{,}1 \times$
$\times (0{,}9951 + \mathrm{j}0{,}0993)]\ \mathrm{V} = 3957{,}5\ \mathrm{e}^{\mathrm{j}1{,}4°}\ \mathrm{V}$.

Im Kraftwerk ist $\varphi = 43{,}9° + 1{,}4° = \mathbf{45{,}3°}$ und $\cos\varphi = 0{,}73$.

522. Dem Netz wird jetzt nur noch Wirkstrom entnommen: $\underline{I} = (240 \cdot 0{,}72)\ \mathrm{A} = 172{,}8\ \mathrm{A}$. Das Kraftwerk hat die Spannung zu liefern:
$U_\mathrm{k} = (3000 + \sqrt{3} \cdot 172{,}8\ \mathrm{e}^{\mathrm{j}0°} \cdot 2{,}312\ \mathrm{e}^{\mathrm{j}49{,}6°})\ \mathrm{V} =$
$= 3488{,}5\ \mathrm{e}^{\mathrm{j}8{,}7°}\ \mathrm{V}$; $\cos\varphi = 0{,}989$; jeder Kondensator muß den Strom $240\ \mathrm{A} \cdot \sin 43{,}9° =$
$= 166{,}4\ \mathrm{A}$ aufnehmen.

Wegen $I = U\omega C$ ist $C = \frac{I}{\omega U\sqrt{3}} = 102\ \mu\mathrm{F}$.

523. (Bild 211) Die Klemmenspannung je Strang beträgt $U_\mathrm{k} = \frac{380\ \mathrm{V}}{\sqrt{3}} = 219{,}4\ \mathrm{V}$.

Die von der Maschine erzeugte EMK ergibt zusammen mit dem Spannungsabfall in der Wicklung die Klemmenspannung $\underline{U} + \underline{I}\underline{Z} = \underline{U}_\mathrm{k}$.
Hierbei eilt der Strom wegen $\cos\varphi = 0{,}82$ der Spannung um den Winkel $34{,}9°$ nach. Der Wicklungswiderstand ist $\underline{Z} = 0{,}384\ \mathrm{e}^{\mathrm{j}55°}\ \Omega$. Es ist dann $\underline{U} = 219{,}4\ \mathrm{V} -$
$- 42\ \mathrm{e}^{-\mathrm{j}34{,}9°}\ \mathrm{A} \cdot 0{,}384\ \mathrm{e}^{\mathrm{j}55°}\ \Omega = 204{,}4\ \mathrm{e}^{-\mathrm{j}1{,}6°}\ \mathrm{V}$.
Die Verschiebung beträgt also $-1{,}6°$.

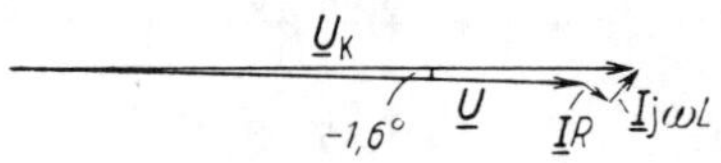

Bild 211. Aufgabe 523

524. a) Der reziproke Wert von $\underline{Z}$ ist der Leitwert der Schaltung $\underline{Y} = \frac{1 - \mathrm{j}}{2}$, woraus $G = 0{,}5\ \mathrm{S}$ und $B = 0{,}5\ \mathrm{S}$ folgt; $R = \frac{1}{G} = 2\ \Omega$; $B = \frac{1}{\omega L}$, woraus $L = \frac{1}{\omega B} = 6{,}37\ \mu\mathrm{H}$ folgt

b) $R = 11{,}3\ \Omega$;	$L = 21{,}7\ \mu\mathrm{H}$
c) $R = 7{,}5\ \Omega$;	$L = 47{,}8\ \mu\mathrm{H}$
d) $R = 10{,}25\ \Omega$;	$C = 0{,}39\ \mu\mathrm{F}$
e) $R = 8\ \Omega$;	$L = 8{,}5\ \mu\mathrm{H}$
f) $R = 2{,}33\ \Omega$;	$L = 11{,}14\ \mu\mathrm{H}$
g) $R = 3{,}25\ \Omega$;	$C = 1{,}71\ \mu\mathrm{F}$
h) $R = 5\ \Omega$;	$C = 1{,}59\ \mu\mathrm{F}$
i) $R = \infty$;	$L = 3{,}18\ \mu\mathrm{H}$
k) $R = 4{,}35\ \Omega$;	$C = 8{,}2\ \mu\mathrm{F}$
l) $R = 0{,}125\ \Omega$;	$L = 0{,}796\ \mu\mathrm{H}$
m) $R = 0{,}41\ \Omega$;	$L = 3{,}46\ \mu\mathrm{H}$
n) $R = 0{,}256\ \Omega$;	$C = 0{,}955\ \mu\mathrm{F}$
o) $R = 1{,}25\ \Omega$;	$C = 4{,}46\ \mu\mathrm{F}$
p) $R = 0{,}33\ \Omega$;	$L = 29{,}01\ \mu\mathrm{H}$
q) $R = 2\ \Omega$;	$L = 6{,}37\ \mu\mathrm{H}$
r) $R = 4\ \Omega$;	$L = 0{,}41\ \mathrm{mH}$
s) $R = 84{,}1\ \Omega$;	$C = 0{,}04\ \mu\mathrm{F}$
t) $R = \frac{b^2 + c^2}{ab}\ \Omega$;	$C = \frac{ac}{\omega(b^2 + c^2)}\ \mathrm{F}$
u) $R = 1{,}28\ \Omega$;	$C = 4{,}22\ \mu\mathrm{F}$

525. a) $\underline{Y} = 0{,}118\ \mathrm{e}^{-\mathrm{j}30°}\ \mathrm{S} = 0{,}118\ (0{,}886 -$
$- \mathrm{j}0{,}5)\ \mathrm{S} = (0{,}102 - \mathrm{j}0{,}059)\ \mathrm{S}$;

$R = \frac{1}{0{,}102\ \mathrm{S}} = 9{,}8\ \Omega$; $\omega L = \frac{1}{0{,}059\ \mathrm{S}}$; $L = 0{,}027\ \mathrm{H}$

b) $R = 59{,}47\ \Omega$;	$L = 48{,}2\ \mathrm{mH}$
c) $R = 1272\ \Omega$;	$L = 17{,}67\ \mathrm{mH}$

d) $R = 30{,}51\ \Omega$; $L = 2{,}53$ H

e) $R = 23\,398\ \Omega$; $C = 3{,}25\ \mu$F

f) $R = 16\,666\ \Omega$; $C = 2{,}0\ \mu$F

g) $R = 31{,}8\ \Omega$; $C = 296\ \mu$F

h) $R = 12{,}8\ \Omega$; $C = 26{,}5\ \mu$F

i) $R = 3{,}016\ \Omega$; $L = 0{,}168$ mH

k) $R = 1{,}69\ \Omega$; $L = 1{,}25$ mH

526. Aus $\underline{Z} = \dfrac{\underline{Z}_1\underline{Z}_2}{\underline{Z}_1 + \underline{Z}_2}$ erhält man

$\underline{Z} = \dfrac{R\mathrm{j}\omega L}{R + \mathrm{j}\omega L}$ und nach Reellmachen des

Nenners $\underline{Z} = \dfrac{\omega^2 RL^2 + \mathrm{j}\omega R^2 L}{R^2 + \omega^2 L^2}$

527. a) 1. *Normalform.* 1. Weg (über die Leitwerte): $G = \dfrac{1}{R} = 0{,}004$ S;

$B = \dfrac{1}{\omega L} = 0{,}0053$ S ; $\underline{Y} = (0{,}004 - \mathrm{j}0{,}0053)$ S ;

$\underline{Z} = \dfrac{1}{(0{,}004 - \mathrm{j}0{,}0053)\ \mathrm{S}}$ und nach Reellmachen

des Nenners

$\underline{Z} = (90{,}7 + \mathrm{j}120{,}2)\ \Omega$.

2. Weg (Zusammenfassung der Widerstände):

$$\underline{Z} = \frac{R\mathrm{j}\omega L}{R + \mathrm{j}\omega L} = \frac{\mathrm{j}47\,124\,(250 - \mathrm{j}188{,}5)}{62\,500 + 35\,532}\ \Omega =$$

$= (90{,}6 + \mathrm{j}120{,}2)\ \Omega$

3. Weg: Einsetzen der Zahlenwerte in die Endformel von Aufgabe 526.

2. *Exponentialform.* $Z = \sqrt{(90{,}6^2 + 120{,}2^2)\ \Omega^2} =$
$= 150{,}5\ \Omega$; $\tan\varphi = \dfrac{120{,}2}{90{,}6}$; $\varphi = 53°$;

$\underline{Z} = 150{,}5\ \mathrm{e}^{\mathrm{j}53°}\ \Omega$

b) $(0{,}129 + \mathrm{j}1{,}56)\ \Omega$; $1{,}565\ \mathrm{e}^{\mathrm{j}85{,}3°}\ \Omega$

c) $(305{,}2 + \mathrm{j}388{,}6)\ \Omega$; $494{,}1\ \mathrm{e}^{\mathrm{j}51{,}9°}\ \Omega$

d) $(618{,}8 + \mathrm{j}417{,}1)\ \Omega$; $746{,}2\ \mathrm{e}^{\mathrm{j}34°}\ \Omega$

528. Aus $\underline{Y} = \dfrac{1}{R} + \mathrm{j}\omega C$ erhält man $\underline{Z} =$

$= \dfrac{1}{(1/R) + \mathrm{j}\omega C}$ und nach Reellmachen des

Nenners $\underline{Z} = \dfrac{R - \mathrm{j}\omega R^2 C}{1 + \omega^2 C^2 R^2}$.

529. a) 1. *Normalform.* 1. Weg (mit Hilfe der Leitwerte):

$G = \dfrac{1}{R} = 0{,}001$ S ; $B = \omega C = 0{,}000314$ S ;

$\underline{Y} = (0{,}001 + \mathrm{j}0{,}000314)$ S ; $\underline{Z} = \dfrac{1}{\underline{Y}}$

$= \dfrac{0{,}001 - \mathrm{j}0{,}000314}{(1 + 0{,}0987)\,10^{-6}}\ \Omega = (910{,}2 - \mathrm{j}285{,}9)\ \Omega$

2. Weg (Zusammenfassung der Widerstände):

$$\underline{Z} = \frac{\dfrac{-\mathrm{j}R}{\omega C}}{R - \mathrm{j}\,\dfrac{1}{\omega L}} = \frac{(-\mathrm{j}3183 + 10130)10^6}{11{,}13 \cdot 10^6}\ \Omega =$$

$= (910{,}2 - \mathrm{j}285{,}2)\ \Omega$

3. Weg: Einsetzen der Zahlenwerte in die aus Aufgabe 528 gewonnene Endformel.

2. *Exponentialform.* $Z = \sqrt{(910{,}2^2 + 285{,}9^2)\ \Omega^2} =$
$= 954\ \Omega$; $\tan\varphi = -0{,}3141$;

$\underline{Z} = 954\ \mathrm{e}^{-\mathrm{j}17{,}4°}\ \Omega$

b) $(741 - \mathrm{j}87{,}3)\ \Omega$; $746\ \mathrm{e}^{-\mathrm{j}6{,}7°}\ \Omega$

c) $(23{,}7 - \mathrm{j}5{,}58)\ \Omega$; $24{,}3\ \mathrm{e}^{-\mathrm{j}13{,}2°}\ \Omega$

d) $(9{,}84 - \mathrm{j}1{,}24)\ \Omega$; $9{,}92\ \mathrm{e}^{-\mathrm{j}7{,}2°}\ \Omega$

530. a) $\underline{Y} = \dfrac{1}{R} - \dfrac{\mathrm{j}}{\omega L} + \mathrm{j}\omega C =$

$= (0{,}00125 - \mathrm{j}0{,}001612)$ S ;

$\dfrac{1}{\underline{Y}} = \dfrac{(1{,}25 + \mathrm{j}1{,}612)\,10^3}{1{,}5625 + 2{,}5985}\ \Omega = (300{,}4 + \mathrm{j}387{,}4)\ \Omega$;

$\underline{Z} = 490\ \mathrm{e}^{\mathrm{j}52{,}2°}\ \Omega$

b) $(158{,}3 + \mathrm{j}81{,}2)\ \Omega$; $178\ \mathrm{e}^{\mathrm{j}27{,}2°}\ \Omega$

c) $(11{,}98 - \mathrm{j}0{,}046)\ \Omega$; $11{,}98\ \mathrm{e}^{-\mathrm{j}0{,}2°}\ \Omega$

d) $(7{,}19 - \mathrm{j}2{,}41)\ \Omega$; $7{,}58\ \mathrm{e}^{\mathrm{j}18{,}6°}\ \Omega$

531. Aus dem in Aufgabe 528 gewonnenen Ausdruck ergibt sich für die Wirkkomponente a) $\mathrm{Re}(\underline{Z}) = \dfrac{R}{1 + \omega^2 R^2 C^2}$, woraus sich C errechnen läßt: $C = 38{,}7\ \mu$F b) $6{,}12\ \mu$F

532. Nach Aufgabe 528 lautet die Blindkomponente

a) $\mathrm{Im}\ (\underline{Z}) = \dfrac{\omega R^2 C}{1 + \omega^2 R^2 C^2}$, woraus sich R zu $25\,770\ \Omega$ berechnet b) $8280\ \Omega$

533. a) $\underline{I} = \dfrac{\underline{U}}{\underline{Z}} = \dfrac{60\,(12 - \mathrm{j}9)}{144 + 81}$ A $=$

$= (3{,}2 - \mathrm{j}2{,}4)$ A , folglich ist $I_R = 3{,}2$ A ;

$I_L = 2{,}4$ A und $I = \sqrt{(3{,}2^2 + 2{,}4^2)\ \mathrm{A}^2} = 4$ A

b) $I_R = 2{,}47$ A; $I_L = 6{,}58$ A; $I = 7{,}03$ A

c) $I_R = 2{,}650$ A; $I_C = 2{,}082$ A; $I = 3{,}37$ A

534. a) $\underline{Y} = \frac{I_R}{U} - \mathrm{j}\frac{I_L}{U} = (0{,}0096 - \mathrm{j}0{,}0192)\ \mathrm{S}$;

$\underline{Z} = \frac{1}{\underline{Y}} = (20{,}83 + \mathrm{j}41{,}67)\ \Omega$

b) $\underline{(62{,}49 + \mathrm{j}135{,}69)\ \Omega}$ c) $\underline{(5588 + \mathrm{j}2353)\ \Omega}$

535. a) $Y = \sqrt{(35^2 + 14^2)\ \mathrm{S}^2} = 37{,}70\ \mathrm{S}$;
$S = U^2 Y$;

$U = \sqrt{\frac{S}{Y}} = \underline{2{,}3\ \mathrm{V}}$

b) $Y = 1{,}53\ \mathrm{S}$; $U = \underline{11{,}43\ \mathrm{V}}$

c) $Y = 0{,}065\ \mathrm{S}$; $U = \underline{55{,}5\ \mathrm{V}}$

536. a) $\underline{Y} = \underline{Y}_1 + \underline{Y}_2 = \frac{R_1 - \mathrm{j}\omega L}{R_1^2 + \omega^2 L^2} +$

$+ \frac{1}{R_2} = \underline{\left(\frac{R_1}{R_1^2 + \omega^2 L^2} + \frac{1}{R_2}\right) - \mathrm{j}\left(\frac{\omega L}{R_1^2 + \omega^2 L^2}\right)}$;

$\tan\varphi = \underline{\frac{\omega R_2 L}{R_1^2 + R_1 R_2 + \omega^2 L^2}}$ (Nacheilung des Stromes).

b) Es muß $\tan\varphi = 1$ sein, d. h $\omega R_2 L = R_1^2 + R_1 R_2 + \omega^2 L^2$, wonach $R_2 = \underline{\frac{R_1^2 + \omega^2 L^2}{\omega L - R_1}}$ ist.

537. Aus der Gleichung $\tan\varphi = \frac{\omega R_2 L}{R_1^2 + R_1 R_2 + \omega^2 L^2}$ findet man $R_2 = \underline{163{,}4\ \Omega}$.

538. $\underline{Z}_1 + \underline{Z}_2 = R_1$; $\frac{\underline{Z}_1 \underline{Z}_2}{\underline{Z}_1 + \underline{Z}_2} = R_2$; aus diesen beiden Gleichungen ergibt sich durch Zusammenfassen

$\underline{Z}_1 = \underline{(25 + \mathrm{j}\,19{,}36)\ \Omega}$ und $\underline{Z}_2 = \underline{(25 - \mathrm{j}\,19{,}36)\ \Omega}$

539. $\underline{Y} = \underline{Y}_1 + \underline{Y}_2 = \frac{1}{R + \mathrm{j}\omega L_1} + \frac{1}{\mathrm{j}\omega L_2} =$

$= \frac{R - \mathrm{j}\omega L_1}{R^2 + \omega^2 L_1^2} - \frac{\mathrm{j}}{\omega L_2} =$

$= \underline{\frac{R}{R^2 + \omega^2 L_1^2} - \mathrm{j}\left(\frac{\omega L_1}{R^2 + \omega^2 L_1^2} + \frac{1}{\omega L_2}\right)}$;

$\tan\varphi = \underline{\frac{R^2 + \omega^2 L_1 (L_1 + L_2)}{\omega R L_2}}$ (Nacheilung des Stromes)

540. (s. Aufgabe 438.)

$$Z = \sqrt{\frac{(R_1^2 + \omega^2 L_1^2)(R_2^2 + \omega^2 L_2^2)}{(R_1 + R_2)^2 + \omega^2 (L_1 + L_2)^2}}$$

Zur Berechnung der Phase bildet man zunächst

$$\underline{Z} = \frac{(R_1 + \mathrm{j}\omega L_1)(R_2 + \mathrm{j}\omega L_2)}{R_1 + R_2 + \mathrm{j}\omega (L_1 + L_2)} =$$

$$= \underline{\frac{R_1 R_2 - \omega^2 L_1 L_2 + \mathrm{j}\omega (R_1 L_2 + R_2 L_1)}{R_1 + R_2 + \mathrm{j}\omega (L_1 + L_2)}}$$

und erhält dann nach der eingangs von 8.4. angegebenen Formel

$$\tan\varphi = \underline{\frac{\omega (R_1^2 L_2 + R_2^2 L_1) + \omega^3 L_1 L_2 (L_1 + L_2)}{R_1 R_2 (R_1 + R_2) + \omega^2 (R_1 L_2^2 + R_2 L_1^2)}}$$

541. $Z = \underline{\frac{2}{3}\sqrt{R^2 + \omega^2 L^2}}$; $\tan\varphi = \underline{\frac{\omega L}{R}}$

542. Nach der eingangs von 8.4. angegebenen Formel ergibt sich die Gleichung

$$\sqrt{\frac{(R_1^2 + \omega^2 L^2) R_2^2}{(R_1 + R_2)^2 + \omega^2 L^2}} = \frac{1}{2}\sqrt{R_1^2 + \omega^2 L^2}$$

und hieraus

$$R_2 = \underline{\frac{1}{3}\left(R_1 + \sqrt{4R_1^2 + 3\omega^2 L^2}\right)}$$

543. $\underline{Y} = \underline{\frac{R + \mathrm{j}\omega (R^2 C + \omega^2 L^2 C - L)}{R^2 + \omega^2 L^2}}$;

$\underline{Z} = \underline{\frac{R - \mathrm{j}\omega (\omega^2 L^2 C + R^2 C - L)}{\omega^2 R^2 C^2 + \omega^4 L^2 C^2 - 2\omega^2 L C + 1}}$

544. Der imaginäre Teil des komplexen Leitwertes bzw. Widerstandes muß gleich Null sein, womit $\omega_0^2 L^2 C = L - R^2 C$ und

$\omega_0 = \underline{\sqrt{\frac{1}{LC} \cdot \frac{L - R^2 C}{L}}}$ ist.

545. $\underline{Z} = \underline{\frac{R_2 [1 + \omega^2 R_1 C^2 (R_1 + R_2) - \mathrm{j}\omega C R_2]}{1 + \omega^2 C^2 (R_1 + R_2)^2}}$;

$\tan\varphi = \underline{\frac{-\omega C R_2}{1 + \omega^2 R_1 C^2 (R_1 + R_2)}}$

546. $\underline{Z} = \underline{\frac{\omega R C - \mathrm{j}(n\omega^2 R^2 C^2 + n + 1)}{n^2 \omega^3 R^2 C^3 + \omega C (n + 1)^2}}$;

$\tan\varphi = \underline{\frac{-(n\omega^2 R^2 C^2 + n + 1)}{\omega R C}}$

547. $\underline{Y}_1 = \frac{1}{R_1 + \mathrm{j}\omega L}$;

$\underline{Y}_2 = \frac{1}{R_2 + 1/\mathrm{j}\omega C}$;

nach Reellmachen der Nenner und Addition erhält man

$$\underline{Y} = \left(\frac{R_1}{R_1^2 + \omega^2 L^2} + \frac{\omega^2 R_2 C^2}{1 + \omega^2 R_2^2 C^2}\right) + $$

$$+ \mathrm{j}\left(\frac{\omega C}{1 + \omega^2 R_2^2 C^2} - \frac{\omega L}{R_1^2 + \omega^2 L^2}\right).$$

Im Resonanzfall ist der imaginäre Teil gleich Null, so daß

$$\frac{\omega_0 C}{1 + \omega^2 R_2^2 C^2} = \frac{\omega_0 L}{R_1^2 + \omega^2 L^2}\text{, woraus}$$

$$\omega_0 = \frac{1}{\sqrt{LC}} \sqrt{\frac{L - CR_1^2}{L - CR_2^2}} \text{ folgt.}$$

548. Im ersten Fall muß der Zähler in der Wurzel gleich 0 sein, so daß $R_1 = \sqrt{\frac{L}{C}}$.

Im zweiten Fall muß der Nenner gleich 0 sein, so daß $R_2 = \sqrt{\frac{L}{C}}$ ist.

549. a) Wie in der vorigen Aufgabe muß $R_1 = R_2 = \sqrt{\frac{L}{C}}$ sein.

b) Setzt man dies in den nach Aufgabe 547 erhaltenen Wirkleitwert ein, so erhält man

$$G = \frac{\sqrt{L/C}}{L/C + \omega^2 L^2} + \frac{\omega^2 C^2 \sqrt{L/C}}{1 + \omega^2 LC} = \sqrt{\frac{C}{L}};$$

$$R = \sqrt{\frac{L}{C}}$$

550. a) 1. Weg: $\underline{Z} = \frac{(R_1 + \mathrm{j}\omega L) R_2}{R_1 + R_2 + \mathrm{j}\omega L} =$

$$= \frac{(10\,000 + \mathrm{j}15708)\ \Omega}{200 + \mathrm{j}157} = (69{,}1 + \mathrm{j}24{,}3)\ \Omega;$$

$$Z = \sqrt{69{,}1^2 + 24{,}3^2)\ \Omega^2} = 73{,}2\ \Omega;$$

$$I = \frac{U}{Z} = 3\ \mathrm{A}; \quad \tan\varphi = \frac{24{,}3}{69{,}1} = 0{,}3517,$$

$$\varphi = 19{,}4°$$

Wegen $\omega L' = 24{,}3\ \Omega$ ergibt sich für die gesuchte Induktivität

$$L' = \frac{24{,}3\ \Omega}{\omega} = 77{,}3\ \mathrm{mH}$$

2. Weg: $\underline{Z} = \frac{10000 + \mathrm{j}15708}{200 + \mathrm{j}157}\ \Omega =$

$$= \frac{18621\ \mathrm{e}^{\mathrm{j}57{,}5°}}{254\ \mathrm{e}^{\mathrm{j}38{,}1°}}\ \Omega;$$

$$\underline{Z} = 73{,}3\ \mathrm{e}^{\mathrm{j}19{,}4°}\ \Omega; \quad \underline{I} = \frac{220\ \mathrm{V}}{73{,}3\ \mathrm{e}^{\mathrm{j}19{,}4°}\ \Omega} =$$

$$= 3\ \mathrm{e}^{-\mathrm{j}19{,}4°}\ \mathrm{A}$$

Zur Bestimmung von $\omega L'$ dient die Beziehung $\omega L' = 73{,}3 \sin 19{,}4°\ \Omega$, wonach $\omega L' = 24{,}3\ \Omega$ ist.

b) $\underline{Z} = (68{,}4 + \mathrm{j}32{,}4)\ \Omega$; $Z = 75{,}7\ \Omega$;
$I = 1{,}32\ \mathrm{A}$; $\varphi = 25{,}3°$; $L' = 103{,}1\ \mathrm{mH}$

c) $Z = (134 + \mathrm{j}41{,}7)\ \Omega$; $Z = 140{,}3\ \Omega$;
$I = 0{,}43\ \mathrm{A}$; $\varphi = 17{,}3°$; $L' = 133\ \mathrm{mH}$

551. a) 1. Weg: $\underline{Z} = \frac{\left(R_1 - \mathrm{j}\frac{1}{\omega C}\right) R_2}{R_1 + R_2 - \mathrm{j}\frac{1}{\omega C}} =$

$$= \frac{(1000 - \mathrm{j}796)\ 2500}{3500 - \mathrm{j}796}\ \Omega = (802{,}1 - \mathrm{j}386{,}1)\ \Omega;$$

$$Z = 890{,}2\ \Omega; \quad I = \frac{U}{Z} = 0{,}25\ \mathrm{A};$$

$$\tan\varphi = -\frac{386{,}1}{802{,}1} = -0{,}4814;$$

$$\varphi = -25{,}7°; \quad \frac{1}{\omega C'} = 386{,}1\ \Omega;$$

$$C' = 8{,}24\ \mu\mathrm{F}$$

2. Weg: $\underline{Z} = \frac{(2{,}5 - \mathrm{j}1{,}99)\ 10^6}{3500 - \mathrm{j}79{,}6}\ \Omega =$

$$= \frac{3{,}195 \cdot 10^6\ \mathrm{e}^{-\mathrm{j}38{,}5°}}{3589\ \mathrm{e}^{-\mathrm{j}12{,}8°}}\ \Omega;$$

$$\underline{Z} = 890{,}2\ \mathrm{e}^{-\mathrm{j}25{,}7°}\ \Omega$$

b) $\underline{Z} = (69{,}4 - \mathrm{j}24{,}4)\ \Omega$; $Z = 73{,}56\ \Omega$;
$I = 2{,}99\ \mathrm{A}$; $\varphi = -19{,}4°$; $C' = 130{,}45\ \mu\mathrm{F}$

c) $\underline{Z} = (933{,}3 - \mathrm{j}221{,}1)\ \Omega$; $Z = 959{,}1\ \Omega$;
$I = 0{,}261\ \mathrm{A}$; $\varphi = -13{,}3°$; $C' = 2{,}4\ \mathrm{nF}$

552. a) $\underline{Z} = (204 - \mathrm{j}32{,}7)\ \Omega$; $Z = 206{,}6\ \Omega$;
$I = 1{,}065\ \mathrm{A}$; $\varphi = -9{,}1°$

Der negative Phasenwinkel gibt an, daß die Reihenersatzschaltung eine Kapazität enthalten muß. Sie beträgt $C' = \frac{1}{\omega X_C} = 97{,}3\ \mu\mathrm{F}$.

b) $\underline{Z} = (162{,}6 - \mathrm{j}488{,}5)\ \Omega$; $Z = 514{,}9\ \Omega$;
$I = 0{,}427\ \mathrm{A}$; $\varphi = -71{,}6°$; $C' = 6{,}52\ \mu\mathrm{F}$

c) $\underline{Z} = (158{,}9 + \mathrm{j}89{,}4)\ \Omega$; $Z = 182{,}3\ \Omega$;
$I = 1{,}207\ \mathrm{A}$; $\varphi = +29{,}4°$; $L' = 0{,}285\ \mathrm{H}$

553. a) $\underline{Z} = (25{,}8 + \mathrm{j}123{,}6)\ \Omega$; $Z = 126{,}3\ \Omega$;
$I = 1{,}74\ \mathrm{A}$; $\varphi = +78{,}2°$; $L' = 0{,}393\ \mathrm{H}$

b) $\underline{Z} = (513 - \mathrm{j}233{,}3)\ \Omega$; $Z = 563{,}6\ \Omega$;
$I = 0{,}39\ \mathrm{A}$; $\varphi = -24{,}5°$; $C' = 13{,}64\ \mu\mathrm{F}$

c) $\underline{Z} = \underline{(0{,}139 + \mathrm{j}97{,}12)\ \Omega}$; $Z = 97{,}12\ \Omega$;
$I = \underline{2{,}27\ \mathrm{A}}$; $\varphi = \underline{+\ 89{,}9°}$; $L' = \underline{0{,}309\ \mathrm{H}}$

554. Man macht den Ansatz

$$\underline{Z} = \frac{\left(R - \frac{\mathrm{j}}{\omega C}\right)\mathrm{j}x}{R - \mathrm{j}\left(\frac{1}{\omega C} - x\right)}$$ und erhält für den

Zähler nach Reellmachen des Nenners

$$\mathrm{j}R^2x - \frac{Rx}{\omega C} + Rx^2 + \frac{Rx}{\omega C} + \frac{\mathrm{j}x}{\omega^2C^2} - \frac{\mathrm{j}x^2}{\omega C};$$

Gleichsetzen der reellen und imaginären Teile

dieses Ausdrucks ergibt $x = \dfrac{R^2 + \dfrac{1}{\omega^2C^2}}{R + \dfrac{1}{\omega C}} =$
$= 223{,}6\ \Omega$;

$$L = \frac{x}{\omega} = \underline{0{,}71\ \mathrm{H}}$$

555. Wenn eine Kapazität angenommen wird, macht man den Ansatz
$\underline{Z} = \dfrac{(R - \mathrm{j}x)\,\mathrm{j}\omega L}{R + \mathrm{j}\,(\omega L - x)}$; nach Reellmachen des Nenners wird der Zähler
$(\mathrm{j}14137 + 94{,}25\,x)\ [150 - \mathrm{j}\ (94{,}25 - x)]$.
Nach Ausrechnen erhältman den $\tan\varphi$ als Quotienten aus den imaginären und reellen Teilen

$$\frac{2120550 - 8883\ x + 94{,}25\ x^2}{1332400} = 1{,}7321\ .$$

Diese quadratische Gleichung liefert $x_1 = +\ 112$ und $x_2 = -\ 17{,}75$. Aus x_1 ergibt sich wegen des positiven Vorzeichens die Kapazität von $C' = \dfrac{1}{314 \cdot 112}\ \mathrm{F} = \underline{28{,}4\ \mu\mathrm{F}}$; aus x_2 wegen des negativen Vorzeichens die Induktivität $L' = \dfrac{17{,}75}{314}\ \mathrm{H} = \underline{57\ \mathrm{mH}}$

556. (Bild 212)
$\underline{Z}_1 = 186{,}2\ \mathrm{e}^{\mathrm{j}57{,}5°}\ \Omega$; $\underline{I}_1 = \dfrac{\underline{U}}{\underline{Z}_1} =$

$$= \frac{220\ \mathrm{V}}{186{,}2\ \mathrm{e}^{\mathrm{j}57{,}5°}\ \Omega} = \underline{1{,}18\ \mathrm{e}^{-\mathrm{j}57{,}5°}\ \mathrm{A}};$$

$$\underline{I}_2 = \frac{220\ \mathrm{V}}{100\ \mathrm{e}^{\mathrm{j}0°}\ \Omega} = \underline{2{,}2\ \mathrm{A}};$$

$\underline{U}_1 = \underline{I}_1 R_1 = 1{,}18\ \mathrm{e}^{-\mathrm{j}57{,}5°}\ \mathrm{A} \cdot 100\ \Omega =$
$= \underline{118\ \mathrm{e}^{-\mathrm{j}57{,}5°}\ \mathrm{V}}$;

$\underline{U}_2 = \underline{I}_1\mathrm{j}\omega L = 1{,}18\ \mathrm{e}^{-\mathrm{j}57{,}5°}\ \mathrm{A} \cdot 157\ \mathrm{e}^{\mathrm{j}90°}\ \Omega =$
$= \underline{185\ \mathrm{e}^{\mathrm{j}32{,}5°}\ \mathrm{V}}$

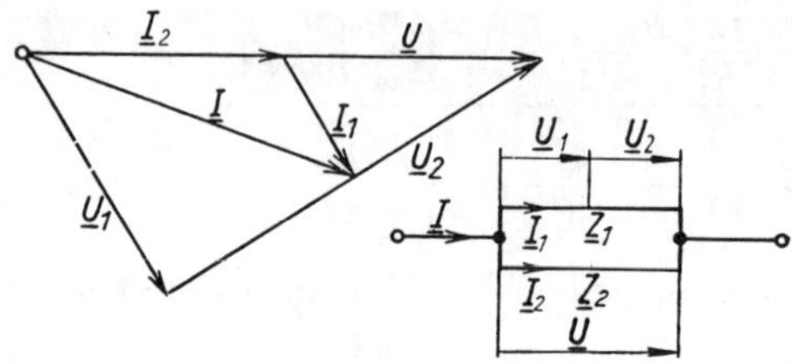

Bild 212. Aufgabe 556

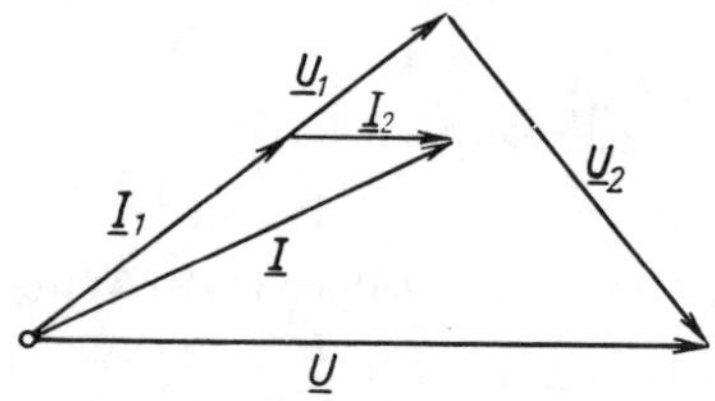

Bild 213. Aufgabe 557

557. (Bild 213)

$\underline{I} = 0{,}25\ \mathrm{e}^{\mathrm{j}25{,}7°}\ \mathrm{A}$;	$\underline{Z}_1 = 1278\ \mathrm{e}^{-\mathrm{j}38{,}5°}\ \Omega$
$\underline{I}_1 = 0{,}172\ \mathrm{e}^{\mathrm{j}38{,}5°}\ \mathrm{A}$;	$\underline{I}_2 = 0{,}088\ \mathrm{e}^{\mathrm{j}0°}\ \mathrm{A}$;
$\underline{U}_1 = 172\ \mathrm{e}^{\mathrm{j}38{,}5°}\ \mathrm{V}$;	$\underline{U}_2 = 137\ \mathrm{e}^{-\mathrm{j}51{,}5°}\ \mathrm{V}$

558. (Bild 214)

$\underline{Z}_1 = 177{,}2\ \mathrm{e}^{\mathrm{j}32{,}1°}\ \Omega$;	$\underline{I} = 1{,}07\ \mathrm{e}^{\mathrm{j}9{,}1°}\ \mathrm{A}$;
$\underline{I}_1 = 1{,}24\ \mathrm{e}^{-\mathrm{j}32{,}1°}\ \mathrm{A}$;	$\underline{I}_2 = 0{,}83\ \mathrm{e}^{\mathrm{j}90°}\ \mathrm{A}$;
$\underline{U}_1 = 186\ \mathrm{e}^{-\mathrm{j}32{,}1°}\ \mathrm{V}$;	$\underline{U}_2 = 116{,}9\ \mathrm{e}^{\mathrm{j}57{,}9°}\ \mathrm{V}$

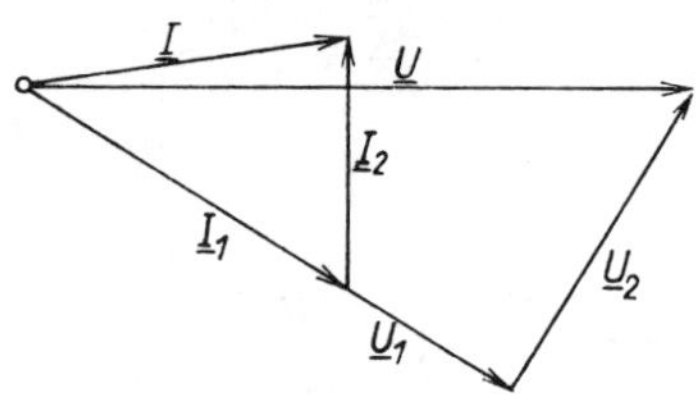

Bild 214. Aufgabe 558

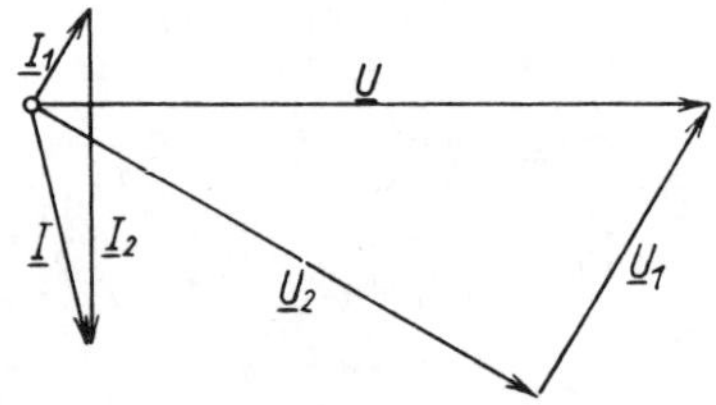

Bild 215. Aufgabe 559

559. (Bild 215)

$\underline{Z}_1 = 304{,}7\ \mathrm{e}^{-\mathrm{j}60{,}5°}\ \Omega$;	$\underline{I} = 1{,}74\ \mathrm{e}^{-\mathrm{j}78{,}2°}\ \mathrm{A}$;
$\underline{I}_1 = 0{,}722\ \mathrm{e}^{\mathrm{j}60{,}5°}\ \mathrm{A}$;	$\underline{I}_2 = 2{,}33\ \mathrm{e}^{-\mathrm{j}90°}\ \mathrm{A}$;
$\underline{U}_1 = 108{,}3\ \mathrm{e}^{\mathrm{j}60{,}5°}\ \mathrm{V}$;	$\underline{U}_2 = 191{,}5\ \mathrm{e}^{-\mathrm{j}29{,}5°}\ \mathrm{V}$

560. a) (Bild 216)

$\underline{Z}_1 = 6{,}40\ \mathrm{e}^{\mathrm{j}38{,}7°}\ \Omega$;	$\underline{Z}_2 = 8{,}54\ \mathrm{e}^{-\mathrm{j}69{,}4°}\ \Omega$;
$\underline{Z}_3 = 30\ \Omega$;	$\underline{I}_1 = \underline{9{,}4\ \mathrm{e}^{-\mathrm{j}38{,}7°}\ \mathrm{A}}$;

$\underline{I}_2 = 7{,}03\, e^{j69{,}4°}\, A$; $\quad \underline{I}_3 = 2\, A$;

$\underline{I} = 9{,}4\,(\cos 38{,}7° - j\sin 38{,}7°)\, A + 7{,}03 \times$
$\times (\cos 69{,}4° + j\sin 69{,}4°)\, A + 2\, A$;

$\underline{I} = 11{,}8\, e^{j3{,}4°}\, A$

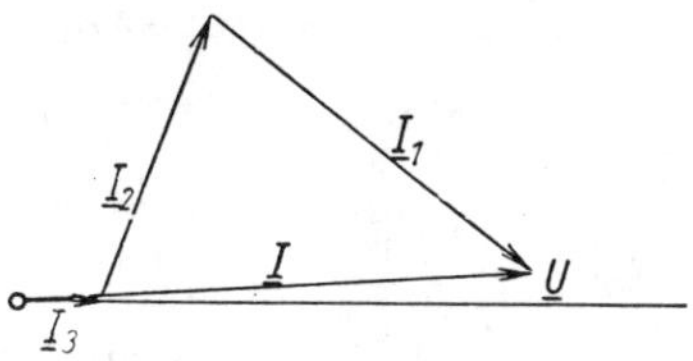

Bild 216. Aufgabe 560 a

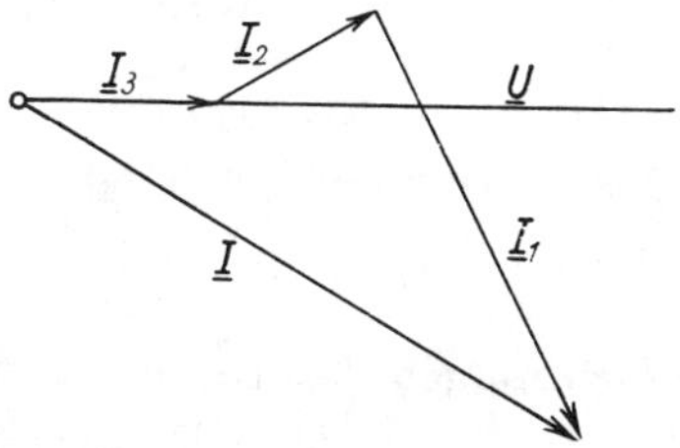

Bild 217. Aufgabe 560 b

b) (Bild 217)

$\underline{Z}_1 = 4{,}47\, e^{j63{,}4°}\, \Omega$ $\quad \underline{Z}_2 = 11{,}66\, e^{-j31°}\, \Omega$;

$\underline{Z}_3 = 10\, \Omega$; $\quad \underline{I}_1 = 13{,}42\, e^{-j63{,}4°}\, A$;

$\underline{I}_2 = 5{,}15\, e^{j31°}\, A$; $\quad \underline{I}_3 = 6\, A$;

$\underline{I} = 18{,}9\, e^{-j29{,}4°}\, A$

561. $\underline{Z} = 1200\, \Omega + \dfrac{(-j1000)(+j400)}{-j1000 + j400}\, \Omega = (1200 + j666{,}7)\, \Omega$;

$Z = \sqrt{(1200^2 + 666{,}7^2)\, \Omega^2} = 1372{,}8\, \Omega$;

$\tan \varphi = \dfrac{666{,}7}{1200} = 0{,}5556$; $\quad \varphi = 29{,}1°$

562. $\underline{Z} = (160 - j420)\, \Omega$; $\quad Z = 449{,}4\, \Omega$;
$\varphi = -69{,}1°$

563. $\underline{Z} = (172{,}4 + j331{,}0)\, \Omega$; $\quad Z = 373{,}2\, \Omega$;
$\varphi = 62{,}5°$

564. $\underline{Z} = \dfrac{200\,(j200)}{200 + j200}\, \Omega + \dfrac{400\,(-j400)}{400 - j400}\, \Omega =$

$= (300 - j100)\, \Omega$; $\quad Z = 316{,}2\, \Omega$;

$\varphi = -18{,}4°$

565. $\underline{Z} = (200 - j200)\, \Omega + \dfrac{200\,(j250)}{200 + j250}\, \Omega =$

$= (322 - j102{,}4)\, \Omega$; $\quad Z = 337{,}9\, \Omega$;

$\varphi = -17{,}6°$

566. $\underline{Z} = \dfrac{100\,(j200)}{100 + j200}\, \Omega - j125\, \Omega +$

$+ \dfrac{200\,(-j250)}{200 - j250}\, \Omega = (202 - j183)\, \Omega$;

$Z = 272{,}6\, \Omega$; $\quad \varphi = -42{,}2°$

567. $\underline{Z} = \dfrac{-j33333}{100 - j333}\, \Omega + j200\, \Omega + 20\, \Omega =$

$= (111{,}7 - j172{,}5)\, \Omega$;

$Z = 205{,}5\, \Omega$; $\quad \varphi = 57{,}1°$

568. $\underline{Z} = \dfrac{(100 + j100)\, 200}{300 + j100}\, \Omega +$

$+ \dfrac{(200 + j100)\, 100}{300 + j100}\, \Omega = (150 + j50)\, \Omega$;

$Z = 158\, \Omega$; $\quad \varphi = 18{,}4°$

569. $\underline{Z} = \dfrac{(100 + j200)(-j500)}{100 - j300}\, \Omega - j100\, \Omega +$

$+ \dfrac{(200)(-j500)}{200 - j500}\, \Omega = (422{,}4 + j81)\, \Omega$;

$Z = 430{,}0\, \Omega$; $\quad \varphi = 10{,}9°$

570. $\underline{Z} = \dfrac{(100 + j300)(100)}{200 + j300}\, \Omega +$

$+ (10 + j100)\, \Omega + \dfrac{200\,(-j200)}{200 - j200}\, \Omega =$

$= (194{,}6 + j23{,}1)\, \Omega$; $\quad Z = 196\, \Omega$; $\quad \varphi = 6{,}8°$

571. Oberer Zweig: $\underline{Z}_1 = 100\, \Omega +$

$+ \dfrac{200\,(-j500)}{200 - j500}\, \Omega = (272{,}5 - j69{,}0)\, \Omega$

Unterer Zweig: $\underline{Z}_2 = -j100\, \Omega$

Gesamt: $\quad \underline{Z} = \dfrac{(272{,}4 - j69)(-j100)}{272{,}4 - j169}\, \Omega = (26{,}51 - j83{,}55)\, \Omega$;

$Z = 87{,}7\, \Omega$; $\quad \varphi = -72{,}4°$

572. Oberer Zweig: $\underline{Z}_1 = 4\, \Omega +$

$+ \dfrac{(5 + j6{,}283\,(8}{13 + j6{,}283}\, \Omega = (8{,}01 + j1{,}93)\, \Omega$

Unterer Zweig: $\underline{Z}_2 = 10\, \Omega$

Gesamt: $\quad \underline{Z} = \dfrac{(8{,}01 + j1{,}93)\, 10}{18{,}01 + j1{,}93}\, \Omega =$

$= \underline{(4{,}56 + j0{,}60)\,\Omega}$;

$Z = \underline{4{,}55\,\Omega}$; $\quad \varphi = \underline{7{,}4°}$

573. (Bild 218) Es wurde bereits in Aufg. 561 berechnet $Z = 1372{,}8\ e^{j29{,}1°}\ \Omega$;

$$\underline{I} = \frac{1000\ \text{V}}{1372{,}8\ e^{j\,29{,}1°}\ \Omega} = \underline{0{,}7284\ e^{-j29{,}1°}\ \text{A}}\ ;$$

$\underline{U}_{\text{I}} = 0{,}73\ e^{-j29{,}1°}\ \text{A} \cdot 1200\ \Omega = \underline{874{,}1\ e^{-j29{,}1°}\ \text{V}}$;

$\underline{U}_{\text{II}} = \underline{U} - \underline{U}_{\text{I}} = 1000\ \text{V} - 874{,}1\ (\cos 29{,}1° - -j\sin 29{,}1°)\ \text{V} = (1000 - 763{,}8 + j425{,}1)\ \text{V} = = (236{,}2 + j425{,}1)\ \text{V} = \underline{486{,}3\ e^{j61°}\ \text{V}}$;

$$\underline{I}_2 = \frac{486{,}3\ e^{j61°}\ \text{V}}{1000\ e^{-j90°}\ \Omega} = \underline{0{,}49\ e^{j151°}\ \text{A}}\ ;$$

$$\underline{I}_3 = \frac{486{,}3\ e^{j61°}\ \text{V}}{400\ e^{j90°}\ \Omega} = \underline{1{,}22\ e^{-j29°}\ \text{A}}$$

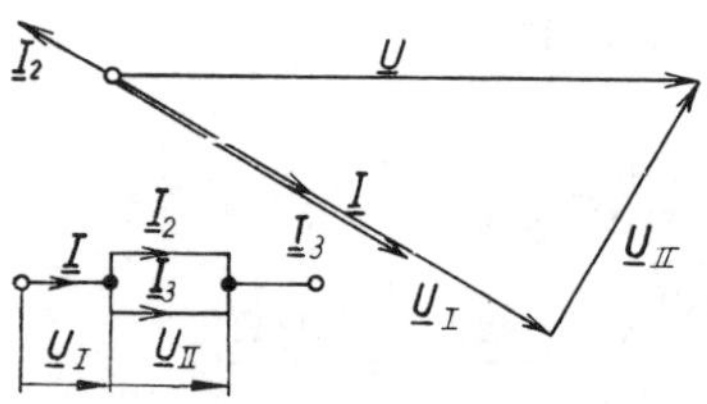

Bild 218. Aufgabe 573

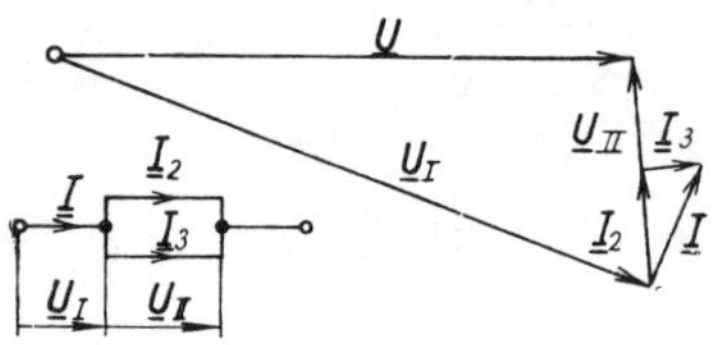

Bild 219. Aufgabe 574

574. (Bild 219) Nach Aufgabe 562 ist

$\underline{Z} = 449{,}4\ e^{-j69{,}1°}\ \Omega$; $\quad \underline{I} = \underline{2{,}23\ e^{j69{,}1°}\ \text{A}}$;

$\underline{U}_{\text{I}} = \underline{1115\ e^{-j20{,}8°}\ \text{V}}$;

$\underline{U}_{\text{II}} = \underline{U} - \underline{U}_{\text{I}} = 1000\ \text{V} - 1115\ (0{,}9342 - - j0{,}3567)\ \text{V} = (-41{,}6 + j397{,}8)\ \text{V} = = \underline{400{,}0\ e^{j96°}\ \text{V}}$; $\quad \underline{I}_2 = \underline{2\ e^{j96°}\ \text{A}}$;

$\underline{I}_3 = \underline{1\ e^{j6°}\ \text{A}}$

575. (Bild 220) Nach Aufgabe 563 ist

$\underline{Z} = 373{,}2\ e^{j62{,}5°}\ \Omega$; $\quad \underline{I} = \underline{2{,}68\ e^{-j62{,}5°}\ \text{A}}$;

$\underline{U}_{\text{I}} = \underline{1072\ e^{j27{,}5°}\ \text{V}}$; $\quad \underline{U}_{\text{II}} = \underline{497\ e^{-j84{,}3°}\ \text{V}}$;

$\underline{I}_2 = \underline{2{,}49\ e^{-j84{,}3°}\ \text{A}}$; $\quad \underline{I}_3 = \underline{1\ e^{j5{,}7°}\ \text{A}}$

576. (Bild 221) Nach Aufgabe 564 ist

$\underline{Z} = 316{,}2\ e^{-j18{,}4°}\ \Omega$; $\quad \underline{Z}_{\text{I}} = 141{,}4\ e^{j45°}\ \Omega$;

$\underline{Z}_{\text{II}} = 282{,}8\ e^{-j45°}\ \Omega$; $\quad \underline{I} = \underline{3{,}162\ e^{j18{,}4°}\ \text{A}}$

$\underline{U}_{\text{I}} = \underline{I}\underline{Z}_{\text{I}} = \underline{447{,}1\ e^{j63{,}4°}\ \text{V}}$;

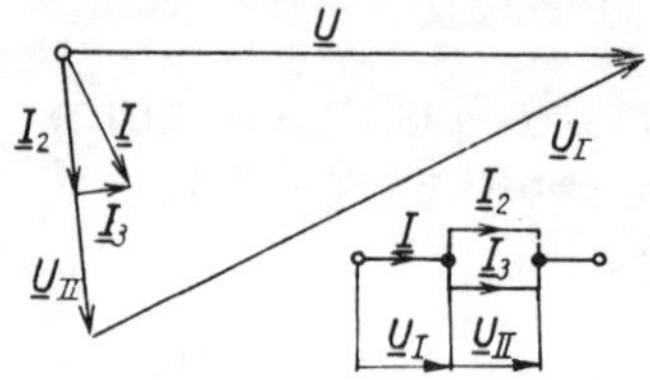

Bild 220. Aufgabe 575

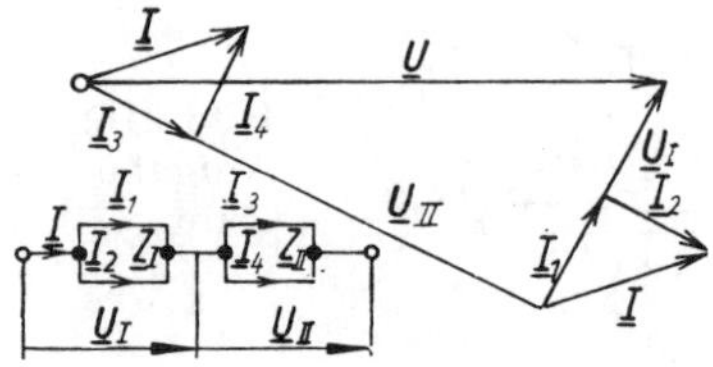

Bild 221. Aufgabe 576

$\underline{U}_{\text{II}} = \underline{I}\underline{Z}_{\text{II}} = 3{,}162\ e^{j18{,}4°}\ \text{A} \cdot 282{,}8\ e^{-j45°}\ \Omega = = \underline{894{,}2\ e^{-j26{,}6°}\ \text{V}}$; $\quad \underline{I}_1 = \underline{2{,}236\ e^{j63{,}4°}\ \text{A}}$;

$\underline{I}_2 = \underline{2{,}236\ e^{-j26{,}6°}\ \text{A}}$; $\quad \underline{I}_3 = \underline{2{,}236\ e^{-j26{,}6°}\ \text{A}}$;

$\underline{I}_4 = \underline{2{,}236\ e^{j63{,}4°}\ \text{A}}$

577. (Bild 222) Nach Aufgabe 565 ist

$\underline{Z} = 337{,}9\ e^{-j17{,}6°}\ \Omega$; $\quad \underline{I} = \underline{2{,}96\ e^{j17{,}6°}\ \text{A}}$;

$\underline{U}_{\text{I}} = \underline{837{,}2\ e^{-j27{,}4°}\ \text{V}}$; $\quad \underline{U}_{\text{II}} = \underline{463{,}0\ e^{j56{,}4°}\ \text{A}}$;

$\underline{I}_2 = \underline{2{,}315\ e^{j56{,}4°}\ \text{A}}$; $\quad \underline{I}_3 = \underline{1{,}852\ e^{-33{,}6°}\ \text{A}}$

578. (Bild 223) Nach Aufgabe 566 ist

$\underline{Z} = 272{,}6\ e^{-j42{,}2°}\ \Omega$; $\quad \underline{Z}_1 = 89{,}4\ e^{j26{,}6°}\ \Omega$;

$\underline{Z}_{\text{II}} = 156{,}2\ e^{-j38{,}7°}\ \Omega$; $\quad \underline{I} = \underline{3{,}67\ e^{j42{,}2°}\ \text{A}}$;

$\underline{U}_{\text{I}} = \underline{328\ e^{j68{,}8°}\ \Omega}$; $\quad \underline{U}_{\text{II}} = \underline{573{,}3\ e^{j3{,}5°}\ \text{V}}$;

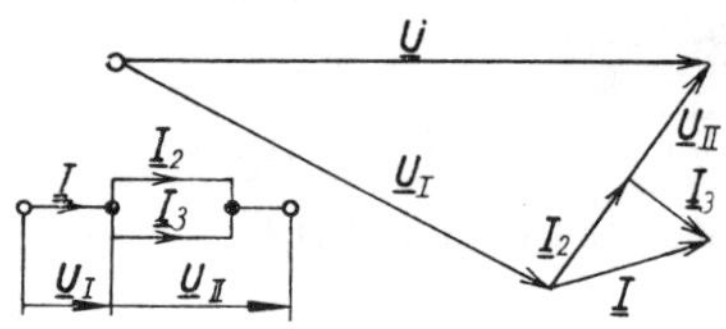

Bild 222. Aufgabe 577

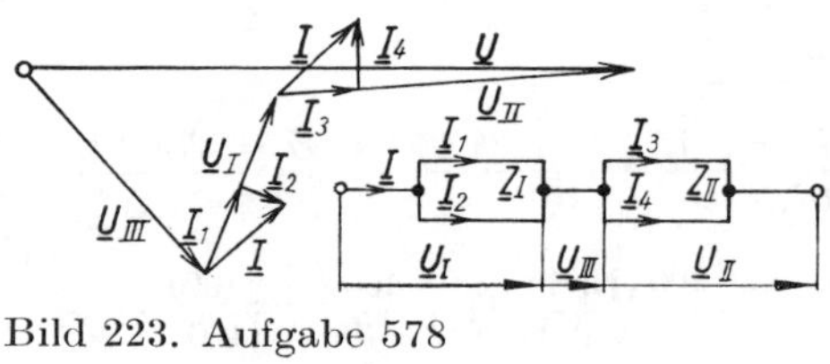

Bild 223. Aufgabe 578

$\underline{U}_{\text{III}} = \underline{459\ e^{-j47{,}9°}\ \text{V}}$; $\quad \underline{I}_1 = \underline{3{,}28\ e^{j68{,}8°}\ \text{A}}$;

$\underline{I}_2 = \underline{1{,}64\ e^{-j21{,}2°}\ \text{A}}$; $\quad \underline{I}_3 = \underline{2{,}87\ e^{j3{,}5°}\ \text{A}}$;

$\underline{I}_4 = \underline{2{,}29\ e^{j93{,}5°}\ \text{A}}$

579. (Bild 224) Nach Aufgabe 567 ist

$\underline{Z} = \underline{205{,}5\ e^{j57{,}1°}\ \Omega}$; $\quad \underline{I} = \underline{4{,}87\ e^{-j57{,}1°}\ \text{A}}$;

$\underline{U}_{\text{I}} = \underline{979\ e^{j27{,}2°}\ \text{V}}$; $\quad \underline{U}_{\text{II}} = \underline{466\ e^{-j73{,}9°}\ \text{V}}$;

$\underline{I}_2 = \underline{4{,}66\ e^{-j73{,}9°}\ \text{A}}$; $\quad \underline{I}_3 = \underline{1{,}40\ e^{jj6{,}1°}\ \text{A}}$

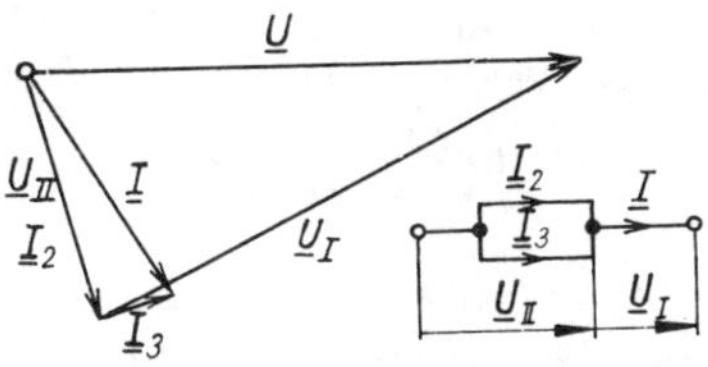

Bild 224. Aufgabe 579

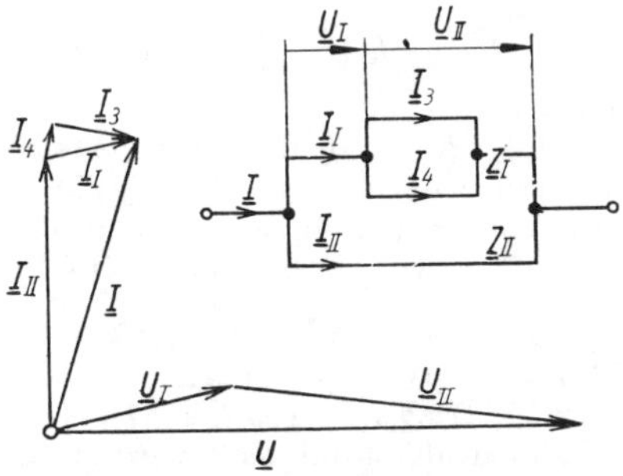

Bild 225. Aufgabe 580

580. (Bild 225) Nach Aufgabe 568 ist

$\underline{Z} = 87{,}7\ \mathrm{e}^{-\mathrm{j}72{,}4^\circ}\ \Omega$; $\quad \underline{I} = \underline{11{,}40\ \mathrm{e}^{\mathrm{j}72{,}4^\circ}\ \mathrm{A}}$;

$\underline{I}_\mathrm{I} = \underline{3{,}559\ \mathrm{e}^{\mathrm{j}14{,}2^\circ}\ \mathrm{A}}$; $\quad \underline{I}_\mathrm{II} = \underline{10\ \mathrm{e}^{\mathrm{j}90^\circ}\ \mathrm{A}}$;

$\underline{U}_\mathrm{I} = \underline{355{,}9\ \mathrm{e}^{\mathrm{j}14{,}2^\circ}\ \mathrm{V}}$; $\quad \underline{U}_\mathrm{II} = \underline{661{,}2\ \mathrm{e}^{-\mathrm{j}7{,}6^\circ}\ \mathrm{V}}$

$\underline{I}_3 = \underline{3{,}30\ \mathrm{e}^{-\mathrm{j}7{,}6^\circ}\ \mathrm{A}}$; $\quad \underline{I}_4 = \underline{1{,}32\ \mathrm{e}^{\mathrm{j}82{,}4^\circ}\ \mathrm{A}}$

581. In beiden Fällen muß der Scheinwiderstand gleich groß sein. Wenn R_2 abgeschaltet ist, gilt $Z = \sqrt{R_1^2 + \omega^2 L^2}$. Im zweiten Fall ist

$$\underline{Z} = R_1 + \frac{R_2 \mathrm{j}\omega L}{R_2 + \mathrm{j}\omega L},$$

wonach $Z = \sqrt{\dfrac{(R_1 R_2)^2 + \omega^2 L^2 (R_1 + R_2)^2}{R_2^2 + \omega^2 L^2}}$.

Nach Gleichsetzen dieser beiden Scheinwiderstände erhält man $R_2 = \underline{\dfrac{\omega^2 L^2}{2R_1}}$.

582. $R_2 = \dfrac{\omega^2 L^2}{2R_1} = \dfrac{(100\,\pi)^2\, 0{,}01}{100}\ \Omega = \underline{9{,}87\ \Omega}$

583. Ohne R_2 ergibt sich $\tan\varphi = 0{,}6283$ und $\varphi = 32{,}14^\circ$, so daß $\dfrac{\varphi}{2} = 16{,}07^\circ$ und $\tan 16{,}07^\circ = 0{,}2880$. Für den Phasenwinkel der vollständigen Schaltung erhält man

$$\tan\frac{\varphi}{2} = \frac{\omega L R_2^2}{R_1 R_2^2 + \omega^2 L^2 (R_1 + R_2)} = 0{,}2881 \text{ und}$$

nach Einsetzen der Zahlenwerte $R_2 = \underline{38{,}45\ \Omega}$.

584. Beim Gleichsetzen der beiden Scheinwiderstände erhält man

$$\frac{(R_1 + R_2)^2 + \omega^2 C^2 R_1^2 R_2^2}{1 + \omega^2 C^2 R_2^2} = R_1^2 + \frac{1}{\omega^2 C^2}$$

und hieraus

$$R_2 = \underline{\frac{1}{2\omega^2 C^2 R_1}} \text{ (siehe Aufgabe 581)}.$$

585. Die Gesamtspannung $\underline{U}$ setzt sich wie folgt zusammen:

$$\underline{U} = (\underline{I}_2 + \underline{I}_3)(R_1 + \mathrm{j}\omega L_1) + \underline{I}_3 (R_3 + \mathrm{j}\omega L_3).$$

Da $\underline{I}_2 R_2 = \underline{I}_3 \cdot (R_3 + \mathrm{j}\omega L_3)$, ergibt sich

$$\underline{U} = \left[\frac{\underline{I}_3 (R_3 + \mathrm{j}\omega L_3)}{R_2} + \underline{I}_3\right](R_1 + \mathrm{j}\omega L_1) + \underline{I}_3 (R_3 + \mathrm{j}\omega L_3) \text{ oder}$$

$$\underline{U} = \underline{I}_3 \left(\frac{R_1 R_3}{R_2} + \frac{\mathrm{j}\omega R_1 L_3}{R_2} + \frac{\mathrm{j}\omega R_3 L_1}{R_2} - \frac{\omega^2 L_1 L_3}{R_2} + R_1 + \mathrm{j}\omega L_1 + R_3 + \mathrm{j}\omega L_3\right).$$

Wenn der Strom um 90° gedreht sein soll, müssen die reellen Teile in der Klammer verschwinden, wonach $R_1 R_3 - \omega^2 L_1 L_3 + R_1 R_2 + R_2 R_3 = 0$ und

$$R_2 = \underline{\frac{\omega^2 L_1 L_3 - R_1 R_3}{R_1 + R_3}} \text{ wird}.$$

586. In diesem Falle muß in der Klammer der imaginäre Teil gleich dem reellen Teil sein. Hieraus erhält man

$$R_2 = \underline{\frac{\omega L_1 (\omega L_3 + R_3) + R_1 (\omega L_3 - R_3)}{R_1 + R_3 - \omega L_1 - \omega L_3}}$$

587. Der Widerstand der Ersatzschaltung ist

$$\underline{Z} = R_2 + \frac{\mathrm{j} R_1 \omega L}{R_1 + \mathrm{j}\omega L} = R_2 + \frac{R_1 (\omega L)^2 + \mathrm{j} R_1^2 \omega L}{R_1^2 + \omega^2 L^2}$$

Der Wirkwiderstand ist der reelle Teil hiervon und andererseits $R = \dfrac{P}{I^2} = 20\ \Omega$; aus der Gleichung $10 + \dfrac{R_1 \cdot 30^2}{R_1^2 + 900} = 20$ erhält man $R_1 = \underline{78{,}54\ \Omega}$ bzw. $\underline{11{,}46\ \Omega}$;

$\tan\varphi = \dfrac{R_1^2 \omega L}{R_1^2 R_2 + (R_1 + R_2)(\omega L)^2}$; $\varphi = 52{,}6°$ bzw. $10{,}8°$; nach Berechnung der Blindleistung $Q = \dfrac{9 \cdot R_1^2 \omega L}{R_1^2 + (\omega L)^2} = 235{,}62$ var bzw. $34{,}24$ var findet man die Scheinleistung $S = \sqrt{P^2 + Q^2} = 296{,}51$ VA bzw. $183{,}23$ VA und daraus die Spannung $U = \dfrac{S}{I} = \underline{98{,}8\ \mathrm{V}}$ bzw. $\underline{61{,}1\ \mathrm{V}}$.

588. Der Gesamtwiderstand ist

$$\underline{Z} = R_2 + \frac{R_1(-\mathrm{j}/\omega C)}{R_1 - \mathrm{j}/\omega C} = R_2 + \frac{R_1}{1 + (\omega C)^2 R_1^2} - \frac{\mathrm{j}\omega C R_1^2}{1 + (\omega C)^2 R_1^2}$$

Da $\varphi = 90° - 1° = 89°$ und $\tan 89° = 57{,}29$ ist, erhält man $\dfrac{\omega C R_1^2}{R_2 + (\omega C)^2 R_1^2 R_2 + R_1} = 57{,}29$ und nach Einsetzen der Zahlenwerte $R_1 = \underline{26\,430\ \Omega}$;

$\tan\delta = \dfrac{1}{R_1 \omega C} = \underline{0{,}008}$; $\delta = \underline{0{,}5°}$

589. a) Widerstand des ersten Kreises $\underline{Z}_1 = \dfrac{(100 + \mathrm{j}31{,}4)\,200}{300 + \mathrm{j}31{,}4}\ \Omega = (68{,}11 + \mathrm{j}13{,}81)\ \Omega$;
Widerstand des zweiten Kreises mit $\dfrac{1}{\omega C} = x$

$$\underline{Z}_2 = \frac{(200 - \mathrm{j}x)\,100}{300 - \mathrm{j}x}\ \Omega = \frac{6\,000\,000 + 100x^2 - \mathrm{j}10\,000x}{90\,000 + x^2}$$

Der Imaginärteil der Summe beider Widerstände muß gleich Null sein, so daß

$$-13{,}81 = \frac{-10\,000x}{90\,000 + x^2}\ ;\quad x_1 = 564\ \Omega\ ;$$

$C_1 = \underline{5{,}64\ \mu\mathrm{F}}$ b) $\underline{Z} = \underline{160{,}8\ \Omega}$

zweite Lösung: a) $x_2 = 159\ \Omega$; $C_2 = \underline{20\ \mu\mathrm{F}}$
b) $\underline{Z} = \underline{142{,}0\ \Omega}$

590. a) 1. Kreis:

$$\underline{Z}_1 = \frac{(100 + \mathrm{j}31{,}4)(-\mathrm{j}318{,}3)}{100 - \mathrm{j}286{,}9}\ \Omega =$$

$$\underline{Z}_1 = (109{,}76 - \mathrm{j}3{,}40)\ \Omega$$

2. Kreis: $\underline{Z}_2 = \dfrac{(100 - \mathrm{j}159{,}2)(\mathrm{j}x)}{100 - \mathrm{j}159{,}2 + \mathrm{j}x}\ \Omega =$

$$= \frac{\mathrm{j}10000x - 15916x + 100x^2 + 15916x + \mathrm{j}25332x - \mathrm{j}159{,}16x^2}{10000 + 25332 - 318{,}32x + x^2}\ \Omega$$

Der Imaginärteil der Summe beider Widerstände muß gleich Null sein, so daß

$$\frac{10\,000x + 25\,332x - 159{,}16x^2}{35\,332 - 318{,}32x + x^2} = 3{,}40\ ;$$

$x_1 = 220{,}65\ \Omega$; $L_1 = \underline{0{,}702\ \mathrm{H}}$ b) $\underline{Z} = \underline{463\ \Omega}$
zweite Lösung: a) $x_2 = 3{,}34\ \Omega$; $L_2 = \underline{0{,}0107\ \mathrm{H}}$
b) $\underline{Z} = \underline{109{,}78\ \Omega}$

591. 1. Masche: $\underline{I}_1 x - \underline{I}_2 \left(\dfrac{-\mathrm{j}}{\omega C}\right) = 0$; hiernach ist $\underline{I}_2 = \underline{I}_1 \mathrm{j}x\omega C$.
2. Masche: $\underline{I}_1 x + (\underline{I}_1 + \underline{I}_2)\mathrm{j}\omega L = \underline{U}$; ersetzt man $\underline{I}_2$, so ergibt sich $\underline{I}_1\{x(1 - \omega^2 CL) + \mathrm{j}\omega L\} = \underline{U}$; $\underline{I}_1$ wird von x unabhängig, wenn der Faktor von x gleich 0 wird, d. h., wenn $\omega^2 LC = 1$ ist.

592. (Bild 226) $\underline{Z}_1 = (10 + \mathrm{j}6{,}28)\ \Omega$; $\underline{Z}_2 = (15 + \mathrm{j}12{,}57)\ \Omega$; $\underline{Z}_{\mathrm{par}} = (6{,}04 + \mathrm{j}4{,}24)\ \Omega$. Damit der Gesamtwiderstand reell wird, muß $\dfrac{1}{\omega C} = 4{,}24\ \Omega$ sein und damit $C = \underline{750\ \mu\mathrm{F}}$ be-

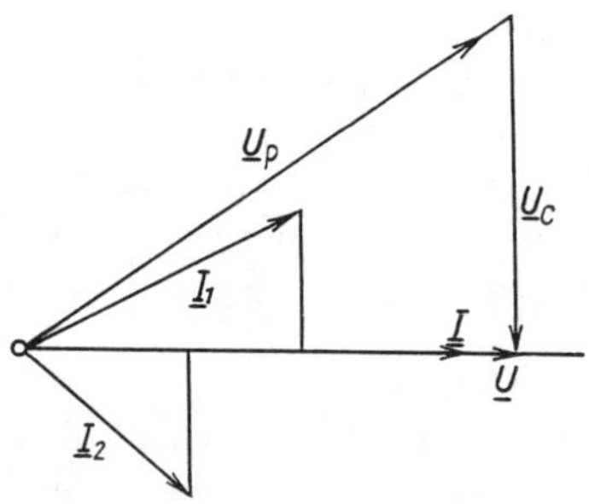

Bild 226. Aufgabe 592

tragen. Der Strom ist dann ebenfalls reell $\underline{I} = \dfrac{220\ \mathrm{V}}{6{,}04\ \Omega} = \underline{36{,}4\ \mathrm{A}}$; am Parallelglied liegt die Spannung $\underline{U}_{\mathrm{p}} = 36{,}4\ \mathrm{A} \cdot (6{,}04 + \mathrm{j}4{,}24)\ \Omega = (219{,}9 + \mathrm{j}154{,}3)\ \mathrm{V}$, so daß $\underline{I}_1 = \dfrac{\underline{U}_{\mathrm{p}}}{\underline{Z}_1} = \underline{(22{,}7 + \mathrm{j}1{,}17)\ \mathrm{A}}$ und $\underline{I}_2 = \dfrac{\underline{U}_{\mathrm{p}}}{\underline{Z}_2} = \underline{(13{,}7 - \mathrm{j}1{,}17)\ \mathrm{A}}$ betragen.

Probe: $\underline{I}_1 + \underline{I}_2 = \underline{I}$.

593. a) $X_1 = \omega L = 2513\ \Omega$;

$$R_2 = \frac{R_1^2 + X_1^2}{R_1} = \underline{5{,}2\ \mathrm{k}\Omega}\ ;$$

$$X_2 = \frac{R_1^2 + X_1^2}{X_1} = 4{,}1\ \mathrm{k}\Omega\ ;$$

$$L_2 = \frac{X_2}{\omega} = \underline{0{,}82\ \mathrm{H}}$$

b) $R_2 = 5{,}6\ \text{k}\Omega$; $C_2 = 1{,}8\ \mu\text{F}$
c) $R_2 = 0{,}36\ \text{M}\Omega$; $C_2 = 197\ \text{pF}$
d) $R_2 = 5{,}7\ \text{k}\Omega$; $L_2 = 241\ \text{mH}$

594. a) $X_2 = \omega L = 62{,}83\ \Omega$;

$$R_1 = \frac{R_2 X_2^2}{R_2^2 + X_2^2} = 7{,}77\ \Omega\ ;$$

$$X_1 = \frac{R_2^2 X_2}{R_2^2 + X_2^2} = 61{,}85\ \Omega\ ;$$

$$L_1 = \frac{X_2}{\omega} = 197\ \text{mH}$$

b) $R_1 = 4{,}89\ \Omega$; $L_1 = 2{,}23\ \text{mH}$
c) $R_1 = 3901\ \Omega$; $C_1 = 601\ \text{pF}$
d) $R_1 = 79{,}2\ \Omega$; $C_1 = 41\ \text{pF}$

595. Aus dem Ansatz

$$\frac{1}{\omega C_2} = \frac{R_1^2 + \dfrac{1}{(\omega C_1)^2}}{\dfrac{1}{(\omega C_1)}}$$ erhält man

$$C_2 = \frac{C_1}{1 + (\omega R_1 C_1)^2}$$

596. $R_2 = R_1 + \dfrac{1}{\omega^2 R_1 C_1^2}$

597. $R_1 = \dfrac{R_2}{1 + (R_2 \omega C_2)^2}$;

$$C_1 = C_2 + \frac{1}{\omega^2 R_2^2 C^2}$$

598. (Bild 227) Nach Umwandlung erhält man eine äquivalente Reihenschaltung, aus der man erkennt, daß der induktive Widerstand $5{,}93\ \Omega$ betragen muß.

599. Nach Umwandlung erhält man die Schaltung gemäß Bild 228 und ersieht unmittelbar, daß $y = 3{,}2\ \Omega$ und $x = 1{,}6\ \Omega$ sein muß.

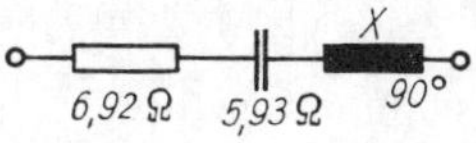

Bild 227. Aufgabe 598

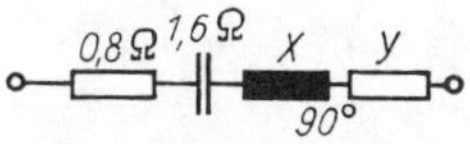

Bild 228. Aufgabe 599

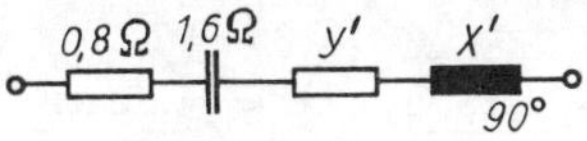

Bild 229. Aufgabe 600

600. Nach Umwandlung ergibt sich zunächst Bild 229. Es muß daher $y' = \dfrac{yx^2}{x^2 + y^2} = 3{,}2\ \Omega$ sein und $x' = \dfrac{xy^2}{x^2 + y^2} = 1{,}6\ \Omega$. Hieraus erhält man $x = 8\ \Omega$ und $y = 4\ \Omega$.

601. Nach Umwandlung des Parallelgliedes ergibt sich die Schaltung auf Bild 230, für die der Widerstand $\dfrac{(0{,}8\ \Omega + y - \text{j}1{,}6\ \Omega)\ \text{j}x}{0{,}8\ \Omega + y - \text{j}1{,}6\ \Omega + \text{j}x} = 4\ \Omega$ ist. Nach Ausrechnen ergeben die Realteile die Gleichung $1{,}6\ \Omega x - 4\ \Omega y = 3{,}2\ \Omega^2$ und die Imaginärteile die Gleichung $-3{,}2\ \Omega x + xy + 6{,}4\ \Omega^2 = 0$. Die beiden Gleichungen liefern $x_1 = 8\ \Omega$ und $y_1 = 2{,}4\ \Omega$ oder auch $x_2 = 2\ \Omega$ und $y_2 = 0$.

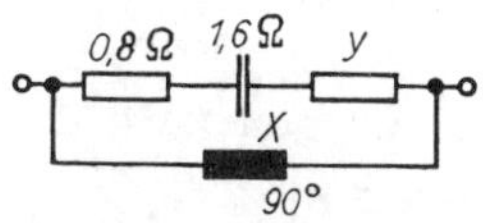

Bild 230. Aufgabe 601

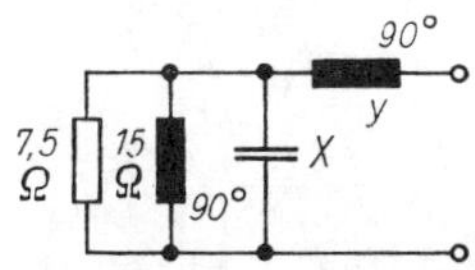

Bild 231. Aufgabe 602

602. Man erhält zunächst die Parallelersatzschaltung nach Bild 231, deren Leitwert ohne y zunächst $\underline{Y} = \left(\dfrac{1}{7{,}5} + \dfrac{1}{\text{j}15} - \dfrac{1}{\text{j}x}\right)$ S und deren Widerstand mit y $\underline{Z} = \left(\dfrac{\text{j}15x}{\text{j}2x + x - 15} + \text{j}y\right)\ \Omega$ beträgt. Dieser Ausdruck muß gleich 6 Ω sein und liefert die Gleichung $\text{j}3\ \Omega x - 2xy - 6\ \Omega x + \text{j}xy - 15\ \Omega y = -90\ \Omega^2$. Die Realteile ergeben $2xy + 6\ \Omega x = 90\ \Omega^2$, die Imaginärteile $3\ \Omega x + xy - 15\ \Omega y = 0$. Diese beiden Gleichungen liefern $x = 7{,}5\ \Omega$ und $y = 3\ \Omega$.

603. Man erhält zunächst die Parallelersatzschaltung nach Bild 232, deren Leitwert ohne y

$\underline{Y} = \left(\dfrac{1}{25} + \dfrac{1}{\text{j}50} + \dfrac{1}{\text{j}x}\right)$ S und deren Widerstand

mit y $\underline{Z} = \left(\dfrac{\text{j}50x}{\text{j}2x + x + 50} - \text{j}y\right)\ \Omega = 12{,}5\ \Omega$. Die Realteile ergeben $2xy - 12{,}5\ \Omega x = 625\ \Omega^2$ und die Imaginärteile $25\ \Omega x -$

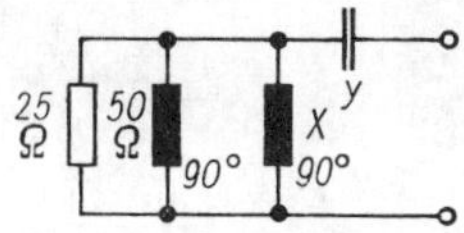

Bild 232. Aufgabe 603

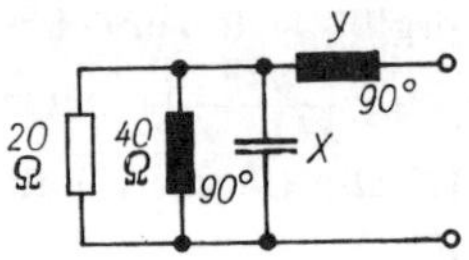

Bild 233. Aufgabe 604

$- xy - 50\ \Omega y = 0$. Die Gleichungen ergeben $x = 50\ \Omega$ und $y = 12{,}5\ \Omega$.

604. (Bild 233) Nach dem in den vorigen Aufgaben angegebenen Verfahren erhält man $x = 13{,}3\ \Omega$ und $y = 10\ \Omega$.

605. a) Reihe: Nach Reellmachen des Nenners wird $\underline{Z} = \frac{2\,(1 + \mathrm{j})}{2}\ \Omega = (1 + \mathrm{j})\ \Omega$;

$R = 1\ \Omega$; $\omega L = 1\ \Omega$; $L = \frac{1\ \Omega}{\omega} = 3{,}18\ \mu\mathrm{H}$;

$\varphi = 45°$

b) parallel: Der reziproke Wert von $\underline{Z}$ ist der Leitwert $\underline{Y} = \left(\frac{1 - \mathrm{j}}{2}\right)\mathrm{S}$; $G = 0{,}5\ \mathrm{S}$;

$B = 0{,}5\ \mathrm{S}$; $R = \frac{1}{G} = 2\ \Omega$; $B = \frac{1}{\omega L}$;

$L = \frac{2\ \Omega}{\omega} = 6{,}37\ \mu\mathrm{H}$

606. a) Reihe: $R = 3\ \Omega$; $L = 15{,}92\ \mu\mathrm{H}$; $\varphi = 59°$
b) parallel: $R = 11{,}3\ \Omega$; $L = 21{,}6\ \mu\mathrm{H}$

607. a) Reihe: $R = 6\ \Omega$; $L = 9{,}55\ \mu\mathrm{H}$; $\varphi = 26{,}6°$
b) parallel: $R = 7{,}5\ \Omega$; $L = 47{,}7\ \mu\mathrm{H}$

608. a) Reihe: $R = 4\ \Omega$; $C = 0{,}64\ \mu\mathrm{F}$; $\varphi = -51{,}3°$
b) parallel: $R = 10{,}25\ \Omega$; $C = 0{,}39\ \mu\mathrm{F}$

609. a) Reihe: $R = 0{,}8\ \Omega$; $L = 7{,}64\ \mu\mathrm{H}$; $\varphi = 71{,}6°$
b) parallel: $R = 8\ \Omega$; $L = 8{,}5\ \mu\mathrm{H}$

610. a) Reihe: $R = 1{,}62\ \Omega$; $L = 3{,}43\ \mu\mathrm{H}$; $\varphi = 33{,}7°$
b) parallel: $R = 2{,}33\ \Omega$; $L = 11{,}14\ \mu\mathrm{H}$

611. a) Reihe: $R = 0{,}8\ \Omega$; $C = 2{,}27\ \mu\mathrm{F}$; $\varphi = -60{,}3°$
b) parallel: $R = 3{,}25\ \Omega$; $C = 1{,}71\ \mu\mathrm{F}$

612. a) Reihe: $R = 0{,}69\ \Omega$; $C = 1{,}72\ \mu\mathrm{F}$; $\varphi = -68{,}2°$
b) parallel: $R = 5\ \Omega$; $C = 1{,}59\ \mu\mathrm{F}$

613. a) Reihe: $R = 0$; $L = 3{,}18\ \mu\mathrm{H}$; $\varphi = +90°$
b) parallel: $R = \infty$; $L = 3{,}18\ \mu\mathrm{H}$

614. a) Reihe: $R = 0{,}034\ \Omega$; $C = 8{,}26\ \mu\mathrm{F}$; $\varphi = -84{,}9°$
b) parallel: $R = 4{,}42\ \Omega$; $C = 8{,}1\ \mu\mathrm{F}$

615. a) Reihe: $R = 0{,}1\ \Omega$; $L = 0{,}159\ \mu\mathrm{H}$; $\varphi = 26{,}6°$
b) parallel: $R = 0{,}125\ \Omega$; $L = 0{,}796\ \mu\mathrm{H}$

616. a) Reihe: $R = 0{,}36\ \Omega$; $L = 0{,}43\ \mu\mathrm{H}$; $\varphi = 20{,}7°$
b) parallel: $R = 0{,}41\ \Omega$; $L = 3{,}46\ \mu\mathrm{H}$

617. a) Reihe: $R = 0{,}255\ \Omega$; $C = 162{,}3\ \mu\mathrm{F}$; $\varphi = -4{,}4°$
b) parallel: $R = 0{,}257\ \Omega$; $C = 9{,}54\ \mu\mathrm{F}$

618. a) Reihe: $R = 0{,}308\ \Omega$; $C = 5{,}91\ \mu\mathrm{F}$; $\varphi = -60{,}3°$
b) parallel: $R = 1{,}25\ \Omega$; $C = 4{,}46\ \mu\mathrm{F}$

619. a) Reihe: $R = 0{,}33\ \Omega$; $L = 0{,}038\ \mu\mathrm{H}$; $\varphi = 2{,}1°$
b) parallel: $R = 0{,}33\ \Omega$; $L = 28{,}73\ \mu\mathrm{H}$

620. a) Reihe: $R = 1\ \Omega$; $L = 3{,}18\ \mu\mathrm{H}$; $\varphi = 45°$
b) parallel: $R = 2\ \Omega$; $L = 6{,}37\ \mu\mathrm{H}$

621. a) Reihe: $R = 4\ \Omega$; $L = 0{,}398\ \mu\mathrm{H}$; $\varphi = 1{,}8°$
b) parallel: $R = 4\ \Omega$; $L = 0{,}41\ \mathrm{mH}$

622. a) Reihe: $R = 40\ \Omega$; $C = 0{,}076\ \mu\mathrm{F}$; $\varphi = -46{,}4°$
b) parallel: $R = 84{,}1\ \Omega$; $C = 0{,}04\ \mu\mathrm{F}$

623. a) Reihe: $R = \frac{b}{a}\ \Omega$; $C = \frac{a}{\omega c}\ \mathrm{F}$;

$\tan \varphi = -\frac{c}{b}$

b) parallel: $R = \frac{b^2 + c^2}{ab}\ \Omega$;

$C = \frac{ac}{\omega\,(b^2 + c^2)}\ \mathrm{F}$

624. a) Reihe: $R = 0{,}33\ \Omega$; $C = 5{,}68\ \mu\mathrm{F}$; $\varphi = -59{,}2°$
b) parallel: $R = 1{,}28\ \Omega$; $C = 4{,}22\ \mu\mathrm{F}$

625. a) Reihe: $\underline{Z} = 8{,}5(\cos 30° + j\sin 30°)\ \Omega =$
$= (7{,}36 + j4{,}25)\ \Omega$;
$R = \underline{7{,}36\ \Omega}$;
$L = \dfrac{4{,}25\ \Omega}{628\ {}^1/_s} = \underline{6{,}8\ \text{mH}}$

b) parallel: $\underline{Y} = 0{,}118\ (0{,}866 - j0{,}5)\ S =$
$= (0{,}102 - j0{,}059)\ S$;
$R = \underline{9{,}80\ \Omega}$; $L = \underline{27\ \text{mH}}$

626. a) Reihe: $R = \underline{12{,}26\ \Omega}$; $L = \underline{38\ \text{mH}}$
b) parallel: $R = \underline{59{,}48\ \Omega}$; $L = \underline{48{,}2\ \text{mH}}$

627. a) Reihe: $R = \underline{0{,}097\ \Omega}$; $L = \underline{18\ \text{mH}}$
b) parallel: $R = \underline{1272\ \Omega}$; $L = \underline{18\ \text{mH}}$

628. a) Reihe: $R = \underline{30{,}49\ \Omega}$; $L = \underline{0{,}93\ \text{mH}}$
b) parallel: $R = \underline{30{,}54\ \Omega}$; $L = \underline{2{,}53\ \text{H}}$

629. a) Reihe: $R = \underline{10{,}3\ \Omega}$; $C = \underline{3{,}32\ \mu\text{F}}$
b) parallel: $R = \underline{22450\ \Omega}$; $C = \underline{3{,}32\ \mu\text{F}}$

630. a) Reihe: $R = \underline{35{,}7\ \Omega}$; $C = \underline{2{,}1\ \mu\text{F}}$
b) parallel: $R = \underline{16091\ \Omega}$; $C = \underline{2{,}1\ \mu\text{F}}$

631. a) Reihe: $R = \underline{884\ \Omega}$; $C = \underline{0{,}305\ \mu\text{F}}$
b) parallel: $R = \underline{31781\ \Omega}$; $C = \underline{0{,}296\ \mu\text{F}}$

632. a) Reihe: $R = \underline{12{,}23\ \Omega}$; $C = \underline{612\ \mu\text{F}}$
b) parallel: $R = \underline{12{,}8\ \Omega}$; $C = \underline{26{,}5\ \mu\text{F}}$

633. a) Reihe: $R = \underline{0{,}0037\ \Omega}$; $L = \underline{0{,}167\ \text{mH}}$
b) parallel: $R = \underline{3{,}019\ \Omega}$; $L = \underline{0{,}166\ \text{mH}}$

634. a) Reihe: $R = \underline{0{,}302\ \Omega}$; $L = \underline{1{,}03\ \text{mH}}$
b) parallel: $R = \underline{1{,}690\ \Omega}$; $L = \underline{1{,}26\ \text{mH}}$

635. $\underline{Z}_a = (5 + j)\ \Omega + \dfrac{(3 + j2)\ (2 - j)}{1 - j6}\ \Omega =$
$= \underline{(5{,}05 + j2{,}32)\ \Omega}$;

$\underline{Z}_b = (3 - j7)\ \Omega + \dfrac{(1 - j6)\ (2 - j)}{3 + j2}\ \Omega =$
$= \underline{(0{,}08 - j9{,}38)\ \Omega}$;

$\underline{Z}_c = (4 - j4)\ \Omega + \dfrac{(1 - j6)\ (3 + j2)}{2 - j}\ \Omega =$
$= \underline{(13{,}20 - j7{,}40)\ \Omega}$

636. $\underline{Z}_a = (6 + j12)\ \Omega$;
$\underline{Z}_b = (6 + j12)\ \Omega$; $\underline{Z}_c = (12 - j6)\ \Omega$

637. $\underline{Z}_a = (-2{,}67 - j5)\ \Omega$;
$\underline{Z}_b = (1{,}6 + j3)\ \Omega$; $\underline{Z}_c = (3{,}75 - j2)\ \Omega$;

638. $\underline{Z}_a = (2 + j2)\ \Omega$; $\underline{Z}_b = (2 - j2)\ \Omega$;
$\underline{Z}_c = 4\ \Omega$

639. $\underline{Z}_a = 3\ \Omega$; $\underline{Z}_b = j3\ \Omega$;
$\underline{Z}_c = -j3\ \Omega$

640. $\underline{Z}_a = (9 + j6)\ \Omega$; $\underline{Z}_b = (1{,}5 + j7{,}5)\ \Omega$;
$\underline{Z}_c = (5{,}6 - j1{,}6)\ \Omega$

641. $\underline{Z}_a$: $R = 1111\ \Omega$; $C = 4{,}3\ \mu\text{F}$;
$\underline{Z}_b$: $R = -714\ \Omega$; $C = 3\ \mu\text{F}$;
$\underline{Z}_c$: $R = 211\ \Omega$; $L = 1\ \text{H}$

642. $\underline{Z}_a$: $R = 133{,}3\ \Omega$; $C = 3{,}7\ \mu\text{F}$;
$\underline{Z}_b$: $R = -34{,}4\ \Omega$; $C = 1{,}5\ \mu\text{F}$;
$\underline{Z}_c$: $R = 20{,}4\ \Omega$; $L = 0{,}01\ \text{H}$

643. $\underline{Z}_a = j44\ \Omega$; $\underline{Z}_b = -j129\ \Omega$;
$\underline{Z}_c = j62\ \Omega$

644. $\underline{Z}_a = (25 - j12{,}5)\ \Omega$;
$\underline{Z}_b = (15 - j20)\ \Omega$; $\underline{Z}_c = (20 + j15)\ \Omega$

645. $\underline{Z}_a = (1{,}1 + j0{,}39)\ \Omega$;
$\underline{Z}_b = (0{,}19 - j2{,}66)\ \Omega$;
$\underline{Z}_c = (1{,}09 + j0{,}17)\ \Omega$

646. $\underline{Z}_a = (0{,}92 - j0{,}38)\ \Omega$;
$\underline{Z}_b = 1\ \Omega$; $\underline{Z}_c = (0{,}8 + j1{,}4)\ \Omega$

647. $\underline{Z}_a = (-0{,}25 - j1{,}14)\ \Omega$;
$\underline{Z}_b = (4{,}94 - j4{,}70)\ \Omega$;
$\underline{Z}_c = (1{,}77 + j2{,}21)\ \Omega$

648. $\underline{Z}_a = (0{,}84 - j1{,}14)\ \Omega$;
$\underline{Z}_b = (0{,}71 - j0{,}82)\ \Omega$;
$\underline{Z}_c = (0{,}82 + j2{,}71)\ \Omega$

649. $\underline{Z}_a = (0{,}59 - j0{,}35)\ \Omega$;
$\underline{Z}_b = (1{,}53 - j0{,}12)\ \Omega$;
$\underline{Z}_c = (0{,}75 + j1{,}79)\ \Omega$

650. $\underline{Z}_a$: $R = 34{,}6\ \Omega$; $L = 0{,}1\ \text{H}$;
$\underline{Z}_b$: $R = 32{,}4\ \Omega$; $L = 0{,}52\ \text{H}$;
$\underline{Z}_c$: $R = -2{,}1\ \Omega$; $C = 10880\ \mu\text{F}$

651. $\underline{Z}_a$: $L = 3{,}08\ \text{H}$; $\underline{Z}_b$: $C = 4{,}77\ \mu\text{F}$;
$\underline{Z}_c$: $C = 2{,}27\ \mu\text{F}$

652. $\underline{Z}_a$: $R = 13{,}8\ \Omega$; $C = 1{,}33\ \mu\text{F}$;
$\underline{Z}_b$: $R = -9{,}15\ \Omega$; $C = 603\ \mu\text{F}$;
$\underline{Z}_c$: $R = 27{,}1\ \Omega$; $L = 0{,}5\ \text{mH}$

653. $\underline{Z}_a$: $R = 463{,}6\ \Omega$; $C = 0{,}099\ \mu\text{F}$;
$\underline{Z}_b$: $R = 386{,}3\ \Omega$; $C = 0{,}12\ \mu\text{F}$;
$\underline{Z}_c$: $R = 2517\ \Omega$; $L = 0{,}12\ \text{H}$

654. $\underline{Z}_a$: $R = -261{,}2\ \Omega$; $C = 0{,}51\ \mu\text{F}$;
$\underline{Z}_b$: $R = 392\ \Omega$; $C = 0{,}48\ \mu\text{F}$;
$\underline{Z}_c$: $R = 783\ \Omega$; $C = 0{,}24\ \mu\text{F}$

655. (Bild 234) $\omega = 5000\ {}^1/\text{s}$;
$\underline{Z}_1 = j\omega L = j100\ \Omega$;
$\underline{Z}_2 = \underline{Z}_3 = (j50 - j133)\ \Omega = -j83\ \Omega$;

$\underline{Z}_a = \dfrac{(-j83)^2}{-j66{,}7}\ \Omega = -j103{,}3\ \Omega$;

$C = 1{,}94\ \mu\text{F}$;

$\underline{Z}_b = \underline{Z}_c = \dfrac{(-j83)\ (j100)}{-j66{,}7}\ \Omega = j124{,}4\ \Omega$;

$L = 0{,}025\ \text{H}$

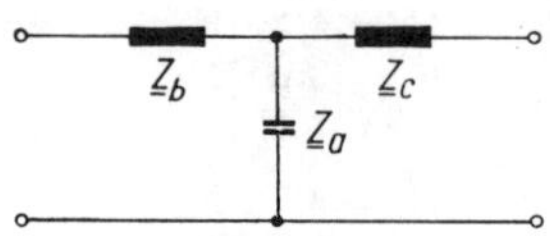

Bild 234. Aufgabe 655

656. (Bild 235)

a) $\underline{Z}_a = \dfrac{2}{3 + j}\,\Omega = (0{,}6 - j0{,}2)\,\Omega$;

$\underline{Z}_b = \dfrac{j6}{3 + j}\,\Omega = (0{,}6 + j1{,}8)\,\Omega$;

$\underline{Z}_c = \dfrac{-j3}{3 + j}\,\Omega = (-0{,}3 - j0{,}9)\,\Omega$;

$\underline{Z}_{par} = \dfrac{(3{,}6 + j0{,}8)\,(1{,}6 + j0{,}8)}{3{,}6 + j0{,}8 + 1{,}6 + j0{,}8}\,\Omega =$

$= (1{,}124 + j0{,}454)\,\Omega$;

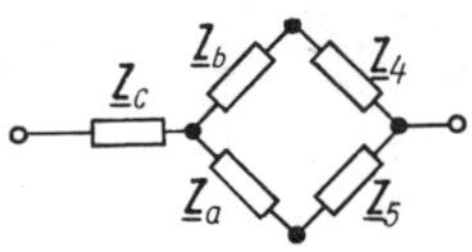

Bild 235. Aufgabe 656

hierzu ist der in Reihe liegende Widerstand $\underline{Z}_c$ zu addieren, so daß $\underline{Z} = (0{,}824 - j0{,}446)\,\Omega$ ist.

b) $\underline{Z}_a = (-0{,}3 + j0{,}6)\,\Omega$;
$\underline{Z}_b = (1{,}2 + j0{,}6)\,\Omega$;
$\underline{Z}_c = (0{,}4 + j0{,}2)\,\Omega$;
$\underline{Z}_{par} = (-0{,}382 - j0{,}465)\,\Omega$;
$\underline{Z} = (0{,}018 - j0{,}265)\,\Omega$

c) $\underline{Z}_a = (0{,}2 + j0{,}6)\,\Omega$;
$\underline{Z}_b = (0{,}1 + j0{,}3)\,\Omega$;
$\underline{Z}_c = (0{,}6 - j0{,}2)\,\Omega$;
$\underline{Z}_{par} = (0{,}4 - j1{,}13)\,\Omega$;
$\underline{Z} = (1{,}0 - j1{,}33)\,\Omega$

d) $\underline{Z}_a = (0{,}06 + j0{,}42)\,\Omega$;
$\underline{Z}_b = (0{,}08 + j0{,}56)\,\Omega$;
$\underline{Z}_c = (1{,}68 - j0{,}24)\,\Omega$;
$\underline{Z}_{par} = (1{,}54 + j0{,}24)\,\Omega$; $\underline{Z} = 3{,}22\,\Omega$

657. a) Nach Umzeichnen ergibt sich ein Spannungsteiler (Bild 236), dem man

$\dfrac{\underline{U}_2}{\underline{U}_1} = \dfrac{R}{R + \dfrac{1}{\omega jC}} = \dfrac{50000}{50000 - j15915} =$

$= 0{,}908 + j0{,}289 = \underline{0{,}953\,e^{j18^\circ}}$ entnimmt

b) $(1 - 0{,}953) \cdot 100\% = \underline{4{,}7\%}$

c) $f_g = \dfrac{1}{2\pi RC} = \underline{15{,}9\,\text{Hz}}$

658. a) $\dfrac{U_2}{U_1} = \dfrac{R}{\sqrt{R^2 + \left(\dfrac{1}{\omega C}\right)^2}} = 0{,}99$;

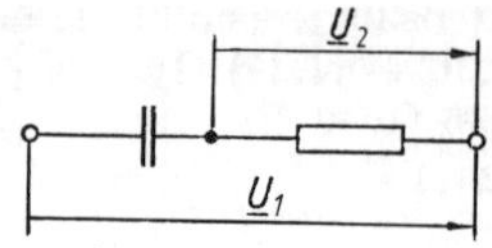

Bild 236. Aufgabe 657

$R = \dfrac{1}{\omega C\sqrt{0{,}0203}}\,\Omega = \underline{112\,\text{k}\Omega}$;

$R : \dfrac{1}{\omega C} = \dfrac{1}{\sqrt{0{,}0203}} = \underline{7:1}$

b) $R = \underline{91\,\text{k}\Omega}$; $R : \dfrac{1}{\omega C} = \underline{5{,}7:1}$

c) $R = \underline{78\,\text{k}\Omega}$; $R : \dfrac{1}{\omega C} = \underline{4{,}9:1}$

659. $f_g = \dfrac{1}{2\pi RC} = \underline{31{,}8\,\text{Hz}}$;

a) $\omega RC = 2\pi f RC = \dfrac{1}{\sqrt{\left(\dfrac{1}{0{,}99}\right)^2 - 1}} = \dfrac{1}{0{,}1425}$;

$f = \underline{223\,\text{Hz}}$ b) $f = \underline{127\,\text{Hz}}$

660. (Bild 237) Nach Umzeichnen ergibt sich ein Spannungsteiler, für den gilt

$\dfrac{\underline{U}_a}{\underline{U}_e} = \dfrac{\underline{Z}_4}{\underline{Z}_3}\,\dfrac{\underline{Z}_2}{\underline{Z}_1}$; $\dfrac{\underline{Z}_4}{\underline{Z}_3} = \dfrac{-j2000}{8 - j1988}$;

$\underline{Z}_2 = \dfrac{(8 - j1988)\,(-j2000)}{8 - j3988}\,\Omega = (2 - j997)\,\Omega$;

$\underline{Z}_1 = (4 + j6 + 2 - j997)\,\Omega =$

$= (6 - j991)\,\Omega$; $\dfrac{\underline{Z}_2}{\underline{Z}_1} = \dfrac{2 - j997}{6 - j991}$;

$\dfrac{\underline{U}_a}{\underline{U}_e} = \dfrac{\underline{Z}_4}{\underline{Z}_1} = \dfrac{-j2000\,(2 - j997)}{(8 - j1988)\,(6 - j991)} =$

$= 1{,}012 - j0{,}010$; $\dfrac{U_a}{U_e} = \underline{1{,}012}$;

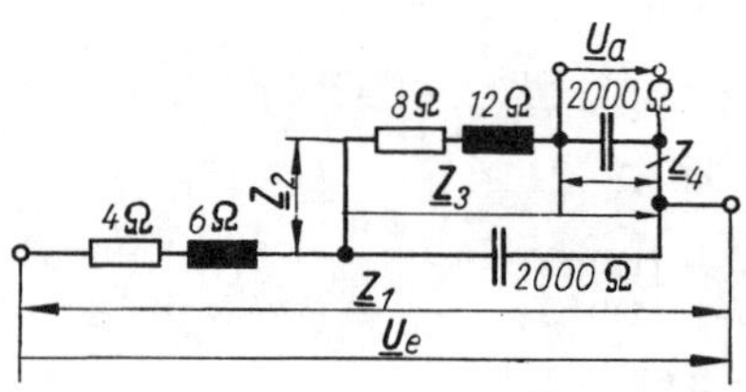

Bild 237. Aufgabe 660

die Spannung am Ausgang ist um $\underline{1{,}2\,\%}$ höher als am Eingang.

661. 1. Ströme in den Kondensatoren

a) $\underline{I}_3 = \dfrac{j}{2000}\,\dfrac{1}{R}\,\underline{U}_3$ b) $\underline{I}_2 = \dfrac{j}{2000}\,\dfrac{1}{R}\,\underline{U}_2$

2. Knotenpunkte 2 und 1 (Bild 134)

a) $\underline{I}_3 + \underline{I}_{21} = \underline{I}_4$ b) $\underline{I}_2 + \underline{I}_1 = \underline{I}_{21}$

3. Maschen

a) $\underline{U}_3 - (4 + \mathrm{j}6)\,\Omega \cdot \underline{I}_4 - \underline{U}_a = 0$

b) $\underline{U}_2 - (8 + \mathrm{j}12)\,\Omega \cdot \underline{I}_{21} - \underline{U}_3 = 0$

c) $\underline{U}_e - (4 + \mathrm{j}6)\,\Omega \cdot \underline{I}_1 - \underline{U}_2 = 0$

4. Spannung am Belastungswiderstand

$\underline{U}_a = \underline{I}_4 \cdot (300 + \mathrm{j}200)\,\Omega$

Es ergeben sich aus

4) $\underline{I}_4 = \dfrac{\underline{U}_a}{(300 + \mathrm{j}200)\,\Omega} =$

$= (0{,}0023 - \mathrm{j}0{,}0015)\,\mathrm{S} \cdot \underline{U}_a$

3a) $\underline{U}_3 = (4 + \mathrm{j}6)\,(0{,}0023 - \mathrm{j}0{,}0015)\,\underline{U}_a + {}$
$+ \underline{U}_a = (1{,}018 + \mathrm{j}0{,}008)\,\underline{U}_a$

1a) $\underline{I}_3 = \dfrac{\mathrm{j}}{2000}\,(1{,}018 + \mathrm{j}0{,}008)\,\mathrm{S} \cdot \underline{U}_a =$

$= (0{,}000\,004 - \mathrm{j}0{,}000\,509)\,\mathrm{S} \cdot \underline{U}_a$

2a) $\underline{I}_{21} = \underline{I}_4 - \underline{I}_3 = (0{,}0023 - \mathrm{j}0{,}002)\,\mathrm{S} \cdot \underline{U}_a$

3b) $\underline{U}_2 = (8 + \mathrm{j}12)\,(0{,}0023 - \mathrm{j}0{,}002)\,\underline{U}_a + {}$
$+ (1{,}018 + \mathrm{j}0{,}008)\,\underline{U}_a =$
$= (1{,}0606 + \mathrm{j}0{,}0196)\,\underline{U}_a$

1b) $\underline{I}_2 = \dfrac{+\mathrm{j}}{2000}\,(1{,}0606 + \mathrm{j}0{,}0196)\,\mathrm{S} \cdot \underline{U}_a =$

$= -(0{,}000\,009\,8 - \mathrm{j}0{,}000\,530\,3)\,\mathrm{S} \cdot \underline{U}_a$

2b) $\underline{I}_1 = \underline{I}_{21} - \underline{I}_2 = (0{,}0023 - \mathrm{j}0{,}00253)\,\mathrm{S} \cdot \underline{U}_a$

3c) $\underline{U}_e = (4 + \mathrm{j}6)\,(0{,}0023 - \mathrm{j}0{,}00253)\,\underline{U}_a + {}$
$+ (1{,}0606 + \mathrm{j}0{,}0196)\,\underline{U}_a =$
$= (1{,}0850 + \mathrm{j}0{,}0233)\,\underline{U}_a;$

$$\frac{U_a}{U_e} = \frac{1}{\sqrt{1{,}085^2 + 0{,}023^2}} = 0{,}921;$$

U_a ist um 7,9% kleiner als U_e

662. Nach Umzeichnen erhält man die Schaltung nach Bild 238. Man erhält daraus

$$\frac{\underline{U}_2}{\underline{U}_1} = \frac{\underline{Z}_4}{\underline{Z}_3}\,\frac{\underline{Z}_2}{\underline{Z}_1}; \quad \frac{\underline{Z}_4}{\underline{Z}_3} = \frac{R}{\dfrac{-\mathrm{j}}{\omega C} + R};$$

$$\underline{Z}_2 = \frac{\dfrac{1}{\omega C} + \mathrm{j}R}{\mathrm{j}2 - \omega RC};$$

$$\underline{Z}_1 = R + \underline{Z}_2 = \frac{R\left(\mathrm{j}3 - \omega RC + \dfrac{1}{\omega RC}\right)}{\mathrm{j}2 - \omega RC};$$

$$\frac{\underline{U}_2}{\underline{U}_1} = \frac{1}{3 + \mathrm{j}\left(\omega RC - \dfrac{1}{\omega RC}\right)}$$

$\dfrac{U_2}{U_1}$ hat dann seinen Höchstwert, wenn der Klammerausdruck im Nenner gleich 0 ist, und hat dann den Wert $\dfrac{1}{3}$. Die dazugehörige Frequenz ist $\omega_{max} = \dfrac{1}{RC}$.

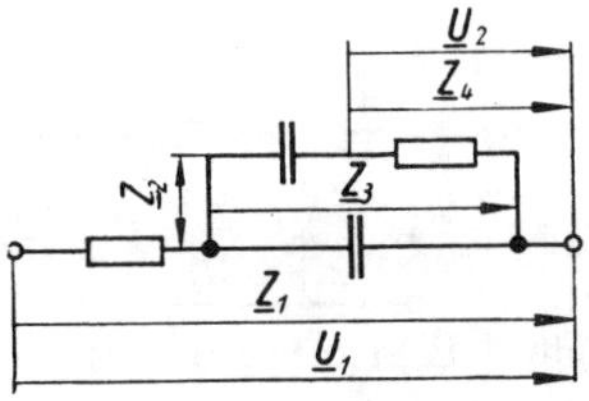

Bild 238. Aufgabe 662

663. $\dfrac{\underline{Z}_4}{\underline{Z}_3} = \dfrac{-\mathrm{j}}{\omega RC - \mathrm{j}};$

$$\frac{\underline{Z}_2}{\underline{Z}_1} = \frac{\omega RC - \mathrm{j}}{\omega RC - \dfrac{1}{\omega RC} - \mathrm{j}3};$$

$$\frac{\underline{U}_2}{\underline{U}_1} = \frac{1}{3 + \mathrm{j}\left(\omega RC - \dfrac{1}{\omega RC}\right)}.$$

Maximales Spannungsverhältnis und dazugehörige Frequenz stimmen mit der Schaltung von Aufgabe 662 überein.

664. $\dfrac{\underline{U}_2}{\underline{U}_1} = \dfrac{1}{2 + \mathrm{j}3\omega RC}$

665. (Bild 239) Nach Aufgabe 664 ist

$\underline{U}_a = \dfrac{10\,\mathrm{V}}{2 + \mathrm{j}1{,}5} = (3{,}2 - \mathrm{j}2{,}4)\,\mathrm{V}$

$\underline{I}_3 = \dfrac{\underline{U}_a}{-\mathrm{j}2\,\Omega} = (1{,}2 + \mathrm{j}1{,}6)\,\mathrm{A}$

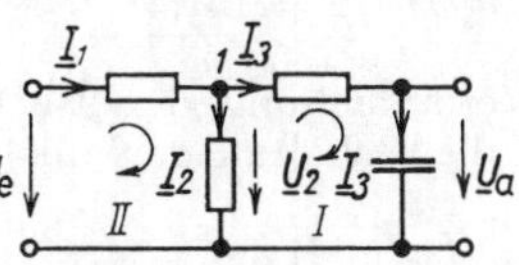

Bild 239. Aufgabe 665

Masche I: $\underline{U}_a + \underline{I}_3 R - \underline{U}_2 = 0;$

$\underline{U}_2 = (4{,}4 - \mathrm{j}0{,}8)\,\mathrm{V};$

$\underline{I}_2 = \dfrac{\underline{U}_2}{R} = (4{,}4 - \mathrm{j}0{,}8)\,\mathrm{A}$

Knoten 1: $\underline{I}_1 = \underline{I}_2 + \underline{I}_3 = \underline{(5{,}6 + \mathrm{j}0{,}8)\ \mathrm{A}}$

Masche II: $\underline{U}_2 + \underline{I}_1 R - \underline{U}_e = 0;$

$\underline{U}_e = (4{,}4 - \mathrm{j}0{,}8 + 5{,}6 + \mathrm{j}0{,}8)\ \mathrm{V} = 10\ \mathrm{V}$

666. (Bild 240) $S = \dfrac{R - \dfrac{\mathrm{j}}{\omega C}}{-\dfrac{\mathrm{j}}{\omega C}} = 1 + \mathrm{j}\omega RC;$

$S = \sqrt{(\omega RC)^2 + 1} = \underline{20};\quad \underline{U}_2 = \dfrac{4{,}8\ \mathrm{V}}{20} = \underline{0{,}24\ \mathrm{V}}$

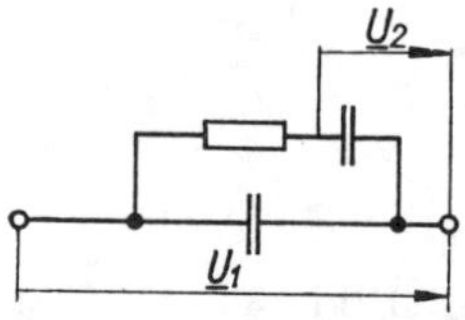

Bild 240. Aufgabe 666

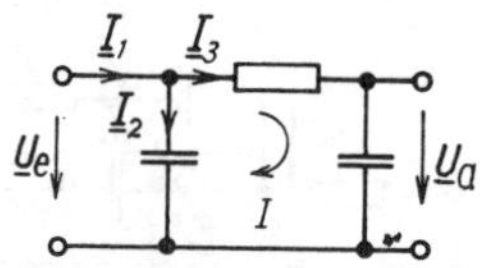

Bild 241. Aufgabe 667

667. (Bild 241) $\dfrac{1}{\omega C} = 99{,}5\ \Omega;\quad \omega RC = 20{,}1.$

Nach dem vorigen Ergebnis ist

$\underline{U}_a = \dfrac{\underline{U}_e}{1 + \omega RC} = \underline{(0{,}296 - \mathrm{j}5{,}955)\ \mathrm{V}};$

$\underline{I}_3 = \dfrac{\underline{U}_a}{-\mathrm{j}\dfrac{1}{\omega C}} = \dfrac{0{,}296 - \mathrm{j}5{,}955}{-\mathrm{j}99{,}5}\ \mathrm{A} =$

$= \underline{(0{,}06 + \mathrm{j}0{,}003)\ \mathrm{A}}$

Masche I: $\underline{U}_a - \underline{U}_e + \underline{I}_3 R = 0;$

$\underline{I}_3 = \dfrac{120 - 0{,}3 + \mathrm{j}5{,}9}{2000}\ \mathrm{A} = (0{,}06 + \mathrm{j}0{,}003)\ \mathrm{A};$

$\underline{I}_2 = \dfrac{\underline{U}_e}{-\mathrm{j}99{,}5\ \Omega} = \underline{\mathrm{j}1{,}206\ \mathrm{A}};$

$\underline{I}_1 = \underline{I}_2 + \underline{I}_3 = \underline{(0{,}06 + \mathrm{j}1{,}209)\ \mathrm{A}}$

668. $\dfrac{\underline{U}_1}{\underline{U}_2} = \dfrac{(\omega RC)^2 - \mathrm{j}3\omega RC - 1}{-1};$

$S = \sqrt{[1 - (\omega RC)^2]^2 + 9(\omega RC)^2} = \underline{161{,}2}$

669. (Bild 242) Zur Vereinfachung der Rechnung bezeichne man die Schaltglieder mit a bzw. b.

Es ist dann $\dfrac{\underline{U}_a}{\underline{U}_e} = \dfrac{\underline{I}_4 \underline{Z}_4}{\underline{I}_4 \underline{Z}'_4} \cdot \dfrac{\underline{I}_3 \underline{Z}_3}{\underline{I}_3 \underline{Z}'_3} \cdot \dfrac{\underline{I}_1 \underline{Z}_2}{\underline{I}_1 \underline{Z}_1} =$

$= \dfrac{\underline{Z}_4}{\underline{Z}'_4} \cdot \dfrac{\underline{Z}_3}{\underline{Z}'_3} \cdot \dfrac{\underline{Z}_2}{\underline{Z}_1};\quad \dfrac{\underline{Z}_4}{\underline{Z}'_4} = \dfrac{a}{a + b};$

$\underline{Z}_3 = \dfrac{(a + b)\ a}{b + 2a};\quad \underline{Z}'_3 = \underline{Z}_3 + b =$

$= \dfrac{a^2 + 3ab + b^2}{b + 2a};\quad \underline{Z}_2 = \dfrac{\underline{Z}'_3 a}{\underline{Z}'_3 + a} =$

$= \dfrac{(a^2 + 3ab + b^2)\ a}{3a^2 + 4ab + b^2};\quad \underline{Z}_1 = \underline{Z}_2 + b =$

$= \dfrac{a^3 + 6a^2 b + 5ab^2 + b^3}{3a^2 + 4ab + b^2};$

$\dfrac{\underline{Z}_4}{\underline{Z}_1} = \dfrac{\underline{Z}_4}{\underline{Z}'_4} \cdot \dfrac{\underline{Z}_3}{\underline{Z}'_3} \cdot \dfrac{\underline{Z}_2}{\underline{Z}_1} = \dfrac{a^3}{a^3 + 6a^2 b + 5ab^2 + b^3}$

Setzt man $a = R$, $b = \dfrac{-\mathrm{j}}{\omega C}$ und dann $\omega RC = x$, so wird

$\dfrac{\underline{U}_a}{\underline{U}_e} = \dfrac{1}{\left(1 - \dfrac{5}{x^2}\right) + \mathrm{j}\left(\dfrac{1}{x^3} - \dfrac{6}{x}\right)};$

die Funktion wird reell für $\dfrac{1}{x^3} - \dfrac{6}{x} = 0$,

woraus $x = \omega RC = \underline{\dfrac{1}{\sqrt{6}}}$ und $\dfrac{\underline{U}_a}{\underline{U}_e} = \underline{-\dfrac{1}{29}}$ folgt.

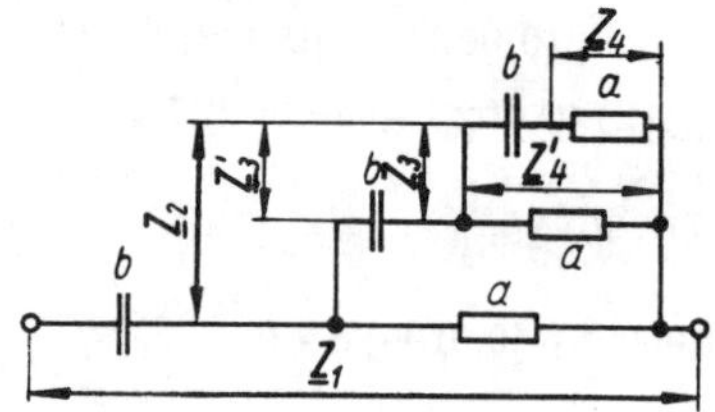

Bild 242. Aufgabe 669

670. (Bild 243) Es ist $\omega RC = 1$, so daß man nach dem Ergebnis von Aufgabe 669

$\underline{U}_a = \dfrac{120}{1 - 5 + \mathrm{j}\ (1 - 6)}\ \mathrm{V} = \dfrac{-480 - \mathrm{j}600}{41}\ \mathrm{V} =$

$= \underline{(-11{,}71 + \mathrm{j}14{,}63)\ \mathrm{V}}$ erhält;

$\underline{I}_5 = \dfrac{\underline{U}_a}{60\ \Omega} + \underline{(-0{,}195 + \mathrm{j}0{,}244)\ \mathrm{A}};$

$\underline{U}_{c3} = \underline{I}_5\ (-\mathrm{j}60)\ \Omega = (14{,}6 + \mathrm{j}11{,}7)\ \mathrm{V}$

Masche I: $\underline{U}_a + \underline{U}_{c3} - \underline{U}_3 = 0;$

$\underline{U}_3 = (2{,}93 + \mathrm{j}26{,}34)\ \mathrm{V};$

$\underline{I}_4 = \dfrac{\underline{U}_3}{60\ \Omega} = \underline{(0{,}049 + \mathrm{j}0{,}439)\ \mathrm{A}}$

Knoten 2: $\underline{I}_3 = \underline{I}_4 + \underline{I}_5 =$

$= \underline{(-0{,}146 + \mathrm{j}0{,}683)\ \mathrm{A}};$

$\underline{U}_{c2} = \underline{I}_3\ (-\mathrm{j}60)\ \Omega =$

$= (40{,}98 + \mathrm{j}8{,}76)\ \mathrm{V}$

Masche II: $\underline{U}_{c2} + \underline{U}_3 - \underline{U}_2 = 0$;
$\underline{U}_2 = (43{,}9 + \mathrm{j}35{,}1)$ V;

$\underline{I}_2 = \dfrac{\underline{U}_2}{60\,\Omega} = \underline{(0{,}73 + \mathrm{j}0{,}59)\text{ A}}$

Knoten 1: $\underline{I}_1 = \underline{I}_2 + \underline{I}_3 = \underline{(0{,}58 + \mathrm{j}1{,}27)\text{ A}}$;
$\underline{U}_{c1} = \underline{I}_1\,(-\mathrm{j}60)\ \Omega = (76{,}2 - \mathrm{j}34{,}8)$ V; $\quad \underline{U}_{c1} + \underline{U}_2 = 120$ V

671. In das allgemeine Ergebnis von Aufgabe 669 setze man $a = \dfrac{-\mathrm{j}}{\omega C}$ und $b = R$ ein und erhält dann mit $\omega RC = x$:

$$\frac{\underline{U}_a}{\underline{U}_e} = \frac{1}{1 - 5x^2 - \mathrm{j}x\,(x^2 - 6)};$$

die Funktion wird reell für $x = \omega RC = \underline{\sqrt{6}}$, und wie vorher erhält man $\dfrac{\underline{U}_a}{\underline{U}_e} = \underline{-\dfrac{1}{29}}$

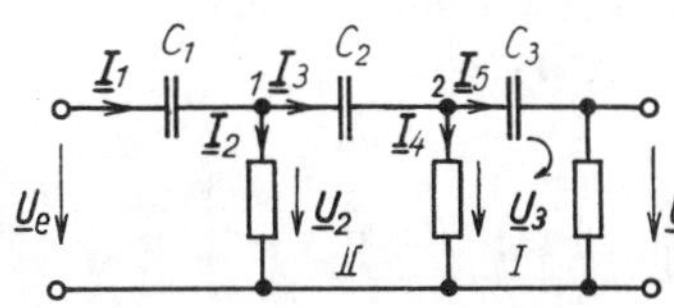

Bild 243. Aufgabe 670

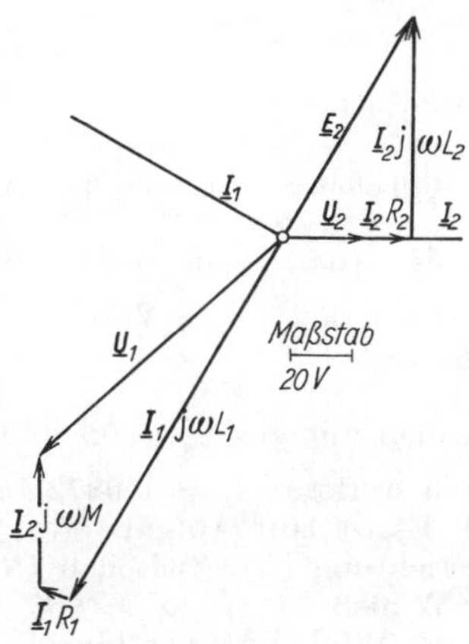

Bild 244. Aufgabe 672

672. (Bild 244) $\omega M = 2\pi f M = 150{,}8\ \Omega$; $\omega L = 251{,}3\ \Omega$;
$\sigma = 1 - 0{,}6^2 = \underline{0{,}64}$ oder 64%. Nach (1 b) und (2) ist $\underline{E}_2 = \underline{U}_2 + \underline{I}_2\,(R_2 + \mathrm{j}\omega L_2) =$
$= (30 + 12 + \mathrm{j}0{,}3 \cdot 251{,}3)\text{ V} = \underline{86{,}3\,\mathrm{e}^{\mathrm{j}60{,}9°}\text{ V}}$
(Bezugsrichtung ist $\underline{U}_2$).

Nach (2) ist dann $\underline{I}_1 = \dfrac{-86{,}3\,\mathrm{e}^{\mathrm{j}60{,}9°}\text{ V}}{\mathrm{j}150{,}8\ \Omega} =$
$= \underline{0{,}572\,\mathrm{e}^{\mathrm{j}150{,}9°}\text{ A}}$.

Nach (1a) ist $\underline{U}_1 = \mathrm{j}0{,}572\,\mathrm{e}^{\mathrm{j}60{,}9°}\,(20 + \mathrm{j}251{,}3)\text{ V} + (\mathrm{j}0{,}3 \cdot 150{,}8)\text{ V} = \underline{109\,\mathrm{e}^{223{,}2°}\text{ V}}$;
nach (9) ist $R_a = \dfrac{30}{0{,}3}\ \Omega = \underline{100\ \Omega}$. Im Zeigerdiagramm sind alle Winkel auf die Bezugsrichtung von $\underline{U}_2$ bzw. $\underline{I}_2$ zu beziehen.

673. Nach (2) ist $\underline{I}_0 = \dfrac{-30}{\mathrm{j}150{,}8}\text{ A} = \underline{0{,}2\,\mathrm{e}^{\mathrm{j}90°}\text{ A}}$
(bezogen auf die Richtung von $\underline{E}_2$).
Bei Leerlauf ist $\underline{I}_2 = 0$, womit nach (1 a)
$\underline{U}_1 = \underline{I}_0(R_1 + \mathrm{j}\omega L_1) = \mathrm{j}0{,}2(20 + \mathrm{j}251{,}3)\text{ V} =$
$= \underline{50{,}4\,\mathrm{e}^{\mathrm{j}175{,}4°}\text{ V}}$.

674. Im Leerlauf ist $\underline{I}_0 = \dfrac{\underline{U}_1}{R_1 + \mathrm{j}\omega L_1} =$
$= 1{,}92\,\mathrm{e}^{-\mathrm{j}73{,}3°}$ A

a) $\underline{E}_2 = -\underline{I}_0\mathrm{j}\omega M = \underline{9{,}6\,\mathrm{e}^{-\mathrm{j}163{,}3°}\text{ V}}$
b) $\underline{48{,}0\,\mathrm{e}^{-\mathrm{j}163{,}3°}\text{ V}}$ c) $\underline{96{,}0\,\mathrm{e}^{-163{,}3°}\text{ V}}$

675. a) Nach (12) ist $\underline{U}_2 =$

$$= \frac{-\mathrm{j}100 \cdot 5 \cdot 20}{(15 + \mathrm{j}50)\,(35 + \mathrm{j}50) + 25}\text{ V} = \underline{3{,}15\,\mathrm{e}^{\mathrm{j}142°}\text{ V}}$$

b) $\underline{17{,}6\,\mathrm{e}^{\mathrm{j}151{,}6°}\text{ V}}$ c) $\underline{39{,}1\,\mathrm{e}^{\mathrm{j}191{,}9°}\text{ V}}$

676. Man liest ab: $\underline{U}_1 = 26{,}1\,\mathrm{e}^{\mathrm{j}196°}$ V;
$\underline{E}_2 = \underline{I}_2\underline{Z}_2 = 27\,\mathrm{e}^{\mathrm{j}56°}$ V;
$\underline{I}_2\mathrm{j}\omega L_2 = \mathrm{j}22$ V; $\quad \underline{U}_2 = \underline{I}_2 R_a = 10$ V;
$\underline{I}_2 R_2 = 5$ V; $\quad \underline{I}_1 R_1 = 6\,\mathrm{e}^{\mathrm{j}146°}$V;
$\underline{I}_2\mathrm{j}\omega M = \mathrm{j}18{,}5$ V; $\quad \underline{I}_1\mathrm{j}\omega L_1 = 35{,}5\,\mathrm{e}^{\mathrm{j}236°}$ V

Danach berechnen sich: $\underline{Z}_a = \dfrac{10}{0{,}1}\ \Omega = \underline{100\ \Omega}$;

$R_2 = \dfrac{5}{0{,}1}\ \Omega = \underline{50\ \Omega}$;

$\mathrm{j}\omega M = \dfrac{\mathrm{j}18{,}5}{0{,}1}\ \Omega$; $\quad M = \dfrac{185}{30000}\text{ H} = 6{,}17$ mH;

$\mathrm{j}\omega L_2 = \dfrac{\mathrm{j}\,22}{0{,}1}\ \Omega$;

$L_2 = \dfrac{220}{30000}\text{ H} = \underline{7{,}33\text{ mH}}$;

$\underline{I}_1 = \dfrac{-27\,\mathrm{e}^{\mathrm{j}\,56°}\text{ V}}{\mathrm{j}\omega\mathrm{M}} = \underline{0{,}146\,\mathrm{e}^{\mathrm{j}146°}\text{ A}}$;

$R_1 = \dfrac{6\,\mathrm{e}^{\mathrm{j}\,146°}}{0{,}146\,\mathrm{e}^{\mathrm{j}\,146°}}\ \Omega = \underline{41{,}1\ \Omega}$;

$\mathrm{j}\omega L_1 = \dfrac{35{,}5\,\mathrm{e}^{\mathrm{j}\,236°}}{0{,}146\,\mathrm{e}^{\mathrm{j}\,146°}}\ \Omega = \mathrm{j}243{,}15\ \Omega$;

$L_1 = \frac{243{,}15}{30000}\,\mathrm{H} = \underline{8{,}1\ \mathrm{mH}};$

$k = \frac{6{,}17}{\sqrt{8{,}1 \cdot 7{,}3}} = \underline{0{,}80}$

677. Man liest ab: $\underline{E}_2 = 27\ e^{j68,5°}\ \mathrm{V}$; $\underline{I}_2 j\omega L_2 = j25\ \mathrm{V}$; $\underline{I}_2 j\omega M = j17\ \mathrm{V}$; $\underline{U}_1 = 22{,}5\ e^{j220°}\ \mathrm{V}$; $\underline{I}_1 j\omega L_1 = 36\ e^{j248,5°}\ \mathrm{V}$; man ersieht ferner, daß $\omega L_2 = Z_2 \sin 68{,}5° = 250\ \Omega$ ist und man $\underline{I}_2 = \frac{j\,25}{j\,250}\,\mathrm{A} = \underline{0{,}1\ \mathrm{A}}$ erhält;

$L_2 = \frac{250}{40000}\,\mathrm{H} = 6{,}25\ \mathrm{mH}$; $M = \frac{j\,17}{j40\,000 \cdot 0{,}1}\,\mathrm{H} = 4{,}25\ \mathrm{mH}$;

$\underline{I}_1 = \frac{-27\ e^{j68,5°}\ \mathrm{V}}{j\omega M} = \underline{0{,}159\ e^{j158,5°}\ \mathrm{A}};$

$L_1 = \frac{36\ e^{j248,5°}}{0{,}159\ e^{j\,158,5°}\ j40000}\,\mathrm{H} = 5{,}66\ \mathrm{mH}$; $k = \underline{0{,}71}$

678. $L_2 = \frac{M^2}{k^2 L_1} = 45\ \mathrm{mH}$; $R_a = \frac{40}{0{,}2}\,\Omega = 200\ \Omega$; $\omega M = 300\ \Omega$

Nach (11) ist $\underline{U}_1 =$

$= \frac{-0{,}2\,[(5 + j400)\,(208 + j900) + 90\,000]}{j300}\,\mathrm{V} = \underline{188{,}6\ e^{j251,9°}\ \mathrm{V}}$

Nach (3) ist $\underline{I}_1 = \frac{0{,}2\,(208 + j900)}{-j300}\,\mathrm{A} = \underline{0{,}62\ e^{j167°}\ \mathrm{A}}$

679. Es ist nach (6) $\ddot{u} = \sqrt{\frac{1{,}5\mathrm{H}}{0{,}5\mathrm{H}}} = 1{,}732$ und $N_2 = \frac{800}{1{,}732} = \underline{462};$

$M = 0{,}8\,\sqrt{1{,}5 \cdot 0{,}5}\ \mathrm{H} = \underline{0{,}693\ \mathrm{H}}$. Das Spannungsverhältnis ist nach (12)

$\frac{\underline{U}_1}{\underline{U}_2} = \frac{(40 + j750)\,(75 + j250) + 346{,}4^2}{-j346{,}4 \cdot 50} = \underline{5{,}34\ e^{j224,2°}}$ und

$\underline{U}_2 = \frac{20\ \mathrm{V}}{5{,}34\ e^{j224,2°}} = 3{,}75\ e^{-j224,2°}\ \mathrm{V};$

$\underline{I}_2 = \frac{\underline{U}^2}{\underline{Z}_a} = \frac{3{,}75\ e^{-j224,2°}\ \mathrm{V}}{50\ \Omega} = \underline{0{,}075\ e^{-j224,2°}\ \mathrm{A}}$

Das Stromübersetzungsverhältnis ist

$\frac{\underline{I}_1}{\underline{I}_2} = \frac{75 + j250}{j356{,}4} = \underline{0{,}732\ e^{j163,3°}}$ und

$\underline{I}_1 = 0{,}075\ e^{-j224,2°}\ \mathrm{A} \cdot 0{,}754\ e^{j163,3°} = \underline{0{,}057\ e^{-j60,9°}\ \mathrm{A}}$. Nach (3) ist $\ddot{u}_1 = 1{,}326$

und damit $\tan \varphi_1 = \frac{500\,(1{,}5 - 1{,}326^2 \cdot 0{,}5)}{40 + 1{,}326^2 \cdot 75} = 1{,}806$; $\varphi_1 = \underline{61°}$

Dies ist der Winkel zwischen $\underline{U}_1$ und $\underline{I}_1$ in Übereinstimmung mit dem Wert für $\underline{I}_1$, der die Nacheilung von $\underline{I}_1$ ausdrückt.

680. Aus $I_0 = \frac{U_1}{\sqrt{R_1^2 + (\omega L_1)^2}}$ ergibt sich $\omega L_1 = 27{,}5\ \Omega$ und $L_1 = 0{,}055\ \mathrm{H}$. Wegen $-\underline{U}_{20} = \underline{I}_0 j\omega M$ ist $M = \frac{75}{0{,}5 \cdot 500}\,\mathrm{H} = 0{,}3\ \mathrm{H}$,

und wegen $k = 1$ ist $L_2 = \frac{M^2}{L_1} = 1{,}64\ \mathrm{H}$ und $\omega L_2 = 820\ \Omega$

$\frac{\underline{U}_1}{\underline{U}_2} = \frac{(12 + j27{,}5)\,(525 + j820) + 22500}{-j150 \cdot 500} = 0{,}334\ e^{j165,3°};$

$\underline{U}_2 = \frac{15\ \mathrm{V}}{0{,}334\ e^{j165,3°}} = \underline{45\ e^{-j165,3°}\ \mathrm{V}};$

$\underline{I}_2 = \frac{45\ e^{-j165,3°}}{500}\,\mathrm{A} = \underline{0{,}09\ e^{-j165,3°}\ \mathrm{A}};$

$\frac{\underline{I}_1}{\underline{I}_2} = \frac{525 + j820}{-j150} = 6{,}49\ e^{j147,4°};$

$\underline{I}_1 = 0{,}09\ e^{-j165,6°}\ \mathrm{A} \cdot 6{,}49\ e^{j147,4°} = \underline{0{,}584\,e^{-j18,2°}\ \mathrm{A}}$

Mit $\ddot{u}_i = \frac{1}{6{,}49} = 0{,}154$ erhält man nach (4) $\tan\varphi_1 = 0{,}3292$ und $\varphi_1 = 18{,}2°$; d. h. Voreilung von $\underline{U}_1$ gegenüber $\underline{I}_1$.

681. Aus (4) erhält man mit $\ddot{u}_i = \frac{2}{4} = 0{,}5$ und $\tan 75° = 3{,}732$ durch Auflösen $L_2 = 0{,}0872\ \mathrm{H}$ und $\omega L_2 = 27{,}40\ \Omega$. Es ist laut Aufgabe $\underline{I}_1 = 4e^{-j75°}\ \mathrm{A}$ (Bezugsrichtung $\underline{U}_1$). Zwischen $\underline{U}_1$ und $\underline{E}_2$ besteht der Winkel $75° + 90° = 165°$, zwischen $\underline{E}_2$ und $\underline{U}_2$ der Winkel, dessen $\tan\varphi = \frac{\omega L_2}{R_2 + R_a} = 1{,}370$ ($\varphi = 53{,}9°$), womit zwischen $\underline{U}_1$ und $\underline{I}_2$ der Winkel $165° + 53{,}9° = 218{,}9°$ besteht. Also ist $\underline{I}_2 = 2\ e^{-j218,9°}\ \mathrm{A}$. Damit ist $\underline{U}_2 = \underline{I}_2 \cdot \underline{Z}_a = \underline{20\,e^{-j218,9°}\ \mathrm{V}}$. Der Betrag von $\underline{E}_2$ ist nach (2) und (3) $|\underline{E}_2| = \sqrt{(20 + 20)^2\mathrm{V}^2 + 54{,}8^2\mathrm{V}^2} = 67{,}85\ \mathrm{V}$ und $\omega M = \frac{67{,}84}{4}\,\Omega = 16{,}96\ \Omega$, weshalb $M = \underline{0{,}054\ \mathrm{H}}$

und $k = \frac{0{,}054}{\sqrt{0{,}2 \cdot 0{,}0872}} = \underline{0{,}41}$ sind.

Zur Berechnung von $\underline{U}_1$ dient (11), wo man $\underline{I}_2 = 2\,(-0{,}7782 + \mathrm{j}0{,}6280)$ A entsprechend dem Winkel — 218,9° einsetzt. Man findet

$$\underline{U}_1 = \frac{\underline{I}_2[(10 + \mathrm{j}62{,}83)\,(20 + \mathrm{j}27{,}40) + 16{,}96^2]}{-\mathrm{j}16{,}96}\,\mathrm{V} =$$

$$= \underline{231{,}8\,\mathrm{V}},$$

also reell, da $\underline{U}_1$ eingangs als Bezugsrichtung gewählt wurde.

682. Verwendet man Formel (10), so erhält man
für $R_a = \infty$: $\underline{I}_1 = \underline{0{,}71\,\mathrm{e}^{-\mathrm{j}45°}\,\mathrm{A}}$;
für $R_a = 10\,\Omega$: $\underline{I}_1 = \underline{0{,}68\,\mathrm{e}^{-\mathrm{j}42{,}1°}\,\mathrm{A}}$;
für $R_a = 1\,\Omega$: $\underline{I}_1 = \underline{0{,}62\,\mathrm{e}^{-\mathrm{j}29{,}7°}\,\mathrm{A}}$;
für $R_a = 0\,\Omega$: $\underline{I}_1 = \underline{0{,}63\,\mathrm{e}^{-\mathrm{j}18{,}4°}\,\mathrm{A}}$
Um das Minimum des Stromes I_1 zu finden, setzt man nach (10) $\underline{I}_1 = \dfrac{1 + x + \mathrm{j}}{(1 + \mathrm{j})\,(1 + x + \mathrm{j}) - 1}$ A, vereinfacht und bildet hiervon den Betrag. Dieser nach x differenziert und die Ableitung gleich Null gesetzt, ergibt als Minimum für x den Wert $R_a = \underline{0{,}62\,\Omega}$. Diese Lösung kann auch einfacher mit Hilfe einer Ortskurve gefunden werden.

683. (Bild 245) a) $\underline{Y} = 0{,}46 - \mathrm{j}0{,}31$
b) $\underline{Y} = 0{,}11 + \mathrm{j}0{,}65$ c) $\underline{Y} = -0{,}41 + \mathrm{j}1{,}1$
d) $\underline{Y} = -0{,}77 - \mathrm{j}0{,}21$ e) $\underline{Y} = -0{,}94 + \mathrm{j}0{,}94$ f) $\underline{Y} = -0{,}32 + \mathrm{j}0{,}05$

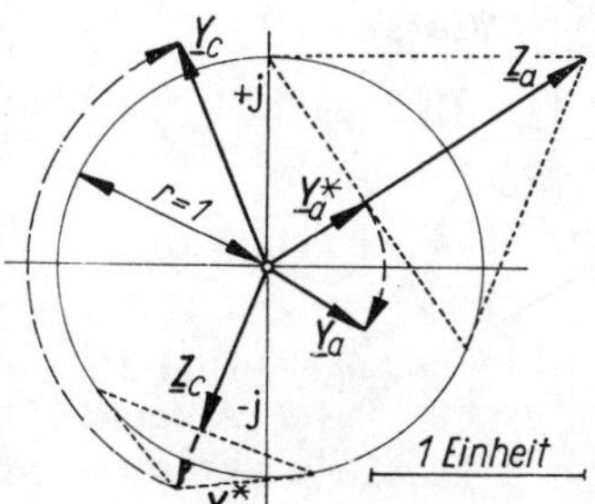

Bild 245.
Aufgabe 683

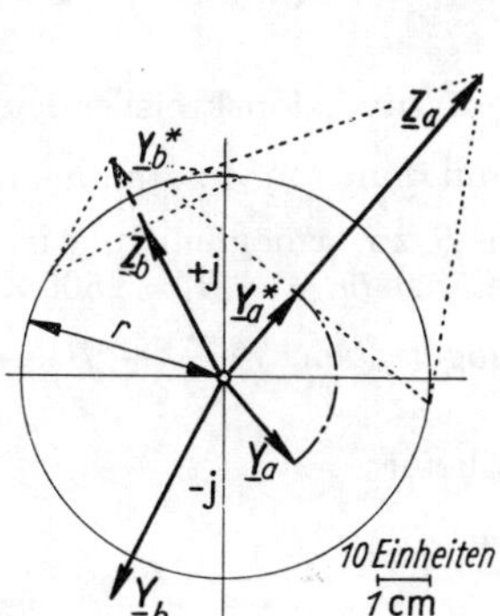

Bild 246.
Aufgabe 685

684. a) Abgelesen: $l_Y = 5{,}7$; $Y = \dfrac{l_Y}{r^2} = 0{,}35$; abgelesen $l_Y = 4 - \mathrm{j}4$;

$$\underline{Y} = \frac{l_Y}{r^2} = \frac{4 - \mathrm{j}4}{16} = \underline{0{,}25 - \mathrm{j}0{,}25}$$

b) Abgelesen: $l_Y = 4{,}8$; $Y = \dfrac{l_Y}{r^2} = \underline{0{,}3}$;
$\underline{Y} = \underline{0{,}27 - \mathrm{j}0{,}13}$

c) Abgelesen: $l_Y = 7{,}1$; $Y = 0{,}20$;
$\underline{Y} = \underline{0{,}04 - \mathrm{j}0{,}19}$

d) Abgelesen: $l_Y = 7{,}2$; $Y = 0{,}2$;
$\underline{Y} = \underline{0{,}12 + \mathrm{j}0{,}16}$

685. (Bild 246) a) Abgelesene Länge: $l_Y = 2{,}1$ cm $\triangleq$ 21 Einheiten;

$$Y = \frac{l_Y}{r^2} = \frac{21}{1600} = \underline{0{,}013}; \quad \underline{Y} = 0{,}008 - \mathrm{j}0{,}010$$

b) $Y = \underline{0{,}029}$; $\underline{Y} = \underline{-0{,}013 - \mathrm{j}0{,}027}$

c) $Y = \underline{1{,}94 \cdot 10^{-4}}$; $\underline{Y} = \underline{(0{,}94 + \mathrm{j}1{,}7)\,10^{-4}}$
d) $Y = \underline{5{,}55 \cdot 10^{-4}}$; $\underline{Y} = \underline{(-3{,}1 + \mathrm{j}4{,}6)\,10^{-4}}$

686. a) $Z\dfrac{Z}{2} = r^2$; $Z = r\sqrt{2} = \underline{28{,}3}$

b) $Z = r\sqrt{3} = \underline{34{,}6}$ c) $Z = \underline{40}$

687. a) $Z = \sqrt{34}$; $l_Y = 3\sqrt{34}$; nach Gl. (1) ist

$$r = \sqrt{Z l_Y} = \underline{10{,}1}; \quad Y = \frac{l_Y}{r^2} = \frac{1}{Z} = \underline{0{,}17}$$

b) $Z = \sqrt{2{,}5}$; $l_Y = 8\sqrt{2{,}5}$; $r = \underline{4{,}47}$; $Y = \underline{0{,}63}$
c) $r = \underline{5{,}39}$; $Y = \underline{0{,}59}$
d) $r = \underline{68{,}6}$; $Y = \underline{0{,}055}$

688. a) Abgelesen: $l_Y = 9{,}3 + \mathrm{j}12{,}5$;

$$\underline{Y} = \frac{9{,}3 + \mathrm{j}12{,}5}{26^2} = \underline{0{,}014 + \mathrm{j}0{,}018}$$

b) Abgelesen: $l_Y = 41 + \mathrm{j}31$;

$$\underline{Y} = \frac{41 + \mathrm{j}31}{65^2} = \underline{0{,}010 - \mathrm{j}0{,}007}$$

c) Abgelesen: $l_Y = 310 + \mathrm{j}210$;
$\underline{Y} = \underline{(1{,}5 + \mathrm{j}1{,}0) \cdot 10^{-3}}$

d) Abgelesen: $l_Y = 1120 - \mathrm{j}1280$;
$\underline{Y} = \underline{(1{,}7 - \mathrm{j}1{,}9) \cdot 10^{-4}}$

689. a) $\underline{A} + \underline{B} = 4 + \mathrm{j}$; nach Inversion von $(\underline{A} + \underline{B})$ abgelesen

$\underline{C}r^2 = 2{,}1 - \mathrm{j}0{,}53$; $\underline{C} = \underline{0{,}24 - \mathrm{j}0{,}06}$)

b) $\underline{A} + \underline{B} = 5 - \mathrm{j}$; nach Inversion von $(\underline{A} + \underline{B})$ abgelesen $\underline{C}r^2 = 1{,}7 + \mathrm{j}0{,}35$; $\underline{C} = \underline{0{,}19 + \mathrm{j}0{,}04}$

c) $\underline{A} + \underline{B} = 3 - \mathrm{j}2$; $\underline{C}r^2 = 2{,}1 + \mathrm{j}1{,}4$; $\underline{C} = \underline{0{,}23 + \mathrm{j}0{,}15}$

d) $\underline{A} + \underline{B} = 5 + \mathrm{j}2$; $\underline{C}r^2 = 6{,}2 - \mathrm{j}2{,}5$; $\underline{C} = \underline{0{,}17 - \mathrm{j}0{,}07}$

690. a) Für $\frac{1}{\underline{A}}$ abgelesen: $\frac{r^2}{\underline{A}} = 5{,}9 - \mathrm{j}1{,}47$;

$\frac{1}{\underline{A}} = 0{,}24 - \mathrm{j}0{,}06$;

$\underline{C} = \frac{1}{\underline{A}} + \underline{B} = \underline{0{,}34 + \mathrm{j}0{,}14}$

b) $\frac{1}{\underline{A}} = 1{,}5 + \mathrm{j}2{,}3$ (unmittelbar erhalten, da Inversion am Einheitskreis); $\underline{C} = \frac{1}{\underline{A}} + \underline{B} =$
$= \underline{0{,}5 + \mathrm{j}0{,}3}$

c) Da $\underline{A}$ auf dem Inversionskreis endet, liegt auch der Endpunkt von $\frac{1}{\underline{A}}$ auf dem Inversionskreis. Dann ist $\frac{1}{\underline{A}} = \frac{3 + \mathrm{j}4}{r^2} = 0{,}12 + \mathrm{j}0{,}16$;

$\underline{C} = \frac{1}{\underline{A}} + \underline{B} = \underline{0{,}4 + \mathrm{j}0{,}4}$

d) Für $\frac{1}{\underline{A}}$ abgelesen: $l = 0{,}55 + \mathrm{j}1{,}35$;

$\frac{1}{\underline{A}} = \frac{l}{r^2} = 0{,}14 + \mathrm{j}0{,}34$;

$\underline{C} = \frac{1}{\underline{A}} + \underline{B} = \underline{0{,}64 + \mathrm{j}0{,}94}$

691. a) (Bild 247) $\underline{A}$ und $\underline{B}$ werden invertiert und die erhaltenen Zeiger zur Resultierenden $\frac{1}{\underline{A}} + \frac{1}{\underline{B}}$ zusammengesetzt, die bei Verwendung von $r = 5$ in der Zeichnung mit $4{,}6 + \mathrm{j}0{,}9$ erscheint. Nochmalige Inversion liefert direkt $\underline{C} = \underline{5{,}1 - \mathrm{j}0{,}96}$

b) Die Summe $\frac{1}{\underline{A}} + \frac{1}{\underline{B}}$ erscheint in der Zeichnung mit $8{,}33 + \mathrm{j}5$. Nochmalige Inversion ergibt direkt $\underline{C} = \underline{2{,}2 - \mathrm{j}1{,}3}$

c) $\frac{1}{\underline{A}}$ erscheint mit $2{,}6 + \mathrm{j}6$; $\frac{1}{\underline{B}}$ fällt mit $\underline{B}^* =$
$= -10$ zusammen; $\frac{1}{\underline{A}} + \frac{1}{\underline{B}}$ erscheint mit $-7{,}4 = +\mathrm{j}6$; nochmalige Inversion liefert direkt $\underline{C} = \underline{-8{,}1 - \mathrm{j}6{,}6}$

d) Da die Endpunkte von $\underline{A}$ und $\underline{B}$ auf dem Inversionskreis liegen, gehen sie bei der Inversion in sich selbst über. $\frac{1}{\underline{A}} + \frac{1}{\underline{B}}$ erscheint mit $14 +$

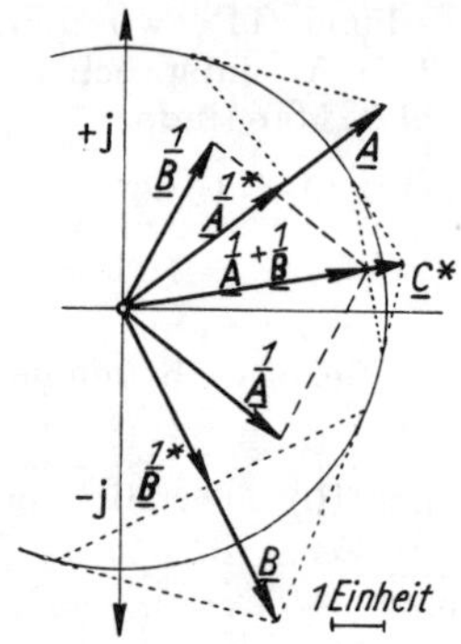

Bild 247. Aufgabe 691a

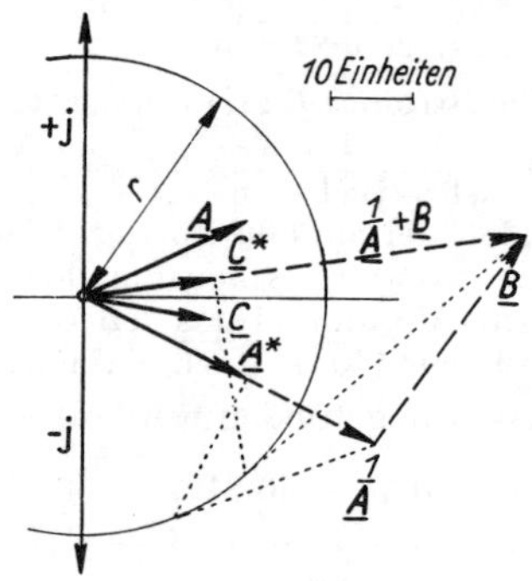

Bild 248. Aufgabe 692c

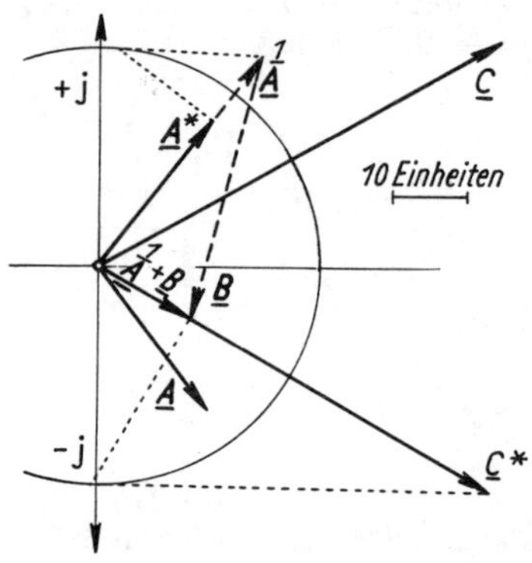

Bild 249. Aufgabe 692d

$+ \mathrm{j}2$. Nochmalige Inversion ergibt direkt $\underline{C} =$
$= \underline{7 + \mathrm{j}}$

692. a) Da $\underline{A}$ auf dem Inversionskreis endet, fällt das Ende von $\frac{1}{\underline{A}}$ mit dem von $\underline{A}$ zusammen. Um die Addition von $\underline{B}$ zu ermöglichen, wird dieser Zeiger mit der Länge $\underline{l}_B = r^2\underline{B} = 2500 \times$
$\times (-\mathrm{j}0{,}01) = -\mathrm{j}25$ eingetragen. $r^2\left(\frac{1}{\underline{A}} + \underline{B}\right) =$
$= 50 - \mathrm{j}25$.

Nochmalige Inversion liefert

$$\underline{C} = \frac{1}{\frac{1}{\underline{A}} + \underline{B}} = \underline{40 + \mathrm{j}20}$$

b) Der zu $\underline{A}$ inverse Zeiger $\frac{1}{\underline{A}}$ ergibt sich in der Zeichnung zu $\frac{r^2}{\underline{A}} = 14 - \text{j}23{,}5$. Hierzu addiert man $l_B = r^2\underline{B} = 16 + \text{j}32$ und erhält die Summe $30 + \text{j}8{,}5$; nach Inversion ergibt sich direkt $\underline{C} = \underline{49 - \text{j}14}$.

c) (Bild 248) Der zu $\underline{A}$ inverse Zeiger $\frac{1}{\underline{A}}$ erscheint in der Zeichnung mit $36 - \text{j}18$. Hierzu wird addiert $r^2\underline{B} = 900\,(0{,}02 + \text{j}0{,}03) = 18 + \text{j}27$. Die Summe ist $r^2\left(\frac{1}{\underline{A}} + \underline{B}\right) = 54 + \text{j}9$. Nochmalige Inversion liefert direkt $\underline{C} = \underline{16 - \text{j}2{,}7}$

d) (Bild 249)

$$\frac{1}{\underline{A}} + \underline{B} = 12{,}6 - \text{j}7{,}2; \quad \underline{C} = \frac{1}{\frac{1}{\underline{A}} + \underline{B}} =$$

$$= \underline{54 + \text{j}30{,}8}$$

693. (Bild 250) $\text{M}_Y = \frac{r^2}{\text{M}_Z} = \frac{25\,\text{cm}^2\,\Omega}{0{,}1\,\text{cm}} = \frac{250\,\text{cm}}{\text{S}}$; nach Inversion von Z ergibt sich

$$l_Y = 3{,}1\,\text{cm}; \quad Y = \frac{l_Y}{\text{M}_Y} = \frac{3{,}1\,\text{cm S}}{250\,\text{cm}} = \underline{0{,}0124\,\text{S}}$$

694. (Bild 250) Inversion von $R = 60\,\Omega$ ergibt $l_G = 4{,}2$ cm; Inversion von $-\text{j}\frac{1}{\omega C}$ ergibt $l_B = 3{,}9$ cm; nochmalige Inversion der Summe $\underline{Y}$ dieser Leitwerte liefert $l_Z = 4{,}3$ cm;

$$Z = \frac{l_Z}{\text{M}_Z} = \frac{4{,}3\,\text{cm}\,\Omega}{0{,}1\,\text{cm}} = \underline{43\,\Omega};$$

M_Y wird nicht benötigt, da zweimalige Inversion erfolgt.

695. Nach Inversion von R (geht in sich selbst über) und jωL entsteht als Summe $\underline{Y}$. Nochmalige Inversion ergibt $l_Z = 3{,}9$ cm; $Z = \frac{l_Z}{\text{M}_Z} = \underline{78\,\Omega}$; M_Y wird nicht benötigt, da zweimalige Inversion erfolgt.

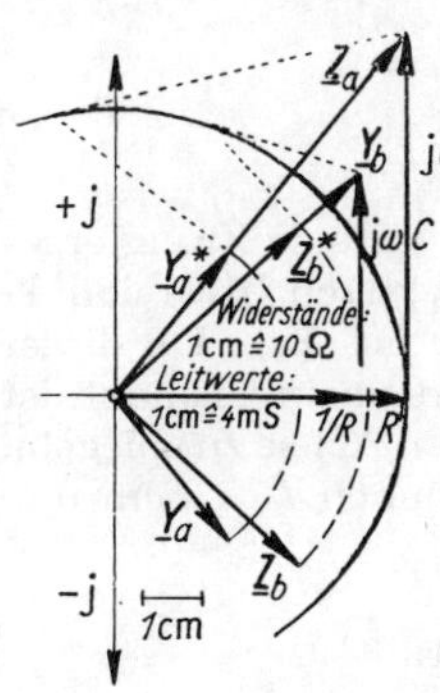

Bild 250. Aufgaben 693 und 694

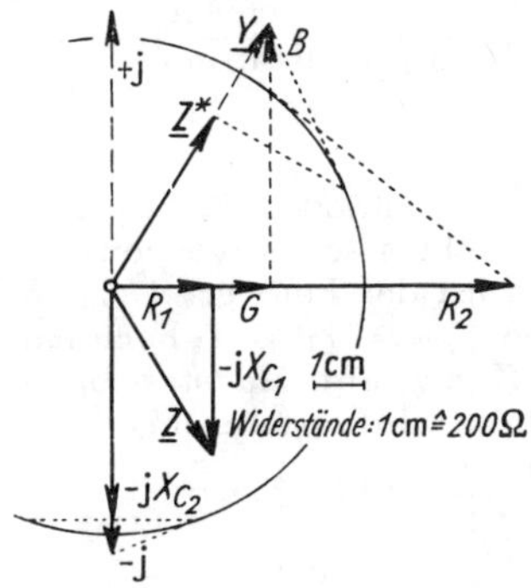

Bild 251. Aufgabe 696

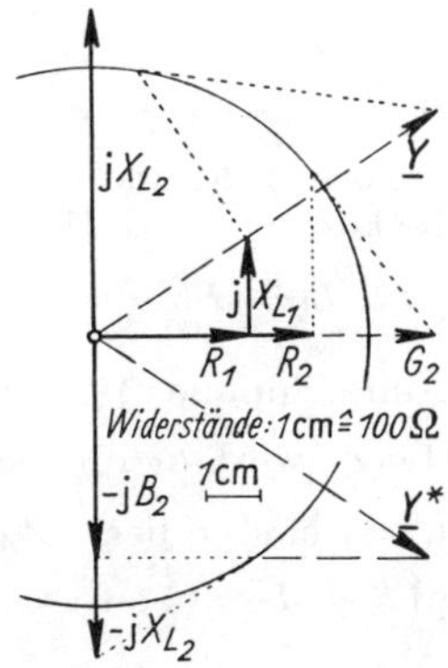

Bild 252. Aufgabe 697

696. (Bild 251) $\text{M}_Z = \frac{0{,}005\,\text{cm}}{\Omega}$; M_Y wird wegen zweimaliger Inversion nicht benötigt. Nach Eintragen von R_1 und $\text{j}X_{C1}$ wird die Resultierende $\underline{Z}$ invertiert. Dies ergibt die beiden Komponenten $l_G = 3{,}1$ cm und $l_B = 5{,}4$ cm. Diese werden nochmals invertiert und liefern

$l_{R2} = 8{,}1$ cm und $l_{C2} = 4{,}65$ cm; $R_2 = \frac{l_{R2}}{\text{M}_Z} = \underline{1620\,\Omega}$ und $X_{C2} = \frac{l_{C2}}{\text{M}_Z} = \underline{930\,\Omega}$ (Probe mit dem Verfahren nach 10.1.).

697. (Bild 252) Inversion von R_2 und $\text{j}X_{L2}$ ergibt die Leitwerte G_2 und $-\text{j}B_2$. Die Summe ist der Leitwert $\underline{Y}$ der Schaltung und liefert durch Inversion den Widerstand $\underline{Z}$. Seine beiden Komponenten haben die Längen $l_{R1} = 2{,}80$ cm und $l_{B1} = 1{,}85$ cm; $R_1 = \frac{l_{R1}}{\text{M}_Z} = \underline{280\,\Omega}$; $X_{L1} = \frac{l_{B1}}{\text{M}_Z} = \underline{185\,\Omega}$ (Probe nach 10.1)

698. Nach Zeichnen von $\underline{Z}$ und Inversion entsteht $\underline{Y}$. Drehen des Zeigers $\underline{Y}$, so daß $\varphi = 45°$ wird. Zerlegen in die beiden Leitwertkomponenten und deren Inversion ergibt $l_{R2} = l_{X2} = 7{,}5$ cm. Mit $\text{M}_Z = \frac{0{,}1\,\text{cm}}{\Omega}$ wird $R_2 = X_{L2} = \underline{75\,\Omega}$.

699. (Bild 253) $M_Y = \frac{r^2}{M_Z} = \frac{9\ \text{cm}^2\,\Omega}{0{,}015\ \text{cm}} = \frac{600\ \text{cm}}{\text{S}}$

Die Summe der Widerstände $R_1 + j\omega L = (100 + j200)\ \Omega$ ergibt nach Inversion den Leitwert $\underline{Y}_1$. Dazu wird der Leitwert $1/R_2$ addiert und die Summe $\underline{Y}_{AB} = \underline{Y}_1 + \underline{Y}_2$ nochmals invertiert. Der für $\underline{Z}$ gewählte Maßstab bleibt dabei erhalten. Für Z_{AB} wird abgelesen $l_Z = 2{,}1$ cm; $Z_{AB} = \frac{l_Z}{M_Z} = \underline{140\ \Omega}$; $\underline{Z}_{AB} = \underline{(115 + j77)\ \Omega}$; $\tan\varphi = \frac{77}{115}$; $\varphi = \underline{33{,}8°}$

700. (Bild 254) $M_Y = \frac{r^2}{M_Z} = \frac{160\ \text{cm}}{\text{S}}$;

die Zeiger der beiden Leitwerte $1/R_1$ und $-j/\omega L$ haben in der Zeichnung die Länge $l_G = G_1 M_Y = \frac{1\ \text{S} \cdot 160\ \text{cm}}{50\ \text{S}} = 3{,}2$ cm bzw. $l_B = B M_Y = \frac{1\ \text{S} \cdot 160\ \text{cm}}{30\ \text{S}} = 5{,}3$ cm; ihre Summe $\underline{Y}_1$ wird invertiert und gibt $\underline{Z}_1$. Hierzu wird R_2 mit der Länge $l_{R1} = \frac{20\ \Omega \cdot 0{,}1\ \text{cm}}{\Omega} = 2$ cm addiert. Z_{AB} hat in der Zeichnung die Länge $l_Z = 4$ cm;

$$Z_{AB} = \frac{4\ \text{cm}\,\Omega}{0{,}1\ \text{cm}} = \underline{40\ \Omega}; \quad \underline{Z}_{AB} = \underline{(33 + j22)\ \Omega};$$

$$\tan\varphi = \frac{22}{33}; \quad \varphi = \underline{33{,}7°}$$

701. (Bild 255) $M_Y = \frac{160}{\text{S}}$ cm; entsprechend diesem Maßstab erscheinen die Leitwerte $1/R$ und $j\omega C$ mit den Längen $l = 2{,}7$ cm bzw. 4 cm. Die Inversion von $\underline{Y}_1$ liefert $\underline{Z}_1 = (18{,}5 - j28)\ \Omega$; hierzu wird $j\omega L = j20\ \Omega$ addiert, was $\underline{Z}_{AB} = \underline{(18{,}5 - j8)\ \Omega}$ ergibt; $\tan\varphi = -\frac{8}{18{,}5}$; $\varphi = \underline{-23{,}4°}$

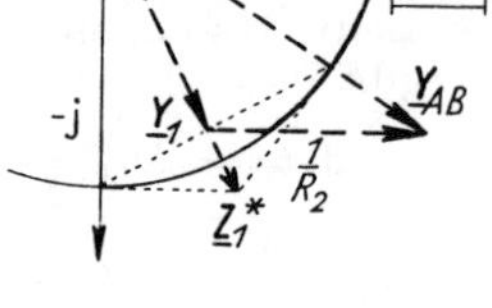

Bild 253. Aufgabe 699

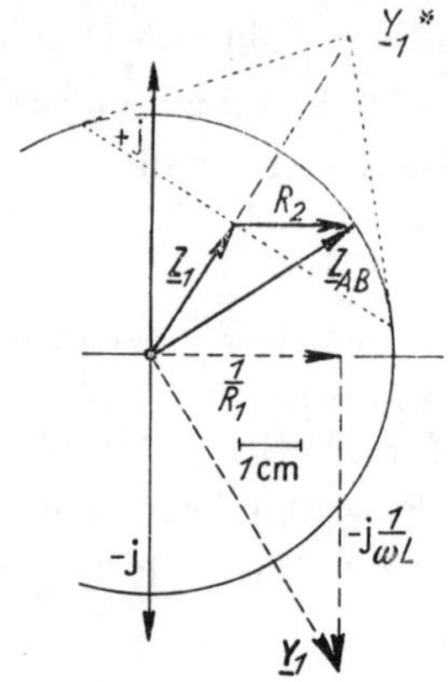

Bild 254. Aufgabe 700

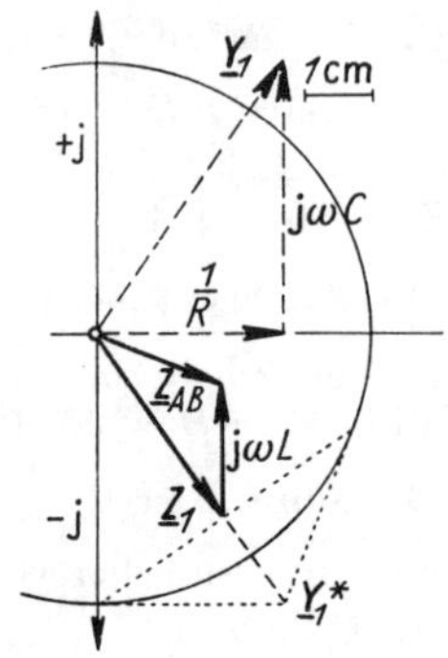

Bild 255. Aufgabe 701

702. (Bild 256) $M_Y = \frac{16\ \text{cm}^2\,\Omega}{0{,}01\ \text{cm}} = \frac{1600\ \text{cm}}{\text{S}}$;

die Zeiger der Leitwerte ergeben paarweise addiert die beiden Leitwerte $\underline{Y}_1$ und $\underline{Y}_2$. Hierbei erscheint in der Zeichnung $1/R_1$ mit der Länge $l = G_1 M_Y = 5{,}3$ cm usw. $\underline{Y}_1$ und $\underline{Y}_2$ ergeben nach Inversion die Widerstände $\underline{Z}_1 = (250 + j120)\ \Omega$ und $\underline{Z}_2 = (150 - j230)\ \Omega$. Addition dieser beiden Zeiger ergibt Z_{AB} mit der Länge $l = 4{,}15$ cm, d. h. mit dem Betrag

$$Z_{AB} = \frac{l}{M_Z} = \frac{4{,}15\ \text{cm}\,\Omega}{0{,}01\ \text{cm}} = \underline{415\ \Omega};$$

$$\underline{Z}_{AB} = \underline{(400 - 110)\ \Omega}; \ \tan\varphi = -\frac{110}{400};$$

$$\varphi = \underline{-15{,}4°}$$

703. (Bild 257) $M_Y = \frac{r^2}{M_Z} = \frac{32\,000\ \text{cm}}{\text{S}}$; die Summe aus R und $j\omega L$ ergibt mit den Längen $l_{Z1} = (2 + j3{,}14)$ cm nach Inversion den Zeiger $\underline{Y}_1$; hierzu addiert $l_{YC} = \omega C \cdot M_Y = 5{,}0$ cm ergibt $\underline{Y}_{AB}$. Nochmalige Inversion liefert $\underline{Z}_{AB}$ mit $l_{AB} = (5{,}05 - j3{,}1)$ cm;
$\underline{Z}_{AB} = \underline{(10100 - j6200)\ \Omega}$;
$Z_{AB} = \underline{11{,}6\ \text{k}\Omega}$; $\varphi = \underline{-31{,}4°}$

704. (Bild 258) Oberer und unterer Zweig ergeben die Zeiger $\underline{Z}_1$ und $\underline{Z}_2$ bzw. nach Inversion $\underline{Y}_1$ und $\underline{Y}_2$. Die Summe beider ist $\underline{Y}_{AB}$. Da dieser Zeiger gerade auf dem Inversionskreis endet, ist er lediglich noch an der reellen Achse zu spiegeln. Die Länge von $\underline{Z}_{AB}$ ist demnach $l = 3$ cm und

$$Z_{AB} = \frac{l}{M_Z} = \frac{3\ \text{cm}\Omega}{0{,}1\ \text{cm}} = \underline{30\ \Omega};$$

$$\underline{Z}_{AB} = \underline{(28 + j7)\ \Omega}; \quad \varphi = \underline{13{,}6°}$$

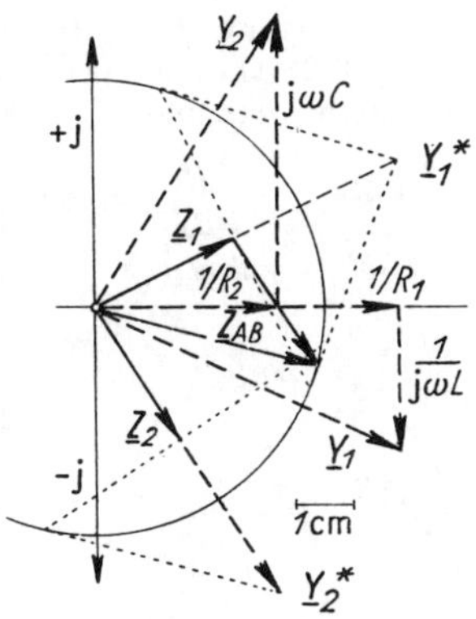

Bild 256.
Aufgabe 702

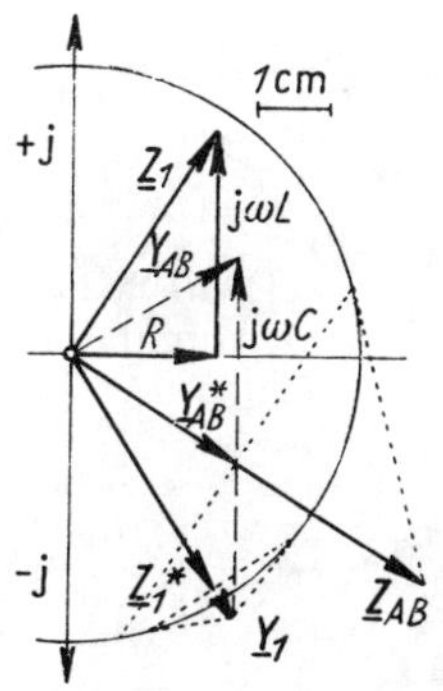

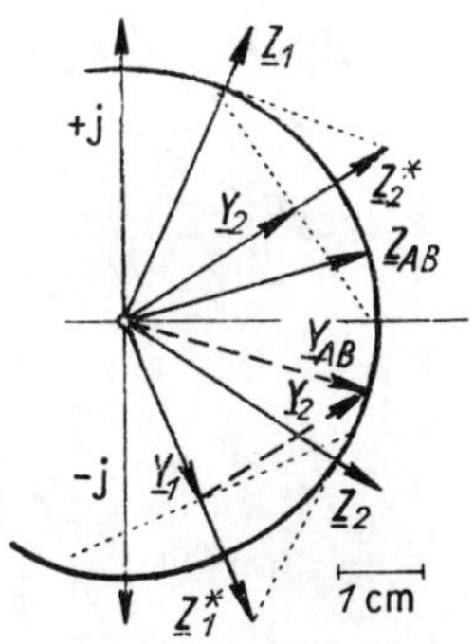

Bild 257. Aufgabe 703 Bild 258. Aufgabe 704

705. Konstruktion von $\underline{Z}_1$ wie in Aufgabe 701. Die Parallele zur imaginären Achse durch den Endpunkt von $\underline{Z}_1$ schneidet den Zeiger $\underline{Y}_1$ im Endpunkt von $\underline{Z}_{AB}$, da dann das Dreieck $\underline{Z}_1$ — — $j\omega L$ — $\underline{Z}_{AB}$ gleichschenklig ist. $j\omega L$ erscheint mit der Länge $l = 5{,}5$ cm; $\omega L = \dfrac{5{,}5 \text{ cm}\,\Omega}{0{,}1 \text{ cm}} =$ $= \underline{55\ \Omega}$

706. (Bild 259) $M_Y = \dfrac{r^2}{M_Z} = \dfrac{16 \text{ cm}^2\,\Omega}{0{,}05 \text{ cm}} = = \dfrac{320 \text{ cm}}{\text{S}}$; in die Zeichnung wird $\underline{Y}_1$ mit der Länge $l_{Y1} = \underline{Y}_1 M_Y = \left(\dfrac{1}{80} - \text{j}\dfrac{1}{71}\right) \text{S} \cdot \dfrac{320 \text{ cm}}{\text{S}} =$ $= (4 - \text{j}4{,}5)$ cm eingetragen. Nach Inversion ist

$$\underline{Z}_1 = \frac{(1{,}8 + \text{j}2) \text{ cm}\,\Omega}{0{,}05 \text{ cm}} = (36 + \text{j}40)\ \Omega.$$

Um $\underline{Z}_{AC} = 80\ \Omega$ zu erhalten, ist

$\underline{Z}_{BC} = \underline{(44 - \text{j}40)\ \Omega}$ zu addieren.

707. (Bild 260) $M_Y = \dfrac{160 \text{ cm}}{\text{S}}$ (s. Aufgabe 701); Subtraktion des Zeigers $j\omega L$ (Länge $l = \omega L \times$ $\times M_Z = 3$ cm) von $\underline{Z}_{AB}$ ergibt $\underline{Z}_1$. Inversion von $\underline{Z}_1$ ergibt $\underline{Y}_1^*$ mit den Längen $l_Y = (3{,}0 + \text{j}5{,}0)$ cm. Hieraus folgen $\dfrac{1}{R} = \dfrac{3 \text{ cm S}}{160 \text{ cm}}$ bzw. $R = \underline{53\ \Omega}$ und

$$\omega C = \frac{5 \text{ cm S}}{160 \text{ cm}} \text{ bzw. } \frac{1}{\omega C} = \underline{32\ \Omega}$$

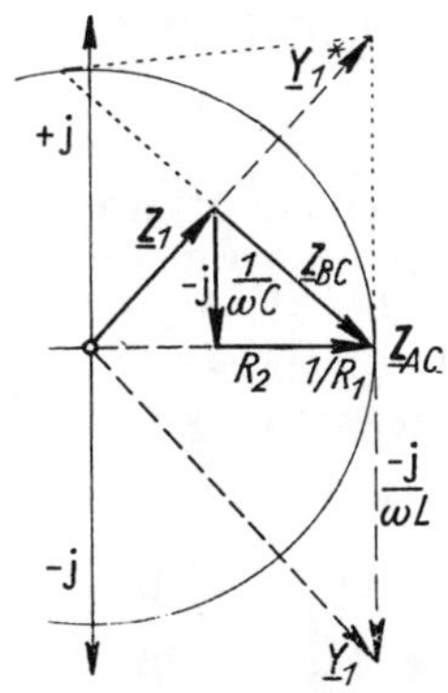

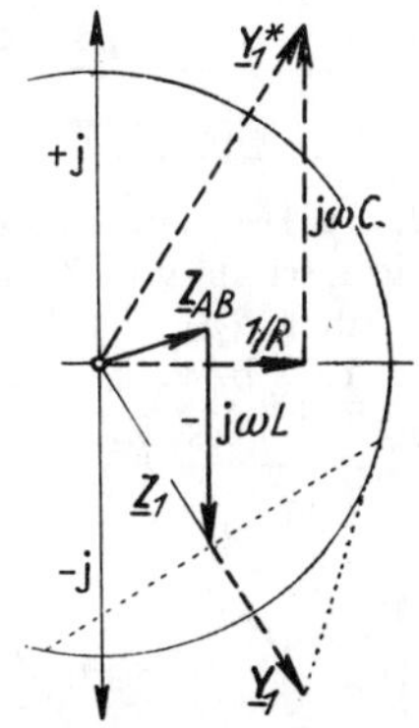

Bild 259. Aufgabe 706 Bild 260. Aufgabe 707

708. $M_Y = \dfrac{160 \text{ cm}}{\text{S}}$; Konstruktion in Anlehnung an Bild 254; nach Zeichnen von $\underline{Z}_{AB}$ wird mit dem Winkel $\varphi = 30°$ die Richtung von $\underline{Z}_1$ festgelegt. Die Parallele zur reellen Achse durch den Endpunkt von $\underline{Z}_{AB}$ liefert $\underline{Z}_1$, R_2 und die Inversion $\underline{Y}_1$. Die Komponenten von $\underline{Y}^*_1$ haben die Längen 1,9 cm bzw. 4,5 cm und entsprechen den Leitwerten $\dfrac{1}{R_1} = \dfrac{1{,}9 \text{ cm S}}{160 \text{ cm}}$ bzw. $\dfrac{4{,}5 \text{ cm S}}{160 \text{ cm}}$ S. Das ergibt die Widerstände $R_1 = \underline{84\ \Omega}$, $\omega L =$ $= \underline{36\ \Omega}$ und $R_2 = \underline{27\ \Omega}$.

709. a) $l_a = \underline{4}$; par. z. imag. Achse;
$Z_1 = \sqrt{4^2 + (0{,}5 \cdot 3)^2} = \underline{4{,}3}$; $Z_2 = \underline{15{,}5}$

b) $l_a = \underline{7}$; par. z. reell. Achse;
$Z_1 = \underline{7{,}2}$; $Z_2 = \underline{16{,}6}$

c) $l_a = \underline{2}$; par. z. imag. Achse;
$Z_1 = \underline{2{,}8}$; $Z_2 = \underline{20{,}1}$

d) $l_a = \underline{2{,}5}$; par. z. imag. Achse;
$Z_1 = \underline{3{,}0}$; $Z_2 = \underline{16{,}2}$

e) $l_a = \underline{0}$; durch den Nullpunkt;
$Z_1 = \underline{1{,}3}$; $Z_2 = \underline{13{,}0}$

f) $l_a = \underline{0}$; durch den Nullpunkt;
$Z_1 = \underline{2{,}0}$; $Z_2 = \underline{19{,}8}$

710. a) $p = \pm \dfrac{1}{3}\sqrt{7{,}21^2 - 4^2} = \underline{\pm 2}$

b) $p = \underline{\pm 1{,}6}$ c) $p = \underline{\pm 5{,}2}$

d) $p_1 = \underline{3{,}05}$; $p_2 = \underline{-1{,}05}$

711. a) $b = \frac{1}{p_b}\sqrt{Z^2 - a^2} = \pm 2{,}25$;

$\underline{\underline{Z} = 12 \pm \mathrm{j}p2{,}25}$

b) $\underline{Z} = \underline{\pm 6{,}9 + \mathrm{j}p4}$ c) $\underline{Z} = \underline{\pm p7{,}6 + \mathrm{j}5}$

d) $\underline{Z} = \underline{\pm 12{,}5 + \mathrm{j}p5}$

712. a) Im Schnittpunkt sind die Real- und Imaginärteile von $\underline{Z}_1$ und $\underline{Z}_2$ einander gleich. Es ist daher $2p_2 = 4$ bzw. $\mathrm{j}p_1 3 = \mathrm{j}5$ und damit $p_1 = \underline{1{,}67}$ bzw. $p_2 = \underline{2}$ b) $p_1 = \underline{1}$; $p_2 = \underline{-0{,}8}$ c) $p_1 = \underline{-0{,}8}$; $p_2 = \underline{2{,}47}$ d) $p_1 = \underline{-2{,}2}$; $p_2 = \underline{1{,}75}$

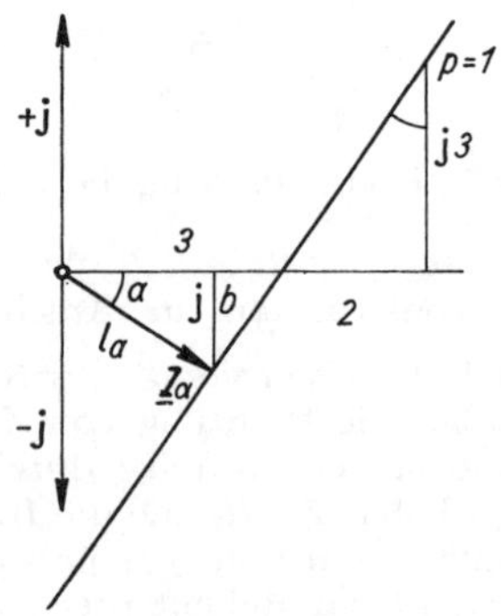

Bild 261.
Aufgabe 713a

713. a) (Bild 261) Die ähnlichen Dreiecke ergeben die Proportion

$$\frac{l_a}{3} = \frac{3}{\sqrt{3^2 + 2^2}}; \quad l_a = \underline{2{,}5}; \quad \frac{a}{l_a} = \frac{3}{\sqrt{3^2 + 2^2}};$$

$a = 2{,}1$; $b = 1{,}4$;

$\underline{Z}_a = \underline{2{,}1 + \mathrm{j}1{,}4}$; $\underline{Z}_a$ wird reell für $p = \underline{0}$

b) $l_a = \underline{1{,}65}$; $\underline{Z}_a = \underline{-2 + \mathrm{j}1{,}1}$ bzw. reell für $p = \underline{-2}$

c) $l_a = \underline{1{,}54}$; $\underline{Z}_a = \underline{-1{,}3 + \mathrm{j}0{,}8}$ bzw. reell für $p = \underline{0{,}6}$

d) $l_a = \underline{1{,}34}$; $\underline{Z}_a = \underline{1{,}2 + \mathrm{j}0{,}6}$ bzw. reell für $p = \underline{-1{,}5}$

714. Gleichsetzen der Real- bzw. Imaginärteile der beiden Funktionen ergibt

a) $p_2 = \underline{2{,}17}$; $\underline{Z}_5 = \underline{2 + \mathrm{j}6{,}5}$

b) $p_2 = \underline{-5{,}25}$; $\underline{Z}_5 = \underline{3 + \mathrm{j}10{,}5}$

c) $p_2 = \underline{1{,}63}$; $\underline{Z}_5 = \underline{1{,}63 + \mathrm{j}5}$

d) $p_2 = \underline{0{,}17}$; $\underline{Z}_5 = \underline{0{,}34 - \mathrm{j}0{,}17}$

715. (Bild 262) Für $p = 1$ ist mit $f_1 = 10$ Hz $X_L = 2\pi \cdot 10\ \mathrm{s}^{-1} \cdot 0{,}1\ \mathrm{H} = 6{,}28\ \Omega$. Die weitere Teilung der Parameterskale erfolgt linear.

716. (Bild 263) Für $p = 1$ ist $\omega_{45} = \frac{R}{L} = 500\ {}^1/\mathrm{s}$, für $p = 2$ ist $\omega = 2\frac{R}{L} = 1000\ {}^1/\mathrm{s}$ usw.

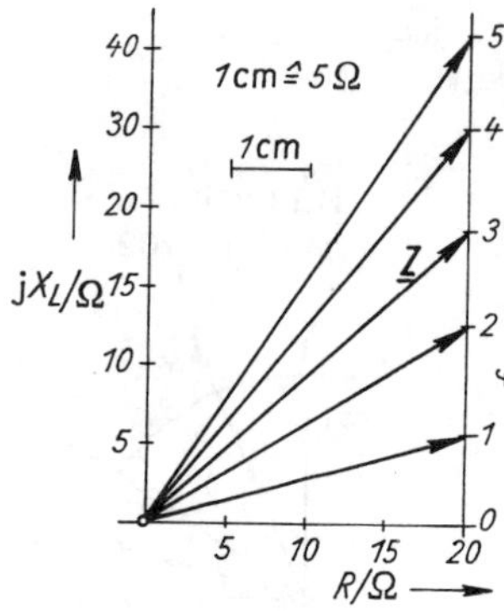

Bild 262.
Aufgabe 715

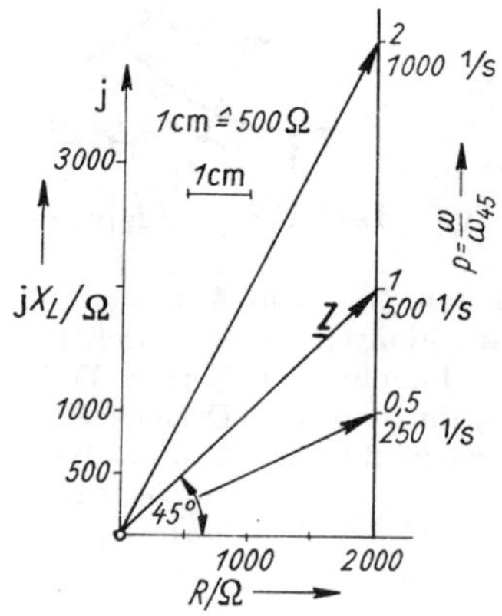

Bild 263.
Aufgabe 716

717. (Bild 264)

718. (Bild 265)

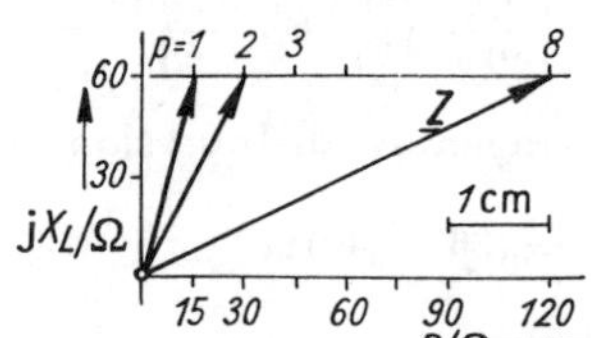

Bild 264.
Aufgabe 717

719. (Bild 266) Für $\varphi = 45°$ ist $C = \frac{1}{\omega R} = 5\mu\mathrm{F}$. Verdoppelung der Kapazität bedeutet Halbierung des kapazitiven Widerstandes.

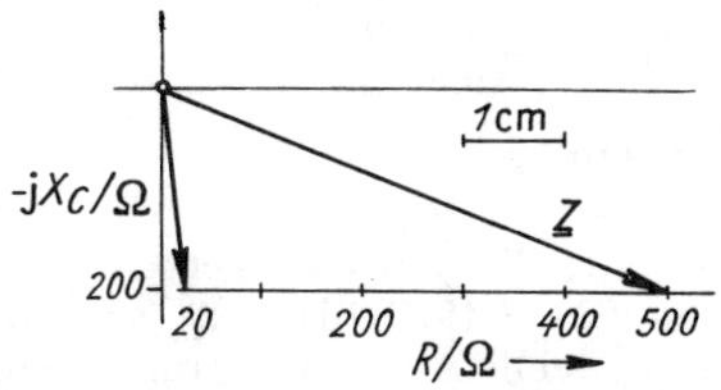

Bild 265. Aufgabe 718

720. (Bild 267) Für $\varphi = 45°$, d. h. $p = 1$ ist $\omega_{45} = \frac{1}{RC} = 500\ {}^1/\text{s}$ oder 79,6 Hz. Verdoppelung der Frequenz bewirkt Halbierung des kapazitiven Widerstandes usw.

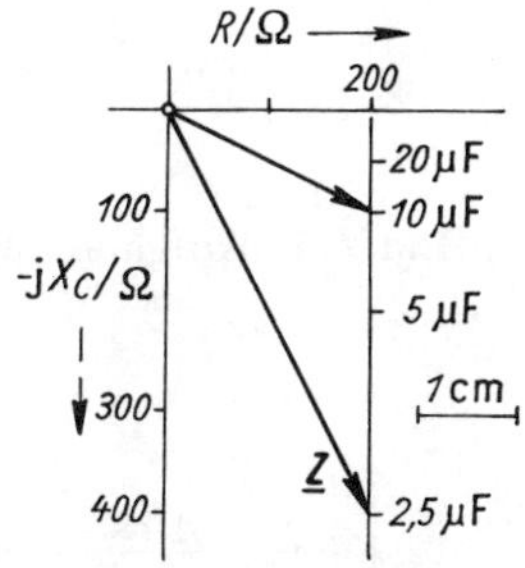

Bild 266. Aufgabe 719

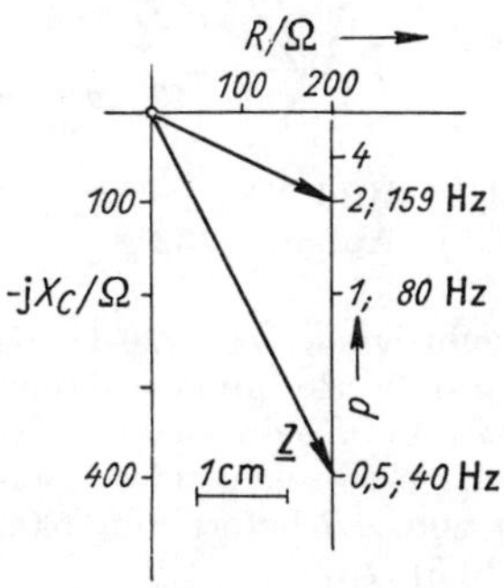

Bild 267. Aufgabe 720

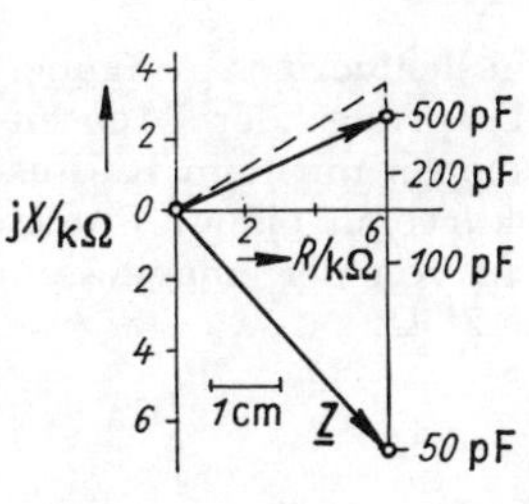

Bild 268. Aufgabe 721

721. (Bild 268) Die Parameterskale für die Kapazitäten wird von oben nach unten, beginnend bei $jX_L = 3{,}77\ \text{k}\Omega$, abgetragen.

722. (Bild 269) Die Werte der resultierenden Parameterskale sind mit einem Stern * gekennzeichnet.

723. (Bild 270) s. Aufg. 722

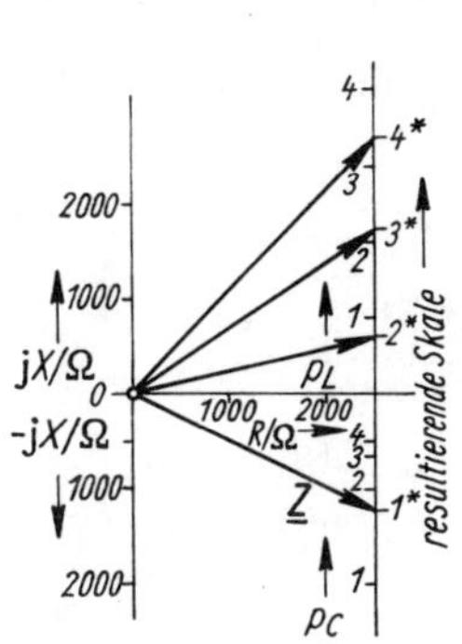

Bild 269. Aufgabe 722

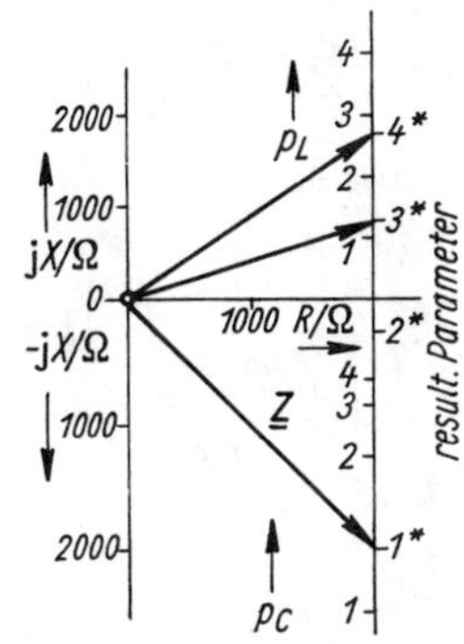

Bild 270. Aufgabe 723

724. (Bild 271) Für $\varphi = 45°$, d. h. $p = 1$, ist $R_{45} = \frac{1}{\omega C} = 250\ \Omega$; $\frac{1}{R_{45}} = 4\ \text{mS}$; $\underline{Y}_{100} = \underline{10{,}8\ \text{mS}}$; $\varphi_{100} = \underline{21{,}8°}$

725. (Bild 272) Für $p = 1$ ist $\omega_1 C = 1\ \text{mS}$

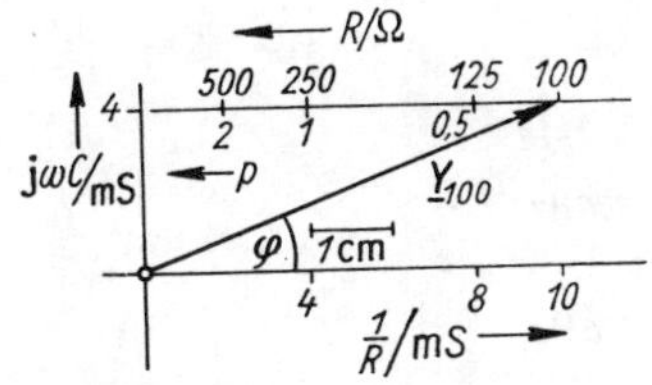

Bild 271. Aufgabe 724

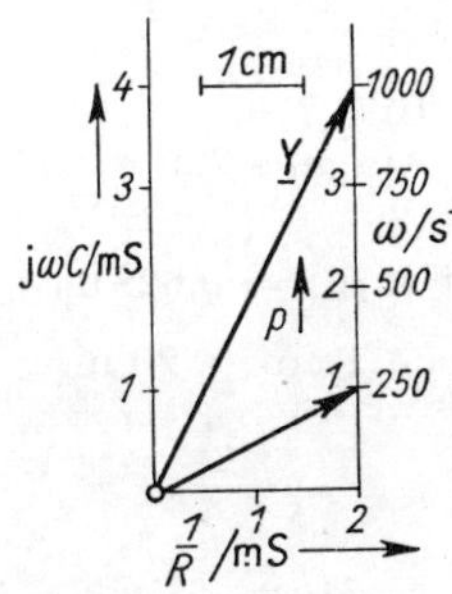

Bild 272. Aufgabe 725

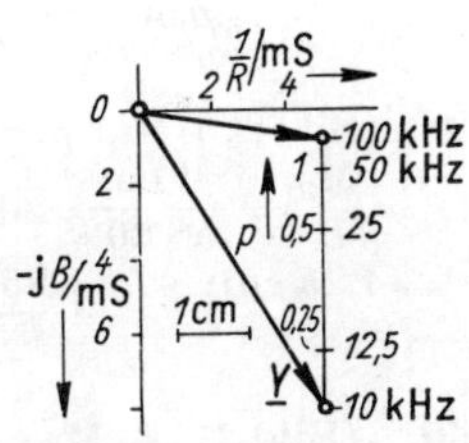

Bild 273. Aufgabe 726

726. (Bild 273) Für $p = 1$ ist $\frac{1}{\omega_1 L} = 1{,}59\ \text{mS}$; Halbierung des Parameters ergibt Verdoppelung des Leitwertes.

727. (Bild 274) Für $\varphi = 45°$ ist $p = 1$ und $C_{45} = \frac{1}{\omega R} = 10\ \mu\text{F}$; für $C = 16\ \mu\text{F}$ $(p = 1{,}6)$ ist $Y = \underline{47\ \text{mS}}$ und $\varphi = \underline{58°}$

728. (Bild 275) Für $p = 1$ ist $R = \frac{1}{R_1} = 100\ \Omega$; $M_I = \frac{M_Y}{U} = \frac{50\,\text{cm}}{\text{S}\,4\,\text{V}} = \frac{12{,}5\,\text{cm}}{\text{A}}$ oder auch 1 cm $\triangleq$ $\triangleq$ 0,08 A

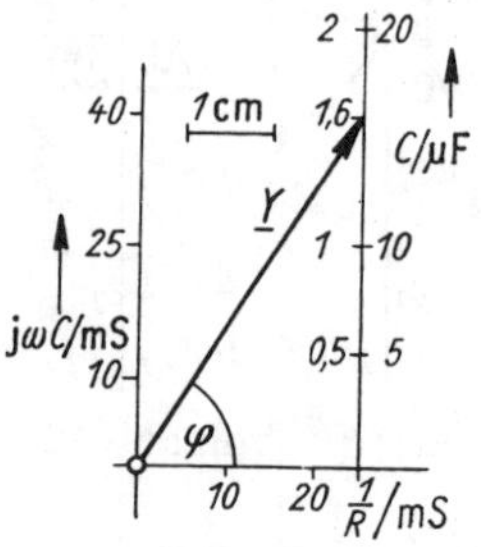

Bild 274. Aufgabe 727

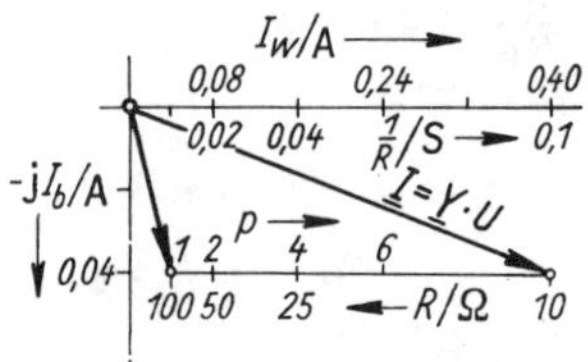

Bild 275. Aufgabe 728

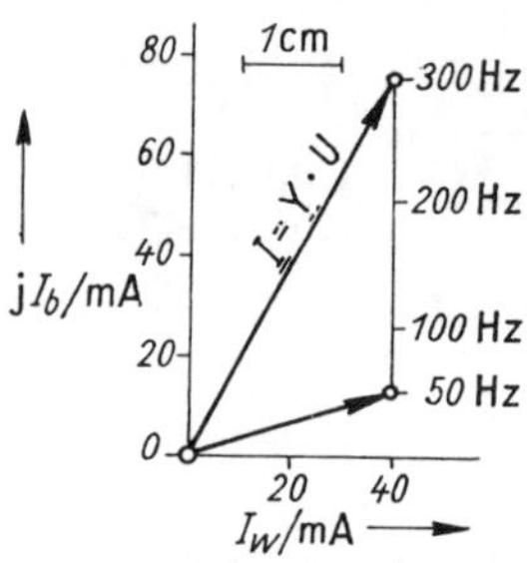

Bild 276. Aufgabe 729

729. (Bild 276) Für $p = 1$ ist $2\pi f_1 C = 0{,}628$ mS; $M_I = \frac{M_y}{U} = \frac{1\,\text{cm}}{\text{mS}\,20\,\text{V}}$ oder auch 1 cm $\triangleq$ 20 mA; $l_I = 4{,}25$ cm; $I = \underline{85\ \text{mA}}$

730. (Bild 277 a) $M_Z = \frac{1\,\text{cm}}{\text{k}\Omega}$; $M_U = \frac{M_Z}{I} = \frac{1\,\text{cm}}{\text{k}\Omega\,5\,\text{mA}} = \frac{1\,\text{cm}}{5\,\text{V}}$

b) Der Kreisbogen um den Nullpunkt mit dem Radius $r = 4$ cm ($\triangleq$ 20 V) schneidet die OK im Teilpunkt $\underline{1{,}7\ \mu\text{F}}$.

c) Die Parallele zur reellen Achse durch den Teilpunkt 1 µF schneidet den nach 0,6 µF verlaufenden Zeiger in einem Punkt, dem auf der reellen Achse $R = \underline{2{,}1\ \text{k}\Omega}$ entspricht.

731. (Bild 278) $M_Y = \frac{0{,}025\,\text{cm}}{\text{mS}}$; $G = \frac{P}{U^2} = \frac{20\,000\ \text{W}}{380^2\ \text{V}^2} = 139$ mS;

$l_G = GM_Y = 3{,}48$ cm; die den cos-Werten entsprechenden Winkel $\varphi = 49{,}5°$ bis $18{,}2°$ werden im Nullpunkt an die reelle Achse angetragen. In den Schnittpunkten der freien Schenkel mit der Ortskurve werden die zugehörigen cos-Werte eingetragen.

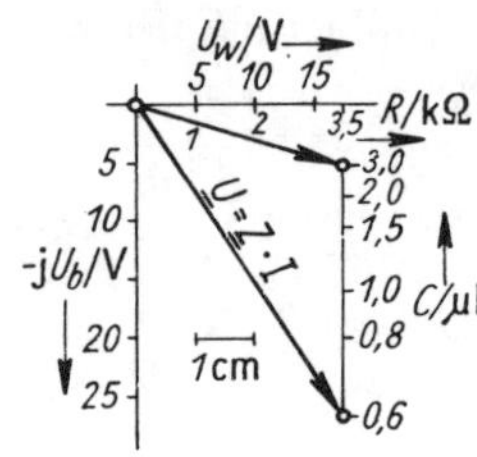

Bild 277. Aufgabe 730

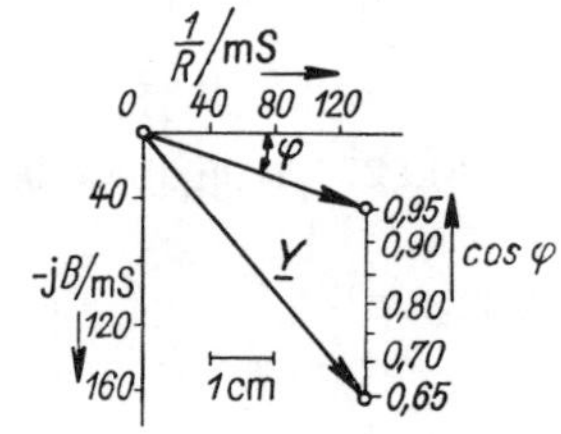

Bild 278. Aufgabe 731

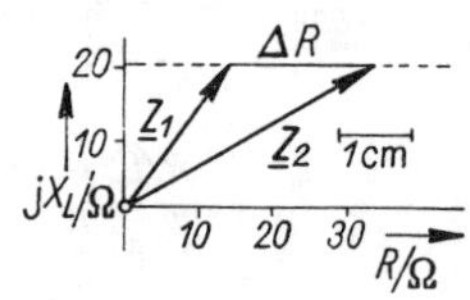

Bild 279. Aufgabe 732

732. (Bild 279) Man geht von $\Delta R = 20\ \Omega$ als Basis aus und schlägt um die Endpunkte Kreisbögen mit den Radien Z_1 und Z_2, die sich im Ursprung des Koordinatensystems schneiden. Beiderseitiges Verlängern von ΔR liefert die Ortskurve; $\underline{Z} = \underline{(p\ 10 + \text{j}20{,}5)\ \Omega}$

733. Konstruktion wie in der vorigen Aufgabe. Um den erhaltenen Ursprung der Achsen schlägt man einen Kreisbogen mit dem Radius $Z = 40\ \Omega$, der die Ortskurve in einem Punkt schneidet, der um 2,1 cm von der imaginären Achse entfernt ist. $R_x = \underline{21\ \Omega}$.

734. a) $l_a = 4$; $l_d = \frac{r^2}{l_a} = \underline{6{,}25}$

b) $l_a = 2{,}5$; $l_d = \frac{r^2}{l_a} = \underline{3{,}6}$ c) $l_a = 8$; $l_d = \underline{4{,}5}$

d) $l_a = 0$; $l_d = \underline{\infty}$ e) $l_a = 2{,}12$; $l_d = \underline{11{,}8}$

f) $l_a = 0{,}95$; $l_d = \underline{4{,}2}$ g) $l_a = 3{,}7$; $l_d = \underline{1{,}7}$

h) $l_a = 6{,}2$; $l_d = \underline{1{,}5}$

735. Mit $l_d = Y_0 M_Y$, $Y_0 = \frac{1}{R}$ und $M_Y = \frac{r^2}{M_Z}$ wird $r = \frac{Y_0 M_y}{2} = \frac{r^2}{2RM_Z}$;

$r = 2RM_Z = \underline{4\text{ cm}}$; $\quad l_d = 2r = \underline{8\text{ cm}}$;

$M_Y = \frac{r^2}{M_Z} = \underline{\frac{160\text{cm}}{\text{S}}}$

736. Mit $R = \infty$ wird $Y_\infty = \frac{1}{X_L}$;

$r = l_d = Y_\infty M_Y = \frac{r^2}{X_L M_Z}$;

$r = l_d = X_L M_Z = \underline{5\text{ cm}}$; $\quad M_Y = \frac{r}{Y_\infty} =$

$= \underline{X_L^2 M_Z} = \underline{\frac{250\text{cm}}{\text{S}}}$

737. $l_F = RM_Z$; $l_d = Y_0 M_Y$; wegen $l_R = l_d$ ist $RM_Z = Y_0 M_y$; $M_Y = R^2 M_Z = \underline{\frac{40\text{cm}}{\text{S}}}$;

$r = RM_Z = \underline{2\text{ cm}}$

738. (Bild 280) 1. Weg (S. 72): Die Ortskurve von $\underline{Z}$ ist eine Parallele zur reellen Achse im Abstand $l_a = X_L M_Z = \frac{3\,\Omega \cdot 0{,}5\text{cm}}{\Omega} = 1{,}5$ cm. Die Ortskurve der Leitwerte $\underline{Y} = \frac{1}{\underline{Z}}$ ist ein Halbkreis, der durch den Nullpunkt geht und dessen Durchmesser sich mit $p = 0$ zu $Y_0 = \frac{1}{3\,\Omega}$ ergibt und dessen Betrag $l_d = Y_0 M_Y = \frac{1 \cdot 18\text{cm}}{3\,\Omega\text{S}} = 6$ cm ist.
Spiegelung der Zeiger $\underline{Z}_1$, $\underline{Z}_3$ und $\underline{Z}_5$ an der reellen Achse liefert die Strahlen, die die OK in den Endpunkten von $\underline{Y}_1$, $\underline{Y}_3$ und $\underline{Y}_5$ schneiden; abgelesene Längen: $l_1 = 5{,}7$ cm; $l_2 = 4{,}25$ cm; $l_3 = 3{,}1$ cm; $Y_1 = \frac{l_1}{M_y} = \underline{0{,}32\text{ S}}$; $Y_3 = \underline{0{,}24\text{ S}}$; $Y_5 = \underline{0{,}17\text{ S}}$

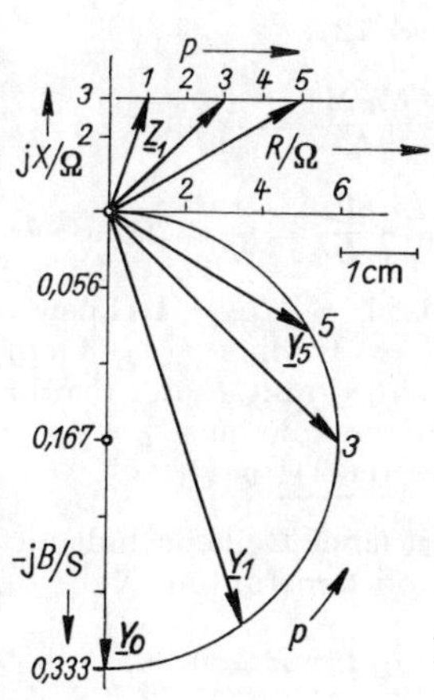

Bild 280. Aufgabe 738

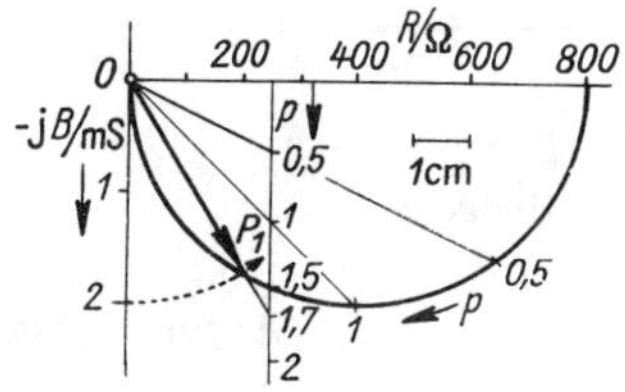

Bild 281. Aufgabe 740

739. Wegen $M_Z \cdot M_Y = r^2$ wird der Maßstab für den Scheinleitwert $M_Y = \frac{l_1}{M_z} = \frac{32\text{cm}}{\text{S}}$, d. h. 1 cm $\triangleq$ 0,0313 S; der Durchmesser der Ortskurve erhält in der Zeichnung die Länge $l_d = Y_0 \cdot M_Y = \underline{10{,}7\text{ cm}}$; die Ergebnisse bleiben unverändert.

740. (Bild 281) 1. Weg (S. 72): Die Ortskurve des Scheinwiderstandes wird an der reellen Achse gespiegelt eingetragen. Für $\varphi = 45°$, d. h., $p = 1$, ist $L_{45} = \frac{R}{\omega} = 2{,}5$ H und $X_L = \omega L_{45} = 250\ \Omega$; $l_a = X_L M_z = 2{,}5$ cm; $l_d = \frac{M_Z M_Y}{l_a} = 8$ cm. Der Kreisbogen mit $l = 4$ cm ($\triangleq Y = 2$ mS) schneidet die Ortskurve im Punkt P_1. Die Verlängerung des Strahls OP_1 schneidet die Parameterskale im Teilpunkt $p = 1{,}732$; $L = pL_{45} = 1{,}73 \cdot 2{,}5\text{ H} = \underline{4{,}33\text{ H}}$

741. (Bild 282) 2. Weg (S. 72): $l_a = RM_Z = 3$ cm; $M_Y = \frac{l_a l_d}{M_Z} = \frac{240\text{cm}}{\text{S}}$ oder 1 cm $\triangleq$ $\triangleq$ 4,17 mS; für $\varphi = 45°$ ist $p = 1$ und $\omega_{45} = \frac{R}{L} = 200\ ^1/\text{s}$; für $\omega = 20\ ^1/\text{s}$ ist $p = 0{,}1$. Der durch diesen Teilpunkt laufende Strahl gibt $l_Y = 6{,}0$ cm und $Y = \frac{l_Y}{M_Y} = \underline{25\text{ mS}}$; $\varphi = \underline{6°}$

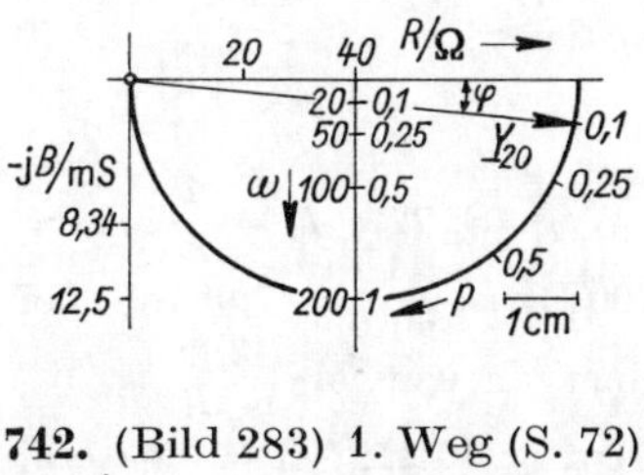

Bild 282. Aufgabe 741

742. (Bild 283) 1. Weg (S. 72): Für $f_1 = 100$ Hz ist $\frac{1}{\omega C} = 398\ \Omega$; weitere Punkte der Skale ergeben sich durch Verdoppelung der Frequenz;

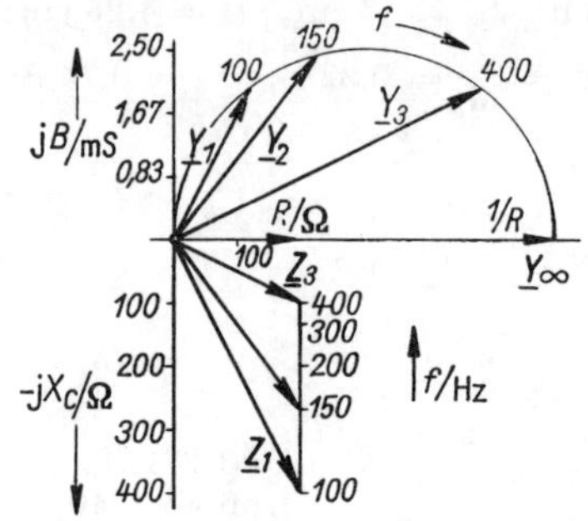

Bild 283.
Aufgabe 742

für $f = \infty$ ist $Y_\infty = \frac{1}{R}$; $M_Y = \frac{l_d}{Y_\infty} = \frac{1{,}2\,\text{cm}}{\text{mS}}$ oder 1 cm ≙ 0,83 mS; für Y_1, Y_2 und Y_3 werden die Längen $l_1 = 2{,}7$ cm, $l_2 = 3{,}6$ cm und $l_3 = 5{,}4$ cm abgelesen; $Y_1 = \underline{4{,}5\ \text{mS}}$; $Y_2 = \underline{3{,}0\ \text{mS}}$; $Y_3 = \underline{2{,}24\ \text{mS}}$

743. (Bild 284) 2. Weg (S. 72): Die Ortskurve des Scheinleitwertes ist eine Parallele zur reellen Achse, die sogleich gespiegelt eingetragen wird. Abstand $\frac{1}{\omega L} = 5$ mS; $l_a = 2$ cm; Kreisdurchmesser $l_d = \frac{M_Z M_Y}{l_a} = 4$ cm; für $\varphi = 45°$ ist $p = 1$ und $\frac{1}{R_{45}} = \frac{1}{\omega L} = 5$ mS; für $R = 400\ \Omega$ ist $\frac{1}{R} = 2{,}5$ mS und damit $p = 0{,}5$. Der durch diesen Teilpunkt gezogene Strahl liefert $l_Z = 3{,}6$ cm und $Z = \frac{l_Z}{M_Z} = \underline{180\ \Omega}$; $\varphi = \underline{63{,}4°}$

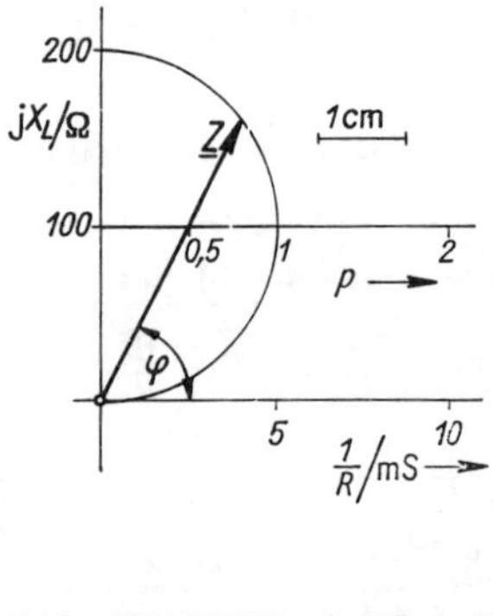

Bild 284.
Aufgabe 743

744. (Bild 285) 1. Weg (S. 72): $l_a = \frac{1}{R} M_Y = 2$ cm; für $f_1 = 200$ Hz ist $\frac{1}{\omega_1 L} = 7{,}96$ mS; bei 400 Hz die Hälfte hiervon usw. $M_Z = \frac{l_d}{R} = \frac{0{,}025\,\text{cm}}{\Omega}$ d. h. 1 cm ≙ 40 Ω; $l_{200} = 2{,}65$ cm, $l_{400} = 3{,}9$ cm, $l_{800} = 4{,}65$ cm; $Z_{200} = \underline{106\ \Omega}$; $Z_{400} = \underline{157\ \Omega}$; $Z_{800} = \underline{186\ \Omega}$

745. (Bild 286) 2. Weg (S. 72): Die Kurve des Scheinleitwertes wird sogleich gespiegelt eingetragen. Für $\varphi = 45°$ ist $p = 1$ und $\omega C = \frac{1}{R_{45}} = 10$ mS; $R_{45} = 100\ \Omega$;

für $p = 2$ ist $\frac{1}{pR_{45}} = 5$ mS usw.

$l_a = 2{,}5$ cm; $l_d = \frac{M_Z M_Y}{l_a} = \underline{5\ \text{cm}}$;

für $R = 200\ \Omega$ ist $l_Z = 4{,}45$ cm; $Z = \frac{l_Z}{M_Z} = \underline{89\ \Omega}$

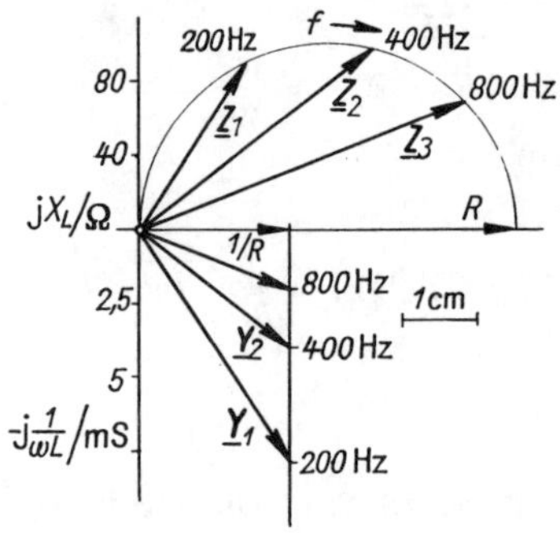

Bild 285.
Aufgabe 744

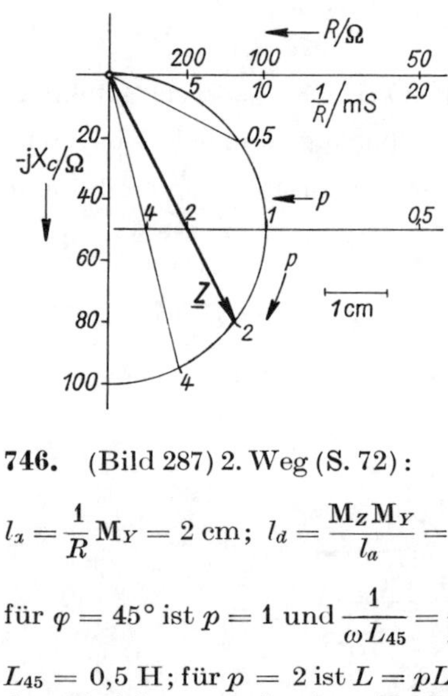

Bild 286.
Aufgabe 745

746. (Bild 287) 2. Weg (S. 72):

$l_a = \frac{1}{R} M_Y = 2$ cm; $l_d = \frac{M_Z M_Y}{l_a} = 5$ cm;

für $\varphi = 45°$ ist $p = 1$ und $\frac{1}{\omega L_{45}} = \frac{1}{R} = 20$ mS;

$L_{45} = 0{,}5$ H; für $p = 2$ ist $L = pL_{45} = 1$ H usw.; der Kreisbogen mit dem Radius $l_Z = 4$ cm schneidet die Ortskurve im Punkt P, der Strahl OP schneidet die Parameterskale bei $X_L = 15{,}5$ mS, wonach $L = \underline{0{,}65\ \text{H}}$ ist.

747. A. a) Scheinleitwert einer Reihenschaltung aus veränderlichem R und konstantem X_L

b) $M_Z = \frac{l_a l_d}{M_Y} = \underline{\frac{0{,}02\ \text{cm}}{\Omega}}$ c) für $R = 0$ ist

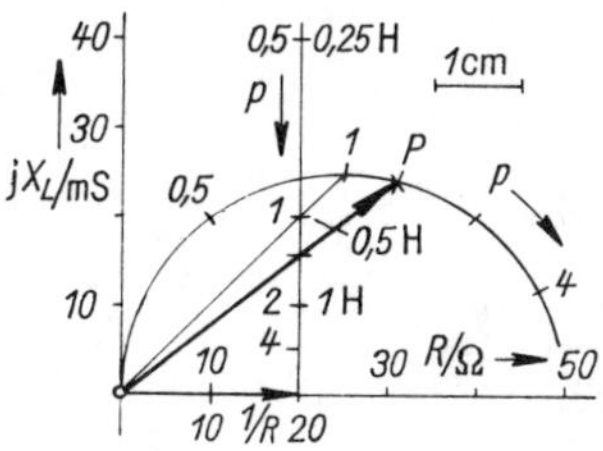

Bild 287. Aufgabe 746

$$Y_0 = \frac{1}{\omega L} = \frac{l_d}{\mathrm{M}_Y}; \quad L = \frac{\mathrm{M}_Y}{2\pi f l_d} = \underline{40\,\mathrm{mH}}$$

B. a) Scheinleitwert einer Reihenschaltung aus konstantem R und C bei veränderlicher Frequenz

b) $\mathrm{M}_Z = \frac{l_a l_d}{\mathrm{M}_Y} = \underline{\frac{0{,}08\,\mathrm{cm}}{\Omega}}$ c) für $f = \infty$ ist $Y_\infty =$

$= \frac{1}{R} = \frac{l_d}{\mathrm{M}_Y}; \quad R = \frac{\mathrm{M}_Y}{l_d} = \underline{125\,\Omega};$

wegen $\frac{1}{\omega C} = R$ ist $C = \underline{1{,}6\,\mu\mathrm{F}}$

C. a) Scheinleitwert einer Reihenschaltung aus R und veränderlichem C bei konstanter Frequenz

b) $\mathrm{M}_Z = \frac{l_a l_d}{\mathrm{M}_Y} = \underline{\frac{2\,\mathrm{cm}}{\mathrm{k}\Omega}}$ c) für $C = \infty$ ist $Y_\infty =$

$= \frac{1}{R}; \quad R = \frac{\mathrm{M}_Y}{l_d} = \underline{2\,\mathrm{k}\Omega}$

D. a) Strom durch eine Reihenschaltung aus R und L bei veränderlicher Frequenz

b) $\mathrm{M}_Y = U\mathrm{M}_I = \frac{200\,\mathrm{cm}}{\mathrm{S}}; \quad \mathrm{M}_Z = \frac{l_a l_d}{\mathrm{M}_Y} = \underline{\frac{0{,}3\,\mathrm{cm}}{\Omega}}$

c) für $f = 0$ ist $Y_0 = \frac{1}{R}; \quad R = \frac{1}{Y_0} = \frac{\mathrm{M}_Y}{l_d} =$

$= \underline{20\,\Omega}; \quad L = \frac{R}{2\pi f} = \underline{3{,}2\,\mathrm{mH}}$

E. a) Scheinwiderstand einer Parallelschaltung aus R und L bei veränderlicher Frequenz

b) $\mathrm{M}_Y = \frac{l_a l_d}{\mathrm{M}_Z} = \underline{\frac{3 \cdot 10^4\,\mathrm{cm}}{\mathrm{S}}}$ c) $R = \frac{l_d}{\mathrm{M}_Z} =$

$= \underline{3\,\mathrm{k}\Omega}; \quad L = \frac{R}{2\pi f \tan 60°} = \underline{0{,}14\,\mathrm{H}}$

F. a) Klemmenspannung an einer Parallelschaltung aus L und veränderlichem R

b) $\mathrm{M}_Z = I\mathrm{M}_U = \frac{0{,}05\,\mathrm{cm}}{\Omega}; \quad \mathrm{M}_Y = \frac{l_a l_d}{\mathrm{M}_Z} =$

$= \underline{\frac{800\,\mathrm{cm}}{\mathrm{S}}}$

c) $L = \frac{l_d}{\omega \mathrm{M}_Z} = \underline{51\,\mathrm{mH}}$

G. a) Klemmenspannung einer Parallelschaltung aus R und veränderlichem C

b) $\mathrm{M}_U = \frac{20\,\mathrm{cm}}{\mathrm{V}}; \quad \mathrm{M}_Z = I\mathrm{M}_U = \frac{10\,\mathrm{cm}}{\Omega};$

$\mathrm{M}_Y = \frac{l_a l_d}{\mathrm{M}_Z} = \frac{18\,\mathrm{cm}}{\mathrm{S}};$

c) $R = \frac{l_d}{\mathrm{M}_Z} = \underline{1{,}8\,\Omega}$

748. (Bild 288) Für $p = 0$ ist $f = 0$ und

$Y_0 = \frac{1}{R}; \quad \mathrm{M}_Y = \frac{l_d}{Y_0} = \frac{480\,\mathrm{cm}}{\mathrm{S}};$ am Ende des ersten Viertelkreises ist $\varphi = 45°$;

womit $\omega L = R$ und $f = \frac{R}{2\pi L} = 250\,\mathrm{Hz}$ ist;

$p = \underline{5 \cdots \infty}$

749. (Bild 289) 1. Weg (S. 72):

Für $C = \infty$ wird $Y_\infty = \frac{1}{R} = 0{,}667\,\mathrm{mS}$;

$\mathrm{M}_Y = \frac{l_d}{Y_\infty} = \frac{12\,\mathrm{cm}}{\mathrm{mS}}; \quad \mathrm{M}_I = \frac{\mathrm{M}_Y}{U} = \frac{48\,\mathrm{cm}}{\mathrm{A}};$

Spiegelung der Zeiger $\underline{Z}_1$, $\underline{Z}_2$ und $\underline{Z}_3$ ergibt auf der Ortskurve die Strecken $l_1 = 3{,}9$ cm, $l_2 = 7{,}1$ cm und $l_3 = 7{,}7$ cm;

$I_1 = \frac{l_1}{\mathrm{M}_I} = \underline{82\,\mathrm{mA}}; \quad I_2 = \underline{147\,\mathrm{mA}};$

$I_3 = \underline{161\,\mathrm{mA}}$

750. (Bild 290) 1. Weg (S. 72):

Für $p = 1$ ist $\frac{1}{R} = \frac{1}{25}\,\mathrm{S}$; somit gilt $3\,\mathrm{cm} \mathrel{\hat{=}} \frac{1}{25}\,\mathrm{S}$

oder $\mathrm{M}_Y = \frac{75\,\mathrm{cm}}{\mathrm{S}}; \quad l_a = \frac{\mathrm{M}_Y}{\omega L} = 3\,\mathrm{cm};$

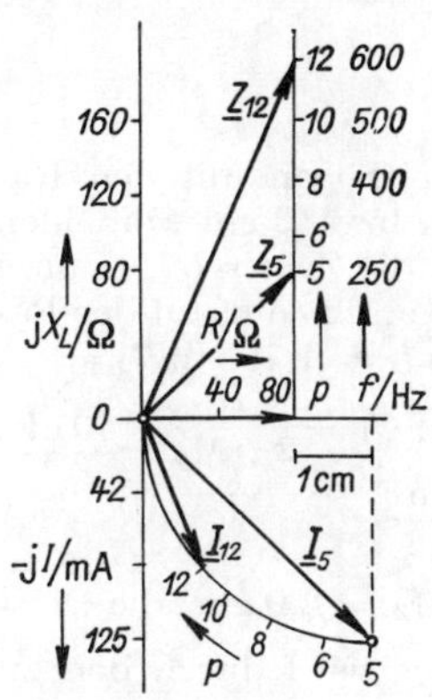

Bild 288. Aufgabe 748

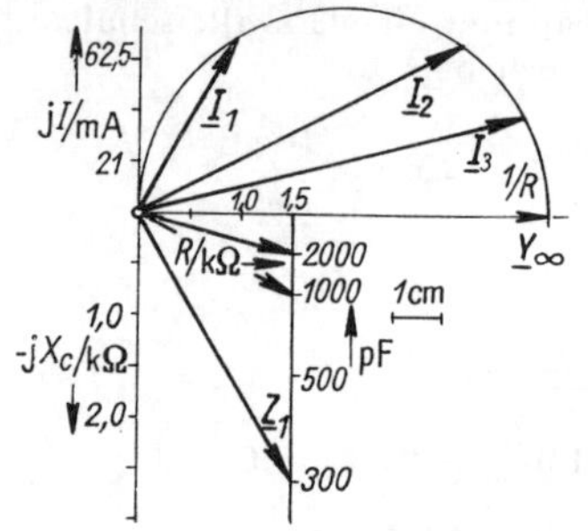

Bild 289. Aufgabe 749

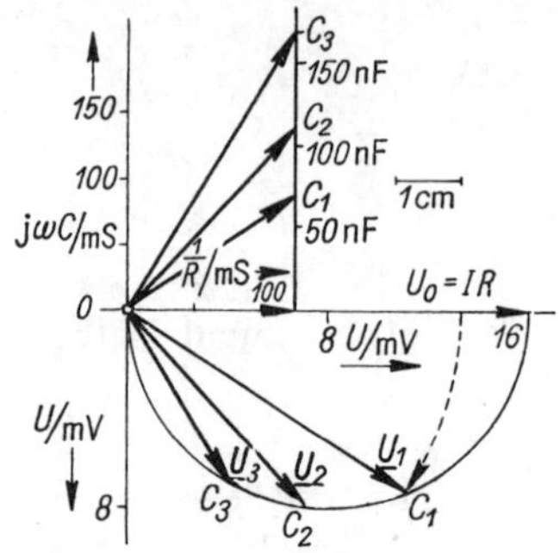

Bild 291. Aufgabe 751

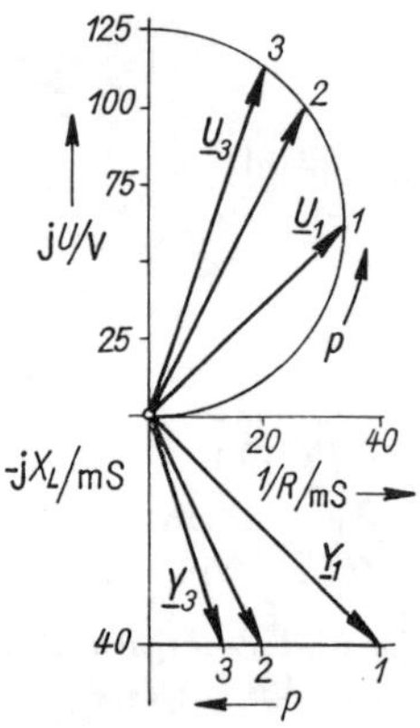

Bild 290. Aufgabe 750

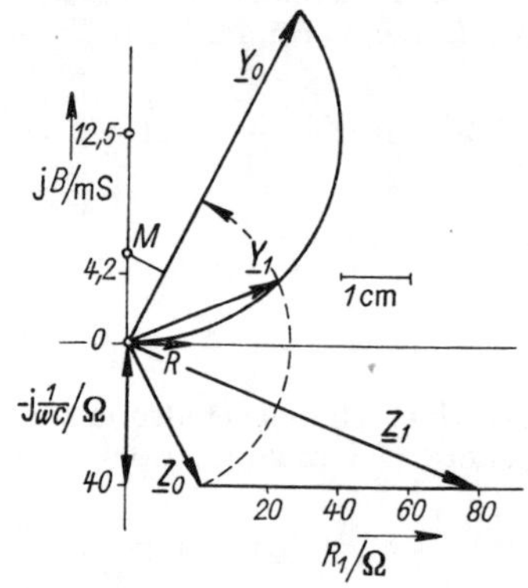

Bild 292. Aufgaben 752 und 753

$M_Z = \dfrac{l_a l_d}{M_Y} = \dfrac{0{,}2\,\text{cm}}{\Omega}$; $\quad M_U = \dfrac{M_Z}{I} = \dfrac{0{,}04\,\text{cm}}{\text{V}}$;

für die Spannungen werden die Längen abgelesen $l_1 = 3{,}54$ cm; $l_2 = 4{,}47$ cm und $l_3 = 4{,}75$ cm; $U_1 = \dfrac{l_1}{M_U} = \underline{88{,}4\,\text{V}}$; $U_2 = \underline{111{,}8\,\text{V}}$; $U_3 = \underline{118{,}6\,\text{V}}$

751. (Bild 291) 1. Weg (S. 72): $l_a = \dfrac{1}{R} M_Y = 2{,}5$ cm; $\quad M_Z = \dfrac{l_a l_d}{M_Y} = \dfrac{0{,}75\,\text{cm}}{\Omega}$;

$M_U = \dfrac{M_Z}{I} = \dfrac{375\,\text{cm}}{\text{V}}$

oder 6 cm $\triangleq$ 16 mV; Kreisbögen mit den Radien $r = 5$ cm bzw. 4 cm bzw. 3 cm schneiden die Ortskurve und liefern die Zeiger U_1, U_2 und U_3. Spiegelung der Zeiger ergibt nur auf der Parameterskale die Strecken $l_1 = 1{,}75$ cm, $l_2 = 2{,}8$ cm und $l_3 = 4{,}3$ cm; $C_1 = \dfrac{l_1}{2\pi f M_y} = \underline{70\,\text{nF}}$; $C_2 = \underline{111\,\text{nF}}$; $\quad C_3 = \underline{171\,\text{nF}}$

752. (Bild 292) $l_a = \dfrac{1}{\omega C} M_Z = 2{,}0$ cm; die Ortskurve des Scheinleitwertes wird durch den zu $\underline{Z}_0 = R - \text{j}\dfrac{1}{\omega C}$ inversen Zeiger $\underline{Y}_0$ begrenzt; $M_Y = \dfrac{l_a l_d}{M_z} = \dfrac{240\,\text{cm}}{\text{S}}$; Spiegelung des Zeigers $\underline{Z}_1$ für $R_1 = 80\ \Omega$ ergibt für $\underline{Y}_1$ die Länge $l_1 = 2{,}21$ cm und $Y_1 = \dfrac{l_1}{M_y} = 9{,}21$ mS;
$I = UY_1 = \underline{0{,}92\,\text{V}}$

753. (Bild 292) Wenn ein Zeiger seine Länge beibehält, endet er auf dem Inversionskreis. Dessen Radius ist somit gleich dem Betrag von $\underline{Z}_0$. Der Mittelpunkt M der neuen Ortskurve liegt im Schnittpunkt der Mittelsenkrechten von $\underline{Y}_0$ mit der imaginären Achse. Es besteht die Proportion $\dfrac{r_{\text{OK}}}{M_z} : \dfrac{Z_0}{2} = Z_0 : \dfrac{1}{\omega C}$; $r_{\text{OK}} = \dfrac{Z_0^2 \omega C}{2} M_Z = \underline{1{,}3\,\text{cm}}$

754. (Bild 293) Die Ortskurve des Widerstandes wird durch den Zeiger $\underline{Z}_0 = (15 + \text{j}5)\ \Omega$ und die des Leitwertes durch den dazu inversen Zeiger $\underline{Y}_0$ einseitig begrenzt; $l_a = RM_Z = 3$ cm;
$M_Y = l_d R = \dfrac{90\,\text{cm}}{\text{S}}$; $\quad M_I = \dfrac{M_Y}{U} = \dfrac{2\,\text{cm}}{\text{A}}$;

$I_0 = \dfrac{5{,}7\,\text{cm}}{M_I} = 2{,}85$ A;

$I_1 = 2{,}1$ A; $\quad \Delta I = \underline{0{,}73\,\text{A}}$

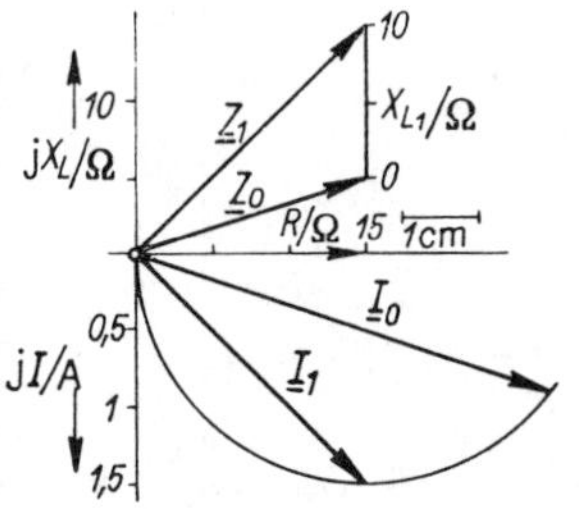

Bild 293.
Aufgabe 754

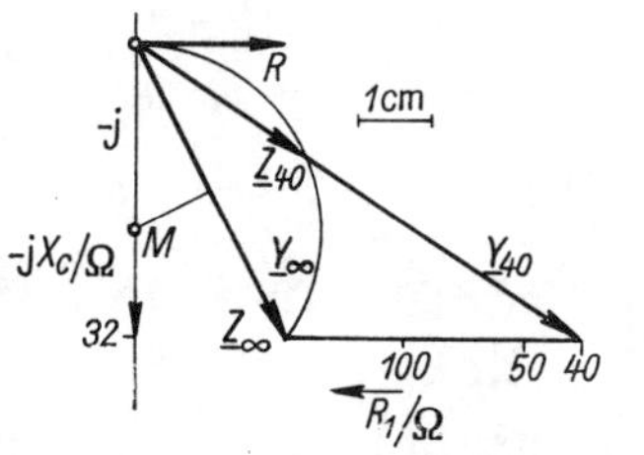

Bild 294.
Aufgabe 755

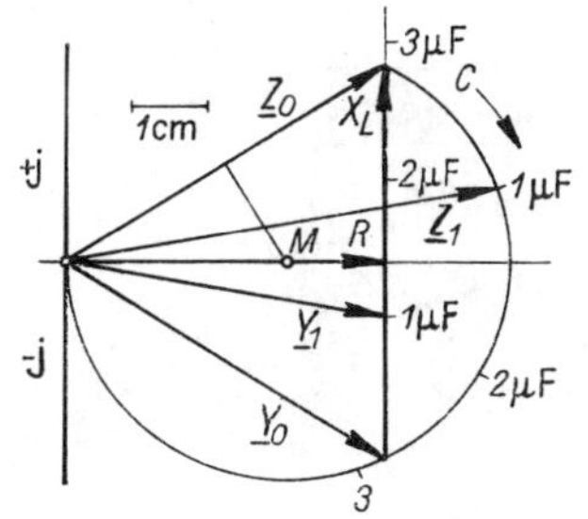

Widerstände: 1 cm ≙ 10 Ω
Leitwerte: 1 cm ≙ 4,5 mS

Bild 295.
Aufgabe 756

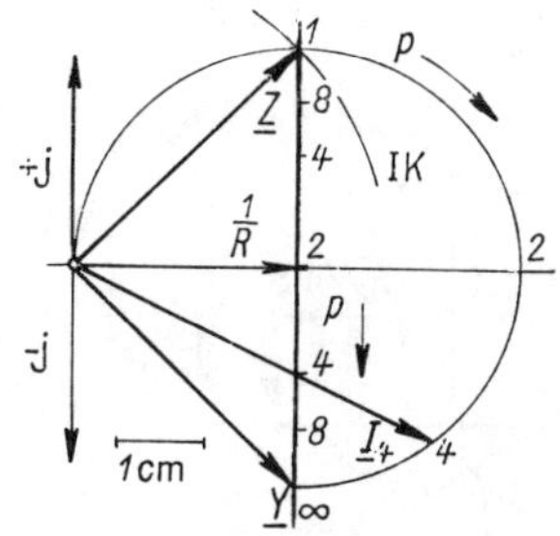

Bild 296.
Aufgabe 757

755. (Bild 294) 2. Weg (S. 72): Der Zeiger $\underline{Z}_\infty = R - j\frac{1}{\omega C}$ hat die Länge 4,45 cm. Dies ist zugleich der Radius des Inversionskreises, so daß auch $\underline{Y}_\infty$ von gleicher Länge wird; $M_Y = \frac{r^2}{M_z} = \frac{158\,\text{cm}}{\text{S}}$

Am Endpunkt des gespiegelt gezeichneten Zeigers $\underline{Y}_\infty$ beginnt die Skale der Leitwerte $\frac{1}{R_1}$; für $R_1 = 100$ ist z. B. $l = 1{,}62$ cm; die Mittelsenkrechte auf $\underline{Z}_\infty$ gibt auf der imaginären Achse den Mittelpunkt M der Ortskurve; $l_d = 5$ cm; für $R_1 = 40\ \Omega$ ist $Z_{40} = \underline{22{,}4\ \Omega}$

756. (Bild 295) R und X_L ergeben für $C = 0$ den Zeiger $\underline{Z}_0$. Da $\underline{Z}_0$ und $\underline{Y}_0$ gleich lang erscheinen, liegen beide auf dem Inversionskreis mit dem Radius $r = 4{,}7$ cm; $M_Y = \frac{r^2}{M_z} = \frac{222\,\text{cm}}{\text{S}}$; am Endpunkt von $\underline{Y}_6$ beginnt die Skale der Leitwerte ωC. Die Mittelsenkrechte auf $\underline{Z}_0$ schneidet die reelle Achse im Mittelpunkt M der Ortskurve; $Z_1 = \frac{l_1}{M_z} = \underline{55\ \Omega}$; die reelle Achse schneidet die Skale der Kapazitäten bei $C = \underline{1{,}4\ \mu F}$

757. (Bild 296) Der Leitwert des Parallelgliedes ergibt Zeiger $\underline{Y}$. Mit $r = \sqrt{M_Z M_Y} = 3{,}54$ cm ergibt sich der invertierte Zeiger $\underline{Z}$, der auf dem Inversionskreis IK liegt. Von hier aus wird der kapazitive Widerstand als Gerade in Richtung — j abgetragen; $l_a = 2{,}5$ cm mit $p = 1$ und der Bezugskapazität $C_1 = 1\ \mu F$ wird $\frac{1}{\omega C} = 1000\ \Omega$ (5 cm); für $p = 4$ ($C = 4\ \mu F$) ist $\frac{1}{\omega C} = 250\ \Omega$ (1,25 cm); Inversion dieser Geraden ergibt den Kreis der Leitwerte; $l_d = \frac{M_Z M_Y}{l_a} = 5$ cm; $M_I = \frac{M_Y}{U} = \frac{125\,\text{cm}}{\text{A}}$; für 4 μF ist $I_4 = \frac{l_4}{M_I} = \underline{36\ \text{mA}}$

758. (Bild 297) a) Leitwertsortskurve (gespiegelt gezeichnet): $l_a = \frac{1}{R_2} M_Y = 2{,}5$ cm; für $\varphi = 45°$ ($p = 1$) ist $\omega_{45} = \frac{1}{RC} = 1000\ ^1/\text{s}$; Durchmesser d. Widerstandsortskurve OK: $l_d = \frac{M_Z M_Y}{l_a} = 4$ cm; Verschiebung des Ursprungs um $R_1 M_Z = 2$ cm nach links b) Für $\omega = 500\ ^1/\text{s}$ ($p = 0{,}5$) ist $l_{Z0,5} = 5{,}44$ cm und $Z_{0,5} = \underline{272\ \Omega}$ c) Tangente vom Nullpunkt aus berührt die Ortskurve im Punkt $p = 1{,}7$; $\omega = \underline{1700\ ^1/\text{s}}$; $\varphi_{\max} = \underline{-30°}$

759. (Bild 298) a) Die OK der Scheinleitwerte ist gespiegelt gezeichnet; $l_a = \omega C M_Y = 2{,}5$ cm; für $\varphi = 45°$ ist $p = 1$ und $\frac{1}{R_{45}} = \omega C = 5$ mS; $R_{45} = 200\ \Omega$; Durchm. d. Halbkr. $l_d = \frac{M_Z M_Y}{l_a} = 4$ cm b) Für $R_2 = 800\ \Omega$ ist $p = \frac{R}{R_{45}} = 4$; $Z_{\max} = \underline{275\ \Omega}$ (5,5 cm) c) $\varphi_{\max} = \underline{53°}$; für $R_2 = \infty$ ist $Z = \underline{250\ \Omega}$ (5 cm) d) Der vom Nullpunkt nach dem Mittelpunkt der OK gezogene

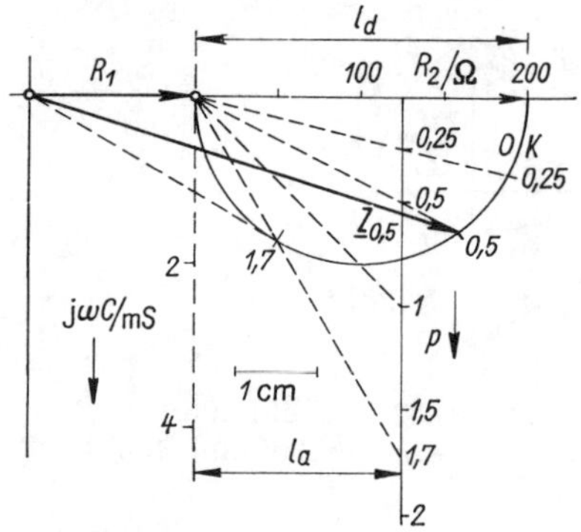

Bild 297. Aufgabe 758

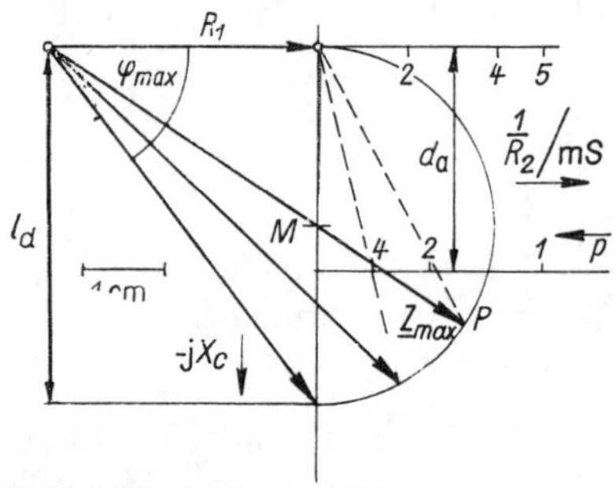

Bild 298. Aufgabe 759

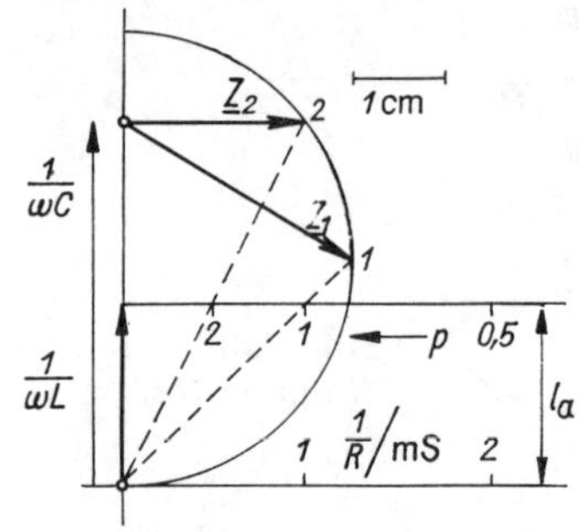

Bild 299. Aufgabe 760

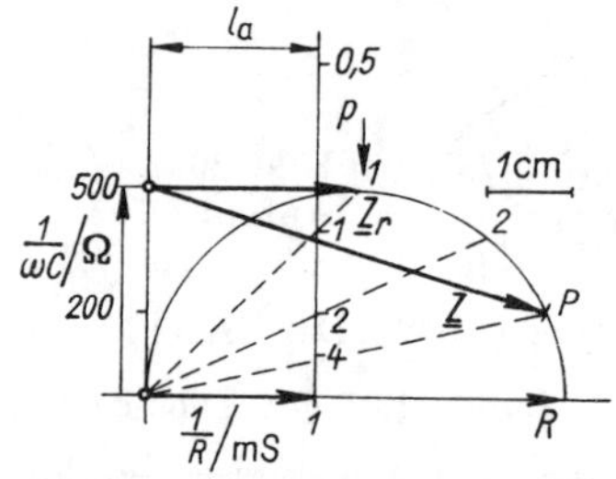

Bild 300 Aufgabe 762

Strahl schneidet die OK im Punkt P, zu dem auf der Skale der Parameterwert $p = 1{,}8$ bzw. der Leitwert $\frac{5\,\mathrm{mS}}{1{,}8} = 2{,}8\,\mathrm{mS}$ gehört; $R_2 = \frac{1}{2{,}8\,\mathrm{mS}} = $ $= \underline{360\ \Omega}$

760. (Bild 299) a) Die OK der Scheinleitwerte ist gespiegelt eingetragen. $l_a = \frac{1}{\omega L}\mathrm{M}_y = 2$ cm; für $\varphi = 45°$ ($p = 1$) ist $\frac{1}{R_{45}} = \frac{1}{\omega L} = 1$ mS (2 cm); $R_{45} = 1000\ \Omega$; $l_d = \frac{\mathrm{M}_Z \mathrm{M}_Y}{l_a} = 5$ cm b) $l_Z = $ $= 2{,}9$ cm; $Z_1 = \mathrm{M}_Z = \underline{580\ \Omega}$ c) $\underline{Z}$ ist reell für $p = 2$, d. h. $R = \underline{2000\ \Omega}$ und hat den Betrag $Z_2 = \underline{400\ \Omega}$ (2 cm)

761. Damit alle vom verschobenen Nullpunkt ausgehenden Zeiger gleich lang werden, muß der verschobene Nullpunkt mit dem Mittelpunkt der OK zusammenfallen.

$$\frac{1}{\omega C} = \frac{l_d}{2\mathrm{M}_Z} = \underline{500\ \Omega}; \quad C = \underline{2\ \mu\mathrm{F}}$$

762. (Bild 300) a) Die OK der Scheinleitwerte ist gespiegelt gezeichnet; $l_a = \frac{1}{R}\mathrm{M}_Y = 2$ cm; für $\varphi = 45°$ ist $p = 1$ und $\frac{1}{R} = \frac{1}{\omega L_{45}} = 1$ mS; $L_{45} = 1$ H; Durchm. d. Halbkr. $l_d = \frac{\mathrm{M}_Z \mathrm{M}_Y}{l_a} = $ $= 5$ cm; Verschiebung des Nullpunktes um $\frac{1}{\omega C} = 500\ \Omega$ (2,5 cm) b) $\underline{Z}$ ist reell für $p = 1$, d. h. $L = \underline{1\ \mathrm{H}}$; $Z = \underline{500\ \Omega}$ c) Der Kreisbogen mit dem Radius $r = 5$ cm ($\triangleq$ 1000 Ω) um den verschobenen Nullpunkt schneidet die OK im Punkt P, der dem Parameter $p = 5$ entspricht; $L = 5\,L_{45} = \underline{5\ \mathrm{H}}$

763. (Bild 301) Da die Ortskurve des Scheinwiderstandes für den unteren Zweig eine Parallele zur reellen Achse ist, ist die OK des Stromes ein Halbkreis, dessen Durchmesser parallel zur imaginären Achse verläuft. Die beiden Zeiger $\underline{I}_1$ und $\underline{I}_k$ bestimmen Anfangs- und Endpunkt einer Sehne dieses Kreises. Die Mittelsenkrechte dieser Sehne schneidet die Parallele zur imaginären Achse durch den Endpunkt des Zeigers $\underline{I}_1$ im Mittelpunkt M der Ortskurve, die somit gezeichnet werden kann. Die linear zu teilende Parameterskale legt man zweckmäßig als Parallele zur reellen Achse durch den Mittelpunkt der OK, wobei der Punkt für $p = 1$ auf dem Kreisbogen liegt. Der Kreisbogen mit 4 cm Radius um den Mittelpunkt schneidet die OK in einem Punkt, der dem Parameter $p = \underline{1{,}8}$ entspricht; $\varphi = \underline{35°}$

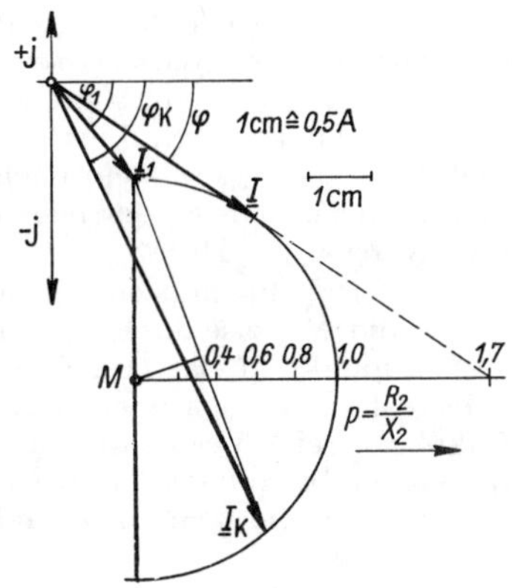

Bild 301.
Aufgabe 763

764. (Bild 302) Ortskurve des Scheinwiderstandes des oberen Zweiges: $l_a = R\mathrm{M}_Z = 1{,}5$ cm; Ortskurve (Halbkreis) des Scheinleitwertes:

$$l_d = \frac{r^2}{l_a} = 6 \text{ cm}; \quad \mathrm{M}_Y = \frac{r^2}{\mathrm{M}_Z} = \frac{900 \text{ cm}}{\text{S}}.$$

Verschiebung des Nullpunktes um die Strecke $l = \frac{1}{X_{C2}} \mathrm{M}_Y = 2$ cm nach unten. Inversion des Halbkreises, wobei der Schnittpunkt P mit dem Inversionskreis (IK) in sich selbst übergeht. Weitere inverse Punktpaare sind P_2 und P_2', bzw. P_1 und P_1'. Die Mittelsenkrechte auf $\overline{PP_2'}$ liefert den Mittelpunkt M des inversen Kreisbogens, der die gesuchte Ortskurve darstellt.

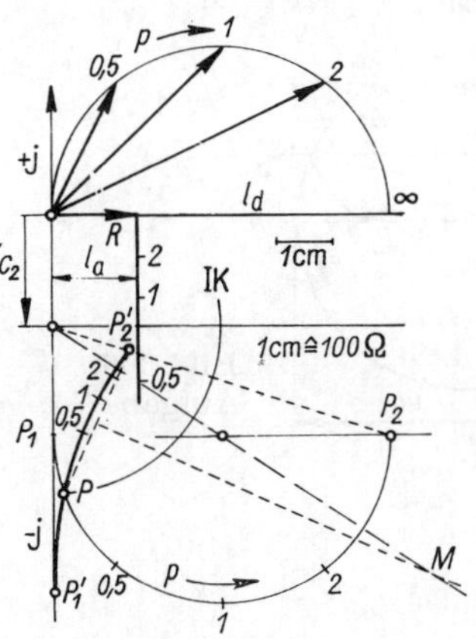

Bild 302.
Aufgabe 764

765. (Bild 303) Scheinwiderstand des oberen Zweiges ergibt nach Spiegelung Zeiger $\underline{Z}$ und Inversion den Leitwert $\underline{Y}$; $\mathrm{M}_Y = \frac{r^2}{\mathrm{M}_Z} = \frac{800 \text{ cm}}{\text{S}}$.

Ansetzen der Geraden der Leitwerte $\frac{1}{pR_2}$; $l_a = 2$ cm; Inversion dieser Geraden ergibt Kreisbogen mit Durchmesser $l_d = 8$ cm, begrenz durch Verlängerung von Zeiger $\underline{Z}^*$. Addition von R_1 und X_C durch Verschieben des Nullpunktes um die Strecken $l_R = R_1\mathrm{M}_Z = 4$ cm nach links und $l_C = X_C\mathrm{M}_Z = 2$ cm nach oben. Inversion des Punktes P_1 liefert P_1', während die Verlängerung des Kreisbogens den IK im Punkt P schneidet, der in sich selbst übergeht. Die Mittelsenkrechte auf $\overline{PP_1'}$ schneidet die Verbindungsgerade der Kreismittelpunkte im Mittelpunkt M der gesuchten Ortskurve. (Auf nochmalige Spiegelung des Bogens OP_1 an der *neuen* reellen Achse wurde der Übersichtlichkeit halber verzichtet.) $l_{Y0} = 3$ cm; $Y_0 = \frac{l_{Y0}}{\mathrm{M}_Y} = \underline{3{,}8 \text{ mS}}$

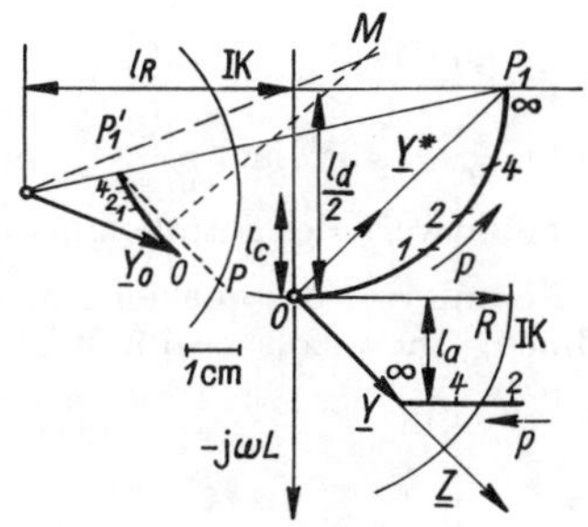

Bild 303.
Aufgabe 765

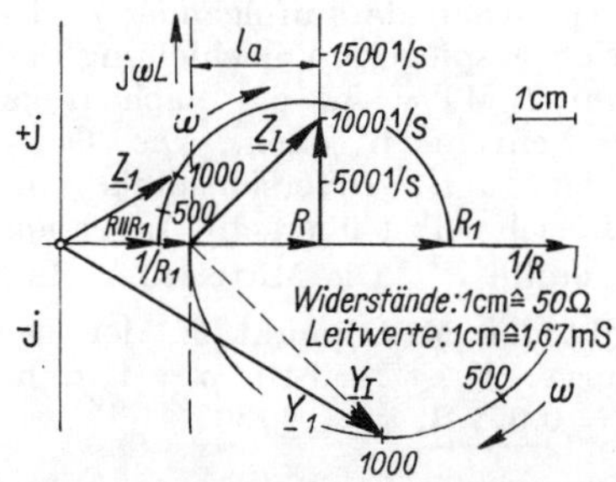

Bild 304.
Aufgabe 766

766. (Bild 304) a) Die Ortskurve des Scheinwiderstandes des oberen Zweiges ist eine Parallele zur imaginären Achse im Abstand $l_a = R\mathrm{M}_Z = 2$ cm. Inversion liefert den Scheinleitwert des oberen Zweiges, d. h. einen Halbkreis unterhalb der reellen Achse. Die Addition von $\frac{1}{R}$ geschieht durch Verschieben der imaginären Achse um die Strecke $\frac{1}{R_1}$ nach links. In bezug auf den neuen Nullpunkt ist $\underline{Y} = \frac{1}{R_1} + \frac{1}{R + j\omega L}$. Inversion des Halbkreises ergibt wiederum einen Halbkreis oberhalb der reellen Achse. Sein Durchmesser beginnt in der Entfernung $R \| R_1 =$

$= 75\ \Omega$ (1,5 cm) vom neuen Nullpunkt ($\omega = 0$) und endigt in der Entfernung $R_1 = 300\ \Omega$ (6 cm) ($\omega = \infty$).

$$\underline{Y}_I = \frac{1}{\underline{Z}_I}; \quad \underline{Y}_1 = \frac{1}{R_1} + \underline{Y}_I;$$

$$\underline{Z}_1 = \frac{1}{\underline{Y}_1}; \quad Z_1 = \frac{2{,}1\ \text{cm}}{\text{M}_Z} = \underline{105\ \Omega}$$

b) In diesem Falle müssen die Längen für $\frac{1}{R_1}$ ($\underline{Y}$ für $\omega = \infty$) und $R \parallel R_1$ ($\underline{Z}$ für $\omega = 0$) sowie für R_1 und $\left(\frac{1}{R_1} + \frac{1}{R}\right)$ ($\underline{Y}$ für $\omega = 0$) übereinstimmen. Dann ist $\frac{1}{R_1}\text{M}_Y = \left(\frac{RR_1}{R + R_1}\right)\text{M}_Z$, woraus der Maßstab

$$\text{M}_Y = \frac{75\ \Omega \cdot 300\ \Omega \cdot 0{,}02\ \text{cm}}{\Omega} = \frac{450\ \text{cm}}{\text{S}}$$

folgt; $l_d = \frac{1}{R}\text{M}_Y = \underline{4{,}5\ \text{cm}}$

767. (Bild 305) Für $\varphi = 45°$ ist $p = 1$ und $\frac{1}{R_{45}} = \frac{1}{\omega L} = 0{,}1$ S; Leitwert des Parallelgliedes im Abstand $l_a = 2{,}5$ cm von der reellen Achse gespiegelt gezeichnet; Inversion ergibt Halbkreis mit $l_d = \frac{r^2}{l_a} = 6$ cm;

$$\text{M}_Z = \frac{r^2}{\text{M}_Y} = \frac{0{,}6\ \text{cm}}{\Omega};$$

Parameterteilung wegen darauffolgender nochmaliger Inversion gespiegelt. Verschiebung des Nullpunktes um $R_1\text{M}_Z = 4{,}8$ cm nach links und $X_C\text{M}_Z = 3$ cm nach oben. Die Ortskurve schneidet den Inversionskreis im Punkt P, der in sich selbst übergeht. Inversion von Punkt P_∞ ergibt P'_∞. Die Mittelsenkrechte auf $\overline{PP'_\infty}$ ergibt den Mittelpunkt M der gesuchten Ortskurve. $\underline{Y}$ ist reell für $p = 1$, d. h. $R = \underline{10\ \Omega}$; $Y = \underline{0{,}077\ \text{S}}$; $\varphi = \underline{\pm\ 30°}$

768. (Bild 306) Der untere Zweig des Parallelgliedes ergibt Zeiger $\underline{Z}_1$ und nach Inversion Zeiger $\underline{Y}_1 = (8 - \text{j}4)$ mS. Addition der Leitwertgeraden pX_C im Abstand $l_a = 0{,}8$ cm (gespiegelt gezeichnet) von der imaginären Achse. Inversion ergibt Kreisbogen mit $l_d = 5$ cm, begrenzt durch Zeiger $\underline{Z}_1$. Verschiebung des Nullpunktes um $l_R = 1$ cm nach links und $l_{Xc} = 1$ cm nach oben. Spiegelung des Kreisbogens an der neuen reellen Achse und Inversion am IK, wobei $r = \sqrt{\text{M}_Z\text{M}_Y} = 2$ cm ist. P geht in sich selbst über, P_0 ergibt P'_0; die Mittelsenkrechte auf P'_0P ergibt den Mittelpunkt M der gesuchten Ortskurve. Die *neue* reelle Achse a schneidet die Ortskurve im Punkte P_r. Seine Verbindung mit dem ersten Nullpunkt ergibt auf der Leitwertgeraden den Teilpunkt $p = 0{,}116$, entsprechend

$$\frac{1}{X_C} = 2{,}33\ \text{mS bzw. } X_C = \underline{430\ \Omega}$$

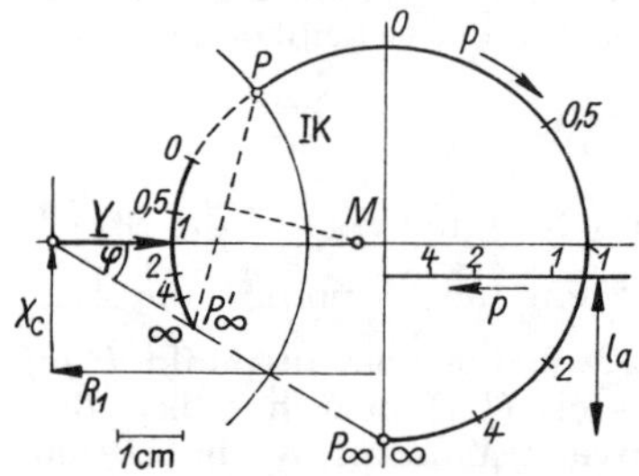

Bild 305.
Aufgabe 767

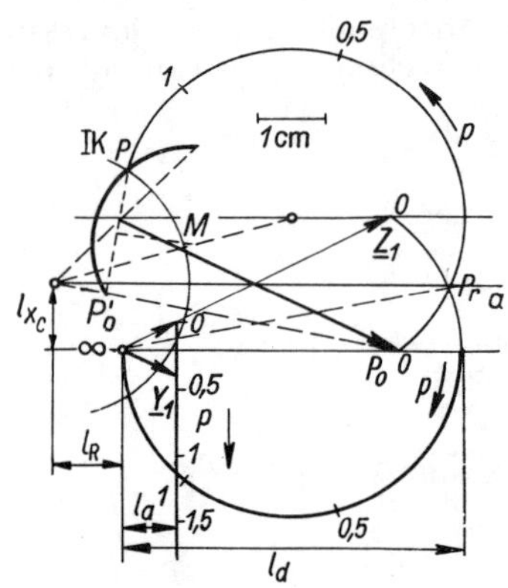

Bild 306.
Aufgabe 768